北京理工大学"双一流"建设精品出版工程

OpenHarmony 操作系统

（第 2 版）

丁刚毅　王成录　吴长高　等　著

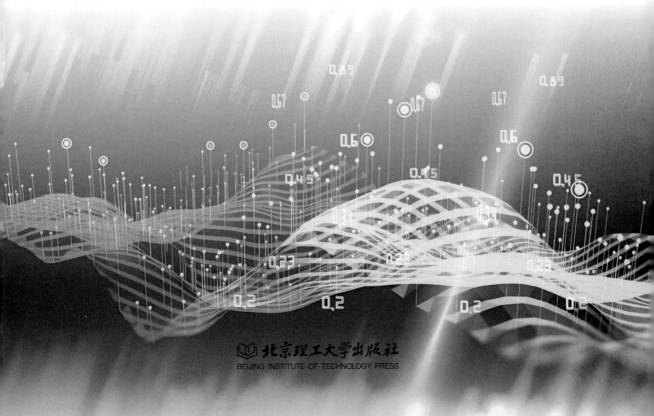

北京理工大学出版社
BEIJING INSTITUTE OF TECHNOLOGY PRESS

内 容 简 介

本书主要分五大部分：第一部分（第 1 章至第 2 章）介绍了操作系统的演进历史和 OpenHarmony 操作系统的背景、定位、技术优势等整体情况；第二部分（第 3 章至第 5 章）围绕 OpenHarmony 的"统一 OS，弹性部署"特征，详细介绍了 OpenHarmony 操作系统的系统内核，子系统服务和编译与构建系统的理论和实践；第三部分（第 6 章至第 10 章）围绕 OpenHarmony 的硬件互助、资源共享特性，详细介绍了分布式软总线、分布式数据管理、分布式任务调度、分布式硬件管理和分布式音视频的理论与实践；第四部分（第 11 章至第 14 章）围绕 OpenHarmony 的"一次开发，多端部署"特性，详细介绍了 OpenHarmony 的应用框架（Ability）、UI 编程框架、图形系统和方舟编译器的理论和实践；第五部分（第 15 章至第 17 章）通过对 OpenHarmony "三个正确"的阐释来说明 OpenHarmony 在安全上的理念与实现。

OpenHarmony 版本快速迭代，主线版本代码更新日新月异。本书基于 OpenHarmony 4.0 版本，着重介绍 OpenHarmony 开源操作系统的理论基础和技术本质。

图书在版编目（C I P）数据

OpenHarmony 操作系统／丁刚毅等著．--2 版．--
北京：北京理工大学出版社，2024.2
ISBN 978 - 7 - 5763 - 3701 - 3

Ⅰ.①O… Ⅱ.①丁… Ⅲ.①移动终端-应用程序-
程序设计 Ⅳ.①TN929.53

中国国家版本馆 CIP 数据核字（2024）第 057231 号

责任编辑：陈莉华　　　**文案编辑**：陈莉华
责任校对：刘亚男　　　**责任印制**：李志强

出版发行／北京理工大学出版社有限责任公司
社　　址／北京市丰台区四合庄路 6 号
邮　　编／100070
电　　话／（010）68944439（学术售后服务热线）
网　　址／http：//www.bitpress.com.cn

版 印 次／2024 年 2 月第 2 版第 1 次印刷
印　　刷／保定市中画美凯印刷有限公司
开　　本／787 mm×1092 mm　1/16
印　　张／24.75
彩　　插／1
字　　数／610 千字
定　　价／78.00 元

创作团队

主　创：丁刚毅　王成录　吴长高

成　员：王　皓　王　潮　徐礼文　马　锐　等

操作系统是计算系统的核心，是信息产业的"根"，是数字时代网络安全的基石。随着全球新一轮科技革命和产业变革深入发展，人类正进入"人机物"融合的智能化时代，千亿规模的各类物联终端和新型计算模式的出现，无疑将给下一代操作系统带来新需求、新蓝海。软件定义一切、万物均需互联、人机物自然交互，这些均是早期操作系统尚不具备的能力。

OpenHarmony 作为面向未来万物互联时代的新一代操作系统，打破了硬件间各自独立的边界，统一了大大小小各类物联终端的软件系统，大幅简化了万物互联互通的难度，也为开发者提供了一次开发多端部署的便利。在传统的单设备系统能力的基础上，利用"软总线"将多个孤立终端的感知能力、计算能力、存储能力进行连接，按需组装成更强大的软件定义的超级终端，使得用户在与系统交互时，不再是面对一个个孤立的终端，而是软件定义的有机整体，实现人机物更加自然的交互。基于这些特性和优势，OpenHarmony 必将成为下一代操作系统的领跑者。

当前，我国正在大力推进数字中国建设和数字经济发展。OpenHarmony 自发布以来，已在各行各业快速推进，但人才生态尚未形成，高校教材也很匮乏。本教材围绕 OpenHarmony 操作系统的底层原理、系统架构、应用开发进行系统性的介绍，绘制了全面的操作系统知识图谱，填补了高校教材体系方面的空白。

本教材由北京理工大学计算机学院、信息技术创新学院携手中软国际公司、深圳开鸿数字产业发展有限公司联合编著，体现了产学研用紧密结合、产教紧密融合、产业链和创新链紧密聚合的特色化软件人才培养的特点。相信通过本教材的普及，将会有助于促进国产操作系统领域的高端人才培养，构筑人才生态，为建设科技强国作出贡献！

北京理工大学原校长、中国工程院院士　龙腾

操作系统是软硬件资源的分配者，它上承应用，下接终端，是信息时代不可或缺的根技术，在信息技术体系中起着融合上层软件和底层硬件资源的重要作用。多年来，我国主要操作系统（包括桌面操作系统、服务器操作系统、移动终端操作系统、工控操作系统等）大都被国外市场垄断，相应的产业生态也受到制约。在这种形势下，鸿蒙操作系统突破重围脱颖而出，面向智能终端这一新兴领域，打造面向万物互联时代的全新的国产智能终端操作系统，在操作系统和基础软件国产化攻坚战中走在前列，得到业界越来越多的关注和认可。

生态构建是操作系统发展的关键。通常一个生态的构建需要花费很长的时间，必须通过业界协同和市场的良性循环才能建立起来，这是很不容易的。再好的种子成长为参天大树，也需要大家的齐心协力。我也十分期待通过中国业界的携手，充分发挥我国举国体制优势、市场优势和人才优势，大家共同为国产操作系统的发展和生态构建作出贡献。

开源人才培养是操作系统发展的根本。我们需要更多的青年人加入开源大军中，积极投入开源社区中，为中国和全球开源的发展作出大国贡献。为此，我们要从全球视野谋划开源人才培养，统筹规划，全面推进。

《OpenHarmony 操作系统》这本教材，构建了创新、科技和人文的新图景，绘制出了全面的操作系统知识图谱，适用于对操作系统感兴趣的开发者、科研人员、软件架构师、软件工程师、高校老师和学生参考学习。由于鸿蒙国产操作系统的诞生对科技强国的建设具有特殊的意义，本教材的出版也将具有重大的价值。

中国工程院院士　倪光南

党的二十大报告提出，"以国家战略需求为导向，集聚力量进行原创性引领性科技攻关，坚决打赢关键核心技术攻坚战。加快实施一批具有战略性全局性前瞻性的国家重大科技项目，增强自主创新能力"。软件是信息技术之魂、网络安全之盾、经济转型之擎、数字社会之基，而操作系统等基础软件更是重中之重。我国近年来在操作系统等根技术领域实现突破，涌现了 OpenHarmony 等领先的下一代操作系统，鸿蒙生态蓬勃发展。操作系统等基础软件领域高层次人才培养是建设信息强国和网络强国的必然要求。

在信息化智能化时代，软件是灵魂，操作系统是"根"。过去的操作系统主要是支撑计算机、手机终端等单一设备，而面向未来万物互联智能世界的新一代操作系统，需要跨越不同设备之间的边界，实现跨设备协同。OpenHarmony 正是一款面向未来万物互联时代的全场景分布式操作系统，打破了硬件间各自独立的边界，提出了基于同一套系统能力、适配多种终端形态的分布式理念，支持各种终端设备，将人、设备、场景有机地联系在一起，构建一个超级终端智能互联的世界。

本教材紧扣二十大报告中关于"加快实现高水平科技自立自强"相关要求，由北京理工大学计算机学院和信息技术创新学院携手中软国际公司、深圳开鸿数字产业发展有限公司联合编著。第 1 版作为北京理工大学"十四五"规划教材，自 2022 年出版以来，反响很好。本次第 2 版基于 OpenHarmony 4.0 最新版本，并将目录结构进行了大幅修改，围绕"统一OS，弹性部署""硬件互助，资源共享""一次开发，多端部署"这三大特性，详细介绍了 OpenHarmony 操作系统的底层原理、系统架构、应用开发等内容，帮助广大在校学生和开发者学习掌握新一代操作系统的理论基础和开发技能。

本书整体结构

本书主要分五大部分：第一部分（第 1 章至第 2 章）介绍了操作系统的演进历史和 OpenHarmony 操作系统的背景、定位、技术优势等整体情况；第二部分（第 3 章至第 5 章）围绕 OpenHarmony 的"统一 OS，弹性部署"特征，详细介绍了 OpenHarmony 操作系统的系统内核，子系统服务和编译与构建系统的理论和实践；第三部分（第 6 章至第 10 章）围绕 OpenHarmony 的硬件互助、资源共享特性，详细介绍了分布式软总线、分布式数据管理、分布式任务调度、分布式硬件管理和分布式音视频的理论与实践；第四部分（第 11 章至第 14 章）围绕 OpenHarmony 的"一次开发，多端部署"特性，详细介绍了 OpenHarmony 的应用框架（Ability）、UI 编程框架、图形系统和方舟编译器的理论和实践；第五部分（第 15 章至第 17 章）通过对 OpenHarmony"三个正确"的阐释来说明 OpenHarmony 在安全上的理念与实现。

本书读者对象

本书可作为高等院校计算机软件类专业高年级本科生和研究生的专业教材，也可作为广大程序开发人员的自学参考书。

致谢

本书由北京理工大学计算机学院党委书记丁刚毅、深圳开鸿数字发展有限公司 CEO 王成录、北京理工大学信息技术创新学院院长吴长高联合编著，主要作者还包括王皓、王潮、徐礼文、马锐。另外深圳开鸿数字发展有限公司的丁正、李训辉、吴建平、巴延兴、蒋卫峰、刘宗波、李祥志、成飞、姜怀修、王清、陈迅、卢良政、孙碧锋、王玺卿、钟文清、马浩元、井隆、侯金川、杨泽华、刘锦怡、鲁甜甜、闰增枝、曹璀、张艺桐、张新星、张耀鑫等专家也参与了部分内容编写和修订工作，北京理工大学计算机学院副院长薛静锋教授、黄天羽教授以及华为公司相关技术专家也对本书编著提供了大力支持，一并表示感谢。

衷心感谢龙腾院士、倪光南院士对本书编著工作的指导支持并亲自作序。

衷心感谢中软国际公司董事局主席兼首席执行官陈宇红博士对本书编著工作的大力支持。

衷心感谢北京理工大学出版社的大力支持，尤其是李炳泉副社长、侯亿丰编辑、李思雨编辑等人为本教材成功出版做了大量工作。

信息技术的发展日新月异。本书的编著过程中虽然经过多次修改和完善，但由于水平有限，书中难免有不少错误或/和疏漏，恳请广大读者不吝赐教。

作　者

目 录
CONTENTS

第二篇　硬件互助，资源共享

第三篇　一次开发，多端部署

第四篇　OpenHarmony 安全体系

导论篇

第 1 章
操作系统导论

1.1　操作系统概述

　　计算机是一种高度自动化的、能够按照预先设定的程序进行高速数值运算和逻辑判断的电子设备。

　　计算机由硬件（Hardware）和软件（Software）组成。计算机硬件指的是构成计算机的所有电子器件、机械设备的总称，一般由控制器、运算器、存储器和输入/输出设备组成。计算机存储器包括主存储器和辅助存储器。由控制器、运算器、主存储器组成的中央处理单元（Central Processing Unit，CPU），是计算机硬件系统的核心。计算机的输入/输出设备与辅助存储器合称为计算机外设。

　　计算机仅有硬件还不能工作，还必须有一套程序驱动和调动硬件工作，并且确保信息处理的逻辑规则和次序，这些程序就是计算机软件的主体。计算机软件包括应用软件和系统软件。应用软件一般是指特定领域内完成特定功能的软件，而系统软件则为计算机提供通用、共性的功能。操作系统（Operating System，OS）、数据库管理系统（DataBase Management System，DBMS）、编译器（Compiler）属于系统软件。计算机系统软件的核心是操作系统。

　　在整个计算机体系结构中，作为硬件和应用软件之间连接纽带和桥梁的操作系统，是伴随着计算机硬件的发展和应用需求的演进而抽象分离出来并持续发展演进的。它的发展与计算机硬件和应用发展息息相关。操作系统对硬件资源和软件资源进行归纳、定义和抽象；对软、硬件之间的交互逻辑进行归纳定义和抽象；也归纳定义和抽象了人与计算机、计算机与计算机之间的交互逻辑。这种持续的归纳、定义和抽象，使得操作系统逐步由专用系统走向通用系统，以适应日益复杂的计算机硬件和丰富多样的应用诉求，如图 1-1 所示为操作系统的基本逻辑图。

图 1-1　操作系统的基本逻辑图

1.2　操作系统诞生和发展概述

操作系统作为应用软件和计算机硬件之间的桥梁和纽带，其诞生和持续演进发展的推动力，主要来自计算机硬件的发展以及应用不断丰富两个方面。操作系统从萌芽发展至今，大致分成以下几个阶段，如图 1-2 所示。

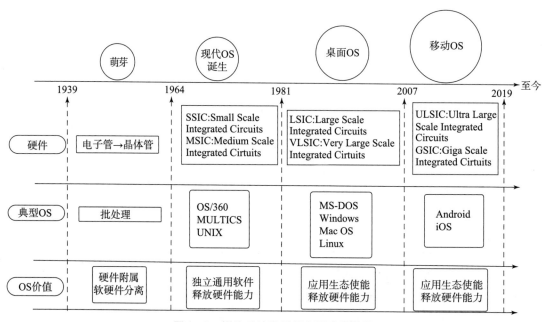

图 1-2　操作系统发展的主要阶段概览

（一）操作系统萌芽期（1939—1964）：批处理，操作系统萌芽

这个阶段是计算机体系奠基的阶段，现代计算机体系和基本理论框架，在这个阶段已具雏形。

1937 年，艾伦·麦席森·图灵（Alan Mathison Turing，1912—1954）在论文《关于可计算的数及其对判定问题的应用》中提出了一种机器计算的模型，就是大家熟知的"图灵机"，这就是现代电子计算机的理论模型。

1946 年，人类历史上第一台通用计算机 ENIAC（Electronic Numerical Integrator And Computer）诞生，人类从此进入计算机时代。同一年，约翰·冯·诺伊曼（John Von Neumann，1903—1957）提出了"存储程序"（Stored Program）的设计思想，将计算机逻辑处理指令进行编码后存储在计算机的存储器中。当计算机运行时，则顺序地执行存储器中的代码。这就是著名的冯·诺伊曼计算机体系结构的开端。这个伟大的设计思想，使计算机软件和硬件实现了分离，即计算机硬件设计和程序设计可以分开执行。消除了原始计算机体系中只能依赖硬件控制程序的状况（程序是控制的一部分，是作为硬件存在的！）。将程序编码存储在存储器中，使得计算机功能可以通过软件编程来实现。计算机硬件设计和程序设计的分离，大大促进了计算机的发展。

这个时代的计算机硬件器件由电子管发展到晶体管，是计算机发展历史上的第一次飞跃。1947 年，贝尔实验室的威廉·肖克利（William B. Shockley）、约翰·巴丁（John Bardeen）与沃尔特·布拉顿（Walter H. Brattain）发明了晶体管，开辟了电子时代的新纪元。相比电子管，晶体管体积小、性能稳定、功耗低、可靠性高，计算机的体积因此大大缩小，并且可以长时间无故障运行。计算机的主要用途也由最初的军事和尖端技术领域的数值计算，逐步扩展到数据处理、事务处理和过程控制等领域。

这时的计算机输入/输出操作的媒介是穿孔卡片。随着处理任务的复杂度增加，准备和处理穿孔卡片成为一个极其耗时费力的繁重工作。编写程序（不是我们今天的编写程序，而是业务处理逻辑和顺序）、在纸片上打孔、负责把穿孔卡输入计算机，处理计算机输出的穿孔卡等工作变得越来越复杂。为了把繁杂的工作简单化，工程师们发明了专门处理上述工作的价格低廉的机器。该机器读取输入穿孔卡并输入到磁带上，操作员通过一个批处理程序读取磁带上的任务并交由计算机处理执行，该任务完成后，计算机将结果输出到穿孔卡，然后读取下一个任务，如此循环直至任务完成。

这个批处理程序已经具备了基本的任务调度能力，为计算机系统提供了一个自动任务处理序列，已经具有了现代操作系统的雏形。由此可以窥探出操作系统诞生的逻辑：计算机的输入/输出和任务处理，尽可能不与计算机硬件绑定在一起，将任务或应用与硬件解耦，以降低应用或任务开发的复杂性和难度。批处理，是对计算机一系列任务的归纳、定义和抽象，是现代操作系统的萌芽。

该时期一个非常值得记住的事件是 FORTRAN 语言被开发出来。它的发明者是 IBM 公司的约翰·贝克斯（John Backus）。这是人类发明的第一个高级编程语言，并且一直沿用至今。在科学和工程计算领域，FORTRAN 语言仍然发挥着重要的作用。FORTRAN 是 Formula Translator 的缩写，即公式翻译器。1957 年，第一个 FORTRAN 编译器在 IBM704 计算机上实现，并首次成功运行了 FORTRAN 程序。

（二）第一代操作系统（1964—1981）：多任务、分时操作系统，现代意义的操作系统诞生

1958 年，德州仪器工程师杰克·基尔比（Jack Kilby）发明了集成电路（Integrated Circuit，IC）。1959 年 2 月，仙童半导体公司的罗伯特·诺伊斯（Robert Norton Noyce）将多种元件放在单一硅片上，同时用平面工艺将它们连接起来的方法申请了专利。这个发明和基尔比的发明异曲同工。德州仪器和仙童半导体公司针对基尔比和诺伊斯的发明开始了旷日持久的专利诉讼。最后，法庭将 IC 的发明权授予基尔比，将内部连接技术的专利权授予诺伊斯。实际承认了两人是集成电路的共同发明人。集成电路的发明，真正打开了人类进入信息时代的大门。

以小规模集成电路 SSIC（Small Scale Integrated Circuits）、中规模集成电路 MSIC（Medium Scale Integrated Circuits）、大规模集成电路 LSIC（Large Scale Integrated Circuits）构成计算机的主要功能部件，使得计算机变得更小、功耗更低、速度更快。著名的摩尔定律表征了集成电路的发展速度，即集成电路的集成度和性能大约每两年翻一倍，同时价格下降一半。

1964 年，IBM 公司研制成功第一个采用集成电路的通用电子计算机 IBM360。这个系列计算机采用了统一的操作系统 OS/360。这是计算机发展历史上又一次巨大的突破和创新。这个系列计算机和操作系统的命名，昭示着 IBM 的巨大野心：360 度，寓意着为用户提供全方位、无死角的服务。这场豪赌持续了四年：同一个系列的计算机可以共用相同的外设，同一套软件可以运行在同一系列不同型号的机器上，"兼容机"从此深入人心。同一系列的计算机，尽管型号上有所区别，但它们都必须能够用相同的方式处理相同的指令，具有相同的软件，配置相同的磁盘机、打印机等外设，而且能够相互连接在一起工作。此外，更换新机器时，不用再更换外设，并且可以使用同一套软件。这些在今天理所当然的常识，当时却是闻所未闻。IBM 开创性的工作，为计算机的普及打下了最重要的基础，作出了不可替代的贡献。

OS/360 操作系统是计算机发展史上第一个主机操作系统，支持多道程序（或叫多任务，Multi - programming），最多可同时运行 15 道程序。多道程序设计的目的是充分发挥 CPU 及其他硬件的能力。这个设计理念，一直被操作系统传承至今：操作系统就是想方设法释放 CPU 及其他硬件的能力，这样的努力至今仍在持续。OS/360 系统，是当时人类历史上研发的最复杂的软件系统，前后花了 4 年时间，共有 2 000 多名优秀的软件工程师投身其中。虽然没有完全实现最初的设想，但是 OS/360 系统开创性的贡献，对计算机发展的巨大推动作用无可替代。

现代操作系统的真正奠基者是 MULTICS（MULTiplexed Information and Computing System）系统。它是由贝尔实验室、麻省理工学院及美国通用电气公司于 1964 年共同参与研发的分时、多任务操作系统。该系统因过于理想化和超乎想象的庞大，于 5 年后被迫中止。虽然商业上没有取得成功，但 MULTICS 对现代操作系统的巨大贡献，是应该被永久铭记的。它的设计理念、系统架构和多项突破性创新，为后续操作系统的发展和演进留下了大量极具价值的遗产。

1969 年，参与过 MULTICS 研发的贝尔实验室计算机科学家肯·汤普森（Kenneth Thompson）花了三周多的时间，用汇编语言写出了一个 MULTICS 极大简化版的操作系统，并在 RAM 只有 128 KB，存储容量为 512 KB 的 PDP - 7（DEC 公司当时主流机型之一，后来被 SUN 公司击败，退出历史舞台）上成功运行。该系统是对 MULTICS 庞大而复杂系统的高度精简。它包括一组内核程序、内核工具程序和一个小的文件系统。因此，贝尔实验室的科学家们将它称为 UNICS（UNiplexed Information and Computing System，非复用信息和计算系统），这就是 UNIX 系统的原型。这是第一个可移植的操作系统，能够为用户提供交互式远程终端计算和共享文件系统，开创了操作系统与网络融合的先河。1972 年，丹尼斯·里奇（Dennis Ritchie）用 C 语言重写了 UNICS 系统，并命名为 UNIX。两位科学家因作出了杰出贡献，一起获得 1983 年的图灵奖。

UNIX 系统在计算机操作系统的发展史上有着重要的地位，特别是在操作系统的总体设计上。UNIX 系统在结构上分成了内核（Kernel）和外围程序（Shell）两部分，且两者有机结合为一个整体，如图 1 - 3 所示。内核部分承担了系统内部各个模块的功能，是操作系统的枢纽，它为程序分配时间和内存，处理文件存储等。内核部分包括进程管理、存储管理、设备管理和文件系统。内核部分简洁精干，只需要占用很小的空间且常驻内存，以保证系统的高效运行。Shell 作为用户和内核之间的接口，其实就是一个命令行解释器（Command Line Interpreter，CLI）。它解释用户输入的命令（命令本身就是程序），并安排它们被执行。

UNIX 操作系统在计算机发展历史中的地位和作用是独一无二的，它不仅是现在大部分操作系统的共同鼻祖，而且催生出了软件开源的模式，对今天计算机软件研发的影响是深远且深刻的。图 1 - 4 所示为 UNIX 操作系统简谱。

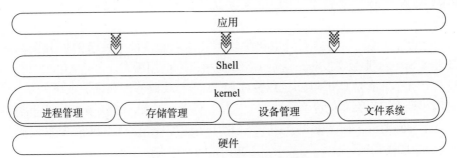

图 1 – 3　UNIX 系统架构示意图

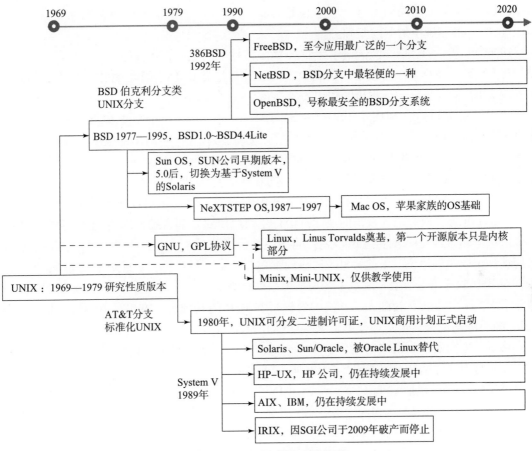

图 1 – 4　UNIX 操作系统简谱

　　1975 年以前，UNIX 操作系统仅在贝尔实验室内部使用。随后，UNIX 快速普及开来。早期的 UNIX 版本是带有源码的，这为使用者和爱好者针对自己需求的修改提供了极大的便利，同时也导致了系统的过度分化和混乱。在整个 UNIX 系统的发展过程中，有几条主线对现在的计算机操作系统发展，甚至是计算机的发展演进起到了决定性的作用。

　　第一条主线是以 AT&T（贝尔实验室的所有者是 AT&T）为主体的 UNIX 演进路线。从 1969 年诞生到 1979 年共十年时间里，UNIX 系统一直是研究性质的操作系统。1979 年发布的 V7 版本，才是第一个完整意义的 UNIX 系统，同时，也是最后一个研究性质的 UNIX 系统。

1980 年开始，UNIX 开始进入商用化阶段，其标志是 AT&T 发布的可分发二进制许可证。1981 年，System Ⅲ 版本发布，这是 UNIX 的第一个商用版本。

1983 年，AT&T 成立 UNIX Lab，开始对 UNIX 进行代码管理和维护工作，并且综合了各个大学（因早期 UNIX 版本免费给大学教学使用，因此衍生出不少分支版本）和其他公司的版本，开发了 UNIX System V Release 1（SVR1）版本，该版本不再包含源代码，开始了 UNIX 源代码的严格管理。

1984—1989 年，UNIX Lab 在整合 Xenix（微软）、BSD、Sun OS（Thompson 的学生 Bill Joy 创业开发的系统）基础上，开发并发布了 System V Release 4（SVR4），大大改善了 UNIX 各种版本的混乱局面。这个版本也是 Solaris（SUN）、HP－UX（HP）、AIX（IBM）、IRIX（SGI）商用版本的共同基础。

1996 年，单一 UNIX 规范标准发行，不满足该标准的版本，不能冠以 UNIX 名字，只能成为类 UNIX（UNIX like）版本，如 BSD、GNU 等都是类 UNIX 版本。标准的颁布，对进一步遏制 UNIX 的混乱起到了积极的作用。

第二条主线是伯克利版本 BSD（Berkeley Software Distribution，也称 Berkeley UNIX）。1977 年，伯克利发布了 BSD 的第一个版本，一直演进到 1993 年的 4.4 版本。1983 年，4.2 版本 BSD 实现了 TCP/IP 协议栈和 API。同年，Bill Joy 创业并发布 Sun OS。在 4.3 版本上派生出 NetBSD、FreeBSD。前者聚焦大量平台的移植，后者聚焦性能。FreeBSD 使用范围最广，至今仍在大量使用。BSD 一直秉承开放开源的初心，受到开发者和使用者的热烈欢迎。后因 AT&T 起诉，双方陷入漫长的法律诉讼，也因此使双方都错过了 20 世纪 90 年代初操作系统搭载 Intel 系列芯片的黄金窗口期，间接成就了微软的霸主地位。时至今日，两者仍无法撼动 Windows 的地位。由此可见，时机的把握对一个高科技企业来讲是多么重要。

在 BSD 的这条主线上，诞生了今天苹果系列产品的操作系统。乔布斯的 NeXT 公司，在综合了 MACH（卡内基梅隆大学开发的内核）和 BSD 的基础上，推出了 NeXTSTEP OS，这就是 Mac OS 的前身，也是如今苹果家族 OS 的前身。

第三条主线是开源模式的诞生。Richard Stallman 不满 AT&T 封闭源码的做法，于 1985 年创立了自由软件基金会（Free Software Foundation，FSF）来为 GNU 计划提供技术、法律及财政支持。GNU 包括 GPL（GNU General Public License），为开源代码提供了完整的社区运作规则。基于 GPL 协议，Linus Torvalds 借鉴 UNIX 思想，于 1991 年编写了 Linux 内核并挂在网上供所有人自由免费下载。该系统被称为 GNU/Linux，简称 Linux，完全自由、开放、开源的操作系统正式诞生！

UNIX 操作系统为计算机发展作出的巨大贡献怎么颂扬都不为过。UNIX 系统的成熟和繁荣，为计算机行业的蓬勃发展作出的贡献居功至伟。真正开启了计算机波澜壮阔大繁荣的序幕。

这个时代是大型机和小型机统治的时代，大型机使用复杂，价格昂贵，软硬件等都由一个厂家提供，完全垄断。集成电路、UNIX、开放标准，使得小型机快速发展起来，提供小型机的厂家一下扩展到几十家，耳熟能详的如 IBM、HP、SGI、DEC、SUN 等，都曾经是各自领域的霸主和佼佼者。虽然操作系统和硬件基本上还是一家提供，但应用慢慢剥离了，出现了独立的软件开发商，应用软件和生态价值在操作系统中的比重逐步增加，即将成为下一代操作系统竞争的焦点。

（三）第二代操作系统（1981—2007）：以桌面操作系统为代表，GUI（Graphic User Interface，图形用户界面）及鼠标的引入，操作和使用计算机的门槛大幅降低

20 世纪 70 年代初，大规模集成电路开始大规模使用在计算机硬件元器件上，计算机体积变得更小、功耗更低、成本也显著降低，个人拥有计算机的梦想将成为现实。这个时代个人计算机（Personal Computer，PC）的大爆发，将计算机推进到大繁荣时代。

1981 年，IBM 将 Intel 的 8088 芯片用于其研制的 IBM－PC 中，开创了微机时代。正是从 8088 开始，个人计算机在全球范围内发展起来，计算机真正开始走进了人们的工作和生活中，标志着一个新时代的开始。

DOS（Disk Operating System）磁盘操作系统，是个人计算机早期的操作系统。DOS 是单用户单道程序操作系统，其发明者是西雅图计算机产品公司的一名程序员，花了四个月的时间写出的带有界面的 86－DOS，用于测试 Inter8086 CPU。随后微软购买了该系统，并基于此开发了 MS－DOS，专门为 IBM－PC 配套。MS－DOS 在 IBM PC 兼容机中占有举足轻重的地位。

IBM PC 逐渐推向市场时，Apple 也在 PC 领域取得非常大的进展。乔布斯在 Parc（施乐公司所有）实验室敏锐察觉到了 GUI 和鼠标的商业价值，购买了 GUI 进行研究。1983 年，苹果公司推出了 Apple Lisa，系首次采用 GUI 界面的 PC，在微机市场掀起轩然大波。随后，比尔·盖茨和乔布斯达成一致，微软开始全力开发 GUI 界面的操作系统。

1985 年 Windows 1.0 发布，1990 年 Windows 3.0 发布，助力微软登上桌面操作系统的霸主地位。Microsoft 操作系统＋Intel 微处理器逐渐成为个人计算机的标准架构配置，微软和 Intel 也顺势组成了"Win－tel 联盟"。直至今日，这个联盟仍然在个人计算机领域占据着统治地位。这不仅仅是微软自己的功劳，在此阶段，UNIX 和 BSD 正在打旷日持久的官司；乔布斯被赶出了苹果，两者均错过了桌面操作系统的黄金发展期，成就了微软 Windows 系统在桌面领域的统治地位。

GUI 界面的操作系统，让使用者操作计算机的门槛大大降低。个人计算机因此以极快的速度普及到人类社会的方方面面，为人类社会的快速发展作出了卓越贡献。随着应用场景暴增，使用者的诉求也急速爆发。这么多的应用不可能由微软一家公司开发完成。因此，需要更多的开发者方便地基于 Windows 开发种类繁多的应用。

作为起源于 BASIC 编程语言的公司，微软在 Windows 基础上广泛构建应用生态体系的做法是坚决的和系统的。对用户来讲，不仅需要一套操作系统，更需要基于操作系统的各种应用软件。这些丰富的应用软件，需要积聚行业智慧和力量共同完成。因此，对开发者友好是 Windows 操作系统保持至今的核心竞争力。

Any Developer、Any App、Any Platform 是微软 Visual Studio 开发平台的目标。2017 是 Visual Studio 发展的一个关键里程碑，原生支持了多种编程语言，如 C#、TypeScript、JavaScript、C++、Visual Basic 等，并且集成了这些语言的最新版本。同时，还有包括开源、跨平台、多语言支持的轻量级开发环境 Visual Studio Code 等，为生态开发者提供了丰富完整的工具平台支撑，对开发者很友好，使得基于 Windows 的生态持续繁荣，稳稳地捍卫了 Windows 在个人计算机中的霸主地位。

乔布斯回归后，Mac - book 也飞速发展起来，并且借助 iPhone 的影响力，快速构建起 Mac - book 生态；同时，Linux 虽然在桌面计算机市场也有一定的份额，但是目前两者都无法取代 Windows 的霸主地位。生态构建能力，已经成为以桌面操作系统为代表的第二代操作系统的核心竞争力和发展推动力。

在这个阶段，Linux 操作系统的诞生是最典型的事件。因购买不起昂贵的 UNIX 系统，荷兰的一位大学教授参考 UNIX 设计思想，编写了一个供教学使用的操作系统 Minix（Mini - UNIX），向学生讲述操作系统的工作原理。其代码是公开的，全世界热衷于学习操作系统的学生，包括当时正读大二的芬兰大学生 Linus Torvalds 也是其中一员，都在钻研 Minix 系统。因 Minix 系统不允许分发源代码，于是 Linus Torvalds 决心自己写一个操作系统。他吸收了 UNIX 的设计思想精华，于 1991 年写成适用于一般计算机的通用操作系统（实际只是内核），并放到网上供大家下载，这标志着 Linux 时代的开始。

Linux 的基本思想有两点：第一，一切都是文件。系统中的所有资源都归结为文件，包括命令、硬件、软件、进程等。对 Linux 内核而言，都被视为拥有各自特征或类型的文件。第二，每个文件都有确定的用途。很多人认为 Linux 是在 UNIX 基础上修改的，主要原因是两者的设计思想非常相近。但从代码角度来讲，Linux 完全没有借用 UNIX 代码，而是完全重写的。1994 年推出完整的 Version1.0 版本，至此，Linux 逐渐成为功能完善且稳定的操作系统，被广泛使用至今。

Linux 系统稳定且开源，因此，得到了全世界软件爱好者、组织、公司的支持。遍布全球的开发者，持续为 Linux 系统贡献代码。至今，除了在服务器领域独领风骚保持强劲势头外，在个人计算机、嵌入式系统、移动操作系统上都取得了长足的发展。使用者可以根据自身的需求来修改完善 Linux，使其最大化地适应用户多样化的需求。

围绕 Linux，构建起了庞大的开发者生态，特别是 Linux 内核部分，几乎成了各种端侧操作系统内核的基础。服务器端，几乎全是 Linux 的天下。Linux 仍然如火如荼地发展，具有强大的生命力。图 1 - 5 所示为 Linux 家族简谱。

（四）第三代操作系统（2007 至今）：以智能手机操作系统 iOS 和 Android 为代表，更加关注用户体验，应用生态更加繁荣，生态在操作系统中的价值比重越来越大

iOS 系统脱胎于苹果计算机 Mac OS 系统，2007 年第一代 iPhone 发布时，同步发布了该系统。当时的名字还不是 iOS，而是 iPhone OS。到了 2010 年发布 iPhone 4 时，因该系统陆续用在 iPad 等其他苹果产品上，才正式命名为 iOS。

iOS 5 于 2011 年发布，它最终使得 iPhone 独立于计算机运行。此前，用户必须将 iPhone 插入 Mac 或 PC 才能激活它设置一切。

2008 年 7 月，苹果 App Store 正式上线，开启了软件应用市场的先河。通过开放软件开发包（SDK）给三方应用开发者，让越来越多的开发者学习并开发基于 iOS 的各种各样的应用，使得 iOS 的使用体验黏性几乎无限增强。不断开放能力、提供良好的开发环境和工具，成为 iOS 系统的核心能力。不断吸引更多的开发者开发应用，不断为消费者提供各种各样的 Apps 供下载，成为 iOS 最核心的竞争力。自 2008 年发布 App Store 以来，苹果公司累计向开发者支付了 3 000 多亿美金，由于开发者不断获得商业价值，就会持续投入开发创新各种应用，消费者就有更多、更丰富的选择，反过来推动开发者持续开发新应用，如此循环往复，形成良好的商业闭环，保证了 iOS 生态健康、稳定、持久发展。也是因为 iOS 生态的繁荣，

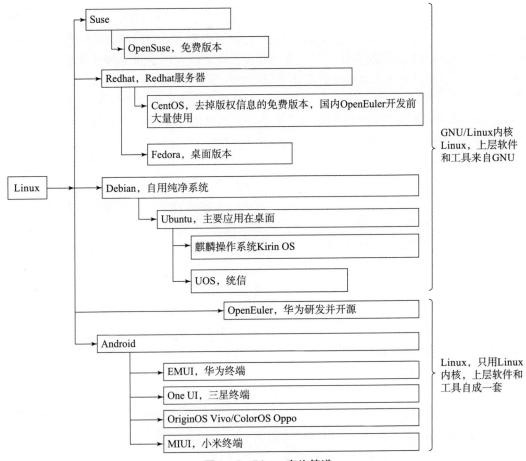

图1-5 Linux 家族简谱

催生出很多新的业态。

　　Xcode 是目前大部分 iOS 应用开发者首选的 IDE 工具，它支持苹果公司的 Swift 语言，同时也支持 C、C++、Object-C、AppleScript、Java、Python、Ruby 等语言。Xcode 拥有统一的用户界面设计，操作便利且有非常快的编译速度。在 Xcode 平台上，开发者能一站式完成 Apple TV、iPhone、iPad、Mac 等设备的应用。从某种程度上讲，IDE 平台的竞争力，是构建生态的核心竞争力。只有不断为开发者提供方便、快捷、一站式的开发环境，才能持续吸引开发者。开发者的数量，是生态竞争的关键。

　　安卓（Android）毫无疑问非常成功。2003 年，以安迪·鲁宾（Andy Rubin）为代表的团队，本来是为相机提供一个操作系统，但因市场空间非常小，随后转向智能手机市场。2005 年 8 月 17 日，谷歌以 500 亿美元的价格，收购了 Android 所有代码、产权和团队。Android 系统发展历史上最关键点是谷歌承诺将 Android 打造成一个开源的操作系统。这使得它受到第三方手机制造商的热烈欢迎。同时，谷歌牵头建立开放手持设备联盟（Open Handset Alliance），由硬件制造商、软件开发商及电信运营商共同组成，共同研制改良 Android，以此来与苹果公司展开竞争。2008 年发布 Android 1.0 后，搭载 Android 系统的智能手机就遍地开花了。

同样的，Android 操作系统在支持生态伙伴的发展上做出了很多努力。从最开始依赖 WebView 的 Hybrid 混合开发技术，到 React Native 的桥接（将 JS 转为 Native）技术，再到 Flutter，独特的跨平台魅力，使开发者在跨平台领域节省了大量的时间和精力。Android Studio 是一款强大的集成开发平台，安卓应用开发者高度依赖这个强大的开发平台来开发丰富的安卓 Apps。开放开源加上对开发者非常友好的开发工具平台，强有力地支撑了 Android 生态的高度繁荣，助力 Android 系统成为全球最大的移动操作系统，市场份额接近 80%。

以 Android 和 iOS 为代表的第三代操作系统，生态的重要性进一步提升。对生态的竞争成为操作系统竞争的焦点，操作系统不仅对最终用户友好，对开发者友好也成为核心要素。智能终端厂商、开发者、消费者之间形成良好的商业闭环，推动了应用的极大繁荣，深刻改变了人类的生活方式。今天，智能手机几乎成为人的一个新"器官"，移动支付、在线购物、个人娱乐等，让人和智能手机融为一体，深刻、彻底地改变了人类的生活方式。

（五）下一代操作系统展望

操作系统作为计算机体系的中枢，一直伴随着硬件和应用的发展而发展。硬件和应用是操作系统发展演进的核心推动力。

从硅基芯片规模应用开始，一直遵循着摩尔定律发展了几十年，芯片制程已经来到了 2 nm，几乎逼近了物理极限，摩尔定律也将逐步失效。但人类对算力的诉求永无止境，新的芯片和硬件架构也被不断创造出来：Chiplet、3D 堆叠、碳基芯片、量子芯片、非易失性存储、硅碳混合存储都在为提升计算密度做着持续的努力，这些新的硬件，必将推动操作系统的持续发展和演进。

随着数字化、智能化的持续扩张，应用种类和形态也将持续地繁荣。对开发者友好的操作系统将是操作系统的核心竞争要素。开发者越多，就会越多地释放开发者的创造力，开发出各种应用来满足消费者和使用者的多样化需求。

下一代的操作系统，将有以下发展可能：

可能一：操作系统与网络高度融合。随着 5G 网络的普及以及 5.5G/6G 技术成熟度的快速提升，WiFi、蓝牙、UWB、星闪等短距通信技术的持续进步，无处不在的网络和毫秒级的时延，将使得今天端、边、云的界限越来越模糊，端、边、云的操作系统架构和关键技术也将越来越趋同。端、边、云协同的鸿沟将逐渐弥合。

可能二：一种设备类型一个操作系统的情况将难以为继，统一的操作系统将装载在各种形态的硬件设备上，操作系统不但与硬件充分解耦，与生态和应用充分解耦，其自身也将充分解耦。众多的原子结构组成完整的操作系统全集，这个全集根据不同的硬件形态和硬件自身 profile，自适应组装成每个个体上运行的操作系统。即每个个体上运行的操作系统，是全集操作系统的真子集。一套操作系统满足大大小小各种设备的需求将会在工程实现领域产生巨大价值。

可能三：操作系统对硬件资源的调度，不仅仅局限于单一的硬件设备内部，而是可以调度所有连接在一起的硬件设备的资源。对应用和生态的支撑也将与硬件单体解耦开，应用和生态可以被各种智能硬件设备共享、共用。这将彻底推动操作系统计算调度机制、存储层次的改变。

可能四：操作系统将成为物理世界与数字世界融合的底座，物理世界和数字世界高度融合，将彻底改变人类社会的生产方式和生活方式。数字成为融合世界流淌的血液、智能无处不在并快速持续进化。

第 2 章
OpenHarmony 操作系统概述

OpenHarmony 是基于华为于 2019 年 6 月捐赠的 Harmony OS（鸿蒙操作系统）基础共性代码，在开放原子开源基金会（OpenAtom Foundation）平台上构建的开源项目。因此，OpenHarmony 在基础架构上与 Harmony OS 完全一致。

2.1 Harmony OS 诞生的背景

OpenHarmony 源于华为捐赠的 Harmony OS 基础共性代码，因此全面继承了 Harmony OS 的核心架构和所有通用技术特性。

2015 年，距离第一代 iPhone 发布虽然只有不到十年的时间，但智能手机以超乎想象的速度快速普及，各种 Apps 层出不穷，给消费者带来了前所未有的极致体验和极大的便利。

华为智能手机业务因 Mate7 的发布而步入快车道。深厚的技术积累爆发出持续的增长动力，智能手机业务年复合增长超过 40%。华为终端管理团队定下了宏大的发展目标：2020 年实现 1 000 亿美元收入。

智能手机业务的两块基石是芯片和操作系统。当时的海思麒麟（Hisilicon Kirin）芯片已经逐步缩小了与高通（Qualcomm）之间的差距，有了相当的竞争力。但是，EMUI（华为基于 AOSP 定制的手机系统 EMotional User Interface）基于 AOSP 定制开发，生态自然也长在安卓生态体系上。对智能手机业务来说，体验是消费者最关注的，也是消费者选择购买手机的核心考虑因素。极致的消费者体验，是需要强大的生态体系支撑的。千亿美金体量的业务，没有自己的生态根基，潜在的风险无疑是巨大的。为了业务的长治久安，必须拥有生态控制权，而生态的抓手就是操作系统。

虽然当时智能手机是绝对的核心，但以 fit – bit 为代表的智能手环已经出现，扫地机器人也快速走进消费者的生活当中。学术界、产业界探讨多年的 IoT（Internet of Things）已经开始逐步变为现实，越来越多的 IoT 设备出现在消费者身边。但 IoT 设备之间互联困难，体验也是割裂的。除了智能手机外，绝大多数智能设备上只有少得可怜的应用，智能手机上庞大的应用不能跨设备共享使用。

2016 年，华为消费者软件部的 SP（Strategy Planning，战略规划，这是华为公司统一的业务讨论方法之一。年度的 SP 一般在前一年 5 月启动，年底前汇报完成。2016 年的 SP 是 2015 年 5 月启动，2015 年年底完成的）重点讨论了操作系统和生态构建的问题，经过多轮讨论、碰撞和相互激发，基于对行业的洞察和分析，为了业务长期稳健发展，最终决定要研发自己的操作系统，进而构建自己的生态。在 SP 中，明确了自研操作系统的三条核心设计原则：一是不会再研发一个单设备的操作系统，即不会再研发一个 Android 或 iOS 系统，而是要研发一个可以装载在所有硬件设备上的操作系统；二是方便设备之间的连接和协同，尽可能让设备之间自主协同，减少或不需要三方介入；三是设备提供的服务不再受限于某台设备。服务随人走，可以在设备之间智能流转。这三条研发准则，就是今天鸿蒙操作系统的核心DNA。图2-1示意了OpenHarmony操作系统的核心特征。

图2-1　OpenHarmony 操作系统的核心特征

2.2　OpenHarmony 操作系统要解决的问题

1. 不同硬件设备搭载不同操作系统

操作系统的设计准则，毫无疑问会受到硬件种类及形态的影响和约束。在鸿蒙操作系统规划的时候，IoT已经开始普及。除了智能手机外，智能穿戴设备、智能音箱、智能家电已经出现并快速增长。不可能每种智能设备都开发一套对应的操作系统，高成本和高技术门槛，让这种做法在工程实现上缺乏可行性。

大量智能硬件设备完全异构，小的如传感器，是一个单片机，RAM也很小；硬件强大的设备如手机、车机等，采用最先进制程的CPU、XPU，内存十几个GB。这么多异构的硬件能否共用一套操作系统？如果操作系统能够灵活适应不同硬件形态，并且不对操作系统内核及通用部分带来冲击，这将是万物智联时代最优的操作系统实现路径。

2. 设备之间协同困难、体验割裂

不同的设备搭载不同的操作系统，各自有各自的应用，用户操作方式也各不相同。如果沿着这样传统的路径发展下去，随着智能设备数量的增多，给消费者带来的体验不但不能增强，反而会因为交互复杂而使用户体验下降，甚至会把不少消费者阻挡在数字化、智能化的大门之外。应该想办法让各种各样的智能设备彼此之间方便互助和协同，各自发挥各自的硬件能力来共同完成任务。应用最好在设备之间平滑流转，操作方式最好趋于一致，单个设备的特殊操作方式应该被屏蔽掉，交互操作应该以使用者或任务场景为核心，简单、方便、快捷。

3. 应用与设备绑定，不能跨设备使用

不同的设备上运行的应用不同，应用不能在不同智能设备间共用。应用最繁荣的是智能手机，但智能手机上运行的Apps甚至不能平滑地运行在PAD上，更无法在智能电视、车机、智能穿戴等众多智能设备上运行。这种状况一方面导致新的智能设备能够运行的应用少得可怜，严重限制了智能硬件设备的普及；另一方面为了让智能手机以外的智能设备上有更

多的应用可用，只能通过繁杂的移植手段，将手机上的 Apps 适配到各种不同的智能硬件设备上，费时费力、难以为继。

4. 开发者面对不同的硬件、不同的开发环境，学习成本高、效率低

新的智能硬件开发出来，一般都有一套定制的操作系统和应用开发环境。对开发者来说，面对不同的硬件、不同的开发环境，很难高效、高质量快速开发出各种智能硬件上运行的应用。由于应用少，智能硬件的潜力被严重抑制，不但使得智能化的脚步严重变慢，而且造成了极大的资源浪费。

5. 对开发者尚未具备友好的编程框架和工具平台

一个生态系统成功的关键是要有一套好的编程框架和对开发者友好的开发环境。OpenHarmony 要获得成功，除了技术架构创新外，必须要有一套良好的编程框架和友好的开发环境，让开发者能够低成本快速上手，快速、高效开发出高质量的应用。

2.3　OpenHarmony 操作系统的特点

OpenHarmony 操作系统整体架构如图 2 - 2 所示，其核心的三个特征如下。

1. 弹性部署，一套操作系统满足所有设备装载需求

在 OpenHarmony 操作系统出现之前，所有的操作系统都是单设备的操作系统。这就是今天智能手机、智能穿戴、车机、电视机、智能家电等各自装载不同操作系统的原因。

OpenHarmony 操作系统的核心设计目标之一，就是一套操作系统装载在大大小小各种设备上。实现这个目标的主要手段有两个：

一是 OpenHarmony 操作系统全栈"乐高"化设计。将 OpenHarmony 的整体业务逻辑分解成一个个"乐高"积木块（软件模块），系统全栈充分解耦。全解耦设计贯穿于 OpenHarmony 操作系统整体和每个模块设计之中。即 OpenHarmony 全栈横、纵向充分解耦，每个模块也采用同样的逻辑进行充分解耦设计。这种层层递归的解耦，是 OpenHarmony 操作系统自始至终坚守的设计原则，如图 2 - 3 所示。解耦设计的关键是系统的整体逻辑架构划分。系统架构是模块切分和彼此间接口设计的基本准则。软件架构的本质是业务逻辑，是业务逻辑的技术表达。全量、清晰无歧义的业务逻辑是高质量软件架构设计的基础，以完整的业务逻辑进行软件功能的分配和彼此之间的交互设计。不同的功能分配，对应不同的软件模块；功能之间的交互，就是软件模块之间的接口。

二是如何保证软件架构不腐化。软件架构稳定，解耦后的各模块组件能进行不同组合才能实现设计意图。软件最大的挑战是看不见、摸不着，很抽象、难以具象化。在软件研发的全链条上，每个环节都可以把软件"改了"。因此没有好的软件工程手段，再好的软件架构，几个版本之后，大概率会"腐烂掉"。设计 Harmony OS 时，确保整体架构不变质是核心目标之一，OpenHarmony 操作系统完全继承了这个目标。模块之间的接口稳定，是确保软件架构不劣化的关键。具体的做法是将模块之间的接口以头文件（. h 文件）的方式定义出来。模块内部的具体实现不做限定和约束，但模块的功能和性能必须满足整体设计要求。各模块开发者只能通过#include 包含所需要的接口头文件，不许模块开发者自己写模块间接口代码。以代码的方式实现模块间接口设计，就可以借助代码全量扫描工具（Gerrit，谷歌开源的代码审查软件），对每一位研发人员"check in"的代码做全量扫描。接口头文件的任

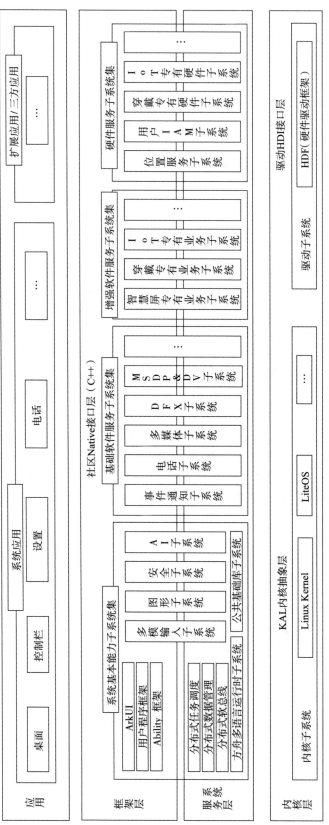

图2-2 OpenHarmony操作系统整体架构

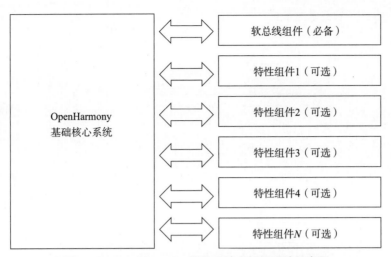

图 2-3　**OpenHarmony 操作系统全解耦设计示意图**

何修改都会被工具扫描发现，任何没有被批准的接口修改，都会被阻拦住。确保了模块间接口的稳定，也就确保了软件架构的稳定。

一个新的硬件设备，只要上报 XPU、RAM、ROM、Display、Audio、I/O 等 Profile 信息，OpenHarmony 的业务编译链就会自动识别需要加载的模块，快速组装出一个适应此设备的操作系统。几乎不太需要适配工作量，或仅需非常小的适配工作量。OpenHarmony 的这个核心技术特点，特别适合万物智联时代各种异构智能设备的需求。研发各种数字化设备的门槛因此大幅降低，不再需要为每种硬件设备开发一套对应的操作系统，如图 2-4 所示。

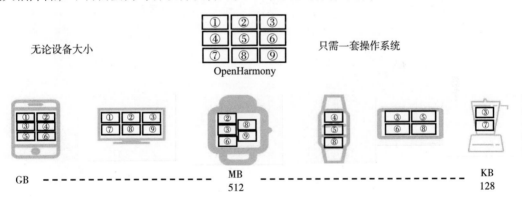

图 2-4　**OpenHarmony 操作系统弹性部署**

目前，OpenHarmony 操作系统可以弹性部署在从 128 KB RAM 到十几个 GB RAM 的各种设备上。最小设备上装载的 OpenHarmony 操作系统，是全量 OpenHarmony 的真子集。

OpenHarmony 操作系统的每个模块，也遵从同样的原则进行解耦设计。以渲染引擎为例，因为 OpenHarmony 操作系统搭载在各种各样的有屏设备上，屏的大小、形状和分辨率千差万别。根据屏的不同，选择加载渲染引擎的不同模块，既满足了不同设备的要求，又有效降低了操作系统的大小，尽可能做到刚刚好。

2. 软总线（Soft Bus）

软总线总体架构如图 2-5 所示。

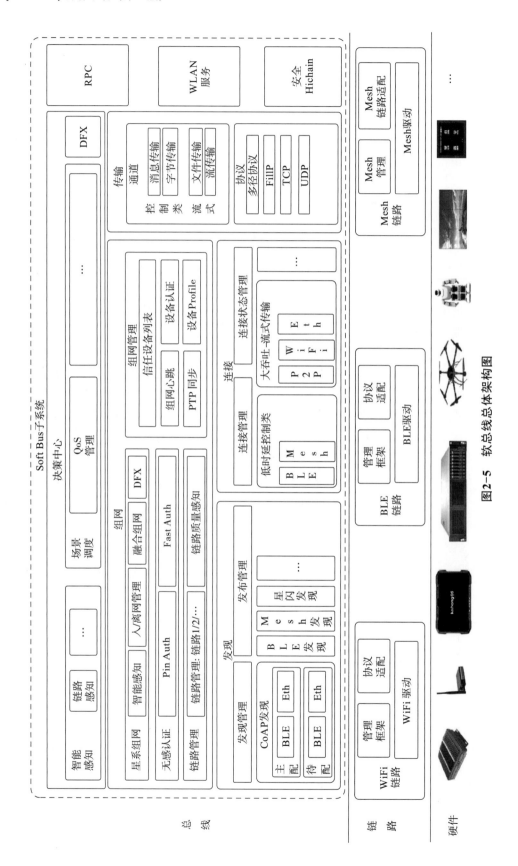

图2-5 软总线总体架构图

软总线是 OpenHarmony 操作系统最具有技术突破和创新的部分。软总线本质就是计算机体系结构中的总线，只是总线运行的物理载体不再是有线载体，而是运行在无线承载体上。软总线的技术突破，对硬件单体带来的影响是颠覆性的。通过软总线，相当于软件定义 PCB（Printed Circuit Board，印制电路板），单个硬件设备的物理边界限制将不复存在。

软总线的灵感，来自团队在电信领域的优秀实践。沙特电信（STC）每年都会经历一次巨大的挑战：哈吉（Hajj）节。Hajj 节期间，200 多万人集中在一起举行活动。这个集中活动的范围基本是一台交换机覆盖的范围。一台交换机的容量只有 40 万门，根本无法满足 200 万用户的接入需求。我们创造性地开发了 MSC Pool（Mobile Switching Circuits Pool，移动电路交换池）解决方案，将物理上独立部署在不同地点的交换机逻辑上组合成一台交换机。最终该方案将 10 台交换机组成逻辑上一台容量超过 300 万门的交换机（交换机彼此间组合会消耗掉一部分容量资源，所以比 10 台总容量要小），完美地满足了这个极端场景的诉求。MSC Pool 让物理上独立部署的 MSC 融为逻辑上一台"超级交换机"。这个优秀实践的精髓被借鉴到了 Harmony OS 的设计上。万物互联是协同的基础，如果万物融为一台超级设备，设备间交互所需要的编解码转换、时钟同步等复杂问题，因融合成一台超级设备而不复存在！设备之间的协同将变得极其简单、高效！正是这个优秀实践，启发了 Harmony OS 软总线的突破性设计。

软总线的具体实现原理是把所有的连接封装成服务。决策中心子系统准确感知上层业务需求，驱动连接子系统来组织和调度所需的总线资源。这个理念也是整个 OpenHarmony 操作系统的设计理念：所有的资源都封装成服务，应用需要资源时，通过接口以调度服务的方式获取所需资源，实现了应用和所需资源的完全解耦。

连接模块：连接所依赖的物理承载可能是 WiFi、BLE、Radio（当前版本没有实现，但技术机理和实现架构是一致的）、卫星链路（当前开源版本未实现，后续版本会陆续实现）、光纤、Socket 连接等，但抽象其建立连接的过程都是发现、连接与组网。因软总线连接的各种设备是动态的，不但要管理好发现、连接和组网，还要处理好离线的设备，比如移动出信号覆盖区，或掉电、故障等。当前的版本中，软总线承载的信息分为两大类，一类是信息量小，但实时性、准确性要求极高，比如消息和指令；另一类是传输信息量大，但实时性要求不是特别苛刻，比如大文件传输。软总线根据不同任务需求，选择对应的软总线通道。

决策模块：根据上层服务发起的请求，计算并判断对软总线的需求，包括带宽、实时性、可靠性等，通过调度机制算法，组织最匹配的总线传输资源给上层应用，完成相应的传送任务。这个机制非常类似于操作系统的异构多核调度机制。

基于软总线连接，可以根据不同需求，多个设备组合形成场景化超级终端，如图 2 - 6 所示。场景化超级终端对外的表现与一台设备一致，背后的支撑技术是构建在软总线上的分布式数据库、分布式文件系统、分布式任务调度。

3. 分布式原子化编程框架

硬件形态在很大程度上决定了应用形态。大型机、小型机的应用形态是文件；桌面计算机的应用形态是桌面、文件和文件夹；计算机互联成为网络节点后，应用以超文本链接（HTTP）的方式组织；智能手机的应用形态是 App。万物互联时代，各种设备物理形态差异非常大，App 等现有应用形态显然不能满足各种差异化设备的诉求。如果每种设备有各自的

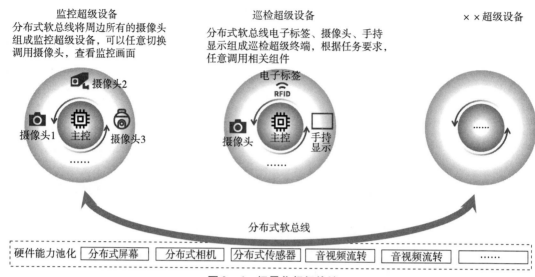

图 2 – 6　场景化超级终端

应用形态，那将导致工程领域部署和实施成本的极大提升，使用者的体验也会因此被严重割裂。

为了使应用在各种不同硬件上共享，必须将应用拆分得足够小，一直拆分到单一功能级别。并且这些单一功能根据场景需要可合并，在软总线实现连接的不同设备间可智能流转。即可分、可合、可流转。从开发者角度来看这个单一功能，是应用程序中对用户具有完整单一功能意义的抽象。在 OpenHarmony 操作系统中，这个单一的功能称为元能力（Ability）。Ability 是 OpenHarmony 应用的基本组成单元，其特征如下：

（1）可调度。根据不同场景和设备的不同硬件能力，Ability 可以在单个或组合的超级终端上运行，可以独立加载、运行。

（2）可组合。支持和其他 Ability 运行在同一台设备上，或者运行在超级终端中的不同设备上，一起协同提供业务或完成任务。Ability 的程序接口在 OpenHarmony 操作系统中是统一规范的。

（3）可重入。Ability 可以在超级终端内的多种设备间无缝流转。

（4）免安装。不用事先下载安装，使用完毕后不用卸载，即用即走。

（5）服务可直达。可以一步实现 Ability 抽象的功能，免去使用者多步操作。

最终的 OpenHarmony 应用程序包以 App Pack（Application Package）的形式发布，它是由一个或多个 Ability 以及描述每个 Ability 属性的配置文件组成。基本可以重用 Android 应用打包、上架、分发的工具体系和流程，如图 2 – 7 所示。

上述 Ability 构建，基本逻辑是将 UI、交互逻辑、应用数据解耦，然后对 UI、交互逻辑两层进一步解耦，应用数据则需要在超级终端内保持一致视图。

（1）UI 部分，要解决以下两个关键问题。

一是对不同的输入事件进行归一化处理。多个设备通过软总线组合成为超级终端，完成一个用户程序的特定任务，比如滚动屏幕，可能在不同的设备上进行。有触屏的设备可以通过上下滑动实现，PC 可以通过鼠标滚动实现。如果应用程序直接面对超级终端中不同的设

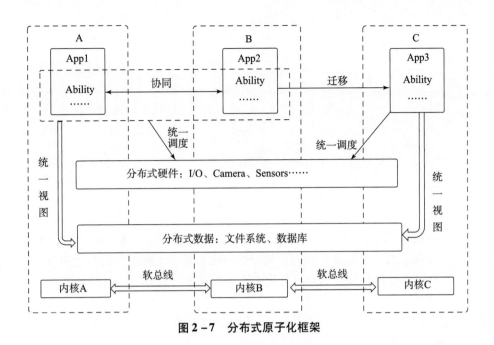

图 2−7　分布式原子化框架

备类型进行适配，不但工作量繁重，应用程序的演进性和一致性也难以保证。在 OpenHarmony 系统中，通过统一控件完成不同设备操作事件的归一化处理，应用程序只和控件交互来处理输入事件，不再对单个物理设备的上报事件分别进行处理，如图 2−8 所示。这样极大地简化了应用程序的设计与实现，应用程序的通用性、演进性也得到了很好的保证。

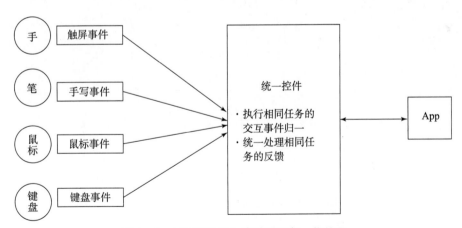

图 2−8　对不同的输入事件进行归一化处理

　　二是解决异构化设备屏幕形状不同、尺寸不同、分别率不同条件下 UI 的自适应问题。UI 控件无法"无级变速"去适应各种各样的屏幕需求。OpenHarmony 操作系统采用栅格化的布局设计原则，当前版本给出 12 种 UI Kit（随着 OpenHarmony 的发展，可能会有新的 UI Kit 抽象出来，原有的 UI Kit 也可能修改或变更），可以完全满足现阶段各种设备界面的要求，如图 2−9 所示。

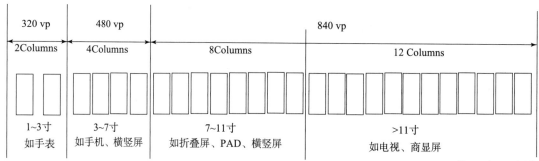

注：1寸=2.54厘米

图 2-9　屏幕栅格化

在栅格约定的情况下，UI Kit 在具体布局实现上，通过彼此间相对位置的改变去最佳适配不同的屏幕布局。目前有隐藏、折行、均分、占比、延伸 5 种控件间自适应布局能力；同时，UI Kit 也可以通过自身尺寸的大小变化来适应布局环境，UI Kit 自身目前有拉伸、缩放两种能力。

综上，通过栅格、UI Kit 间自适应布局、UI Kit 自身改变尺寸和形状，可以比较完整地解决适配不同设备屏幕布局及交互诉求，如图 2-10 所示。

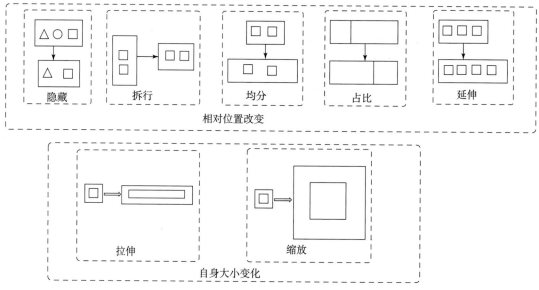

图 2-10　UI Kit 组件布局及自适应能力

（2）交互逻辑。按照 Ability 的设计原则，将交互逻辑拆解到单一完整功能层级，比如音乐应用，play、pause、stop 以及歌词显示、写真等，都是一个个独立的 Ability。它们之间可以组合，也可以流转；Ability 可以和 UI Kit 组合，也可以多个 Ability 组合在一起后，再和 UI Kit 组合，形成在超级终端不同设备上，或多设备组合在一起的超级终端上运行的应用。

（3）应用数据。在应用运行期间，分布式文件系统和分布式数据库，保证在超级终端内始终保持统一一个应用数据视图，应用的上下文和状态是连续的。应用在超级终端上运行时，可分、可合、可流转。

4. OpenHarmony 开发环境

配套 OpenHarmony 操作系统的开发环境，大部分都是华为公司贡献的，最近社区开发者的贡献在逐步增多，随着开源鸿蒙生态的发展，贡献者会越来越多。开发环境面向广大的开发者和生态伙伴是免费使用的。这个开发环境统称为 DevEco Studio，包含两个部分，一个是面向北向应用开发者的，另一个是面向南向生态硬件开发者的。该平台的介绍和使用，就不在本书中介绍了，读者如有需要，可以自行查找相关资料学习。

2.4　Kaihong OS 的扩展与演进

"Kaihong OS + Kaihong 超级终端管理平台"是深圳市开鸿数字产业发展有限公司（简称深开鸿）在 OpenHarmony 的基础上，开发的面向 TO G/TO B 场景的行业发行版底座，如图 2-11 所示。

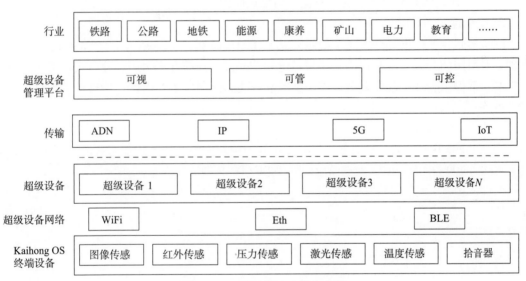

图 2-11　深开鸿 1+1 数字底座

深开鸿相较于 OpenHarmony 开源系统，在以下几方面进行了改进和增强，以满足 TO G/TO B 的场景需求。

1. 可靠性

OpenHarmony 开源代码的稳定性还有比较大的提升空间，特别是 runtime 部分的内存泄露问题，社区版本一直存在。内存泄漏是致命问题，特别是在 TO G/TO B 领域中，必须要彻底解决才能商用发行。OpenHarmony 开源系统版本中的 runtime 是华为贡献的方舟 runtime，这部分难度大，需要比较长的时间去完善和修改。深开鸿在其中作出的贡献最大，目前最新社区版本大部分内存泄漏 bug 已解决。

2. 实时性

因为 OpenHarmony 的基础 Harmony OS 诞生于 TO C 领域，没有实时性能力，特别是硬实时能力。我们采用内核叠加 Jailhouse 虚拟机，将 RTOS 和 OpenHarmony 同时运行在虚拟机上，不但解决了实时性有无问题，而且有可能将复杂设备的交互系统、控制系统等多套系统归一。以机器人为例，交互部分大部分基于安卓，机械运动控制部分运行的是 RTOS。我们通过归一架构，完成了机器人交互和机械运动控制部分的硬件平台和操作系统的归一，降低了机器人系统实现的复杂度，同时机器人的生产成本也显著降低。

3. Kaihong OS + Kaihong 超级终端管理平台

Kaihong OS + Kaihong 超级终端管理平台一起，组成空间 OS。其中 Kaihong OS 通过弹性部署和开鸿总线（Kaihong Bus，在 OpenHarmony 软总线基础上扩展和增强）将各异构硬件按场景组合成场景化超级终端；Kaihong 超级终端管理平台，通过超级物模型封装和其他中间件的封装，对外统一 API 接口，既方便开发者开发场景化应用，又屏蔽了各个设备交互差异，成为统一交互平台。

4. 超级物模型

超级物模型将使物理世界的一切都变成可编程的对象。超级物模型与场景强相关，是行业场景化应用的统一编程对象。有了超级终端和超级物模型，可以像基于智能手机开发 Apps 一样，开发面向不同场景的行业化、场景化应用。

5. 安全性

内核形式化，Kaihong OS 安全等级要达到 EAL6 级别。Kaihong OS 及 Kaihong 超级终端管理平台引用的开源组件和代码，必须经过完整的安全扫描方可引用；分布式轻量化鉴权验证机制，确保组合在一起的超级终端，不因硬件能力薄弱设备受攻击而传染扩散到整个超级终端网络。

6. 与星闪深度融合

在 Kaihong Bus 的统一架构下，将星闪作为一种新型的承载方式加入 Kaihong Bus 中，并且与 Kaihong OS 融为一体，大规模应用到 TO G/TO B 领域。

第一篇 统一 OS，弹性部署

随着"万物智联"时代的到来，面对各种终端设备的资源大小、功能、性能、安全、生态等多方面的差异化，物联网操作系统面临"昆虫纲悖论"的挑战，即场景越来越多，设备形态也越来越多，虽然每类设备单独的市场空间不大，但加起来的总空间十分大。另外，生态的碎片化使得这些设备难以充分发挥价值，不能形成规模产业，而没有规模就没有利润，无法继续发展，从而产生悖论。

弹性应对万物智联时代"昆虫纲悖论"是未来的关键，OpenHarmony 提出了基于系统能力集 + 弹性架构（One OS Kit for ALL）的应对策略。通过"统一 OS，弹性部署"的设计理念，实现一套操作系统，满足大大小小所有设备的需求，小到耳机，大到车机、智慧屏、手机等，让不同设备使用同一语言无缝沟通。

本篇围绕 OpenHarmony 的统一 OS，弹性部署的特征，详细介绍 OpenHarmony 操作系统的系统内核、子系统服务设计和编译构建系统的理论和实践。

第3章
编译与构建系统

3.1 概　述

3.1.1 基本概念

编译与构建系统是一种用于将源码编译成可执行文件的自动化工具。它通常包括编译器、链接器、构建工具和其他辅助工具，用于将源代码转换成可执行的二进制文件。

最原始的编译构建方式是命令行方式，如果只需要编译一个 . c 文件，那么只需要在命令行中运行一条 gcc 指令即可。随着计算机软件的发展，单个软件项目的源码文件数量逐渐增多，编译一个项目需要的命令也随之增加，这时候就出现了编译与构建系统。

Make 是最早出现的构建系统之一，Makefile 是 Make 的编译脚本，其中包含了 gcc 或其他编译指令，Make 通过调用 Makefile 进行编译构建。早期的 Make 设计意图是让开发者来编写构建脚本 Makefile，此时软件规模还较小，编译构建系统相对简单，主要依赖于人工编写编译脚本。

随着软件项目规模不断扩大，一个大型软件项目可能包含成千上万的源代码文件，并且这些文件之间存在复杂的依赖关系和模块划分，这时候通过人工编写编译脚本就变得十分困难。为了解决这个问题，现代编译与构建系统逐渐采用了自动化工具和技术，其中比较知名的有 CMake。CMake 是一种元构建系统，它可以通过 CMakeLists. txt 生成 Makefile，免去了人工编写 Makefile 的烦琐工作。

作为一个现代化的大型软件项目，OpenHarmony 的编译与构建系统底层是以 gn 和 ninja 这套编译构建工具为基础的，gn 和 ninja 在编译构建中的地位就类似于 CMake 和 Make。作为编译构建工具中的后起之秀，gn 和 ninja 有许多优点，现在已经在很多大型软件项目中得到了广泛应用，如 Chrome、Android、OpenHarmony 等项目的编译与构建系统中都使用到了 gn 和 ninja。

3.1.2 gn 和 ninja

gn 是由谷歌公司开发的一种元构建系统，全称 Generate ninja，顾名思义，gn 的作用就是用来生成 ninja 构建文件，gn 和 ninja 的关系就类似于 CMake 和 Make。gn 是怎么来的呢？在 gn 和 ninja 诞生之前，谷歌使用的同类型工具是 GYP 和 GNU Make，GYP 工具根据 gyp 文件生成 Makefile，在谷歌 Chrome 项目的开发过程中，开发者们认为已有的构建工具的效率不能够满足开发需求，所以重新开发了一套更快速、更简单、更高效的构建系统——

gn + ninja。

ninja 是谷歌开源的一个自定义的构建系统，最早用于 Chrome 的构建，ninja 是一个注重速度的构建系统，与 ninja 同类型的是 Make，它们都是通过脚本语言指定编译规则，然后调用 gcc 等编译器实现自动化编译，它们都依赖于文件的时间戳检测重编，进行增量构建。ninja 文件没有分支、循环的流程控制，只包含简单的编译构建规则，这使得 ninja 比同类型的 Make 更加简单和高效。它的设计目的是让更高级别的构建系统生成其输入端文件，而不希望用户手动去编写 ninja 文件，可以生成 ninja 的工具有 gn、CMake 等，在 OpenHarmony 中，开发者只需编写 gn 文件，由 gn 工具生成 ninja。

gn 和 ninja 相比于原有的构建工具，具有以下优点：

（1）可读性更好，对开发者编写和维护更加友好。

（2）构建速度大幅提升。

（3）修改 gn 文件后，执行 ninja 构建时会自动更新 ninja 构建文件。

（4）更好的调试支持，在 gn 中支持 Print 打印。

（5）更优秀的模块依赖机制，并且提供了更好的工具查询模块依赖图谱。

gn 语法和配置并不复杂，官方文档很齐全，学习 gn 需要了解它的基本语法和内置变量、函数的用法，这些都可以在官方的 gn 参考手册中查阅，本书不做过多赘述。

（一）gn 模板（Template）

gn 提供了很多内置函数，若构建不复杂的系统，熟悉这些内置函数即可完成 gn 的编写，如果有更复杂的需求，需要用到自定义函数，则需要了解 gn 的模板用法，gn 中的模板就类似于自定义函数。在 OpenHarmony 中有很多定制化的 gn 模板，用来配置 OpenHarmony 中的模块，例如 OpenHarmony 中经常使用的 C/C++ 模板：

```
# OpenHarmony 定制化 C/C++ 模板
ohos_shared_library
ohos_static_library
ohos_executable
ohos_source_set
```

gn 模板需要定义在 gni 文件中，然后被 gn 文件引用，之后才能在 gn 文件中使用模板，gn 文件引入 gni 使用的关键字为 import，和 .c 文件用 include 引入 .h 文件类似。

OpenHarmony 中定义 C/C++ 模板的 gni 文件路径如下：

```
/build/templates/cxx/cxx.gni
```

其中包含了 OpenHarmony 中 C/C++ 模板的定义，在 gn 文件中 import 该 gni 文件就可以使用定义好的模板，以下用源码举例说明：

（1）模板定义：

```
#cxx.gni 文件截取
template("ohos_shared_library"){#定义模板
  assert(!defined(invoker.output_dir),
      "output_dir is not allowed to be defined.")
```

```
......
   }
```

（2）模板使用：

```
import("//build/templates/cxx/cxx.gni")
ohos_shared_library("libhdf_test_common"){#使用模板
......
   }
```

（二）gn 目标项（Target）

目标是构建图中的一个节点，它通常表示将生成的某种可执行文件或库文件。整个构建是由一个个的目标组成的，以下是几个常用的目标项：

- action：运行脚本以生成文件。
- executable：生成可执行文件。
- group：生成依赖关系组。
- shared_library：生成 .dll 或 .so 动态链接库。
- static_library：生成 .lib 或 .a 静态链接库。

（三）gn 配置项（Config）

gn 配置项包含生成目标所需的配置信息，以下用部分源码说明 gn 配置项用法，示例如下：

```
#文件路径 drivers \hdf_core \adapter \build \test_common \BUILD.gn
config("hdf_test_common_pub_config"){#创建一个配置项
   visibility =[":* "]
   include _ dirs = [ "//drivers/hdf _ core/framework/test/unittest/
include"]
   }
   ohos_shared_library("libhdf_test_common"){
      public_configs =[":hdf_test_common_pub_config"]#使用配置项来生成
目标文件
      ......
   }
```

3.2　编译与构建系统设计

3.2.1　设计理念

随着万物互联时代的到来，各种智能设备层出不穷，不同的设备之间硬件资源的差异也非常大，以 ROM 存储大小为例，小则几百 KB，大则上百 GB。面对不同设备间的硬件差异，OpenHarmony 作为一款分布式操作系统，如何适配如此多的设备，提供统一 OS 和弹性部署能力，这对 OpenHarmony 操作系统架构的设计提出了很大的挑战。

为了解决这一问题，OpenHarmony 操作系统通过采用组件化和小型化等设计方法，将系统以部件为单位解耦，支持多种终端设备按需弹性部署，能够适配不同类别的硬件资源和功能需求。在 OpenHarmony 的架构下，系统功能按照"系统 > 子系统 > 部件 > 功能/模块"逐级展开，在多设备部署场景下，支持根据实际需求配置需要的子系统、部件或功能/模块。这种灵活的架构使得 OpenHarmony 可以轻松地适配各种设备，从智能手机和平板电脑到智能家居和物联网设备等。

任何一个大型软件工程的编译与构建系统，都需要依据其软件架构来设计，OpenHarmony 也不例外。对于 OpenHarmony 编译与构建系统来说，最终目的是编译构建出产品，而产品往下依次又有子系统、部件和模块这些层级，每个层级都有对应的文件来控制编译构建。例如产品有 config. json，部件有 bundle. json，模块则都在 build. gn 中。对于 OpenHarmony 系统，构建一个产品，就好比用一堆积木照着说明书搭建一个房屋，房子是最终的产品，积木就是一个个部件。而散落在各个层级目录下的编译构建相关的配置文件、脚本等，就是这一堆积木的说明书，负责指导整个编译构建的过程。

3.2.2　产品解决方案

产品是 OpenHarmony 操作系统适配硬件设备的产物，对于硬件来说，硬件厂商每推出一个不同型号的开发板，都可以说是一个新的硬件产品。对应在软件层面上，操作系统需要为新的硬件产品做适配，最后得到的就是软件上的产品。通常操作系统厂商会拿到硬件厂商的开发板，并进行一系列的适配工作，让 OpenHarmony 运行在这些硬件开发板上。基于硬件平台适配好的 OpenHarmony 操作系统，才能够编译成镜像并烧录到开发板中运行起来。这个源自 OpenHarmony 操作系统，经过操作系统厂商针对特定硬件平台进行适配后，最终得到的可用的镜像，也就是最终的产品。

在源码中，产品解决方案主要包含产品对操作系统的适配，组件拼装配置、启动配置、文件系统配置和产品信息配置等，路径规则为：vendor/{产品解决方案厂商名}/{产品名}，目录树如下：

```
vendor
└── company              # 产品解决方案厂商
    ├── product          # 产品名称
    │   ├── init_configs      # 启动配置
    │   ├── hals             # 系统属性部件硬件抽象层 OS 适配
    │   ├── hdf_configs      # OpenHarmony 驱动框架 hdf 适配
    │   ├── kernel_configs   # 内核适配
    │   ├── BUILD. gn         # 产品编译脚本
    │   ├── config. json      # 产品配置文件
    │   ├── fs. yml           # 文件系统打包配置(仅文件系统需要)
    │   └── ohos. build       # 部件配置文件
    └── ......
```

当新增产品时，为满足 OpenHarmony 产品兼容性规范，需要按照上述路径和目录树规则创建目录和文件，编译与构建系统会按照这些规则来扫描对应的路径和相关配置文件，否则新增的产品将无法正常编译构建。以 OpenHarmony 源码中 hispark_aries 的产品解决方案为例，其实际的目录如图 3－1 所示。

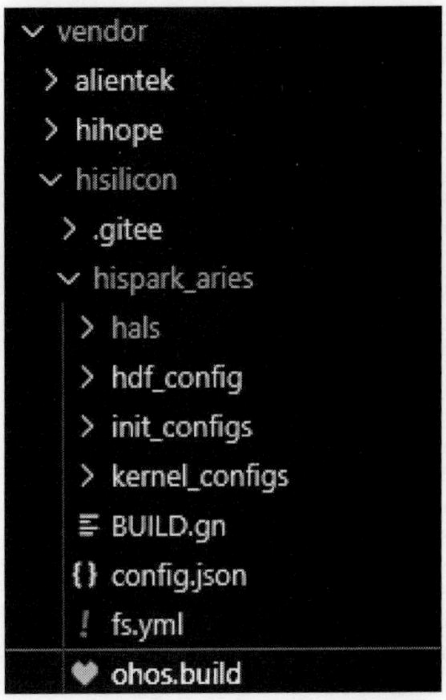

下面重点介绍几个相关关键部件，路径都在"vendor/{产品解决方案厂商名}/{产品名}"下。

1. hals

该目录是产品解决方案的硬件抽象层目录，将硬件差别与操作系统其他层相隔离。

2. config. json

此文件是编译产品的配置，包含了产品名、厂商名、开发板信息、内核、子系统、部件等配置信息。

图 3－1　hispark_aries 的产品解决方案

以下截取了部分海思 ipcamera_hispark_aries 产品的 config. json 文件：

```
{
    "product_name":"ipcamera_hispark_aries",
    "type":"small",
    "version":"3.0",
    "ohos_version":"OpenHarmony 1.0",
    "device_company":"hisilicon",
    "device_build_path":"device/board/hisilicon/hispark_aries",
    "board":"hispark_aries",
    "kernel_type":"liteos_a",
    "kernel_version":"",
    "subsystems":[
        {
            "subsystem":"ability",
            "components":[
                {"component":"ability_lite","features":["enable_ohos_
appexecfwk_feature_ability = false"]}
            ]
        },
    ……更多子系统和部件
```

config. json 文件中的主要字段及含义如表 3－1 所示。

表 3 – 1   config. json 主要字段

字段	含义
product_name	产品名
type	系统类型，可选 [mini, small, standard]
version	config. json 的版本号
ohos_version	OpenHarmony 版本
device_company	芯片厂商
device_build_path	芯片解决方案编译路径
board	开发板名称
kernel_type	内核类型，可选 [LiteOS – M, LiteOS – A, Linux]
kernel_version	内核版本号
subsystems	子系统
components	部件
features	特性

在进行产品编译构建过程中，config. json 文件中的字段会被扫描读取，config. json 描述了整个产品的骨架，它在 subsystems 中逐个列举了产品包含的子系统，对于每个子系统定义了子系统所包含的组件，对每个组件列举出了特性，config. json 通过这些配置约束了产品依赖的功能。OpenHarmony 支持在 config. json 中配置这些能力，可以根据实际需求增加或删除某些子系统或组件，可通过子系统和组件拼装出完整的系统功能，也可以在系统中裁剪某些非必要的子系统或组件。

kernel_type 和 kernel_version 字段标识了产品要使用的是哪个内核和内核版本，标准内核为 Linux，小型内核和轻量内核是 LiteOS – A 和 LiteOS – M。device_company、device_build_path 和 board 是和芯片解决方案相关的配置，表示芯片厂商名称、芯片解决方案编译路径和开发板名称。

3. BUILD. gn

BUILD. gn 是产品编译的入口，源码路径为 vendor/company/product/BUILD. gn，主要用于编译解决方案厂商源码和复制启动配置文件。以 hispark_aries 为例，它的 BUILD. gn 如下：

```
group("hispark_aries"){
  deps =[
    "hals/utils/sys_param:vendor.para",
    "init_configs",
    "init_configs:init_configs_mksh",
  ]
}
```

当选择了产品 hispark_aries 进行编译时，这个 BUILD. gn 会被运行。

如果需要新增并编译一个产品，大致包括如下的步骤：

（1）创建产品目录。

（2）在新建的产品目录下新建 config. json 文件，对产品进行配置和子系统部件拼装，在编译前 config. json 中的字段会进行有效性检查，device＿company、board、kernel＿type、kernel_version 需要和芯片解决方案匹配，subsystem、component 应与 build/lite/components 下的部件描述匹配。

（3）适配操作系统接口，在产品目录下创建 hals 目录并将产品对操作系统硬件抽象层适配的源码等放入该目录下。

（4）配置系统服务，在产品目录下创建 init_configs 目录，按需配置要启动的系统服务。

（5）配置产品 patch（视产品涉及部件是否需要打补丁而定），在产品目录下创建 patch. yml 文件，按实际情况配置。配置完成后，在编译前需先用命令打上补丁，再执行编译命令。

（6）编写编译脚本，在产品目录下创建 BUILD. gn 文件，按产品实际情况编写脚本。

（7）执行编译命令对产品进行编译。

3. 2. 3　芯片解决方案

在源码中，芯片解决方案位于 device 目录下，device 也就是设备，在实际生产中，开发者口中常说的设备指的就是具体的开发板，可以是瑞芯微公司生产的 RK3568 系列开发板，也可以是海思的 Hi3518 系列开发板。而芯片解决方案，就是和具体开发板一一对应的，它指的是基于一款开发板的完整板级支持，其中包含了板级配置和驱动代码等。

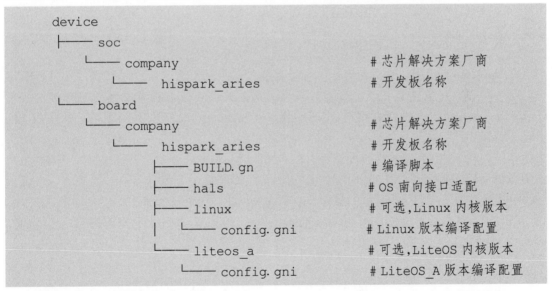

```
device
├── soc
    └── company                          # 芯片解决方案厂商
        └── hispark_aries                # 开发板名称
└── board
    └── company                          # 芯片解决方案厂商
        └── hispark_aries                # 开发板名称
            ├── BUILD. gn                 # 编译脚本
            ├── hals                      # OS 南向接口适配
            ├── linux                     # 可选,Linux 内核版本
            │   └── config. gni           # Linux 版本编译配置
            └── liteos_a                  # 可选,LiteOS 内核版本
                └── config. gni           # LiteOS_A 版本编译配置
```

device 目录中是芯片和开发板相关的代码，soc 是芯片代码，board 是开发板代码，把芯片代码和开发板代码放在两个不同的目录下，是为了将 soc 和 board 解耦出来，当一个芯片用于多个开发板时，多个开发板可以复用芯片相关代码。

config. gni 为开发板编译相关的配置，编译时会采用该配置文件中的参数编译所有 OS 部件。

config. gni 的关键字段及含义介绍如表 3－2 所示。

表 3 – 2　config. gni 的关键字段及含义

字段	含义
kernel_type	开发板使用的内核类型，例如 "LiteOS_A" "LiteOS_M" "Linux"
kernel_version	开发使用的内核版本，例如："4. 19"
board_cpu	开发板 CPU 类型，例如 "cortex – a7" "riscv32"
board_arch	开发芯片 arch，例如 "armv7 – a" "rv32imac"
board_toolchain	开发板自定义的编译工具链名称，例如 "gcc – arm – none – eabi"。若为空，则默认为 "ohos – clang"
board_toolchain_prefix	编译工具链前缀，例如 "gcc – arm – none – eabi"
board_toolchain_type	编译工具链类型，目前支持 gcc 和 clang。例如 "gcc" "clang"
board_cflags	开发板配置的 . c 文件编译选项
board_cxx_flags	开发板配置的 . cpp 文件编译选项
board_ld_flags	开发板配置的链接选项

如何新增并编译芯片解决方案，有以下几个步骤：

（1）创建芯片解决方案目录。

（2）创建内核适配目录，配置 config. gni 文件。

（3）编写编译脚本 BUILD. gn。

（4）编译芯片解决方案，在对应开发板目录下执行 hb build 进行编译。

3.2.4　子系统、部件和模块

在 OpenHarmony 中，系统有清晰的层级架构，从上到下有系统、子系统、部件、模块这几个层次。子系统只是一个逻辑上的概念，它是某个路径下所有部件的一个集合，在 OpenHarmony 中可以单独编译部件，但是不能单独编译子系统。部件是对子系统的进一步拆分，一个部件只能属于一个子系统，部件可以独立编译构建，具备独立验证能力，芯片解决方案本质也是一种特殊的部件。部件可以在不同的产品中实现有差异，通过配置不同的系统能力或者特性（feature）实现。模块就是编译子系统的一个编译目标，是基于 gn 模板 templates 来实现的。部件是模块的集合，一个模块只能归属于一个部件。

所有子系统的配置均在 build 目录下的 subsystem_config. json 中，这里有所有子系统的代码路径和子系统名，产品中所包含的子系统都在这个范围内。以下是 subsystem_config. json 的部分片段：

```
{
  "arkui":{
    "path":"foundation/arkui",
    "name":"arkui"
  },
  "ai":{
```

```
      "path":"foundation/ai",
      "name":"ai"
    },
    "account":{
      "path":"base/account",
      "name":"account"
    },
    ......
```

每个部件源码的根目录下都有一个 bundle.json 文件，这是部件的配置文件，以 hdf（OpenHarmony 驱动框架）子系统为例，hdf 子系统的核心部件 hdf_core 位于 drivers/hdf_core 目录下，该目录下的 bundle.json 文件就是 hdf_core 的配置文件，第一层 json 如下：

```
  {
    "name":"@ ohos/hdf_core",
    "description":"device driver framework",
    "version":"3.1",
    "license":"Apache License 2.0",
    "publishAs":"code - segment",
    "segment":{
      "destPath":"drivers/hdf_core"
    },
    "dirs":{},
    "scripts":{},
    "component":{
    ......
```

第一层 json 中部分字段及含义如表 3 - 3 所示。

表 3 - 3　bundle.json 第一层 json 中部分字段及含义

字段	含义
name	部件英文名称，格式" @组织/部件名称"
description	部件功能描述
version	版本号，版本号与 OpenHarmony 版本号一致
license	部件协议名称
component	部件自身的详细信息

下面重点看一下 component 中的字段：

```
    "component":{
      "name":"hdf_core",
```

```
    "subsystem":"hdf",
    "syscap":[""],
    "features":["hdf_core_khdf_test_support","hdf_core_feature_
config"],
    "adapter_system_type":["standard","small"],
    "rom":"735KB",
    "ram":"8000KB",
    "deps":{
      "components":[
        "hiviewdfx_hilog_native",
        "c_utils",
    ......
      ],
      "third_party":[
        "bounds_checking_function"
      ]
    },
    "build":{
      "sub_component":[
        "//drivers/hdf_core/adapter:uhdf_entry"
      ],
      "inner_kits":[
        {
          "name":"//drivers/hdf_core/adapter/uhdf2/host:libhdf_
host",
          "header":{
            "header_files":[
              "devhost_service.h"
            ],
            "header_base":"//drivers/hdf_core/framework/core/
host/include"
          }
        }
    ......
      ],
      "test":[
        "//drivers/hdf_core/adapter:uhdf_test_entry"
      ]
```

```
        }
    }
```

component 中部分字段及含义如表 3 – 4 所示。

表 3 – 4　component 中部分字段及含义

字段	含义
name	部件名称
subsystem	部件所属子系统
syscap	部件为应用提供的系统能力
features	部件对外的可配置特性列表，一般与 build 中的 sub_component 对应，可供产品配置
adapted_system_type	匹配系统类型，有轻量（mini）、小型（small）和标准（standard），可以是多个
rom	部件 ROM 值
ram	部件 RAM 估值
deps	部件依赖的其他部件
third_party	部件依赖的三方开源软件
build	编译相关配置
sub_component	部件编译入口，模块在此处配置
inner_kits	部件间接口
test	部件测试用例编译入口

　　新增部件时，产品所配置的部件必须在某个子系统中被定义过，否则编译时会校验失败，下面介绍如何新增并编译部件。

　　（1）添加部件。

　　（2）将部件添加到产品配置中，在产品 config. json 中添加新增的部件，注意新增部件如果同时新增了子系统，需要在 subsystem_config. json 中配置。

　　（3）编译部件，可以使用 hb 方式和 build. sh 方式，部件编译所生成的文件会在"out/{产品名}/"的子目录中。

　　在 OpenHarmony 中有很多定制化的 gn 模板，它们都以 ohos 前缀开头，OpenHarmony 的模块大多数是根据这些模板规则编译构建的。模块是 OpenHarmony 中编译构建的最小目标，是编译构建的最小单元，模块种类包括动态库模块、静态库模块、配置文件模块、预编译模块等。

　　OpenHarmony 常用的定制化模板如表 3 – 5 所示。

表 3 – 5　OpenHarmony 常用的定制化模板

类型	常用模板
C/C + + 模板	ohos_ shared_ library
	ohos_static_library
	ohos_source_set
	ohos_executable

续表

类型	常用模板
预编译模板	ohos_prebuilt_executable
	ohos_prebuilt_shared_library
	ohos_prebuilt_static_library
hap 模板	ohos_hap
	ohos_app_scope
	ohos_js_assets
	ohos_resources
rust 模板	ohos_rust_executable
	ohos_rust_shared_library
	ohos_rust_static_library
	ohos_rust_proc_macro
	ohos_rust_shared_ffi
	ohos_rust_static_ffi
	ohos_rust_cargo_crate
	ohos_rust_systemtest
	ohos_rust_unittest
	ohos_rust_fuzztest
其他常用模板	ohos_prebuilt_etc
	ohos_sa_profile

以 C/C++ 模板的共享库模板为例，ohos_shared_library 中部分字段及含义如表 3 - 6 所示。

表 3 - 6　ohos_shared_library 中部分字段及含义（以 C/C++ 共享库模板为例）

字段	含义
include_dirs	头文件路径，如有重复头文件定义，优先使用前面路径头文件
cflags	编译参数，如重复冲突定义，后面的参数优先生效，也就是该配置项中优先生效
ldflags	如重复冲突定义，前面参数优先生效，也就是 ohos_template 中预制参数优先生效
deps	部件内模块依赖
external_deps	跨部件模块依赖定义，定义格式为"部件名：模块名称"，这里依赖的模块必须是依赖的部件声明在 inner_kits 中的模块
output_name	模块输出名
output_extension	模块名后缀
part_name	必需配置，所属部件名称

如何新增并编译模块，不同的情况需要进行的操作也不相同。注意芯片解决方案是特殊的部件，没有子系统。

（1）没有子系统的情况下，需要新建子系统和部件才可以添加模块。

（2）有子系统但没有部件，需要新建部件才可以添加模块。

（3）已经有部件，直接在原有部件下添加一个模块。

下面简要描述一下上面第一种情况下新增和编译模块的步骤：

（1）在模块目录下配置 BUILD. gn，根据模板类型选择对应 OpenHarmony 定制的 gn 模板或自定义模板，编写 gn 脚本。

（2）新建部件目录和子系统目录，并在部件目录下新建一个 bundle. json 文件，将新增模块配置到 bundle. json 的 component > build > sub_component 中。

（3）在 build 目录下的 subsystem_config. json 文件中添加新增的子系统配置，path 为新建子系统所在路径，name 为子系统名。

（4）在 vendor/｛产品解决方案厂商名｝/｛产品名｝目录下的 config. json 中修改产品配置，添加新增的子系统和部件。

（5）执行编译命令，如果 out 目录中生成了编译目标文件，则说明添加模块成功。

3. 2. 5　部件的特性、系统能力

前面介绍部件时多次提到了特性和系统能力，它们都是部件 bundle. json 中的重要配置项，在 bundle. json 中的字段分别是 features 和 syscap。

（一）**特性**

部件 bundle. json 中的特性是部件对外声明的编译态选项，编译构建时需要根据特性来做分支选择，决定某个特性功能相关部分的代码是否编译。特性可以是布尔、数值或字符串类型，多数情况下特性的值是 true 或 false，也就是布尔值。特性在编译与构建系统中的使用方式类似于一个全局变量，需要声明、定义后才可以使用。

1. 特性的声明

每个部件包含的特性列表都需要在 bundle. json 中的 component > features 中声明，features 这个字段相当于部件的特性列表，OpenHarmony 规定每个 feature 都必须以部件名作为前缀。以 hdf_core 的部分 bundle. json 源码为例，路径在 drivers/hdf_core 下：

```
"component":{
  "name":"hdf_core",
  "subsystem":"hdf",
  "syscap":[""],
  "features":["hdf_core_khdf_test_support","hdf_core_feature_
config"],
  ......
```

可看到 hdf_core 部件在特性列表中声明了两个特性，但目前还不得而知其具体的值，所以下面将对特性的定义进行介绍。

2. 特性的定义

继续以 hdf_core 部件特性列表中的 hdf_core_feature_config 特性为例，查看它的具体定

义。具体定义在 drivers/hdf_core/adapter/BUILD. gn 中，定义为：

```
declare_args(){
  hdf_core_feature_config = true
}
```

此处定义的值是部件中特性的默认值。在部件的 bundle. json 中声明，在模块的 BUILD. gn 中定义是常规的声明和定义方式，但是有时也会出现在部件的 bundle. json 中同时声明和定义的情况，例如在 barrierfree 子系统 accessibility 部件的 bundle. json 中特性列表如下：

```
"component":{
  "name":"accessibility",
  "subsystem":"barrierfree",
  ......
  "features":["accessibility_feature_coverage = false"],
```

此时对于 accessibility_feature_coverage 特性，如果 accessibility 部件中没有其他地方定义，则 accessibility 部件默认此特性为 false，如果部件中有其他 BUILD. gn 重新定义了此特性的值，则特性值以 BUILD. gn 中为准，bundle. json 中的定义将被覆盖，此时仅把 bundle. json 中的特性字段视作一个声明。

以上都是部件默认对特性的定义，在产品的 config. json 中可以对部件的特性值重新配置，覆盖部件默认值，例如在部件中 accessibility_feature_coverage 是默认关闭的，在产品中，可以在 config. json 中配置特性将它开启：

```
{
  "subsystem":"barrierfree",
  "components":[
    {
      "component":"accessibility",
      "features":[
        "accessibility_feature_coverage = true"
      ]
    }
  ]
},
```

当一个特性在所属部件中被多个模块用到时，建议在部件的全局 gni 文件中定义它的值，然后在各个模块的 BUILD. gn 中 import 该 gni 文件。

3. 特性的使用

BUILD. gn 文件中可通过判断特性值来决定是否编译相关代码和模块，对特性引入的依赖起到隔离的作用，也可用于分支裁剪判断。

以 accessibility 部件的 accessibility_feature_coverage 特性为例：

```
if(hdf_core_feature_config){
  deps +=["//drivers/hdf_core/adapter/uhdf2/hcs:hcs_entry"]
}
```

bundle. json 中不支持 if 判断，在 bundle. json 中如果需要使用特性，需要在 group 中使用，示例如下：

```
group("example"){
  deps =["aaa"]
  if({部件名}_feature_b){
    deps +=["bbb"]
  }
}
```

（二）系统能力

SysCap 是 System Capability 的缩写，意为系统能力，是部件向应用开发者提供的 OpenHarmony 系统接口的集合。每个 SysCap 包含一个或多个 API，不同设备上可用的 API 范围不同，体现在部件配置上就是 SysCap 的差异。

在部件的 bundle. json 中可以打开或关闭系统能力，用 barrierfree 子系统的 accessibility 部件为例，可以修改其 bundle. json 中的 SysCap 配置，示例如下：

```
"component":{
  "name":"accessibility",
  "subsystem":"barrierfree",
  "syscap":[
    "SystemCapability.BarrierFree.Accessibility.Core = true",
    "SystemCapability.BarrierFree.Accessibility.Hearing = false",
    "SystemCapability.BarrierFree.Accessibility.Vision"
  ],
  ......
```

以上配置将 accessibility 部件系统能力 Core 和 Vision 打开了，关闭了 Hearing 系统能力。OpenHarmony 规定 SysCap 若无赋值，则默认为 true；若有赋值，则按实际值为准。

和特性的配置相似，bundle. json 中是部件对所属系统能力的默认配置，在产品配置文件 config. json 中可以重新配置部件的系统能力，产品侧的配置优先级大于部件侧默认配置，示例如下：

```
{
  "subsystem":"barrierfree",
  "components":[
    {
      "component":"accessibility",
```

```
      "features":[],
      "syscap":[
        "SystemCapability. BarrierFree. Accessibility. Hearing = true"
      ]
    }
  ]
},
```

如果在产品的 config. json 中将系统能力 Hearing 设置为 true，则该配置会覆盖之前部件中配置的 false，最终系统能力 Hearing 配置为 true，Hearing 能力被开启。未在 config. json 中配置的系统能力 Core 和 Vision 依旧是部件中默认配置的 true。

3.3 流程分析

为了实现 OpenHarmony 的编译与构建系统的设计目标，OpenHarmony 提供了两种不同的编译构建方式：第一种是使用 hb 工具进行编译构建，第二种是通过 build. sh 编译脚本。需要注意的是，无论使用哪种方式进行编译构建，都需要先执行 build 目录下的 prebuilts_download. sh 预编译脚本，下载相关的依赖包和文件，执行命令如下：

```
bash build/prebuilts_download. sh
```

3.3.1 hb 方式

hb 是基于 Python 开发的编译构建脚本工具，最低需要 Python 3.7.4 版本支持，建议安装 Python 3.8 及以上版本。使用 hb 进行编译构建主要分为两步：hb set 和 hb build。

1. hb set

hb set 命令支持以下参数：

```
hb set - h
usage:hb set[ - h][ - root[ROOT_PATH]][ - p]

optional arguments:
  - h, -- help          show this help message and exit
  - root[ROOT_PATH], -- root_path[ROOT_PATH]
                        Set OHOS root path
  - p PRODUCT, -- product PRODUCT
                        Set OHOS board and kernel
```

hb set - root［ROOT_PATH］用于指明源码根目录，hb set - p PRODUCT 用于指明编译的是哪个产品。

hb set 命令的作用是在编译开始前进行必要的初步设置，指定需要编译的 OpenHarmony 源码根目录和本次编译的产品，之后生成编译构建的配置文件 ohos_config. json，这个文件相当于整个编译与构建过程的入口。hb set 的任务就是为后续执行 hb build 编译做好铺垫。hb set 命令的源码实现在 build/lite/hb_internal/set\set. py 中，命令的执行流程大致如下：

（1）执行 hb set 命令时需要指明编译的是哪个产品，如果未执行 hb set 命令时添加 - p PRODUCT 参数，则需要手动选择产品。

（2）hb set 设定好本次编译的产品之后，接下来就会到产品解决方案的路径下去找 config. json，文件在"vendor/{产品解决方案厂商名}/{产品名}/"路径下，之后读取产品的配置信息。

```
for company in os. listdir(config. vendor_path):
    company_path = os. path. join(config. vendor_path,company)
    if not os. path. isdir(company_path):
        continue
......
        if os. path. isfile(config_path):
            info = read_json_file(config_path)
            product_name = info. get('product_name')
            if product_name is not None:
                yield{
                    'company':company,
                    "name":product_name,
                    'product_config_path':product_path,
                    'product_path':product_path,
                    'version':info. get('version','3.0'),
                    'os_level':info. get('type',"mini"),
                    'config':config_path,
                    'component_type':info. get('component_type','')
                }
```

（3）从 config. json 中提取到需要的信息之后，hb set 最终会将这些信息拼装到 ohos_config. json 中，在源码根目录下创建 ohos_config. json 文件，这是后续编译的入口文件，其中包含了 OpenHarmony 编译需要的最基本信息。

生成 ohos_config. json 后，hb set 的使命就完成了，接下来介绍 hb build，hb build 命令的入口在 build/lite/hb/__main__. py，主要核心流程可以总结为三步：第一步获取配置信息；第二步调用 gn_build 执行 gn gen 命令生成 ninja 文件；第三步调用 ninja_build 执行 ninja 命令，编译出最终的镜像。

2. hb build

（1）执行 hb build 命令，首先会读取 ohos_config. json，获取产品解决方案路径等基本信息，然后在 product_path 下找到产品配置文件 config. json，循环获取产品的子系统、部件信息，将编译需要的信息提取出来存入列表中。

```
# Read all parts in order
```

```
all_parts = {}
for _file in files:
    if not os.path.isfile(_file):
    continue
    _info = read_json_file(_file)
    parts = _info.get('parts')
    if parts:
        all_parts.update(parts)
    else:
        # v3 config files
        all_parts.update(get_vendor_parts_list(_info))
```

（2）获取了编译需要的信息后，调用 gn_build，会先清空输出目录后重新建立一个输出目录。

```
remove_path(self.config.out_path)
makedirs(self.config.out_path, exist_ok = True)
if not cmd_args.get('fast_rebuild'):
    cmd_list.append(self.gn_build)
cmd_list.append(self.ninja_build)
```

然后从获取的信息中提取 gn 命令需要的参数，如根目录路径、编译类型、编译工具、产品目录等参数，将其放入 gn_cmd 中，在 exec_command 中传入 gn_cmd，执行 gn gen... 命令，生成 build.ninja 等后续编译需要的文件。

```
gn_cmd = [
    gn_path,
    'gen',
    '--args={}'.format(" ".join(self._args_list)),
    self.config.out_path,
] + gn_args
if os_level == 'mini' or os_level == 'small':
    gn_cmd.append(f'--script-executable={sys.executable}')
if self._compact_mode is False:
    gn_cmd.extend([
        '--root={}'.format(self.config.root_path),
        '--dotfile={}/.gn'.format(self.config.build_path),
    ])
exec_command(gn_cmd, log_path = self.config.log_path, env = self.env
())
```

（3）最后一步是调用 ninja_build，将运行 ninja 命令需要的参数放入 ninja_cmd 中，在

exec_command 中传入 ninja_cmd，运行 ninja 命令，生成最终的 . o 文件、. bin 文件等，完成最终的编译。

```
# Keep targets to the last
if ninja_args. get('default_target')is not None:
    if self. config. product == 'ohos - sdk':
        my_ninja_args. append('build_ohos_sdk')
    else:
        my_ninja_args. append('images')
if ninja_args. get('targets'):
    my_ninja_args. extend(ninja_args. get('targets'))
ninja_cmd =[
    ninja_path,'- w','dupbuild = warn',' - C',self. config. out_path
] + my_ninja_args

exec_command(ninja_cmd,
            log_path = self. config. log_path,
            log_filter = True,
            env = self. env())
```

如果成功运行 ninja 命令，则开始生成编译目标文件，控制台会打印出每一条编译信息，如图 3 - 2 所示。

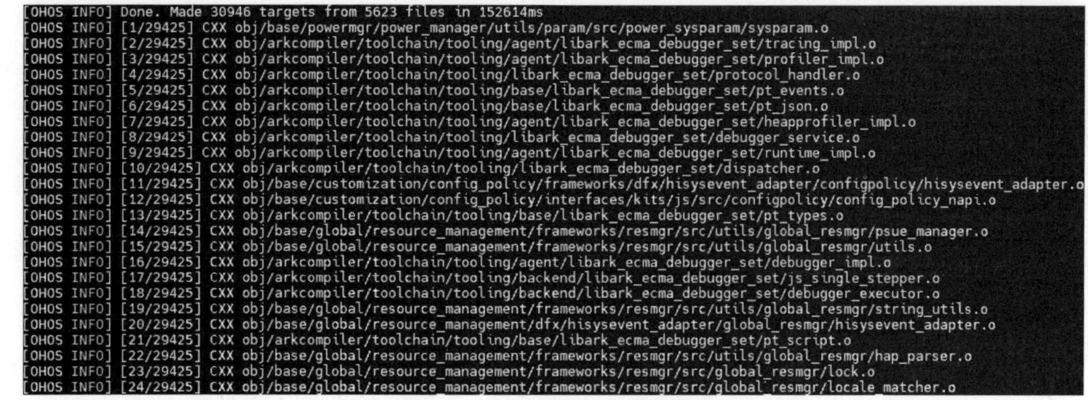

图 3 - 2　成功运行 ninja 命令

3. 3. 2　build. sh 方式

OpenHarmony 的 build. sh 编译方式是通过运行源码根目录下的 shell 脚本进行编译与构建的。在前面的 hb 方式中，执行 hb 命令需要指明编译的产品，使用 build. sh 脚本同样需要告知产品名这个最基本的参数。若直接运行 build. sh 不带任何参数，会出现报错，提醒开发者必须提供产品名给 entry. py。为了解决这一错误，需要查找错误信息中提到的 entry. py 在哪里。进入 build. sh 查看，在最后打印编译结果前运行了两条 python 命令，build. sh 部分代码如下：

```
${PYTHON3} ${source_root_dir}/build/scripts/tools_checker.py
${PYTHON3} ${source_root_dir}/build/scripts/entry.py --source-
root-dir ${source_root_dir} $@

if[["$?" -ne 0]];then
    echo -e "\033[31m=====build ${product_name}error===== \033
[0m"
    exit 1
fi
echo -e "\033[32m=====build ${product_name}successful===== \033
[0m"
```

继续查看 build/scripts/entry.py，在这个 python 文件中首先解析编译命令的参数，然后调用 do_build 开始编译操作，entry.py 部分代码如下：

```
def do_build(args):
    build_py = os.path.join(args.source_root_dir,'build.py')
    cmd = [
        'python3',
        build_py,
        '-p',
        args.product_name,
    ]
```

在完成上述操作后，又带着参数回到了源码根目录下，进入了根目录下的 build.py。该文件主要完成两项功能，一是设置 root_path，二是调用 build，build.py 部分代码如下：

```
def main():
    root_path = os.path.dirname(os.path.abspath(__file__))
    ret_code = set_root_path(root_path)
    if ret_code!=0:
        return ret_code
    return build(root_path,sys.argv[1:])
```

继续看这两处实现，可以看到上面已提到的 hb set 命令，其源码实现在 build/lite/hb_internal/set/set.py 中，而 set_root_path 实际上调用的就是这个 set.py 中的函数，build/lite/hb/__main__.py 则是 hb build 命令的入口。

```
def set_root_path(path):
    sys.path.insert(0,os.path.join(path,'build/lite'))
    module = importlib.import_module('hb_internal.set.set')
    return module.set_root_path(root_path=path)
```

```
def build(path,args_list):
    python_executable = get_python()
    cmd = [python_executable,'build/lite/hb/__main__.py','build'] +
args_list
    return check_output(cmd,cwd = path)
```

看到这里，build.sh 的面纱已经被解开，实际上 build.sh 最终也是调用了 build/lite 下的 python 脚本，和 hb 工具的底层实现一样。build.sh 相当于用一条编译指令执行了 hb set 和 hb build，下面以 hispark_taurus_standard 为例，分别用 build.sh 命令和 hb 命令进行编译，它们之间是完全相同和等效的，示例如下：

```
#build.sh 命令
./build.sh --product-name hispark_taurus_standard

#hb 命令
hb set -p hispark_taurus_standard
hb build
```

3.4　思考与练习

1. 在 OpenHarmony 操作系统中如何添加一个模块？如何将一个模块编译并打包到版本中？

2. 在 OpenHarmony 操作系统架构各个层级中，可独立编译的目标有哪些？怎样独立编译？

3. 如何通过 feature 裁剪部件的部分功能？

4. 如何按需配置部件的系统能力？

第 4 章

子系统服务设计

4.1　子系统概述

4.1.1　定义

OpenHarmony 是一款"面向未来"、面向全场景（移动办公、运动健康、社交通信、媒体娱乐等）的分布式操作系统。在传统的单设备系统能力的基础上，OpenHarmony 提出了基于同一套系统能力、适配多种终端形态的分布式理念，能够支持多种终端设备。为了"面向未来"，系统的顶层设计必须要满足"统一 OS，弹性部署"的理念。

"统一 OS，弹性部署"是一种软件设计和部署的理念，旨在提高系统的灵活性、可扩展性和可维护性。OpenHarmony 子系统是负责管理特定硬件或软件资源的模块。从子系统的定义和作用来看，为了达成"统一 OS，弹性部署"这一理念，子系统本身的设计理念就变得尤为关键。一个好的子系统设计，可以将不同的软件组件和功能集成到一个统一的操作系统中，以便对系统功能更好地管理和控制，从而实现"统一 OS，弹性部署"，做到"面向未来"。

每个子系统是一个独立的、可重用的软件模块，具有特定的功能和职责。子系统可以覆盖操作系统中的许多核心功能，比如进程管理、内存管理、文件系统、网络管理等。子系统被设计成独立的、可插拔的模块，便于开发人员根据需要选择和使用不同的子系统。这种可插拔的设计使得 OpenHarmony 系统具有高度的可扩展性，可以根据不同的设备需求和应用场景进行灵活的配置和优化。

子系统为应用程序提供了运行环境和服务，使得设备可以正常运行。同时，它还负责处理设备兼容性、系统更新等问题，确保设备的最佳性能。

子系统将复杂系统划分为多个相对简单的部分，以便更好地理解、设计、实现、测试和维护系统。子系统之间通过接口进行通信，每个子系统都负责完成特定的功能。子系统可以通过提供一组 API（应用程序编程接口）来与应用组件进行交互，从而在计算机科学和工程领域实现特定的功能。

4.1.2　功能服务

OpenHarmony 子系统在操作系统中发挥着关键的作用，它负责实现操作系统中的各种功能和服务，从而使得设备能够正常运行。以下是 OpenHarmony 子系统主要涵盖的功能。

1. 基础能力

（1）核心子系统：核心子系统是系统的基础，负责管理操作系统的核心功能，例如进程管理、内存管理、线程管理和中断处理等。

（2）存储子系统：存储子系统负责管理系统中的文件系统、存储设备和卷。它提供了对各种存储设备的访问和控制，包括闪存、SD 卡和硬盘驱动器等。

（3）网络子系统：网络子系统负责管理系统中的网络堆栈和协议。它提供了对各种网络连接的访问和控制，包括以太网、WiFi、蓝牙和蜂窝网络。负责实现网络协议栈，包括 TCP/IP、HTTP、FTP 等协议，以确保设备能够与其他设备或服务器进行网络通信。

（4）显示子系统：显示子系统负责管理系统中的图形和显示功能。它提供了对各种显示设备的访问和控制，包括液晶显示器（LCD）、有机发光二极管（OLED）和触摸屏。

（5）媒体子系统：媒体子系统负责管理系统中的音频和视频功能。它提供了对各种媒体设备的访问和控制，包括音频输出、摄像头和麦克风。

（6）传感器子系统：传感器子系统负责管理操作系统中的各种传感器，例如加速度计、陀螺仪、指南针和温度传感器。它提供了对传感器数据的访问和处理。

（7）位置子系统：位置子系统负责管理系统中的位置服务，例如 GPS、GLONASS 和北斗卫星导航系统。它提供了对位置数据的访问和处理。

（8）进程管理子系统：进程管理子系统负责创建、调度和销毁进程，以确保各个进程能够在系统中正确运行，同时避免进程之间的冲突和资源竞争。

（9）驱动子系统：驱动子系统负责管理设备驱动程序，包括设备的插拔、配置、控制等操作，以确保设备能够与操作系统正确交互，从而实现设备的控制和管理。

（10）安全子系统：安全子系统负责实现操作系统的安全性，包括身份验证、访问控制、加密等功能，以确保设备的数据和资源能够得到有效保护。

2. 跨设备协同

（1）分布式数据管理子系统：分布式数据管理子系统主要负责处理分布式环境中的数据存储、管理和访问。它提供了一组分布式数据存储、同步、备份和恢复等功能，以确保数据的可靠性和一致性。

（2）分布式硬件子系统：分布式硬件子系统主要负责处理分布式环境中的硬件资源管理，包括处理器、内存、存储器、网络等资源的调度与优化。它的目标是在不同硬件设备上实现资源的统一管理和高效利用，以提高系统的性能和可靠性。

（3）分布式软总线子系统：分布式软总线子系统主要负责处理分布式环境中的设备通信和数据传输。其目标是实现不同设备之间的无缝连接和高效数据交换，以提高系统的性能和可靠性。

（4）DeviceProfile 子系统：DeviceProfile 子系统是负责设备配置和管理的模块；作为设备硬件能力和系统软件特征的管理器，典型的 Profile 有设备类型、设备名称、设备 OS 类型和 OS 版本号等；提供快速访问本地和远端设备 Profile 的能力，是发起分布式业务的基础。

总之，OpenHarmony 子系统在操作系统中起到了关键的作用，OpenHarmony 目前已经扩展到 40 余个子系统，这些子系统将操作系统的功能划分为不同的模块，实现了资源隔离和系统服务，提高了操作系统的兼容性和可扩展性。

4.1.3　设计思路

OpenHarmony 的子系统架构设计主要遵循以下设计思路。

1. 分布式架构设计

在 OpenHarmony 分布式架构设计中，主要涉及分布式系统架构、分布式通信、分布式数据管理、分布式任务调度、分布式安全。通过分布式软总线技术，使得子系统之间的通信更加便捷和高效。将不同设备的功能模块化，实现设备之间的高效协同和资源共享。OpenHarmony 将系统划分为多个独立的、可组合的服务模块。这些服务模块可以灵活组合、独立部署、独立升级，以满足不同场景的需求。

2. 微内核设计

OpenHarmony 标准系统虽然是基于 Linux 内核开发，Linux 内核属于宏内核，但 OpenHarmony 在设计上采用了微内核架构。OpenHarmony 将 Linux 内核中的一些功能和服务进行了抽象和分离，从而实现了一种模块化、可扩展且具有高内聚低耦合特性的操作系统架构。

具体来说，OpenHarmony 将系统分为微内核、设备驱动框架、系统服务框架和应用框架等多个层次。其中，微内核主要负责进程管理、内存管理、线程管理和进程间通信等基本功能，而设备驱动框架和系统服务框架则负责具体的硬件设备和系统服务。这种设计使得 OpenHarmony 将操作系统内核和各个子系统功能模块化，实现系统资源的隔离和高效管理。微内核设计有助于提高系统的安全性和稳定性。

3. 模块化设计

OpenHarmony 是一款面向全场景分布式终端的操作系统，其核心理念是采用同一套系统能力，适配多种终端形态，支持多种终端设备上运行。为了实现这一目标，系统采用了模块化设计，将系统划分为多个模块，旨在将应用程序和系统服务分解为更小、更可管理的部分，以便于开发、维护和扩展；每个模块具有独立的功能和特性，可以灵活组合和配置，以满足不同场景和设备的需求。

采用模块化设计，可以提高系统的可维护性、可扩展性、灵活性和可定制性，降低系统的耦合度和复杂性，提高开发效率和代码质量。

4. 高内聚设计

高内聚设计的主要目的是提高系统的可维护性、可扩展性和可复用性。

高内聚设计的核心理念是使每个组件具有单一职责，并且组件之间具有紧密的关联，以实现系统整体的目标。高内聚的系统能够更快地执行任务，因为组件之间的通信和协作更为直接和高效。同时，高内聚的系统更容易进行修改和扩展，因为组件之间的依赖关系清晰，修改一个组件对其他组件的影响较小。

5. 松耦合设计

OpenHarmony 属于大型系统，开发人员需要应对不断增长的需求，同时保持软件系统的可靠性和可维护性。作为大型系统，松耦合设计原则是必不可少的，以提高系统的灵活性、可扩展性和可维护性。

在松耦合设计中，各个模块之间的依赖关系较弱，模块之间的接口简单明了，模块内部的实现细节对其他模块是不可见的。这使得模块之间的组合和替换更加灵活，系统的升级和维护也更加方便。

松耦合设计是一种有益的软件设计原则，它可以帮助开发人员创建更加可靠、易于维护和扩展的软件系统。在实际软件开发中，开发人员可以采用明确组件职责、使用接口和抽象能力、采用事件驱动架构和使用微服务架构等方法来实现松耦合设计，从而提高系统的性能和可维护性。

4.2　子系统设计方法

4.2.1　功能模块

设计 OpenHarmony 子系统，需要遵循 OpenHarmony 子系统的微内核设计、面向全场景、分布式架构、高实时性、多层次安全防护、可裁剪性和丰富的 API 支持等特点，满足不同场景和应用需求。

要实现功能模块化设计，可以遵循以下步骤。

（1）分析需求：首先需要对子系统的需求进行分析，将功能划分为不同的模块。框架接口能力是对各种场景能力的高度抽象，用以满足各种应用场景。不仅满足当下的场景，同时要兼顾扩展性和安全性等。

（2）设计模块：针对每个功能模块，进行详细的设计，包括模块的接口、数据结构、算法等。

（3）编码：按照设计，编写每个功能模块的代码。编码需要符合 OpenHarmony 编码要求，针对不同的编码语言，OpenHarmony 都有对应的编码规范。

（4）测试：对每个功能模块进行独立的测试，确保模块的功能正确无误。同时需要满足 OpenHarmony 对自动化测试、静态代码分析、动态分析、兼容性测试、安全性测试、压力测试等设计要求。

（5）集成：将所有功能模块组合在一起，进行集成测试和系统测试，确保整个子系统的功能正确、性能优良。

4.2.2　服务接口

在设计 OpenHarmony 服务接口时，需要遵循以下原则。

（1）接口规范：接口规范是保证系统稳定性和互操作性的基础。在设计接口时，需要遵循 OpenHarmony 官方定义的接口规范，包括接口名称、参数、返回值、错误码等。

（2）安全性：安全性是服务接口设计的重要因素。在设计接口时，需要考虑数据传输的安全性、访问控制的安全性、接口调用的安全性等。可以通过加密传输、权限控制、防攻击等措施来保障安全性。

（3）稳定性：稳定性是系统运行的关键。在设计接口时，需要考虑接口的可用性、故障处理、恢复机制等。当接口出现异常时，需要有相应的机制来保证系统的正常运行。

（4）可扩展性：可扩展性是系统持续发展的关键。在设计接口时，需要考虑接口的扩展性，使得系统能够方便地添加新功能和模块。可以通过模块化设计、接口抽象、预留扩展接口等方式来实现可扩展性。

（5）性能：性能是系统运行的关键指标。在设计接口时，需要考虑接口的性能，包括响应时间、吞吐量、资源消耗等。可以通过优化算法、减少资源争用、提高资源利用率等方式来提升性能。

在设计 OpenHarmony 服务接口时，主要遵循以下步骤。

（1）明确接口需求：在设计接口前，需要明确接口的需求，包括接口的功能、使用场景、调用方式等。可以通过与系统分析师、开发人员、测试人员等沟通，了解接口的需求。

（2）设计接口协议：根据接口需求，设计接口协议，包括接口名称、参数、返回值、错误码等。需要遵循 OpenHarmony 官方定义的接口规范。

（3）设计接口实现：根据接口协议，设计接口实现，包括接口的实现算法、数据结构、内存管理、异常处理等。需要考虑接口的稳定性、安全性、可扩展性、性能等因素。

（4）编写接口文档：编写接口文档，包括接口的定义、功能描述、使用方法、示例代码等。需要确保文档的准确性、完整性、易读性。

（5）测试接口：对接口进行测试，包括功能测试、性能测试、安全测试等。需要确保接口的正确性、稳定性、安全性、性能等满足需求。

4.3　子系统服务设计实践

4.3.1　系统分析

OpenHarmony 系统整体遵从分层设计，从下向上依次为内核层、系统服务层、框架层和应用层。系统功能按照"系统 > 子系统"逐级展开。

1. 内核层

（1）内核子系统：采用多内核（Linux 内核或者 LiteOS）设计，支持针对不同资源受限设备选用适合的 OS 内核。内核抽象层（Kernel Abstract Layer，KAL）通过屏蔽多内核差异，对上层提供基础的内核能力，包括进程/线程管理、内存管理、文件系统、网络管理和外设管理等。

（2）驱动子系统：驱动框架（HDF）是系统硬件生态开放的基础，提供统一外设访问能力和驱动开发、管理框架。

2. 系统服务层

系统服务层是鸿蒙的核心能力集合，通过框架层对应用程序提供服务。该层包含以下几个部分。

（1）系统基本能力子系统集：为分布式应用在多设备上的运行、调度、迁移等操作提供了基础能力，由分布式软总线、分布式数据管理、分布式任务调度、公共基础库、多模输入、图形、安全、AI 等子系统组成。

（2）基础软件服务子系统集：提供公共的、通用的软件服务，由事件通知、电话、多媒体、DFX（Design For X）等子系统组成。

（3）增强软件服务子系统集：提供针对不同设备的、差异化的能力增强型软件服务，由智慧屏专有业务、穿戴专有业务、IoT 专有业务等子系统组成。

（4）硬件服务子系统集：提供硬件服务，由位置服务、用户 IAM、穿戴专有硬件服务、IoT 专有硬件服务等子系统组成。

根据不同设备形态的部署环境，基础软件服务子系统集、增强软件服务子系统集、硬件服务子系统集内部可以按子系统粒度裁剪，每个子系统内部又可以按功能粒度裁剪。

3. 框架层

框架层为应用开发提供了 C/C++/JS 等多语言的用户程序框架和 Ability 框架。

（1）ArkUI 框架：适用于 JS 语言。

（2）其他框架：各种软硬件服务对外开放的多语言框架 API。

4. 应用层

应用层包括系统应用和第三方非系统应用，应用由一个或多个 FA（Feature Ability）或 PA（Particle Ability）组成。

（1）FA 有 UI 界面，提供与用户交互的能力。

（2）PA 无 UI 界面，提供后台运行任务的能力以及统一的数据访问抽象。

4.3.2 子系统划分

在 OpenHarmony 中，子系统之下根据功能可划分为组件、部件、模块等层级，它们的关系如图 4-1 所示。

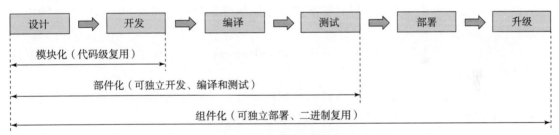

图 4-1 子系统层级划分

（1）组件：指可以独立部署、二进制级复用的功能模块。

（2）部件：指可以独立开发、编译、测试的功能模块。

（3）模块：指可以代码级复用的功能模块。

4.3.3 子系统设计

下面以电话子系统为例，介绍对子系统设计的完整步骤。电话子系统是一个复杂的子系统，主要包括电话基础服务、通话管理、网络管理三大主要功能。电话子系统从上向下依次为应用层、框架层、系统基础服务层、OS 平台层，在这些层级中逐级展开阐述电话子系统设计思路。

（一）背景与思路

随着时代的发展，通信设备已经成为人们之间必不可少的沟通工具，而支撑通信的主要就是通话服务子系统，该子系统主要提供了语音、通话、短信、数据链接、SIM 卡管理、电话簿等功能。在传统的单设备系统中，不同类型的设备需要各自开发一套代码实现。而 OpenHarmony 提出了基于同一套系统能力、适配多种终端形态的分布式理念，能够支持手机、平板、智能穿戴、智慧屏、车机等多种终端设备。在这一背景下，需要基于统一 OS 系统开发一套灵活支持组件化、可动态裁剪的电话服务子系统。

电话子系统基于蜂窝移动网络通信的 OS 系统框架和服务，需要提供包括 SIM 卡、搜网、蜂窝数据、蜂窝通话、通话管理、短彩信、网络管理等子模块服务。具体而言，电话子系统需要实现如下业务层面的目标。

（1）满足电话功能需求：电话子系统需要提供基本的电话功能，如呼叫、通话、挂断等。此外，随着通信技术的发展，电话子系统还需要支持更多高级功能，如多方通话、电话会议、语音留言等。

（2）与其他子系统协同工作：电话子系统需要与其他子系统（如网络管理子系统、需要通话和移动网络的子系统等）协同工作，实现电话的呼叫控制、路由选择、话务管理等功能。

（3）提高通信系统性能：电话子系统的设计需要考虑系统的可靠性、稳定性和可扩展性，以满足不断增长的通信需求。通过优化电话子系统的设计，可以提高整个通信系统的性能。

（4）适应不同应用场景：电话子系统需要适应不同的应用场景，如家庭、办公室、移动通信等。因此，电话子系统的设计需要考虑不同场景下的使用需求，以提供更好的用户体验。

为了达成上述业务层面的目标，并适配 OpenHarmony 一套系统多端部署的特性，电话子系统程序架构有如下的设计目标。

（1）按需组合：整体框架需要支持组件化的设计，可以根据不同设备对电话子系统框架的要求以及特性需求，使其产品定义可自由组合和裁剪。

（2）低内存占用：电话子系统的核心服务 ROM 和 RAM 占用要小，既可以满足低配置的小型设备使用（要求可以在最低 128 MB RAM 设备上运行），也可以满足高配置的旗舰设备使用。

（3）动态加载：总体架构上需要满足灵活扩展增强和裁剪定制的要求，要求组件和子特性支持静态可裁剪和动态可加载或不加载，满足 OpenHarmony 整体架构设计要求。

（4）底层通用设计：总体架构上可支持对接不同 modem 芯片，支持跨芯片平台设计，对上层屏蔽底层芯片差异。

基于上述业务和架构上目标，在组件、部件、模块功能划分时，需要充分考虑功能的独立性，进行定制化的设计，具体设计原则如下。

（1）高内聚、低耦合：高内聚是指一个组件内部的各个部分相互关联，共同组成一个整体，而低耦合是指组件之间的相互依赖程度较低，便于独立开发、维护和复用。

（2）单一职责：每个组件应该只负责一项特定的功能，避免功能过于复杂，这样才能保证组件的清晰易用。

（3）模块化：将复杂的系统分解为若干个较小的、相互独立的模块，便于开发、维护和测试。

（4）封装：将数据和操作数据的方法包装在一起，使得外部无法直接访问内部实现，从而提高代码的安全性和可维护性。

（5）透明性：组件的内部实现应该尽可能地简单明了，便于理解和维护。

（6）持久化：在设计组件时，要考虑到数据的持久化问题，确保组件能够在需要时保存和恢复数据。

（7）标准化：电话子系统应遵循国际和国内的相关标准和规范，以便实现设备的互操作性和系统的互联互通。这包括遵循国际电信联盟（ITU）的标准、我国通信行业标准等。

（8）安全性：电话子系统应具备一定的安全性，保护用户隐私和通信安全。这包括实现身份认证、加密通信、防止非法入侵等功能，以及遵循相关的安全标准和规范。

基于上述设计思路，OpenHarmony 在开发电话子系统时，设计了如图 4-2 所示的系统架构，保障相关业务和架构目标能被满足。本节将对电话子系统中各个组件的具体设计分别进行讲解。

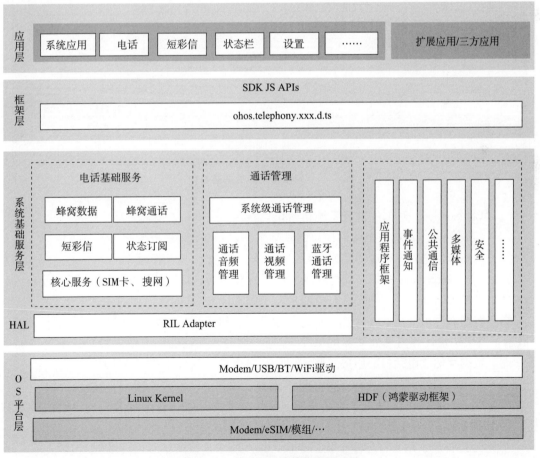

图 4-2　电话子系统整体架构设计

（二）电话基础服务组件

电话基础服务是相似功能组件的集合，由蜂窝数据部件、蜂窝通话部件、短彩信部件、核心服务部件四大核心组件组成，各部件之间相对独立但又有依赖，下面将对各部件架构与功能设计进行介绍。

图4-3展示了电话基础服务部件的架构设计，其采用分层模块设计，细分为电话基础服务启动服务、ObserverHandler、RIL通信管理三大功能，各个部分负责的具体功能如下。

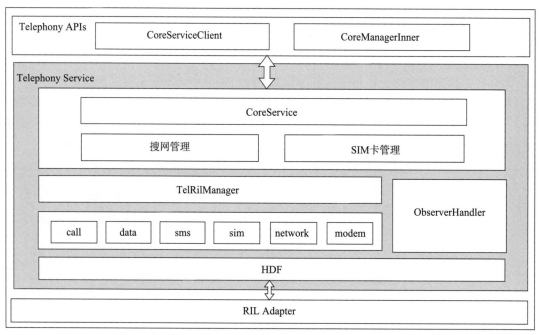

图4-3　电话基础服务架构设计

（1）CoreService：对部件进行系统初始化。

（2）搜网管理：负责整个搜网模块的管理工作。

（3）SIM卡管理：SIM卡的账户管理、启动随卡配置、多卡管理。

（4）ObserverHandler：统一管理蜂窝数据、蜂窝通话、短彩信等与RIL之间的通信。

（5）TelRilManager：实现电话基础服务与RIL Adapter之间跨进程通信。

蜂窝数据部件由蜂窝数据管理、消息处理器、连接管理、异常检测与恢复组成，图4-4展示了其架构设计。消息处理器的APN管理、数据开关辅助完成消息处理；对外依赖网络管理、数据存储、电话核心服务等相关组件。各个部分的具体功能说明如下。

（1）蜂窝数据管理：负责该SIM卡蜂窝数据管理工作。

（2）消息处理器：集中处理上报的事件。根据数据开关状态筛选合适的APN，发起数据激活请求。

（3）连接管理：用于管理多个数据连接，以及每个连接的状态处理维护。

（4）异常检测与恢复：对蜂窝数据的异常检测与恢复。

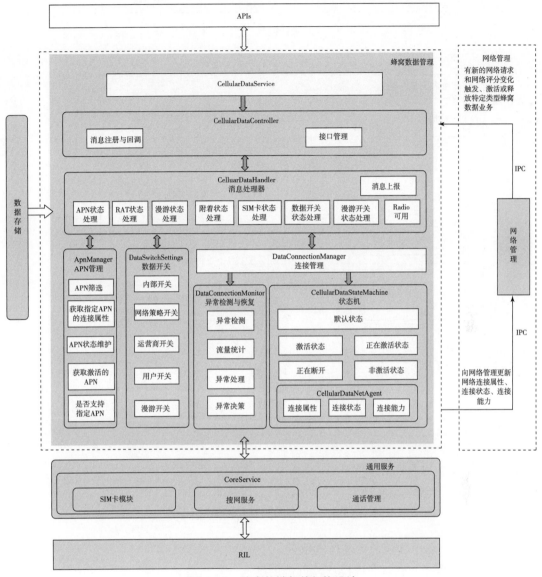

图 4 - 4　蜂窝数据部件架构设计

图 4 - 5 展示了蜂窝通话部件的架构设计。蜂窝通话部件由蜂窝通话管理服务、蜂窝通话业务处理、蜂窝通话连接等模块组成，对外输出接口进行通话管理业务。各部分的主要功能如下。

（1）蜂窝通话管理服务：由注册服务管理、蜂窝通话 IPC 代理、RIL 回调监听管理组成。

（2）蜂窝通话业务处理：由通话业务、配置业务、补充业务组成。

（3）蜂窝通话连接：由通话会话连接、命令请求组成。

图 4 - 6 展示了短彩信部件的架构设计图，短彩信部件由短彩信服务、短信发送管理、短信接收管理、彩信消息类、Misc 模块组成，对外提供接口实现短信接收、彩信编解码、

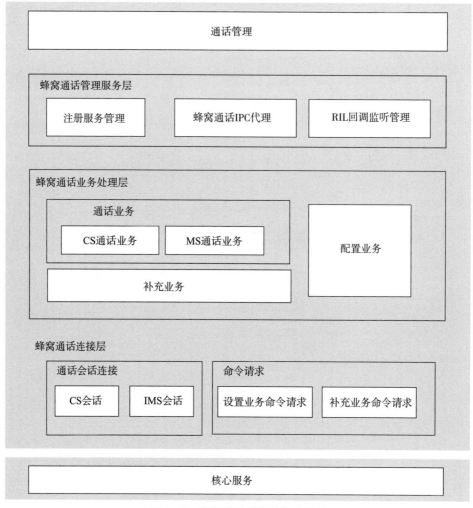

图 4-5 蜂窝通话部件的架构设计

小区广播等功能。各个模块的主要功能如下。

（1）短彩信服务：接口管理模块，负责创建短信发送管理对象、短信接收管理对象和 Misc 模块对象；负责对外提供统一 APIs 和对应用层提供短彩信事件注册监听。

（2）短信发送管理：负责维护 GSM、CDMA 短信发送和网络策略管理对象；网络策略管理监听 IMS 网络注册状态，为发送对象的发送方式提供网络策略依据。

（3）短信接收管理：负责监听和注册来自 RIL 层的短信消息；维护 GSM、CDMA 短信接收处理对象。

（4）彩信消息类：提供彩信处理的基本工具类，包括彩信 PDU 编解码等功能。

（5）Misc 模块：为短彩信提供最基本的基础功能、SIM 操作处理及短信记录和基本的配置功能。

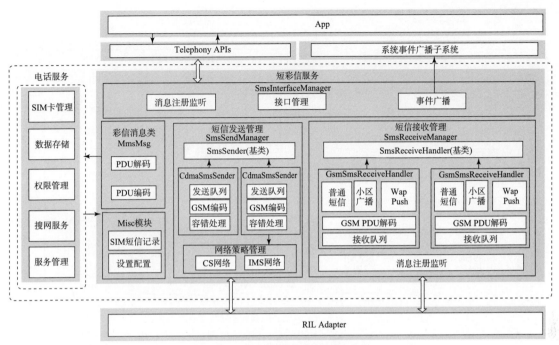

图 4-6 短彩信部件的架构设计图

（三）通话管理组件

图 4-7 展示了通话管理组件的整体架构，其由系统通话管理部件、蓝牙通话管理部件、通话音频管理部件、通话视频管理部件四大部分组成。外部依赖安全子系统、软总线基础通信子系统（蓝牙模块）、多媒体子系统等协同完成其核心功能。下面将对各个部件进行介绍。

1. 系统通话管理部件

系统通话管理部件由通话控制管理、CSCall、IMSCall、OTTCall、状态管理等组成。对外提供接口对 CS 通话、IMS 通话等实现系统级管理。各部分主要功能如下。

（1）通话控制管理：负责所有通话的下行操作；管理并决策通话下行操作是否可以正常进行。

（2）CSCall：负责对 CS 通话进行管理，记录 CS 通话对应的状态等属性信息，响应 CS 通话的各种操作。

（3）IMSCall：负责对 IMS 通话进行管理，记录 IMS 通话对应的状态等属性信息，响应 IMS 通话的各种操作。

（4）OTTCall：负责对 OTT 通话进行管理，记录 OTT 通话对应的状态等属性信息，响应 OTT 通话的各种操作。

（5）状态管理：负责监听通话状态，对所有通话的状态进行管理，并对通话状态（如来电、挂断、呼叫等待、接听等）进行类型判断及处理。

2. 通话音频管理部件

通话音频管理部件负责对通话相关的音频操作进行统一管理，比如对听筒、扬声器、有线耳机、蓝牙耳机这些音频设备通道的选择，拨号时回铃音的播放，来电铃声的播放，提示

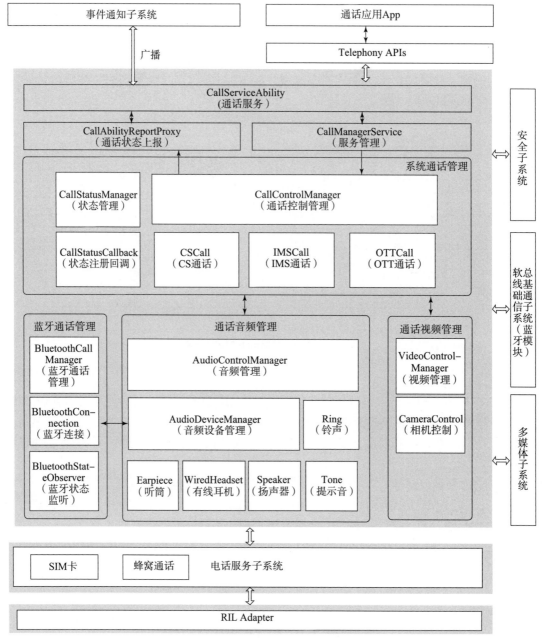

图 4-7　通话管理组件的整体架构设计图

音的播放等；对音频通道的冲突进行统一的策略分析及决策处理，音频通道的冲突分为不同通话间的冲突以及通话音频通道与外部应用音频通道之间的冲突。各部分主要功能如下。

（1）音频管理：主要负责对音频通道的管理，通话时选择哪种音频通道，以及音频通道冲突的分析和处理策略。

（2）有线耳机：主要提供和有线耳机相关的操作接口。

（3）扬声器：主要提供和扬声器相关的操作接口。

（4）铃声：主要管理各种铃声的播放和停止，如来电铃声、回铃音、通话等待铃声、通话未接通的提示音等。

3. 通话视频管理部件

通话视频管理部件负责对通话相关的视频操作进行统一管理，包括相机控制和视频管理。相机主要负责打开和关闭相机，控制相机的缩放；视频管理负责对播放窗口属性的设置，如窗口的位置尺寸、预览窗口、视频卡顿的显示策略等。

4. 蓝牙通话管理部件

蓝牙通话管理部件负责对蓝牙通话相关的操作进行统一管理，主要负责获取蓝牙的连接状态、控制蓝牙的连接和断开，以及与通话相关的操作，如获取通话列表、接听电话、挂断电话、发送通话状态、发送 DTMF 等。

4.3.4　服务化

子系统服务化首先需要对子系统组件进行详细的分析，了解其功能、性能和依赖关系，以便在转换过程中能够顺利进行。在软件设计过程中，子系统组件通常是根据特定功能需求而设计的。将子系统组件转换为部件，可以实现功能的模块化，使部件具有更明确的功能和职责。部件通常具有更高的可重用性，可以在其他系统或子系统中直接使用。

其次，再将部件转换为常驻系统服务，以实现系统的松耦合。常驻系统服务的设计包括服务的接口设计、数据结构设计、算法设计等。设计的目标是使系统服务能够独立运行，并且可以方便地进行扩展和维护。常驻系统服务可以在系统运行期间一直存在，为其他部件或子系统提供服务。这样做的好处是可以降低系统组件之间的耦合度，提高系统的灵活性和可维护性。同时，常驻系统服务也可以更方便地进行管理和监控。

OpenHarmony 可以根据自身需求对各种服务进行按需部署到目标环境中，部署完成后，需要关注服务的运行状态、资源消耗和性能表现，以便及时发现并解决问题。samgr（Service Ability Manager）是 OpenHarmony 中的一个核心组件，负责管理设备上的服务化能力。它是一个基于微服务架构的分布式管理组件，能够实现服务的注册、发现、调用、监控等功能。通过 samgr，开发者可以更轻松地开发和部署系统服务，提高服务部署的灵活性和可扩展性。服务之间可以通过 IPC 与 RPC 进行跨进程访问。

综上所述，电话子系统遵循 OpenHarmony 规范进行服务化部署，首先进行服务化设计，然后根据实际需求配置服务的启停，最后通过向 samgr 注册，实现统一化的服务管理。

4.4　思考与练习

1. 针对一个具体问题，运用子系统架构的设计方法，提出可能的解决方案和架构设计。

2. 在解决问题时，子系统架构对于操作系统整体设计可能带来哪些优点和局限性？

3. OpenHarmony 操作系统采用了分布式技术，可以无缝连接多种终端设备。那么，在鸿蒙子系统中，开发者如何实现不同子系统间的协同工作？请查询相关资料和代码，了解各子系统中含有哪些协同技术和通信机制。

第 5 章

多内核设计

5.1 多内核设计概述

5.1.1 OpenHarmony 多内核设计介绍

最近几年，随着 5G 发展和落地，围绕我们周边大大小小的电子设备，开始向联网化和智能化快速发展。万物互联是物联网的最基本需求，而万物智联（AI + IoT）是物联网的大趋势。小到个人穿戴，大到工业生产设备，要从最初完全独立的物理个体，到接入网络、互联、互助、协同工作，再到人工智能的介入，操作系统在中间起到了一个关键作用。

操作系统内核是操作系统最基本的部分，它是为众多应用程序提供对计算机硬件的安全访问的特定软件，负责管理系统的进程、内存、设备驱动程序、文件和网络系统，决定着系统的性能和稳定性。

OpenHarmony 的设计目标是从用户和开发者视角出发，开发出一款向万物互联时代的终端操作系统，"用户"和"生态"在操作系统的设计中占据着举足轻重的地位。从终端操作系统技术角度来讲，用户的本质就是交互体验，生态本质是开发体验。

从最底层的设计理念考虑，OpenHarmony 的设计目标必须考虑以下两点：

• 用户体检最佳：在终端硬件形态多样化的事实中，保证用户体验一致性，保证分布式终端生态一致性。

• 开发者成本最低：开发分布式程序的成本接近单设备应用的开发，对于系统开发商维护整个系统的成本也要最低，还包括系统维护成本，"统一 OS，弹性部署"的技术特性就是为了解决这个问题。

由于要面向形形色色不同硬件规模的设备类型，OpenHarmony 系统的内核不是传统意义上的单内核架构，它采用了一种可以支持多种内核的机制。OpenHarmony 系统通过 KAL（内核抽象层）屏蔽不同内核间差异，对上层提供统一的基础内核能力，保证了操作系统功能层面能力表现形式的一致性，做到"统一 OS"，从代码结构来说，多个内核的代码都统一在主线版本，统一发布，从硬件层面保证了一致性。

内核系统主要分为以下几种。

1. 轻量系统（**Mini System**）

轻量系统主要面向 MCU 类处理器，例如 ARM Cortex – M、RISC – V 32 位等设备，该类设备的硬件资源极其有限，支持的设备最小内存为 128 KB，具有小体积、低功耗、高性能的特点，其代码结构简单，主要包括内核最小功能集、内核抽象层、可选组件以及工程目录等，分为硬件相关层以及硬件无关层。轻量系统可支撑的产品如智能家居领域的连接类模组、传感器设备、穿戴类设备等。

2. 小型系统（Small System）

小型系统面向应用处理器，如 ARM Cortex – A，支持的设备最小内存为 1MB，可以提供更高的安全能力、标准的图形框架、视频编解码的多媒体能力。硬件方面支持内存管理单元（MMU），支持内核/应用程序空间隔离、支持各个应用程序空间隔离，系统更健壮；软件层面支持 POSIX 接口，大量开源软件可以直接使用。小型系统可支撑的产品如智能家居领域的 IP Camera、电子猫眼、路由器以及智慧出行域的行车记录仪等。

3. 标准系统（Standard System）

标准系统同样是面向应用处理器的，但是支持的设备最小内存需要 128 MB，可以提供增强的交互能力、3D GPU 以及硬件合成能力、更多控件以及动效更丰富的图形能力、完整的应用框架。标准系统可支撑的产品如高端的冰箱显示屏、移动电话、工业平板设备等。

OpenHarmony 内核子系统在整个系统中的角色如图 5 – 1 所示。

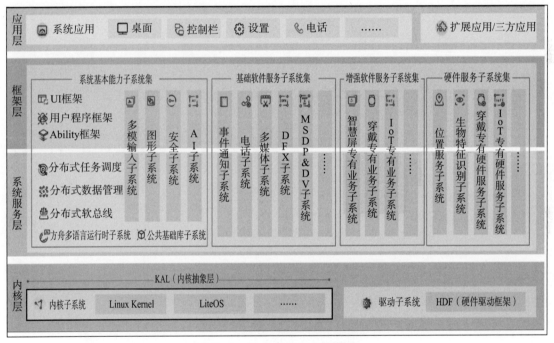

图 5 – 1　OpenHarmony 架构图

如图 5 – 1 所示的 OpenHarmony 系统采用了多内核的策略，包括 Linux 内核和 LiteOS 内核，后期版本新增了实时内核 uniproton 等。

OpenHarmony 系统的内核虽然有上述所列的 Linux 内核、LiteOS 内核和 uniproton 内核等，但其中几个最重要的组成功能单元是每个内核均要具备的，分别是：

- 负责持久化数据，并让应用程序能够方便地访问持久化数据的"文件系统"。
- 负责管理进程地址空间的"内存管理"。
- 负责管理多个进程的"进程管理"或者"任务管理"。
- 负责本机操作系统和另外一个设备上操作系统通信的"网络"。

其中比较特别的是 LiteOS 内核，其基础功能都是华为公司重新写的。它是面向 IoT 领域的实时操作系统内核，同时具备 RTOS（实时操作系统）轻快和 Linux 易用的特点，主要包括进程和线程调度、内存管理、IPC 机制、时间管理等内核基本功能。

LiteOS 内核具体又分为 LiteOS_M 内核与 LiteOS_A 内核，分别适用于 ARM Cortex M 系列芯片与 Cortex A 系列芯片。

随着 OpenHarmony 代码的演化，3.2 版本也引入了实时内核 uniproton，目前应用的场景有限，就不展开描述了。

图 5 – 2 是 ARM Cortex – M0 芯片的架构示意图，LiteOS_M 内核就是专门针对此类芯片而设计的一款内核，可以看到此类芯片最大的一个特点是没有 MMU 和 Cache 模块。

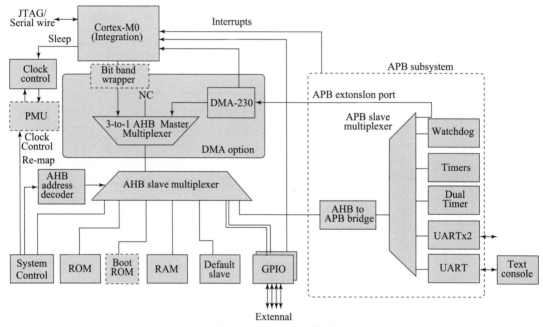

图 5 – 2　ARM Cortex – M0 芯片的架构示意图

图 5 – 3 是 ARM12 的架构图，属于 ARM Cortex A 系列的芯片。LiteOS_A 是专门为此类芯片而设计的，此类芯片与 ARM Cortex – M0 对比，多了很多处理单元，包括 MMU 和 Cache，MMU 细分为指令 MMU 和数据 MMU，同样 Cache 也细分为数据 Cache 和指令 Cache，当然此类设备也可以选择 Linux Kernel 标准内核。

OpenHamrony 虽然有这么多内核，但是上层系统通过 KAL（内核抽象层）提供的接口获得内核子系统实现的功能，在操作系统软件功能层面保证了 OS 的统一性，在 OpenHarmony 开源代码中，内核子系统所在的目录也是统一放在 kernel 目录下的，示例如下：

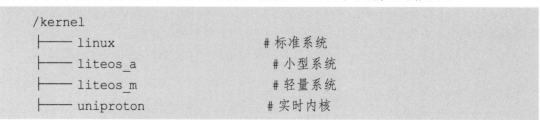

```
/kernel
    ├── linux                    # 标准系统
    ├── liteos_a                 # 小型系统
    ├── liteos_m                 # 轻量系统
    └── uniproton                # 实时内核
```

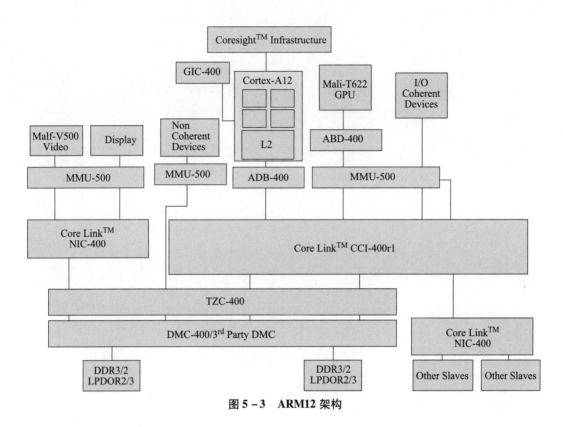

图 5 – 3 ARM12 架构

需要注意的是，uniproton 是从另外一个开源项目 openEuler 孵化出来的一款实时内核，目前已经移入 OpenHarmony 系统中，暂时只支持 ARM Cortex – M4 芯片，应用场景在市场上几乎没有，在下文中就不做介绍了。而 OpenHarmony 采用 Linux 内核的也是采用不重复造"轮子"的策略，Linux 内核并不是 OpenHamrony 所特有的，其源代码也是从上游 Linux 开源社区获取。所以本章节重点讲解对象是 LiteOS_M 内核和 LiteOS_A 内核。

5.1.2 轻量系统内核简介

OpenHarmony 轻量级系统采用的是 LiteOS_M 内核。LiteOS_M 内核是面向 IoT 领域构建的轻量级物联网操作系统内核，具有小体积、低功耗、高性能的特点。其代码结构简单，主要包括内核最小功能集、内核抽象层、可选组件以及工程目录等。LiteOS_M 内核架构包含硬件相关层以及硬件无关层，如图 5 – 4 所示，其中硬件相关层按不同编译工具链、芯片架构分类，提供统一的 HAL 接口，提升了硬件易适配性，满足 IoT 类型丰富的硬件和编译工具链的拓展；其他模块属于硬件无关层，其中基础内核模块提供任务调度等基础能力，扩展模块提供网络、文件系统等组件能力，还提供错误处理、调测等能力；KAL 模块提供统一的标准接口。

1. 目录结构

```
/kernel/liteos_m
├── arch                          # 内核指令架构层目录
```

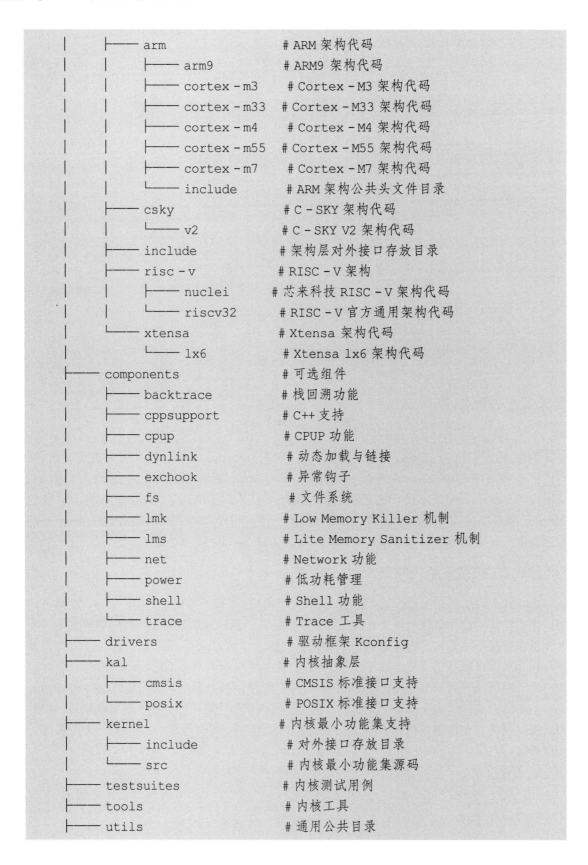

```
│    │    ├──── arm                    # ARM 架构代码
│    │    │    ├──── arm9              # ARM9 架构代码
│    │    │    ├──── cortex-m3         # Cortex-M3 架构代码
│    │    │    ├──── cortex-m33        # Cortex-M33 架构代码
│    │    │    ├──── cortex-m4         # Cortex-M4 架构代码
│    │    │    ├──── cortex-m55        # Cortex-M55 架构代码
│    │    │    ├──── cortex-m7         # Cortex-M7 架构代码
│    │    │    └──── include           # ARM 架构公共头文件目录
│    │    ├──── csky                   # C-SKY 架构代码
│    │    │    └──── v2                # C-SKY V2 架构代码
│    │    ├──── include                # 架构层对外接口存放目录
│    │    ├──── risc-v                 # RISC-V 架构
│    │    │    ├──── nuclei            # 芯来科技 RISC-V 架构代码
│    │    │    └──── riscv32           # RISC-V 官方通用架构代码
│    │    └──── xtensa                 # Xtensa 架构代码
│    │         └──── lx6               # Xtensa lx6 架构代码
│    ├──── components                  # 可选组件
│    │    ├──── backtrace              # 栈回溯功能
│    │    ├──── cppsupport             # C++ 支持
│    │    ├──── cpup                   # CPUP 功能
│    │    ├──── dynlink                # 动态加载与链接
│    │    ├──── exchook                # 异常钩子
│    │    ├──── fs                     # 文件系统
│    │    ├──── lmk                    # Low Memory Killer 机制
│    │    ├──── lms                    # Lite Memory Sanitizer 机制
│    │    ├──── net                    # Network 功能
│    │    ├──── power                  # 低功耗管理
│    │    ├──── shell                  # Shell 功能
│    │    └──── trace                  # Trace 工具
│    ├──── drivers                     # 驱动框架 Kconfig
│    ├──── kal                         # 内核抽象层
│    │    ├──── cmsis                  # CMSIS 标准接口支持
│    │    └──── posix                  # POSIX 标准接口支持
│    ├──── kernel                      # 内核最小功能集支持
│    │    ├──── include                # 对外接口存放目录
│    │    └──── src                    # 内核最小功能集源码
│    ├──── testsuites                  # 内核测试用例
│    ├──── tools                       # 内核工具
│    ├──── utils                       # 通用公共目录
```

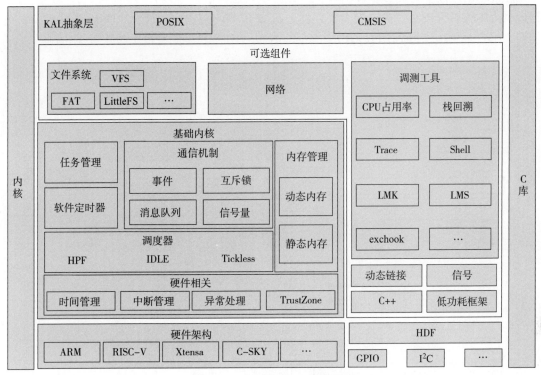

图 5 - 4 LiteOS_M 内核架构图

2. CPU 体系架构支持

CPU 体系架构分为通用架构定义和特定架构定义两层，通用架构定义层为所有体系架构都需要支持和实现的接口，特定架构定义层为特定体系架构所特有的部分。在新增一个体系架构的时候，必须需要实现通用架构定义层，如果该体系架构还有特有的功能，可以在特定架构定义层来实现。CPU 体系架构规则如表 5 - 1 所列。

表 5 - 1 CPU 体系架构规则

规则	通用体系架构层	特定体系架构层
头文件位置	arch/include/	arch/ < arch > / < arch > / < toolchain > /
头文件命名	los_ < function >. h	los_arch_ < function >. h
函数命名	Halxxx	ArchHwixxx

LiteOS_M 已经支持 ARM Cortex - M3、ARM Cortex - M4、ARM Cortex - M7、ARM Cortex - M33、RISC - V 等主流架构，如果需要扩展更多的 CPU 体系架构，需要芯片厂家做芯片架构适配的工作。

5.1.3 小型系统内核简介

OpenHarmony 的小型内核 LiteOS_A 主要应用于小型应用，其架构如图 5 - 5 所示。相较于 LitOS_M 内核，LiteOS_A 内核新增了更丰富的内核机制以应对更加复杂的应用场景和构建更加健壮的应用。比如在基础内核中，提供了快速锁、共享内存等通信机制，虚拟内存、物理页等内存管理机制。在扩展内核方面，新增了 VDSO、动态加载、Liteipc 等模块。此外还引入了安全模块，包括 UPD/GID、Capability 和 VID 三种不同粒度的权限控制机制。

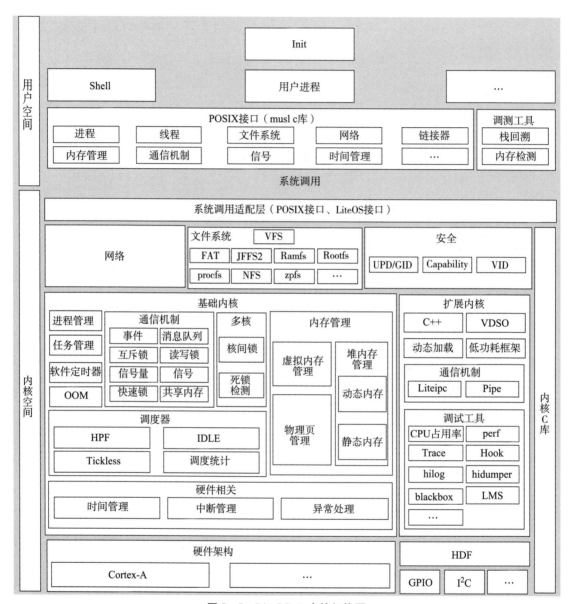

图 5-5 LiteOS_A 内核架构图

LiteOS_A 将用户空间和内核空间进行隔离。在用户空间，程序通过 POSIX 接口触发系统调用，完成用户态到内核态的切换，内核空间中的系统调用适配层实现对内核调用函数进行统一处理和执行。

1. 目录结构

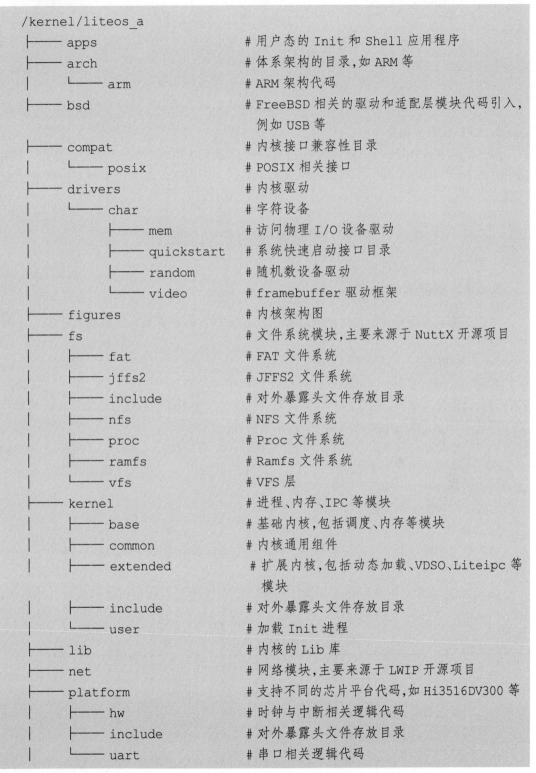

```
/kernel/liteos_a
├──── apps                    # 用户态的 Init 和 Shell 应用程序
├──── arch                    # 体系架构的目录,如 ARM 等
│    └──── arm                # ARM 架构代码
├──── bsd                     # FreeBSD 相关的驱动和适配层模块代码引入,
                                例如 USB 等
├──── compat                  # 内核接口兼容性目录
│    └──── posix              # POSIX 相关接口
├──── drivers                 # 内核驱动
│    └──── char               # 字符设备
│         ├──── mem           # 访问物理 I/O 设备驱动
│         ├──── quickstart    # 系统快速启动接口目录
│         ├──── random        # 随机数设备驱动
│         └──── video         # framebuffer 驱动框架
├──── figures                 # 内核架构图
├──── fs                      # 文件系统模块,主要来源于 NuttX 开源项目
│    ├──── fat                # FAT 文件系统
│    ├──── jffs2              # JFFS2 文件系统
│    ├──── include            # 对外暴露头文件存放目录
│    ├──── nfs                # NFS 文件系统
│    ├──── proc               # Proc 文件系统
│    ├──── ramfs              # Ramfs 文件系统
│    └──── vfs                # VFS 层
├──── kernel                  # 进程、内存、IPC 等模块
│    ├──── base               # 基础内核,包括调度、内存等模块
│    ├──── common             # 内核通用组件
│    ├──── extended           # 扩展内核,包括动态加载、VDSO、Liteipc 等
                                模块
│    ├──── include            # 对外暴露头文件存放目录
│    └──── user               # 加载 Init 进程
├──── lib                     # 内核的 Lib 库
├──── net                     # 网络模块,主要来源于 LWIP 开源项目
├──── platform                # 支持不同的芯片平台代码,如 Hi3516DV300 等
│    ├──── hw                 # 时钟与中断相关逻辑代码
│    ├──── include            # 对外暴露头文件存放目录
│    └──── uart               # 串口相关逻辑代码
```

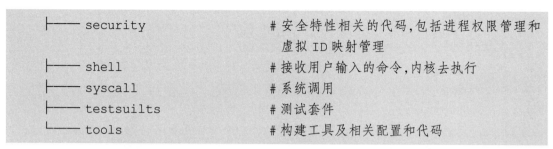

```
├── security          # 安全特性相关的代码,包括进程权限管理和
                        虚拟 ID 映射管理
├── shell             # 接收用户输入的命令,内核去执行
├── syscall           # 系统调用
├── testsuilts        # 测试套件
└── tools             # 构建工具及相关配置和代码
```

2. CPU 体系架构支持

LiteOS_A 支持 ARMv7 – a 指令集架构的设备，如面向应用的 ARM Cortex – A 系列。如果三方芯片为 ARMv7 – a 架构，可以进行内核基础适配，否则需要芯片厂家做芯片架构适配的工作。

5.2　轻量系统内核功能概述

5.2.1　基础内核

轻量系统基础内核功能包括中断管理、任务管理、内存管理、内核通信机制、时间管理、软件定时器。

（一）中断管理

在程序运行过程中，当出现需要由 CPU 立即处理的事务时，CPU 暂时中止当前程序的执行转而处理这个事务，这个过程叫作中断。当硬件产生中断时，通过中断号查找到其对应的中断处理程序，执行中断处理程序完成中断处理。

通过中断机制，在外设不需要 CPU 介入时，CPU 可以执行其他任务；当外设需要 CPU 时，CPU 会中断当前任务来响应中断请求。这样可以避免 CPU 把大量时间耗费在等待、查询外设状态的操作上，有效提高系统实时性及执行效率。

下面介绍中断的相关概念。

1. 中断号

中断号是中断请求信号特定的标志，计算机能够根据中断号判断是哪个设备提出的中断请求。

关于 ARM 芯片常用的中断和异常，此处稍微介绍一下中断和异常的区别，如表 5 – 2 所示。

表 5 – 2　ARM 芯片常用的中断和异常

异常名称	向量号	优先级
Reset	1	– 3
NMI	2	– 2
Hard Fault	3	– 1
保留	4 ~ 10	保留
SVC	11	可配置

续表

异常名称	向量号	优先级
保留	12 ~ 13	保留
PendSV	14	可配置
SysTick	15	可配置
Interrupt（IRQ0 ~ IRQ31）	16 ~ 47	可配置

中断可以看作是异常的一种情况。中断是可以屏蔽的，如通过寄存器的 I 位和 F 位分别屏蔽 IRQ 和 FIQ。异常是无法屏蔽的，通常是 CPU 内部产生，而中断往往是外设产生，除了 Reset、NMI、Hard Fault 外，其他异常优先级别通过操控寄存器来设置。

ARM M 处理器有 7 种运行模式：USR（用户模式）、SYS（系统模式）、SVC（管理模式或特权模式）、IRQ（中断模式）、FIQ（快中断模式）、UND（未定义模式）、ABT（终止模式）。

这 7 种运行模式包括 5 种异常模式：SVC（管理模式）、IRQ（中断模式）、FIQ（快中断模式）、UND（未定义模式）、ABT（终止模式）。

管理模式是一种特殊的异常模式，管理模式也称为超级用户模式，是为操作系统提供软中断的特有模式，正是由于有了软中断，用户程序才可以通过系统调用切换到管理模式。

中断是 ARM 异常模式之一，有 2 种中断模式：IRQ（中断模式）、FIQ（快中断模式）。

2. 中断请求

"紧急事件"向 CPU 提出申请（发一个电脉冲信号），请求中断，需要 CPU 暂停当前执行的任务以处理该"紧急事件"，这一过程称为中断请求。

图 5 - 6 是响应一个中断请求的过程，用户程序正在主程序中运行，通过中断请求的触发，CPU 暂停当前执行的主程序响应中断请求，响应完成后通过返回指令返回主程序。

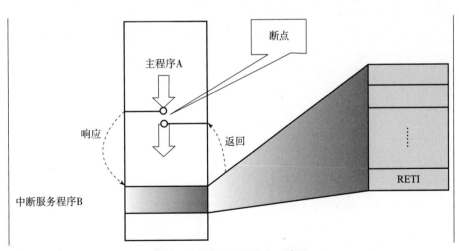

图 5 - 6 响应中断请求示意图

3. 中断优先级

为使系统能够及时响应并处理所有中断，系统根据中断事件的重要性和紧迫程度，将中断源分为若干个级别，称作中断优先级，如表 5 - 3 所列。

表 5 - 3　常见中断优先级

类型	位置	优先级	描述
—	0	—	在复位时栈顶从向量表的第一个入口加载
Reset（复位）	1	3（最高）	在上电和热复位（warm reset）时调用，在第一条指令上优先级降到最低（线程模式），是异步的
Non - maskable Interrupt（不可屏蔽中断（NMI））	2	-2	不能被除复位之外的任何异常停止或占先。异步的
Hard Fault（硬故障）	3	-1	由于优先级的原因或可配置的故障处理被禁止而导致不能将故障激活的所有类型故障，是同步的
Memory Management（存储器管理）	4	可配置	MPU 不匹配，包括违反访问规范以及不匹配，是同步的，即使 MPU 被禁止或不存在，也可以用它来支持默认的存储器映射的 XN 区域
Bus Fault（总线故障）	5	可配置	预取指故障、存储器故障，以及其他相关的地址存储故障，精确时是同步的，不精确时是异步的
Usage Fault（使用故障）	6	可配置	使用故障，例如，执行未定义的指令或尝试不合法的状态转换，是同步的
—	7～10	—	保留
SVCall（系统服务调用）	11	可配置	利用 SVC 指令调用系统服务，是同步的
Debug Monitor（调试监控）	12	可配置	在处理器没有停止时出现，是同步的，但只有在使能时是有效的，如果它的优先级比当前有效的异常的优先级低，则不能被激活
—	13	—	保留
PendSV（可挂起的系统服务请求）	14	可配置	是异步的，只能由软件来实现挂起
SysTick（系统节拍定时器）	15	可配置	系统节拍定时器（System tick timer）已启动，是异步的
External Interrupt（外部中断）	16 及以上	可配置	在内核的外部产生（外部设备），INTISR［239：0］，通过 NVIC（设置优先级）输入，都是异步的

4. 中断处理程序

参考图 5 - 6，当外设发出中断请求后，CPU 暂停当前的任务，转而响应中断请求，即执行图 5 - 6 中所示的中断服务程序 B。产生中断的每个设备都有相应的中断处理程序。

5. 中断触发

中断源向中断控制器发送中断信号，中断控制器对中断进行仲裁，确定优先级，将中断信号发送给 CPU。中断源产生中断信号的时候，会将中断触发器置 "1"，表明该中断源产生了中断，要求 CPU 响应该中断。

ARM M 系列的芯片是采用 NVIC 中断控制器来实现中断的，图 5 - 7 简要地示意了整个中断处理过程，其中包括中断引脚的选择（映射）、配置是上升沿还是下降沿触发、是否屏蔽某个引脚、是否中断使能，最后根据中断优先级别来响应优先级别最高的中断。

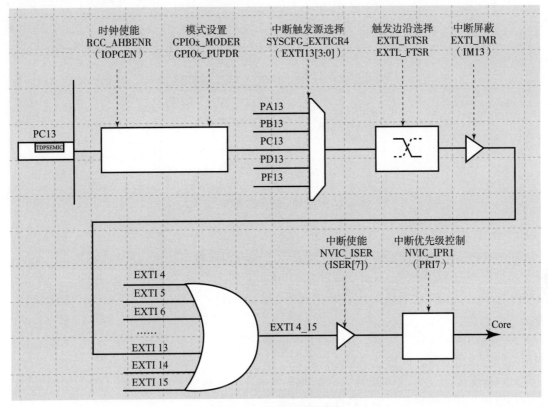

图 5 - 7　中断处理示意图

6. 中断向量

中断向量即中断服务程序的入口地址。

7. 中断向量表

中断向量表即存储中断向量的存储区，中断向量与中断号对应，中断向量在中断向量表中按照中断号顺序存储。图 5 - 8 所示为中断向量表。

中断相关接口及其描述见表 5 - 4。

表 5 - 4　中断相关接口及其描述

功能分类	接口名	描述
创建、删除中断	LOS_HwiCreate	中断创建，注册中断号、中断触发模式、中断优先级、中断处理程序。中断被触发时，会调用该中断处理程序
	LOS_HwiDelete	根据指定的中断号，删除中断
打开、关闭中断	LOS_IntUnLock	打开中断，使能当前处理器所有中断响应
	LOS_IntLock	关闭中断，关闭当前处理器所有中断响应
	LOS_IntRestore	恢复到使用 LOS_IntLock、LOS_IntUnLock 操作之前的中断状态

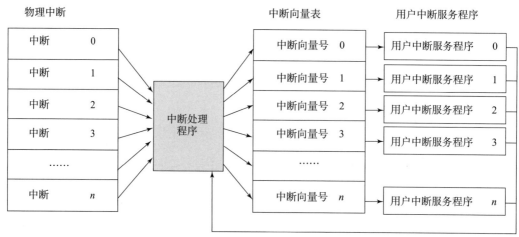

图 5 - 8　中断向量表

（二）任务管理

OpenHarmony 轻量级系统（LiteOS_M）由于没有内存隔离机制，无法满足进程机制的条件，所以没有进程的概念。LiteOS_M 的运行单元只有任务，为了兼容 POSIX 标准以及 CMSIS 标准，LiteOS_M 将任务做了封装，提供了线程的 API。所以在 LiteOS_M 中线程和任务是一个概念。

从系统角度看，任务是竞争系统资源的最小运行单元。任务可以使用或等待 CPU、使用内存空间等系统资源，并独立于其他任务运行。

LiteOS_M 的任务模块可以给用户提供多个任务，实现任务间的切换，帮助用户管理业务程序流程。任务模块具有如下特性：

①支持多任务。

②一个任务表示一个线程。

③抢占式调度机制，高优先级的任务可打断低优先级任务，低优先级任务必须在高优先级任务阻塞或结束后才能得到调度。

④相同优先级任务支持时间片轮转调度方式。

⑤共有 32 个优先级 [0 - 31]，最高优先级为 0，最低优先级为 31。

1. 任务相关概念

（1）任务状态。任务有多种运行状态。系统初始化完成后，创建的任务就可以在系统中竞争一定的资源，由内核进行调度。

（2）任务状态通常分为以下 4 种。

①就绪（ready）：该任务在就绪队列中，只等待 CPU。

②运行（running）：该任务正在执行。

③阻塞（blocked）：该任务不在就绪队列中。包含任务被挂起（suspend 状态）、任务被延时（delay 状态）、任务正在等待信号量、读写队列或者等待事件等。

④退出（dead）：该任务运行结束，等待系统回收资源。

2. 任务状态迁移

任务状态迁移示意图如图 5 - 9 所示。

3. 任务状态迁移说明

（1）就绪态→运行态。任务创建后进入就绪态，发生任务切换时，就绪队列中最高优先级的任务被执行，从而进入运行态，同时该任务从就绪队列中移出。

（2）运行态→阻塞态。正在运行的任务发生阻塞（挂起、延时、读信号量等）时，将该任务插入对应的阻塞队列

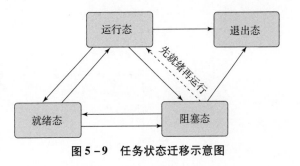

图 5 - 9　任务状态迁移示意图

中，任务状态由运行态变成阻塞态，然后发生任务切换，运行就绪队列中最高优先级任务。

（3）阻塞态→就绪态（阻塞态→运行态）。阻塞的任务被恢复后（任务恢复、延时时间超时、读信号量超时或读到信号量等），此时被恢复的任务会被加入就绪队列，从而由阻塞态变成就绪态；此时如果被恢复任务的优先级高于正在运行任务的优先级，则会发生任务切换，该任务由就绪态变成运行态。

（4）就绪态→阻塞态。任务也有可能在就绪态时被阻塞（挂起），此时任务状态由就绪态变为阻塞态，该任务从就绪队列中删除，不会参与任务调度，直到该任务被恢复。

（5）运行态→就绪态。有更高优先级任务创建或者恢复后，会发生任务调度，此刻就绪队列中最高优先级任务变为运行态，那么原先运行的任务由运行态变为就绪态，依然在就绪队列中。

（6）运行态→退出态。运行中的任务运行结束后，任务状态由运行态变为退出态。退出态包含任务运行结束的正常退出状态以及 Invalid 状态。例如，任务运行结束但是没有自行删除时，对外呈现的就是 Invalid 状态，即退出态。

（7）阻塞态→退出态。阻塞的任务调用删除接口，任务状态由阻塞态变为退出态。

4. 其他说明

（1）任务 ID。任务 ID 在任务创建时通过参数返回给用户，是任务的重要标识。系统中的 ID 号是唯一的。用户可以通过任务 ID 对指定任务进行任务挂起、任务恢复、查询任务名等操作。

（2）任务优先级。任务优先级表示任务执行的优先顺序。任务的优先级决定了在发生任务切换时即将要执行的任务，就绪队列中最高优先级的任务将得到执行。

（3）任务入口函数。即新任务得到调度后将执行的函数。该函数由用户实现，在任务创建时，通过任务创建结构体设置。

（4）任务栈。每个任务都拥有一个独立的栈空间，称为任务栈。栈空间里保存的信息包含局部变量、寄存器、函数参数、函数返回地址等，图 5 - 10 是一个任务栈的示意图，位于一段具体的内存上。

（5）任务上下文。任务在运行过程中使用的一些资源，如寄存器等，称为任务上下文。当这个任务挂起时，其他任务继续执行，可能会修改寄存器等资源中的值。如果任务切换时没有保存任务上下文，可能会导致任务恢复后出现未知错误。因此，在任务切换时会将切出任务的上下文信息，保存在自身的任务栈中，以便任务恢复后，从栈空间中恢复挂起时的上下文信息，从而继续执行挂起时被打断的代码。

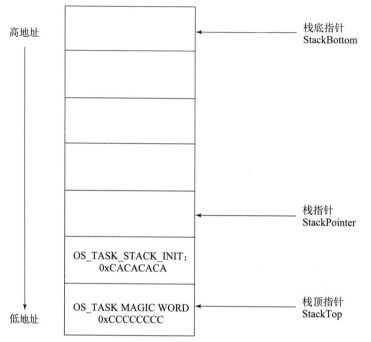

图 5 - 10　任务栈示意图

图 5 - 11 示意了用户的第一个 TASK 的启动工作。该 TASK 有用的初始信息保存于自身栈中，被 CPU 提取到相应的寄存器中，形成了任务的上下文。

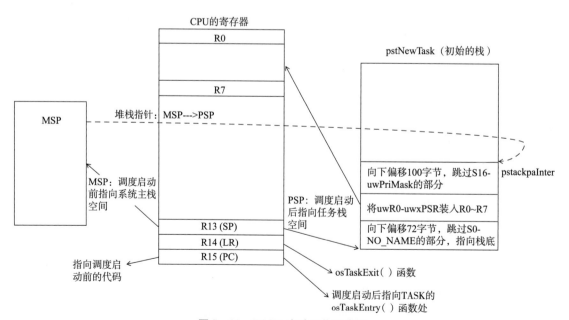

图 5 - 11　TASK 启动工作示意图

（6）任务控制块。每个任务都含有一个任务控制块（TCB）。任务控制块包含了任务上下文栈指针（stack pointer）、任务状态、任务优先级、任务 ID、任务名、任务栈大小等信息。任务控制块可以反映出每个任务的运行情况。

```
typedef struct{
    VOID                *stackPointer;      /*<Task stack pointer*/
    UINT16              taskStatus;
    UINT16              priority;
    INT32               timeSlice;
    UINT32              waitTimes;
    SortLinkList        sortList;
    UINT64              startTime;
    UINT32              stackSize;          /*<Task stack size*/
    UINT32              topOfStack;         /*<Task stack top*/
    UINT32              taskID;             /*<Task ID*/
    TSK_ENTRY_FUNC      taskEntry;          /*<Task entrance function*/
    VOID                *taskSem;           /*<Task-held semaphore*/
    VOID                *taskMux;           /*<Task-held mutex*/
    UINT32              arg;                /*<Parameter*/
    CHAR                *taskName;          /*<Task name*/
    LOS_DL_LIST         pendList;
    LOS_DL_LIST         timerList;
    LOS_DL_LIST         joinList;
    UINTPTR             joinRetval;         /*<Return value of the end of the
task,If the task does not exit by itself,the ID of the task that killed the
task is recorded. */
    EVENT_CB_S          event;
    UINT32              eventMask;          /*<Event mask*/
    UINT32              eventMode;          /*<Event mode*/
    VOID                *msg;               /*<Memory allocated to queues*/
    INT32               errorNo;
}LosTaskCB;
```

（7）任务切换。任务切换包含获取就绪队列中最高优先级任务、切出任务上下文保存、切入任务上下文恢复等动作。

图 5－12 所示为任务切换过程中的入栈和出栈过程，当然栈空间都是分配在具体内存上的。

（8）任务运行机制。用户创建任务时，系统会初始化任务栈，预置上下文。此外，系统还会将"任务入口函数"地址放在相应位置。这样在任务第一次启动进入运行态时，会执行"任务入口函数"。

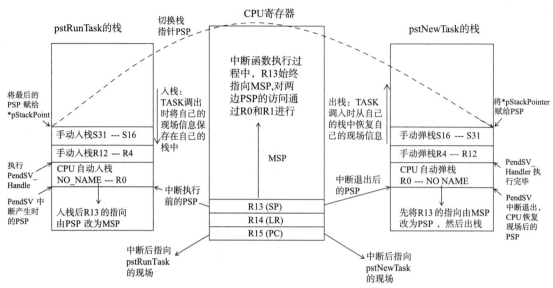

图 5 - 12　任务切换过程中的入栈和出栈过程

表 5 - 5 列出了任务接口的名称及其功能分类和描述说明。

表 5 - 5　任务接口及其描述

功能分类	接口名	描述
创建和删除任务	LOS_TaskCreateOnly	创建任务，并使该任务进入 suspend 状态，不对该任务进行调度。如果需要调度，可以调用 LOS_TaskResume 使该任务进入就绪状态
	LOS_TaskCreate	创建任务，并使该任务进入就绪状态，如果就绪队列中没有更高优先级的任务，则运行该任务
	LOS_TaskDelete	删除指定的任务
控制任务状态	LOS_TaskResume	恢复挂起的任务，使该任务进入就绪状态
	LOS_TaskSuspend	挂起指定的任务，然后切换任务
	LOS_TaskJoin	挂起当前任务，等待指定任务运行结束并回收其任务控制块资源
	LOS_TaskDetach	修改任务的 joinable 属性为 detach 属性，detach 属性的任务运行结束后会自动回收任务控制块资源
	LOS_TaskDelay	任务延时等待，释放 CPU，等待时间到期后该任务会重新进入就绪状态，传入参数为 Tick 数目
	LOS_Msleep	传入参数为毫秒数，转换为 Tick 数目，调用 LOS_TaskDelay
	LOS_TaskYield	当前任务时间片设置为 0，释放 CPU，触发调度运行就绪任务队列中优先级最高的任务

续表

功能分类	接口名	描述
控制任务调度	LOS_TaskLock	锁任务调度，但任务仍可被中断打断
	LOS_TaskUnlock	解锁任务调度
	LOS_Schedule	触发任务调度
控制任务优先级	LOS_CurTaskPriSet	设置当前任务的优先级
	LOS_TaskPriSet	设置指定任务的优先级
	LOS_TaskPriGet	获取指定任务的优先级
获取任务信息	LOS_CurTaskIDGet	获取当前任务的 ID
	LOS_NextTaskIDGet	获取任务就绪队列中优先级最高的任务 ID
	LOS_NewTaskIDGet	等同 LOS_NextTaskIDGet
	LOS_CurTaskNameGet	获取当前任务的名称
	LOS_TaskNameGet	获取指定任务的名称
	LOS_TaskStatusGet	获取指定任务的状态
	LOS_TaskInfoGet	获取指定任务的信息，包括任务状态、优先级、任务栈大小、栈顶指针 SP、任务入口函数、已使用的任务栈大小等
	LOS_TaskIsRunning	获取任务模块是否已经开始调度运行
任务信息维测	LOS_TaskSwitchInfoGet	获取任务切换信息，需要开启宏 LOSCFG_BASE_CORE_EXC_TSK_SWITCH

（三）内存管理

1. 基本概念

LiteOS_M 内核支持的硬件没有内存管理单元（MMU），直接面对的是硬件芯片的 RAM，当芯片片内 RAM 大小无法满足要求时，需要使用片外物理内存进行扩充。对于这样的多段非连续性内存，需要内存管理模块统一管理，应用使用内存接口时不需要关注内存分配属于哪块物理内存。OpenHarmony LiteOS_M 内核支持多段非连续性内存区域，把多个非连续性内存逻辑上合一，用户不感知底层的多段非连续性内存区域。

OpenHarmony LiteOS_M 内核内存模块在支持非连续性内存时，把不连续的内存区域作为空闲内存节点插入空闲内存节点链表，把不同内存区域间的不连续部分标记为虚拟的已使用内存节点，从逻辑上把多个非连续性内存区域实现为一个统一的内存池。

在统一的内存池基础上，内存管理模块通过对内存的申请/释放算法来管理用户和 OS 对内存的使用，使内存的利用率和使用效率达到最优，同时最大限度地解决系统的内存碎片问题。

LiteOS_M 的内存管理分为静态内存管理和动态内存管理，提供内存初始化、分配、释放等功能，这两套方法各有千秋，用户可以根据业务需求选择不同的方法。

（1）静态内存：在静态内存池中分配用户初始化时预设（固定）大小的内存块。

优点：分配和释放效率高，静态内存池中无碎片。

缺点：只能申请到初始化预设大小的内存块，不能按需申请。

（2）动态内存：在动态内存池中分配用户指定大小的内存块。

优点：按需分配。

缺点：内存池中可能出现碎片。

2. 静态内存

（1）静态内存实质上是一块静态数组，静态内存池内的块大小需要用户在初始化时设定，初始化后块大小不可变更。静态内存分配是 4B 对齐，初始时每个内存块都只存储指向下一个内存块的指针，用内存块最开始的 4B 存储，内存池头部信息的空闲链表会存储第一个内存块的指针，最后一个内存块存储 NULL 指针。内存块被分配给用户以后若有魔字，则最开始的四个字节需要存储魔字。一个指针或魔字需要 4B 存储，所以按照 4B 对齐，以满足当内存块的大小小于 4B 时能正确存储指针和魔字信息。请注意，未分配之前是存放指针，分配给用户后是存放魔字，在内存使用过程中经常出现写越界的行为，使用魔字是一个常规检测手段。

（2）内存实现过程中使用了很多 C 语言的技巧，例如强转，内存池中当前内存块的下一个内存块的起始地址强转为 LOS_MEMBOX_NODE 型的指针。

```
#define OS_MEMBOX_MAGIC          0xa55a5a00
#define OS_MEMBOX_TASKID_BITS  8
#define OS_MEMBOX_MAX_TASKID    ((1<<OS_MEMBOX_TASKID_BITS)-1)
#define OS_MEMBOX_TASKID_GET(addr)((((UINTPTR)(addr))&OS_MEMBOX_
MAX_TASKID)
#define OS_MEMBOX_USER_ADDR(addr)((VOID*)((UINT8*)(addr)+OS_
MEMBOX_NODE_HEAD_SIZE))
#define OS_MEMBOX_NODE_ADDR(addr)((LOS_MEMBOX_NODE*)(VOID*)
((UINT8*)(addr)-OS_MEMBOX_NODE_HEAD_SIZE))
#define MEMBOX_LOCK(state)       ((state)=HalIntLock())
#define MEMBOX_UNLOCK(state)     HalIntRestore(state)
```

（3）静态内存池创建过程中，其大小必须大于内存池头部信息，否则创建的内存池不能放置任何数据，创建内存池的意义就不大了。

3. 动态内存

如图 5-13 所示，动态内存模块通过双向链表来管理，分配本质是通过空闲链表查找合适大小的空闲块。空闲块选择空闲链表的依据：每个空闲链表代表一个允许的空闲块大小的范围，每个链表只保存自己允许范围内的空闲块，当用户申请空闲块时，根据用户申请内存大小找到对应的空闲链表，而不是遍历整个空闲链表。

假设内存池允许的最小内存块大小为 2^{min} B，则第一个双链表链接的是所有 size 为 $2^{min} <= size < 2^{min+1}$ 的空闲块，第二个双链表链接的是所有 size 为 $2^{min+1} <= size < 2^{min+2}$ 的空闲块，依此类推，第 n 个双链表链接的是所有 size 为 $2^{min+n-1} <= size < 2^{min+n}$ 的空闲块。每次申请内存时，会从空闲链表中检索最合适大小的空闲块，进行内存分配。每次释放内存时，会将该块内存作为空闲块存储至对应的空闲链表中，以便下次再利用。

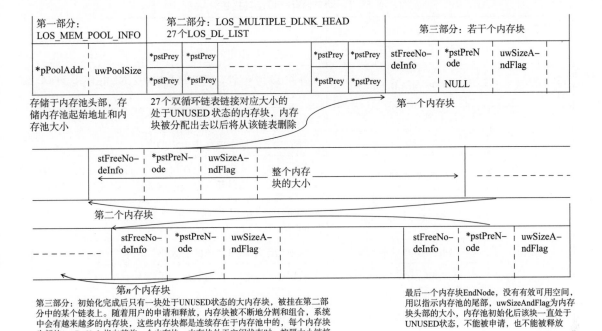

第三部分：初始化完成后只有一块处于UNUSED状态的大内存块，被挂在第二部分中的某个链表上。随着用户的申请和释放，内存块被不断地分割和组合，系统中会有越来越多的内存块，这些内存块都是连续存在于内存池中的，每个内存块头部的*pstPreNode指向其前一个内存块。内存块处于空闲状态时，按照大小链接在对应的空闲链表中，被分配出去后将从空闲链表删除，链接指针将用作指示被使用的信息

最后一个内存块EndNode，没有有效可用空间，用以指示内存池的尾部，uwSizeAndFlag为内存块头部的大小，内存池初始化后该块一直处于UNUSED状态，不能被申请，也不能被释放

图 5 – 13　动态内存数据结构图

静态内存接口和动态内存接口及其描述分别如表 5 – 6 和表 5 – 7 所示。

表 5 – 6　静态内存接口及其描述

功能分类	接口名	描述
初始化静态内存池	LOS_MemboxInit	初始化一个静态内存池，根据入参设定其起始地址、总大小及每个内存块大小
清除静态内存块内容	LOS_MemboxClr	清零从静态内存池中申请的静态内存块的内容
申请、释放静态内存	LOS_MemboxAlloc	从指定的静态内存池中申请一块静态内存块
	LOS_MemboxFree	释放从静态内存池中申请的一块静态内存块
获取、打印静态内存池信息	LOS_MemboxStatisticsGet	获取指定静态内存池的信息，包括内存池中总内存块数量、已经分配出去的内存块数量、每个内存块的大小
	LOS_ShowBox	打印指定静态内存池所有节点信息（打印等级是 LOS_INFO_LEVEL），包括内存池起始地址、内存块大小、总内存块数量、每个空闲内存块的起始地址、所有内存块的起始地址

表 5 – 7　动态内存接口及其描述

功能分类	接口名	描述
初始化和删除内存池	LOS_MemInit	初始化一块指定的动态内存池，大小为 size
	LOS_MemDeInit	删除指定内存池，仅打开 LOSCFG_MEM_MUL_POOL 时有效
申请、释放动态内存	LOS_MemAlloc	从指定动态内存池中申请 size 长度的内存
	LOS_MemFree	释放从指定动态内存中申请的内存
	LOS_MemRealloc	按 size 大小重新分配内存块，并将原内存块内容复制到新内存块。如果新内存块申请成功，则释放原内存块
	LOS_MemAllocAlign	从指定动态内存池中申请长度为 size 且地址按 boundary 字节对齐的内存
获取内存池信息	LOS_MemPoolSizeGet	获取指定动态内存池的总大小
	LOS_MemTotalUsedGet	获取指定动态内存池的总使用量大小
	LOS_MemInfoGet	获取指定内存池的内存结构信息，包括空闲内存大小、已使用内存大小、空闲内存块数量、已使用的内存块数量、最大的空闲内存块大小
	LOS_MemPoolList	打印系统中已初始化的所有内存池，包括内存池的起始地址、内存池大小、空闲内存总大小、已使用内存总大小、最大的空闲内存块大小、空闲内存块数量、已使用的内存块数量，仅打开 LOSCFG_MEM_MUL_POOL 时有效
获取内存块信息	LOS_MemFreeNodeShow	打印指定内存池的空闲内存块的大小及数量
	LOS_MemUsedNodeShow	打印指定内存池的已使用内存块的大小及数量
检查指定内存池的完整性	LOS_MemIntegrityCheck	对指定内存池做完整性检查，仅打开 LOSCFG_BASE_MEM_NODE_INTEGRITY_CHECK 时有效
增加非连续性内存区域	LOS_MemRegionsAdd	支持多段非连续性内存区域，把非连续性内存区域逻辑上整合为一个统一的内存池，仅打开 LOSCFG_MEM_MUL_REGIONS 时有效。如果内存池指针参数 pool 为空，则使用多段内存的第一个初始化为内存池，其他内存区域，作为空闲节点插入；如果内存池指针参数 pool 不为空，则把多段内存作为空闲节点，插入指定的内存池

（四）内核通信机制

内核通信机制共有以下几种。

1. 事件

事件（Event）是一种任务间的通信机制，可用于任务间的同步操作。事件的特点如下。

①任务间的事件同步，可以一对多，也可以多对多。一对多表示一个任务可以等待多个事件，多对多表示多个任务可以等待多个事件。但是一次写事件最多触发一个任务从阻塞中醒来。

②事件具备读超时机制,等待的事件条件在超时时间耗尽之前到达,阻塞任务会被直接唤醒,否则超时时间耗尽后该任务才会被唤醒。

③只做任务间同步,不传输具体数据。

本模块提供了事件初始化、事件读写、事件清零、事件销毁等接口。

1)关键数据结构

```
typedef struct tagEvent{
    UINT32 uwEventID;            /* 事件控制块中的事件掩码,表示已经处理的事
件*/
    LOS_DL_LIST stEventList;  /* 事件控制块链表*/
}EVENT_CB_S,* PEVENT_CB_S;
```

uwEventID:标识发生的事件类型位,每一位代表一种事件类型,第 25 位保留,一共31种事件类型。0 代表没有事件发生,当有事件发生时,对应的事件标志位置为 1。

stEventList:读取事件任务链表,也就是等待事件阻塞队列,当有 TASK 需要等待事件发生时会被阻塞进入该队列。

2)关键算法

(1)事件通信的本质是事件类型的通信,在无数据传输的场景下适用,信号量机制提供了同样的功能,与信号量所不同的是:事件通信可以实现一对多的同步,也可以实现多对多的同步。

(2)某一类型的事件发生时,将该事件发生的标识填入相应的标识位即可,多次填入同一个标识位等价于只填入了一次,即在没有被清除的状况下该事件多次发生等同于只发生了一次。

(3)任务通过事件控制块来实现对事件的触发和等待操作,任务通过"逻辑与"或"逻辑或"与一个事件或多个事件建立关联,形成一个事件集合(事件组),事件的"逻辑或"也称为独立型同步,事件的"逻辑与"也称为关联型同步。

(4)事件的运作机制主要通过读事件、写事件和事件唤醒来实现。当任务因为等待某个或者多个事件发生而进入阻塞态时,一旦事件发生的时候会被唤醒,如图 5 - 14 所示。

事件接口及其描述如表 5 - 8 所示。

表 5 - 8　事件接口及其描述

功能分类	接口名	描述
事件检测	LOS_EventPoll	根据 eventID、eventMask(事件掩码)、mode(事件读取模式),检查用户期待的事件是否发生。 须知: 当 mode 含 LOS_WAITMODE_CLR,且用户期待的事件发生时,此时 eventID 中满足要求的事件会被清零,这种情况下 eventID 既是入参也是出参。其他情况 eventID 只作为入参
初始化	LOS_EventInit	事件控制块初始化

续表

功能分类	接口名	描述
事件读	LOS_EventRead	读事件（等待事件），任务会根据 timeOut（单位：tick）进行阻塞等待
		未读取到事件时，返回值为 0
		正常读取到事件时，返回正值（事件发生的集合）
		其他情况返回特定错误码
事件写	LOS_EventWrite	写一个特定的事件到事件控制块
事件清除	LOS_EventClear	根据 events 掩码，清除事件控制块中的事件
事件销毁	LOS_EventDestroy	事件控制块销毁

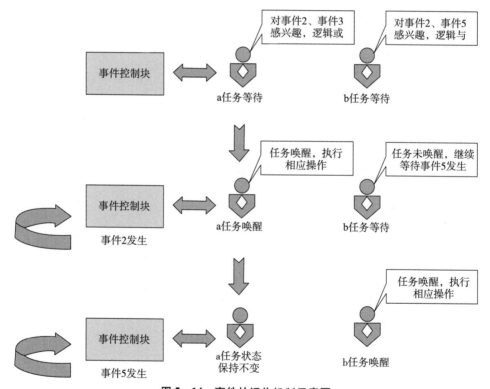

图 5-14　事件的运作机制示意图

2. 互斥锁

互斥锁又称为互斥型信号量，是一种特殊的二值性信号量，用于实现对共享资源的独占式处理。

互斥锁的状态只有两种，即开锁或闭锁。当有任务持有时，互斥锁处于闭锁状态，这个任务获得该互斥锁的所有权。当该任务释放它时，该互斥锁被开锁，任务失去该互斥锁的所有权。当一个任务持有互斥锁时，其他任务将不能再对该互斥锁进行开锁或持有。

多任务环境下往往存在多个任务竞争同一共享资源的应用场景，互斥锁可被用于对共享资源的保护，从而实现独占式访问。另外，互斥锁可以解决信号量存在的优先级翻转问题。

优先级翻转是指当一个高优先级任务通过信号量机制访问共享资源时，该信号量已被一低优先级任务占有，从而造成高优先级任务被许多具有较低优先级任务阻塞，实时性难以得到保证。

例如：有优先级为 A、B、C 的三个任务，其优先级为 A > B > C，任务 A、B 处于挂起状态，等待某一事件发生，任务 C 正在运行。

第一步，任务 C 开始使用某一共享资源 S。

第二步，任务 A 等待事件到来，则任务 A 转为就绪态，因为它比任务 C 优先级高，所以立即执行。

第三步，当任务 A 要使用共享资源 S 时，由于其正在被任务 C 使用，因此任务 A 被挂起，任务 C 开始运行。

第四步，此时任务 B 等待事件到来，则任务 B 转为就绪态。由于任务 B 优先级比任务 C 高，因此任务 B 开始运行，直到其运行完毕，任务 C 才开始运行。

第五步，任务 C 释放共享资源 S 后，任务 A 才得以执行。在这种情况下，优先级发生了翻转，任务 B 先于任务 A 运行，任务执行顺序为 C→A→C→B→C→A，如果类似 B 这样的任务有很多，那么 A 的执行就会被无限推迟。

解决优先级翻转问题有优先级天花板（Priority Ceiling）和优先级继承（Priority Inheritance）两种算法，LiteOS 采用的是优先级继承算法。

1）关键数据结构

```
typedef struct{
    UINT8 muxStat;          /* 状态有 OS_MUX_UNUSED,OS_MUX_USED*/
    UINT16 muxCount;        /* 互斥锁锁定次数*/
    UINT32 muxID;           /* 互斥锁 ID*/
    LOS_DL_LIST muxList;    /* 互斥锁列表*/
    LosTaskCB* owner;        /* 正在持有互斥锁对象的线程*/
    UINT16 priority;        /* 持有互斥锁线程的优先级*/
}LosMuxCB;
```

muxStat：互斥锁控制块状态，标明该互斥锁是否被使用。

muxCount：互斥锁计数值，0 表示释放状态，非 0 表示被获取状态，同一个任务可多次获取同一个互斥锁，每获取一次，计数值加 1。每释放一次计数值减 1，减到 0 表示互斥锁真正释放。

muxID：互斥锁 ID 号，初始化时为每个互斥锁控制块分配 ID 号，创建时返回给用户，用户通过它来操控互斥锁。

muxList：链接指针。此处设计比较巧妙，有两个用途：一是用于在 UNUSED 状态下将 LosMuxCB 结构链挂在未使用的链表中；二是在 USED 状态下用作互斥锁阻塞队列，链接因获取互斥锁失败进入阻塞状态的任务，当互斥锁释放时从该队列依次唤醒被阻塞的任务，每次释放只唤醒处于队头那个任务。阻塞队列中有多个任务时，由上一次被唤醒的任务完成后释放互斥锁时唤醒阻塞队列中的剩余任务，直到阻塞队列为空时为止。

owner：指示获得该互斥锁的 TASK，指向 TASK 的 TCB。

priority：保存 owner 指向的 TASK 的原始优先级，该 TASK 的优先级在解决优先级翻转问题时有可能被更改，此处保存下来主要用于在释放互斥锁时恢复该 TASK 的原始优先级。优先级继承算法的具体实现就是依靠这个变量。

2）关键算法

（1）申请互斥锁的过程中是通过关中断来保证操作的原子性。

（2）同一个 TASK 可多次获取该互斥锁，每获取一次，则 muxCount 的值加 1，与之对应的释放则是相反过程。

（3）如果用户传入的获取锁的模式是非阻塞模式，则直接返回未获取到互斥锁的错误状态。

（4）如果用户传入的获取锁的模式是阻塞模式，未获取到互斥锁的情况下需要将该 TASK 挂起，以等待互斥锁释放唤醒或超时唤醒。

（5）解决优先级翻转问题：如果互斥锁拥有者的优先级比当前正在运行的 TASK 的优先级低，则将互斥锁拥有者的优先级提升为与当前正在运行的 TASK 一致，这样可以通过优先级继承算法解决优先级翻转的问题，等到互斥锁拥有者释放互斥锁时再根据 LosMuxCB 的成员 priority 来恢复其优先级。不管互斥锁拥有者的优先级被提升多少次，被提升到多高，其最原始的优先级由 priority 来保存，所以在互斥锁的拥有者释放互斥锁时，都能够恢复拥有者的优先级。

互斥锁接口及其描述如表 5 - 9 所示。

表 5 - 9　互斥锁接口及其描述

功能分类	接口名	描述
互斥锁的创建和删除	LOS_MuxCreate	创建互斥锁
	LOS_MuxDelete	删除指定的互斥锁
互斥锁的申请和释放	LOS_MuxPend	申请指定的互斥锁
	LOS_MuxPost	释放指定的互斥锁

3. 消息队列

消息队列又简称队列，是一种常用于任务间通信的数据结构。队列接收来自任务或中断的不固定长度消息，并根据不同的接口确定传递的消息是否存放在队列空间中。

任务能够从队列里面读取消息，当队列中的消息为空时，挂起读取任务；当队列中有新消息时，挂起的读取任务被唤醒并处理新消息。任务也能够往队列里写入消息，当队列已经写满消息时，挂起写入任务；当队列中有空闲消息节点时，挂起的写入任务被唤醒并写入消息。

可以通过调整读队列和写队列的超时时间来调整读写接口的阻塞模式，如果将读队列和写队列的超时时间设置为 0，就不会挂起任务，接口会直接返回，这就是非阻塞模式。反之，如果将读队列和写队列的超时时间设置为大于 0 的时间，就会以阻塞模式运行。

消息队列提供了异步处理机制，允许将一个消息放入队列，但不立即处理。同时队列还有缓冲消息的作用，可以使用队列实现任务异步通信。队列具有如下特性：

①消息以先进先出的方式排队，支持异步读写。

②读队列和写队列都支持超时机制。

③每读取一条消息，就会将该消息节点设置为空闲状态。

④发送消息类型由通信双方约定，可以允许不同长度（不超过队列的消息节点大小）的消息。

⑤一个任务能够从任意一个消息队列接收和发送消息。

⑥多个任务能够从同一个消息队列接收和发送消息。

⑦创建队列时所需的队列空间由系统自行动态申请。

1）关键数据结构

```
typedef struct{
    UINT8 *queue;        /* 指向队列句柄的指针*/
    UINT8 *queueName;    /* 队列名字*/
    UINT16 queueState;   /* 队列状态*/
    UINT16 queueLen;     /* 队列消息节点数量*/
    UINT16 queueSize;    /* 队列消息节点长度*/
    UINT16 queueID;      /* 队列 ID*/
    UINT16 queueHead;    /* 节点头*/
    UINT16 queueTail;    /* 节点尾*/
    UINT16 readWriteableCnt[OS_READWRITE_LEN];  /* 可读或可写资源的计
                                                   数,0 为可读,1 为可写
                                                   */

    LOS_DL_LIST readWriteList[OS_READWRITE_LEN];  /* 指向要读或要写
                                                     的队列,指 0 时为读
                                                     队列,指 1 时为写队
                                                     列*/

    LOS_DL_LIST memList;/* 内存链表指针*/
}LosQueueCB;
```

*queue：指向消息节点区域，它是在创建队列时按照消息节点个数和节点大小从动态内存池中申请出来的一块空间。

*queueName：消息队列名。

queueState：队列状态，标明队列控制块是否被使用，有 OS_QUEUE_INUSED 和 OS_QUEUE_UNUSED 两种状态。

queueLen：消息节点个数，表示该消息队列最大可存储多少个消息。

queueSize：消息节点大小，表示每个消息节点可存储信息的大小。

queueID：消息 ID，用户通过它来操作队列。

消息节点按照循环队列的方式访问，队列中的每个节点以数组下标表示，下面的成员与消息节点循环队列有关：

queueHead：指示消息节点循环队列的头部。

queueTail：指示消息节点循环队列的尾部。

注意：在老的版本中，readWriteableCnt 和 readWriteList 被拆分为 4 个变量；新版本是用宏定义合并的，OS_QUEUE_READ 标识为 read，OS_QUEUE_WRITE 标识为 write。

memList：申请内存块阻塞链表，链接因申请某一静态内存池中的内存块失败而需要挂起的 TASK。

2）关键算法

（1）创建消息队列时，内存来源于动态内存分配函数 LOS_MemAlloc，删除消息队列也需要 LOS_MemFree 来释放内存。

（2）创建队列时，每个消息的长度 = (用户定义的长度 + sizeof(UINT32))，这里的设计比较巧妙，利用了内存零 COPY 指针传递的思想：写消息时只写入一个 UINT32 的数据或指针，这个数据写入消息节点最开始的位置，读消息时对消息有效数据的操作读取这个 UINT32 的数据或指针，至于这个 UINT32 的数据或指针代表的具体含义，由收发消息的双方自行定义，为了保证这个 UINT32 的数据或指针能够正确写入，多加了 4 个字节的空间。

（3）消息队列被看成一个环形队列，写队列是通过 queueTail 所指的空闲节点写入区域的，通过 readWriteableCnt [OS_QUEUE_WRITE] 来判断是否可以写入。读队列是从 queueHead 找到第一个入队列的消息节点进行读取的，即 FIFO 的方式，通过 usReadWriteableCnt [OS_QUEUE_READ] 判断队列是否有消息可读取，若没有消息的队列进行读队列操作，则会引起任务挂起。

消息队列示意图如图 5-15 所示。

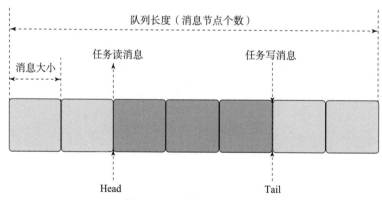

图 5-15　消息队列示意图

（4）队列的读操作阻塞机制。消息队列中没有消息时存在以下三种情况：

• CASE_1：非阻塞下不进入阻塞状态直接返回。

• CASE_2：超时机制读取消息队列的消息，等待时间由用户定制。等待过程即为阻塞状态，消息队列有了对应的消息后继续该任务，或者等待超时后该任务将放弃读取消息。

• CASE_3：该任务会一直等待，直到没有读到消息任务进入阻塞状态为止。

（5）队列的写操作阻塞机制。消息队列中没有消息时存在以下三种情况：

• CASE_1：只有在任务发送消息时才允许进入阻塞状态，中断是不允许带有阻塞机制的，否则返回错误代码 LOS_ERRNO_QUEUE_READ_IN_INTERRUPT。

• CASE_2：消息队列中无可用空间时，内核根据用户指定的阻塞超时时间阻塞任务，在指定的超时时间内如果还没有完成操作，发送消息的任务会收到一个错误代码 LOS_ERRNO_QUEUE_ISFULL，然后解除阻塞状态。

• CASE_3：如果有多个任务阻塞在一个消息队列中，那么这些阻塞的任务将按照任务优先级进行排序，优先级高的任务将优先获得队列的访问权。

消息队列接口及其描述如表 5 – 10 所示。

表 5 – 10　消息队列接口及其描述

功能分类	接口名	描述
创建、删除消息队列	LOS_QueueCreate	创建一个消息队列，由系统动态申请队列空间
	LOS_QueueDelete	根据队列 ID 删除一个指定队列
读、写队列（不带复制）	LOS_QueueRead	读取指定队列头节点中的数据（队列节点中的数据实际上是一个地址）
	LOS_QueueWrite	向指定队列尾节点中写入入参 bufferAddr 的值（即 buffer 的地址）
	LOS_QueueWriteHead	向指定队列头节点中写入入参 bufferAddr 的值（即 buffer 的地址）
读、写队列（带复制）	LOS_QueueReadCopy	读取指定队列头节点中的数据
	LOS_QueueWriteCopy	向指定队列尾节点中写入入参 bufferAddr 中保存的数据
	LOS_QueueWriteHeadCopy	向指定队列头节点中写入入参 bufferAddr 中保存的数据
获取队列信息	LOS_QueueInfoGet	获取指定队列的信息，包括队列 ID、队列长度、消息节点大小、头节点、尾节点、可读节点数量、可写节点数量等

4. 信号量

信号量（Semaphore）是一种实现任务间通信的机制，可以实现任务间同步或共享资源的互斥访问。信号量的数据结构中，通常有一个计数值，用于对有效资源数的计数，表示剩下的可被使用的共享资源数，其值的含义分两种情况：

① 0 表示该信号量当前不可获取，因此可能存在正在等待该信号量的任务。

②正值表示该信号量当前可被获取。

以同步为目的的信号量和以互斥为目的的信号量在使用上有如下不同：

①用作互斥时，初始信号量计数值不为 0，表示可用的共享资源个数。在需要使用共享资源前，先获取信号量，然后使用一个共享资源，使用完毕后释放信号量。这样在共享资源被取完，即信号量计数减至 0 时，其他需要获取信号量的任务将被阻塞，从而保证了共享资源的互斥访问。另外，当共享资源数为 1 时，建议使用二值信号量，即一种类似于互斥锁的机制。

②用作同步时，初始信号量计数值为 0。任务 1 获取信号量而阻塞，任务 2 在某种条件

发生后，释放信号量，任务 1 才得以进入就绪或运行态，从而达到了任务间的同步。

1）关键数据结构

```
typedef struct{
    UINT16 semStat;          /* 信号量状态*/
    UINT16 semCount;        /* 可用信号量数量*/
    UINT16 maxSemCount;   /* 可用信号量的最大数量*/
    UINT16 semID;            /* 信号量 ID*/
    LOS_DL_LIST semList;/* 正在等待信号量的任务队列 */
}LosSemCB;
```

semStat：信号量控制块的状态，目前有 OS_SEM_UNUSED 和 OS_SEM_USED 两个状态。

semCount：信号量对应的同一类型的互斥资源总数，初始时由用户传入。TASK 每获取一个资源，semCount 则减 1，减至 0 意味着该信号量对应的所有的资源都被 TASK 占用，系统目前无此类型的资源可用，同一个 TASK 可获取多个资源。

semID：信号量控制块的 ID 号，初始时分配，用户创建时返回给用户，用户通过 ID 操控信号量。

semList：链接指针，包括两个用途：一是用于在未使用状态下将 LosSemCB 结构链接到未使用的链表中；二是在使用状态下用作信号量阻塞队列，链接因获取信号量失败需要进入阻塞状态的 TASK，当信号量释放时从该队列依次唤醒被阻塞的 TASK。每释放一个信号量，唤醒一个 TASK。

2）关键算法

（1）使用未使用信号量链表管理未使用信号量的控制块。

（2）信号量的 semCount 最大值目前定义为 0xFFFF。

（3）删除信号量的时候只要阻塞队列为空，就可以删除信号量了，不需要考虑信号量被其他 TASK 获取的情况，删除后其他 TASK 在信号量操作时会因为 UNUSED 状态而直接返回错误。

（4）用户设置无阻塞模式获取信号量时，如果无法获取，则直接返回没有可用信号量的错误状态，否则需要挂起 TASK 等待其他任务释放信号量。

（5）阻塞模式下等待 TASK 被唤醒后有两种情况，一是正确获取到资源后返回；二是该 TASK 处于超时状态，说明该 TASK 被超时唤醒，未获取到信号量，所以需要在此处清除超时状态并返回错误。

信号量接口及其描述如表 5－11 所示。

表 5－11　信号量接口及其描述

功能分类	接口名	描述
创建、删除信号量	LOS_SemCreate	创建信号量，返回信号量 ID
	LOS_BinarySemCreate	创建二值信号量，其计数值最大为 1
	LOS_SemDelete	删除指定的信号量

续表

功能分类	接口名	描述
申请、释放信号量	LOS_SemPend	申请指定的信号量，并设置超时时间
	LOS_SemPost	释放指定的信号量

（五）时间管理

时间管理以系统时钟为基础，给应用程序提供所有和时间相关的服务。

系统时钟是由定时器/计数器产生的输出脉冲触发中断产生的，一般定义为整数或长整数。输出脉冲的周期叫作一个"时钟滴答"。系统时钟也称为时标或者 Tick。

用户以秒、毫秒为单位计时，而操作系统以 Tick 为单位计时，当用户需要对系统进行操作时，例如任务挂起、延时等，此时需要时间管理模块对 Tick 和秒或毫秒进行转换。

LiteOS_M 内核时间管理模块提供时间转换、统计功能。

计算机时间单位如下：

①Cycle：系统最小的计时单位。Cycle 的时长由系统主时钟频率决定，系统主时钟频率就是每秒的 Cycle 数。

②Tick：操作系统的基本时间单位，由用户配置的每秒 Tick 数决定。

1）关键数据结构

```
#define LOSCFG_BASE_CORE_TICK_PER_SECOND    1000
```

LOSCFG_BASE_CORE_TICK_PER_SECOND：用户配置的每秒 Tick 数，通常配置为 1 000，也有配置为 100 的场景。

2）关键算法

（1）转换成 Tick 的算法：Tick 数 = 秒数 × 每秒的 Tick 数。

（2）转换成秒的算法：秒 = Tick 数/每秒的 Tick 数，再根据不同的时间单位换算。

（3）转换成 Cycle 的算法：g_cyclesPerTick 记录了一个 Tick 需要多少个 Cycle，OS_SYS_CLOCK 记录了每秒多少个 Cycle，依靠这些对应关系，Cycle、Tick 和秒三者可以自由转化。

时间接口及其描述如表 5 - 12 所示。

表 5 - 12　时间接口及其描述

功能分类	接口名	描述
时间转换	LOS_MS2Tick	毫秒转换成 Tick
	LOS_Tick2MS	Tick 转换为毫秒
	OsCpuTick2MS	Cycle 转换为毫秒，使用 2 个 UINT32 类型的数值分别表示结果数值的高、低 32 位
	OsCpuTick2US	Cycle 转化为微秒，使用 2 个 UINT32 类型的数值分别表示结果数值的高、低 32 位
时间统计	LOS_TickCountGet	获取自系统启动以来的 Tick 数
	LOS_CyclePerTickGet	获取每个 Tick 有多少 Cycle 数

（六）软件定时器

软件定时器是基于系统 Tick 时钟中断且由软件来模拟的定时器，当经过设定的 Tick 时钟计数值后会触发用户定义的回调函数。定时精度与系统 Tick 时钟的周期有关。

硬件定时器受硬件的限制，数量上不足以满足用户的实际需求，为了满足用户需求，系统提供更多的定时器，LiteOS_M 内核提供软件定时器功能。软件定时器扩展了定时器的数量，允许用户创建更多的定时业务。

1）关键数据结构

```
typedef struct tagSwTmrCtrl{
    struct tagSwTmrCtrl *pstNext;/* 下一个软件定时器指针*/
    UINT8  ucState;      /* 软件定时器状态*/
    UINT8  ucMode;        /* 软件定时器模式*/
    UINT32  ucOverrun;  /*   定时器重复次数*/
    UINT16  usTimerID;  /* 软件定时器状态 ID*/
    UINT32  uwCount;  /* 软件定时器的工作次数*/
    UINT32  uwInterval;/* 周期性软件定时器的定时间隔*/
    UINT32  uwArg;        /* 软件定时器超时回调函数的参数*/
    SWTMR_PROC_FUNC  pfnHandler;/* 软件定时器超时回调函数*/
    SortLinkList  stSortList;/* 定时器排序链表*/
    UINT64  startTime;  /* 定时器开始时间*/
}SWTMR_CTRL_S;
```

*pstNext：以单链表形式链接下一个 SWTMR_CTRL_S 结构的指针，主要用于将当前控制块链接到空闲链表或排序链表中。

ucState：定时器状态，其参数含义分别如下。

①OS_SWTMR_STATUS_UNUSED：未使用状态，该控制块初始化时或定时器被删除后均为该状态，含义为处于空闲链表中。

②OS_SWTMR_STATUS_CREATED：创建未启动/停止状态成功，表示已经从空闲链表中取出，但并未加入排序链表中启动，或者定时器停止，从排序链表取下后均处于该状态。

③OS_SWTMR_STATUS_TICKING：计数状态，表示定时器已经加入排序链表，正在运行。

ucMode：触发模式，其参数含义分别如下。

①LOS_SWTMR_MODE_ONCE：单次触发模式，启动后只触发一次定时器事件，调用一次回调函数，然后定时器自动删除，重新放回到空闲链表中。

②LOS_SWTMR_MODE_PERIOD：周期触发模式，周期性地触发定时器事件，直到用户手动停止定时器为止，否则将永远执行下去。

③LOS_SWTMR_MODE_NO_SELFDELETE：单次触发模式，触发后定时器需要手动删除。

④LOS_SWTMR_MODE_OPP：表示在一次性计时器完成计时之后，启用周期性软件定时器，此模式目前不支持，为将来预留。

ucOverrun：重复次数。

usTimerID：定时器 ID，初始化时分配，创建成功后返回给用户，用户通过此 ID 操作对应的定时器。

uwInterval：周期性定时器的定时间隔。

uwArg：定时器回调函数的参数。

pfnHandler：定时器的回调函数，定时器时间到时后执行该函数。

stSortList：定时器排序链表。

startTime：定时器开始时间。

2）关键算法

（1）定时器的运行依靠系统 Tick 的值，加入超时排序链表后，每一个 tick 中断函数会调用定时器扫描函数扫描并更新定时器时间。大致分为以下步骤：

步骤 1，获取超时排序链表。

步骤 2，判断排序链表是否为空。

步骤 3，获取下一个链表节点。

步骤 4，循环遍历超时排序链表上响应时间小于等于当前时间的节点，满足条件意味着定时器已经到期，需要处理定时器回调函数。

步骤 5，删除超时的节点，执行定时器回调函数。

步骤 6，循环遍历的终止条件为超时排序链表为空。

（2）定时器支持单次触发模式和周期触发模式。

（3）定时器占用了系统的一个队列和一个任务资源，它的触发遵循先进先出规则。时间短的定时器总是比时间长的更靠近队列头，满足优先触发的准则。

定时器接口及其描述如表 5 – 13 所示。

表 5 – 13　定时器接口及其描述

功能分类	接口名	描述
创建、删除定时器	LOS_SwtmrCreate	创建定时器
	LOS_SwtmrDelete	删除定时器
启动、停止定时器	LOS_SwtmrStart	启动定时器
	LOS_SwtmrStop	停止定时器
获得软件定时器剩余 Tick 数	LOS_SwtmrTimeGet	获得软件定时器剩余 Tick 数

5.2.2　内核扩展模块

1. 文件系统

当前支持的文件系统有 FAT 与 LittleFS，支持的功能如表 5 – 14 所示。

表 5 - 14 文件系统功能说明

功能分类	接口名	描述	FAT	LittleFS
文件操作	open	打开文件	支持	支持
	close	关闭文件	支持	支持
	read	读取文件内容	支持	支持
	write	往文件写入内容	支持	支持
	lseek	设置文件偏移位置	支持	支持
	unlink	删除文件	支持	支持
	rename	重命名文件	支持	支持
	fstat	通过文件句柄获取文件信息	支持	支持
	stat	通过文件路径名获取文件信息	支持	支持
	fsync	文件内容刷入存储设备	支持	支持
目录操作	mkdir	创建目录	支持	支持
	opendir	打开目录	支持	支持
	readdir	读取目录项内容	支持	支持
	closedir	关闭目录	支持	支持
	rmdir	删除目录	支持	支持
分区操作	mount	分区挂载	支持	支持
	umount	分区卸载	支持	支持
	umount2	分区卸载，可通过 MNT_FORCE 参数进行强制卸载	支持	不支持
	statfs	获取分区信息	支持	不支持

　　FAT（File Allocation Table，文件配置表）主要包括 DBR、FAT、DATA 三个区域。其中，FAT 区各个表项记录存储设备中对应簇的信息，包括簇是否被使用、文件下一个簇的编号、是否是文件结尾等。FAT 文件系统有 FAT12、FAT16、FAT32 等多种格式，其中，12、16、32 表示对应格式中 FAT 表项的字节数。FAT 文件系统支持多种介质，特别在可移动存储介质（U 盘、SD 卡、移动硬盘等）上广泛使用，使嵌入式设备和 Windows、Linux 等桌面系统保持很好的兼容性，方便用户管理和操作文件。

　　LittleFS 是一个小型的 Flash 文件系统，它结合日志结构（Log - Structured）文件系统和 COW（Copy - On - Write）文件系统的思想，以日志结构存储元数据，以 COW 结构存储数据。这种特殊的存储方式，使 LittleFS 具有强大的掉电恢复能力（Power - Loss Resilience）。分配 COW 数据块时，LittleFS 采用了名为统计损耗均衡的动态损耗均衡算法，使 Flash 设备的寿命得到有效保障。同时 LittleFS 针对资源紧缺的小型设备进行内存空间使用设计，具有极其有限的 ROM 和 RAM 占用，并且所有 RAM 的使用都通过一个可配置的固定大小缓冲区进行分配，不会随文件系统的扩大占据更多的系统资源。当在一个资源非常紧缺的小型设备上寻找一个具有掉电恢复能力并支持损耗均衡的 Flash 文件系统时，LittleFS 是一个比较好的选择。

2. 网络模块

网络模块实现了 TCP/IP 协议栈基本功能，当前系统使用 LWIP 协议栈提供网络能力。LWIP 代码在/third_ party/lwip 目录下，以三方库的形式参与编译。LWIP 实现的重点是在保持 TCP 协议主要功能的基础上减少对 RAM 的占用，它只需十几 KB 的 RAM 和 40 KB 左右的 ROM 就可以运行，非常适合硬件资源极其有限的设备。

3. 调测工具

1）内存调测

（1）内存信息统计。内存信息统计包括内存池大小、内存使用量、剩余内存大小、最大空闲内存、内存水线、内存节点数统计、碎片率等。

（2）内存泄漏统计。内存泄漏检测机制作为内核的可选功能，用于辅助定位动态内存泄漏问题。开启该功能后，动态内存机制会自动记录申请内存时的函数调用关系。如果出现泄漏，就可以利用这些记录的信息，找到内存申请的地方，方便进一步确认。

（3）踩内存检测。踩内存检测机制作为内核的可选功能，用于检测动态内存池的完整性。通过该机制，可以及时发现内存池是否发生了踩内存问题，并给出错误信息，便于及时发现系统问题，提高问题解决效率，降低问题定位成本。

2）异常调测

LiteOS_M 提供异常接管调测手段，帮助开发者定位分析问题。异常接管是操作系统对运行期间发生的异常情况进行处理的一系列动作，例如打印异常发生时的异常类型、发生异常时的系统状态、当前函数的调用栈信息、CPU 现场信息、任务调用堆栈信息等。

3）Trace 调测

Trace 调测旨在帮助开发者获取内核的运行流程以及各个模块、任务的代码执行顺序，从而辅助开发者定位一些时序问题或者了解内核的代码运行过程。

4）LMS 调测

LMS（Lite Memory Sanitizer）是一种实时检测内存操作合法性的调测工具。LMS 能够实时检测缓冲区溢出（Buffer Overflow）、释放后使用（Use After Free）和重复释放（Double Free）情况，在异常发生的第一时间通知操作系统。用户结合回溯堆栈等其他定位手段，能准确定位到产生内存问题的代码行，极大提升内存问题定位效率。

OpenHarmony LiteOS_M 内核的 LMS 模块提供下面几种功能：

（1）支持多内存池检测。

（2）支持 LOS_MemAlloc、LOS_MemAllocAlign、LOS_MemRealloc 申请的内存检测。

（3）支持安全函数的访问检测（默认开启）。

（4）支持 libc 高频函数的访问检测，包括 memset、memcpy、memmove、strcat、strcpy、strncat、strncpy。

4. 动态加载

在硬件资源有限的小设备中，需要通过算法的动态部署能力来解决无法同时部署多种算法的问题。以开发者易用为主要考虑因素，同时考虑到多平台的通用性，LiteOS_M 选择业界标准的 ELF 方案，方便拓展算法生态。LiteOS_M 提供类似于 dlopen、dlsym 等接口，应用程序通过动态加载模块提供的接口可以加载、卸载相应算法库。如图 5−16 所示，应用程序需要通过三方算法库所需接口获取对应信息输出，三方算法库又依赖内核提供的基本接口，如 malloc 等获取信息。应用程序加载所需接口，并对相关的未定义符号完成重定位后，应用程序即可调用该接口完成功能调用。目前动态加载组件只支持 ARM 架构。此外，待加载的共享库需要验签或者限制来源，确保系统的安全性。

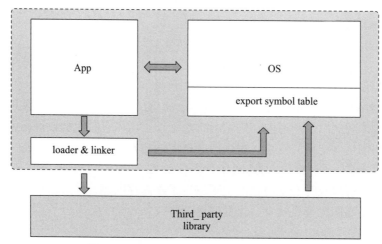

图 5−16　LiteOS_M 内核动态加载示意图

5.2.3　内核抽象层

OpenHarmony 采用多内核设计，支持针对不同资源受限设备选用适合的 OS 内核。内核抽象层通过屏蔽多内核差异，对上层提供基础的内核能力，包括进程/线程管理、内存管理、文件系统、网络管理和外设管理等，这也是 OpenHarmony "统一 OS，弹性部署" 技术特性的具体表现。

当前 LiteOS_M 已经适配 CMSIS2.0 大部分接口，覆盖了基础内核管理、线程管理、定时器、事件、互斥锁、信号量、队列等。而 POSIX 标准的 LiteOS_M 内核目前适配了部分接口。

应用程序使用内核功能的时候尽量使用 CMSIS 接口或者 POSIX 接口，而不是 LiteOS_M 的本地接口，这样可提高应用程序的可移植性。CMSIS2.0 接口的定义通过/third_party/cmsis/CMSIS/RTOS2/Include/cmsis_os2.h 可查阅。

5.3　小型系统内核功能概述

5.3.1　LiteOS_A 内核功能

LiteOS_A 内核主要由基础内核、扩展组件、HDF 框架、POSIX 接口模块组成。LiteOS_A 内核的文件系统、网络协议等扩展功能（没有像微内核那样运行在用户态）运行在内核地址空间，主要考虑到组件之间直接调用函数比进程间通信或远程过程调用要快得多。基础内核主要包括内核的基础机制，如调度、内存管理、中断异常等。文件系统、网络协议、权限管理等属于扩展组件。HDF 框架是外设驱动统一标准框架。POSIX 接口模块支持快速移植兼容 POSIX 标准应用到 OpenHarmony 系统。

1. 基础内核

基础内核组件实现精简，主要包括内核的基础机制，如调度、内存管理、中断异常、内核通信等。

- 进程管理：支持进程和线程，基于 Task 实现进程，进程独立 4 GB 地址空间。
- 多核调度：支持任务和中断亲和核性设置，支持绑核运行。
- 实时调度：支持高优先级抢占，同优先级时间片轮转。
- 虚拟内存：支持缺页异常，支持内核空间和用户空间隔离。
- 内核通信：支持事件、信号量、互斥锁、队列。
- 时间管理：支持软件定时器、系统时钟。

2. 文件系统

轻量级内核支持 FAT、JFFS2（Journalling Flash File System Version2，一种闪存文件系统）、NFS（Network File System，网络文件系统）、ramfs、procfs 等众多文件系统，并对外提供完整的 POSIX 标准的操作接口。内部使用 VFS 层作为统一的适配层框架，方便移植新的文件系统，各个文件系统也能自动利用 VFS 层提供丰富的功能。

文件系统的主要特性有：

- 完整的 POSIX 接口支持。
- 文件级缓存（pagecache）。
- 磁盘级缓存（beache）。
- 目录缓存（pathcache）。
- DAC 能力。
- 支持嵌套挂载及文件系统堆叠等。
- 支持特性的裁剪和资源占用的灵活配置。

3. 网络协议

轻量级内核网络协议基于开源 LWIP（Light Weight IP，轻量级开源 TCP/IP 协议栈）构建，对 LWIP 的 RAM 占用进行优化，同时提高 LWIP 的传输性能。

- 协议：IP、IPv6、ICMP、ND、MLD、UDP、TCP、IGMP、ARP、PPPoS、PPPoE。
- API：socket API。
- 扩展特性：多网络接口 IP 转发、TCP 拥塞控制、RTT 估计和快速恢复/快速重传。
- 应用程序：HTTP（S）服务、SNTP 客户端、SMTP（S）客户端、ping 工具、NetBIOS 名称服务、mDNS 响应程序、MQTT 客户端、TFTP 服务、DHCP 客户端、DNS 客户端、AutoIP/APIPA（零配置）、SNMP 代理。

4. HDF 框架

轻量级内核集成 HDF 框架，HDF 框架旨在为开发者提供更精准、更高效的开发环境，支持实现一次开发，多系统部署。

- 支持多内核平台。
- 支持用户态驱动。
- 可配置部件化驱动模型。
- 基于消息的驱动接口模型。
- 基于对象的驱动、设备管理。
- HDI 统一硬件接口。
- 支持电源管理、PnP。

5. 扩展组件

内核支持以下重要的扩展机制（可选）：

- 动态链接：支持标准 ELF 文件链接执行、加载地址随机化。
- 进程通信：支持轻量级 LitelPC，同时也支持标准的 Mqueue、Pipe、FIFO、Signal 等机制。
- 系统调用：支持 170 + 系统调用，同时支持 VDSO（Virtual Dynamic Share Object，虚拟动态共享库）机制。
- 权限管理：支持进程粒度的特权划分和管控及 UGO（User Group Other，用户组其他）三种权限配置。

5.3.2 内核启动

1. 内核态启动

首先要确定的是在内核程序启动流程中，main 函数是程序的入口，但不是上电最先执行的函数。

对于很多人来说，main 函数是所有程序的入口函数，逻辑的执行都是 main 函数开始的，这没有问题，但 main 函数并不是上电后最先执行的函数，从 LiteOS_A 内核支持的芯片启动文件来看，其实不难发现，启动文件大多是 . s 结尾，也就是说这些启动文件是用汇编语言编写的。

main 函数是 C 语言的函数入口，C 语言的正常执行需要准备堆和栈，这样申请的内存空间、定义的变量、函数的跳转才能在内存中找到位置，函数才能正常地执行，但是汇编语言不需要 main 函数，汇编语言直接操作寄存器，由于芯片刚刚上电可以通过电路配置寄存器的默认值，可是由于不同的芯片其内存不同（包括内存空间分配的不同），不可能一开始就设置好默认的 C 语言执行环境，需要汇编语言直接操作芯片和外设芯片的寄存器将环境准备好，然后跳入 main 函数。

LiteOS_A 内核启动流程包含汇编启动阶段和 C 语言启动阶段两部分，如图 5 – 17 所示。汇编启动阶段完成 CPU 初始设置、关闭 dcache/icache、使能 FPU 及 NEON、设置 MMU 建立虚实地址映射、设置系统栈、清理 bss 段、调用 C 语言 main 函数等；C 语言启动阶段包含 OsMain 函数及开始调度等，其中 OsMain 函数用于内核基础初始化和架构、板级初始化等，其整体由内核启动框架主导初始化流程，图 5 – 17 中右边区域为启动框架中可接受外部模块注册启动的阶段，各个阶段的说明如表 5 – 15 所示。

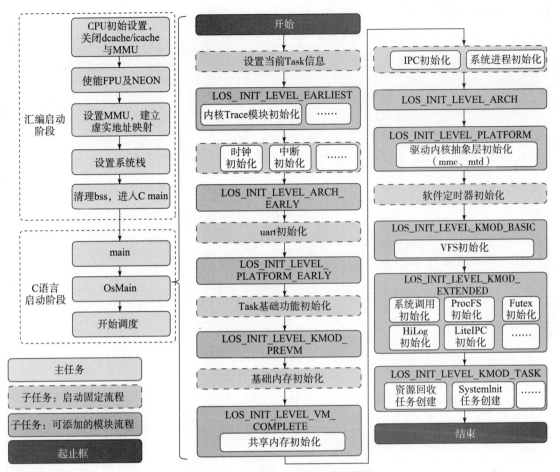

图 5-17 LiteOS_A 内核启动流程图

表 5-15 启动层级

层级	说明
LOS_INIT_LEVEL_EARLIEST	最早期初始化。 说明：不依赖架构，单板以及后续模块会对其有依赖的纯软件模块初始化。 例如：Trace 模块
LOS_INIT_LEVEL_ARCH_EARLY	架构早期初始化。 说明：与架构相关，后续模块会对其有依赖的模块初始化，如启动过程中非必需的功能，建议放到 LOS_INIT_LEVEL_ARCH 层
LOS_INIT_LEVEL_PLATFORM_EARLY	平台早期初始化。 说明：与单板平台、驱动相关，后续模块会对其有依赖的模块初始化，如启动过程中必需的功能，建议放到 LOS_INIT_LEVEL_PLATFORM 层。 例如：uart 模块

层级	说明
LOS_INIT_LEVEL_KMOD_PREVM	内存初始化前的内核模块初始化。 说明：在内存初始化之前需要使能的模块初始化
LOS_INIT_LEVEL_VM_COMPLETE	基础内存就绪后的初始化。 说明：此时内存初始化完毕，需要进行使能且不依赖进程间通信机制与系统进程的模块初始化。 例如：共享内存功能
LOS_INIT_LEVEL_ARCH	架构后期初始化。 说明：与架构拓展功能相关，后续模块会对其有依赖的模块初始化
LOS_INIT_LEVEL_PLATFORM	平台后期初始化。 说明：与单板平台、驱动相关，后续模块会对其有依赖的模块初始化。 例如：驱动内核抽象层初始化（mmc、mtd）
LOS_INIT_LEVEL_KMOD_BASIC	内核基础模块初始化。 说明：内核可拆卸的基础模块初始化。 例如：VFS 初始化
LOS_INIT_LEVEL_KMOD_EXTENDED	内核扩展模块初始化。 说明：内核可拆卸的扩展模块初始化。 例如：系统调用初始化、ProcFS 初始化、Futex 初始化、HiLog 初始化、HiEvent 初始化、LiteIPC 初始化
LOS_INIT_LEVEL_KMOD_TASK	内核任务创建。 说明：进行内核任务的创建（内核任务、软件定时器任务）。 例如：资源回收系统常驻任务的创建、SystemInit 任务创建、CPU 占用率统计任务创建

目前支持 LiteOS_A 内核的 OpenHarmony 设备通常会有 BootLoader 程序（即 u – boot）来引导内核启动。BootLoader 程序在完成必要的基础硬件初始化工作后，会根据 bootcmd、bootargs 等命令参数，将内核镜像从存储硬件复制到内存中的指定区域，然后跳转到指定地址运行内核的启动代码，从而进入汇编启动流程。

2. 用户态启动

内核态服务启动完毕后，需要考虑用户空间程序的启动。用户空间程序是指在 Linux 操作系统中运行的所有应用程序和进程，例如 Shell、应用程序、服务进程等。用户空间程序的启动一般由 init 进程控制。init 进程是所有进程的父进程，它负责启动和管理所有其他进程。当内核启动完成后，init 进程会通过读取配置文件来启动用户空间程序。init 进程会根据配置文件中的信息，启动一系列用户空间程序和服务。

根进程 init 是系统第一个用户态进程，进程 ID 为 1，它是所有用户态进程的祖先。进程树示意图如图 5 – 18 所示。

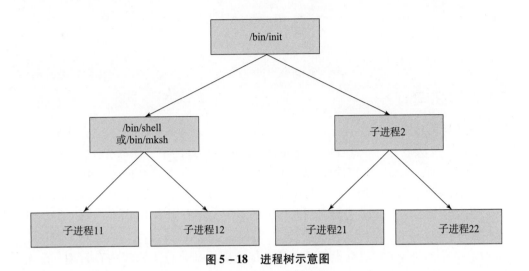

图 5 – 18　进程树示意图

使用链接脚本将如下 init 启动代码放置到系统镜像指定位置。

```
 # define LITE _ USER _ SEC _ ENTRY   __attribute __ (( section ( "
. user. entry ")))
  LITE _ USER _ SEC _ ENTRY VOID OsUserInit(VOID* args)
  {
#ifdef LOSCFG _ KERNEL _ DYNLOAD
sys_call3( __ NR _ execve,(UINTPTR)g_initPath,0,0);
#endif
      while(true){
  }
  }
```

在系统启动阶段，OsUserInitProcess 用于启动 init 进程。具体过程包含：加载上述代码；创建新的进程空间；启动/bin/init 进程。

根进程负责启动关键系统程序或服务，如交互进程 shell。init 进程根据/etc/init. cfg 中的配置执行指定命令，或启动指定进程。根进程还负责监控回收孤儿进程，并清理子进程中的僵尸进程。

用户态程序可以利用框架编译用户态进程，还可以手动单独编译，如下述命令编译 helloworld. c 用户态程序。其中 clang 为编译器；－－target = arm － liteos 指定编译平台为 arm － liteos；－－sysroot = $ (YOUR_ROOT_PATH)/prebuilts/lite/sysroot 指定头文件以及依赖标准库搜索路径为 prebuilts 下的指定路径。

```
  clang --- target = arm - liteos -- sysroot = prebuilts/lite/sysroot -
o helloworld helloworld. c
```

用户态程序启动可以使用 shell 命令启动进程。还可以通过 POSIX 接口 fork 创建一个新的进程，使用 exec 命令执行一个全新的进程。通过 shell 命令启动进程示例：

```
OHOS $ exec helloworld
OHOS $./helloworld
OHOS $/bin/helloworld
```

5.3.3　内存管理

1. 物理内存管理

现代操作系统从整个内存管理的生命周期看，内存管理的主要任务有：

- 在硬件层面：完成从虚拟地址到物理地址的映射，根据物理地址访问相应的内存单元。
- 在操作系统层面：管理所有进程的地址空间，为进程分配和回收物理内存资源。
- 在应用层面：需要管理运行时动态申请的资源，在资源不再使用时返还给操作系统，避免内存泄漏。

LiteOS_A 内核的内存管理也不例外，从底层到应用部分分为物理内存管理、虚实映射和虚拟内存管理部分以及静态内存和动态内存管理。静态内存和动态内存管理与 LiteOS_M 内核的静态内存和动态内存管理没有差异，不再阐述，主要介绍物理内存管理、虚拟内存管理和虚实映射管理部分的运行原理。

物理内存指的是通过物理内存条而获得的内存空间，可以通过总线地址寻址访问，其主要作用是为操作系统及程序提供临时存储空间。LiteOS_A 内核通过分页管理物理内存，除了内核堆占用的一部分内存外，其余可用内存均以 4 KB 为单位划分成页帧，内存分配和内存回收以页帧为单位进行操作。内核采用伙伴算法管理空闲页面，可以降低一定的内存碎片率，提高内存分配和释放的效率。如图 5－19 所示为 LiteOS_A 内核的物理内存使用分布视图，它主要由内核镜像、内核堆及物理页组成。

内核镜像 （Kernel. bin）	内核堆 （Heap）	物理页 （Page frames）

图 5－19　物理内存使用分布图

伙伴算法如图 5－20 所示。每个物理内存段按照 2 的幂次方大小来分割内存页，空闲的内存页挂载在空闲内存页节点链表上。共有 9 个级别的空闲内存页节点链表，这些链表组成链表数组。第 1 个链表上的内存页节点大小为 2^0 个内存页，即 1 个内存页，第 2 个链表上的内存页节点大小为 2^1 大小，即 2 个内存页，第 3 个链表上的内存页节点大小为 2^2 个内存页，依次下去，第 9 个链表上的内存页节点大小为 2^8 个内存页。

1）关键数据结构

```
typedef struct VmPage{
    LOS_DL_LIST  node;        /* 物理内存页节点,挂在 VmFreeList 空闲内
存页链表上*/
    PADDR_T  physAddr;        /* 物理内存页内存开始地址*/
    Atomic  refCounts;       /* 物理内存页引用计数*/
    UINT32  flags;           /* 物理内存页标记*/
```

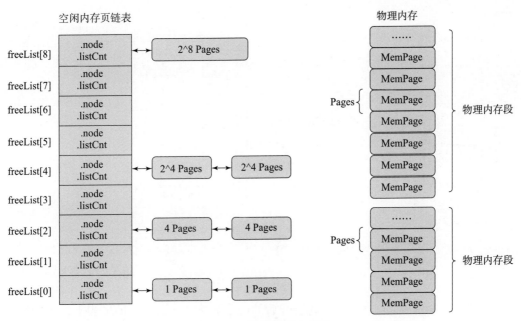

图 5 – 20　伙伴算法示意图

```
    UINT8  order;              /* 物理内存页所在的链表数组的索引,总共有 9
个链表*/
    UINT8  segID;              /* 物理内存页所在的物理内存段的编号*/
    UINT16  nPages;            /* 连续物理内存页的数量*/
#ifdef LOSCFG_PAGE_TABLE_FINE_LOCK
    SPIN_LOCK_S  lock;         /* 物理内存页表相关的操作锁*/
#endif
}LosVmPage;
```

物理内存页结构体 LosVmPage 可以和物理内存页一一对应，通过相应的空闲页表控制其使用，并记录内存开始地址等物理属性。当然也可以对应多个连续的内存页，此时使用 n Pages 指定内存页的数量。

2）关键算法

（1）申请内存。如图 5 – 21 所示，系统申请 12 KB 内存，即 3 个页帧时，9 个内存块组中索引为 3 的链表挂着一块大小为 8 个页帧的内存块满足要求，分配出 12 KB 内存后还剩余 20 KB 内存，即 5 个页帧，将 5 个页帧分成 2 的幂次方之和，即 4 与 1，尝试查找伙伴进行合并。4 个页帧的内存块没有伙伴，则直接插到索引为 2 的链表上，继续查找 1 个页帧的内存块是否有伙伴，索引为 0 的链表上此时有 1 个，如果两个内存块地址连续则进行合并，并将内存块挂到索引为 1 的链表上，否则不做处理。

（2）释放内存。如图 5 – 22 所示，系统释放 12 KB 内存，即 3 个页帧，将 3 个页帧分成 2 的幂次方之和，即 2 与 1，尝试查找伙伴进行合并，索引为 1 的链表上有 1 个内存块，若地址连续则合并，并将合并后的内存块挂到索引为 2 的链表上，索引为 0 的链表上此时也有

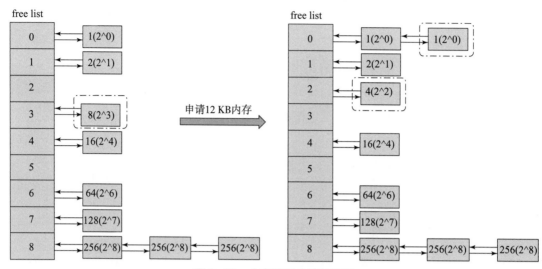

图 5－21　内存使用申请示意图

1 个，如果地址连续则进行合并，并将合并后的内存块挂到索引为 1 的链表上，此时继续判断是否有伙伴，重复上述操作。

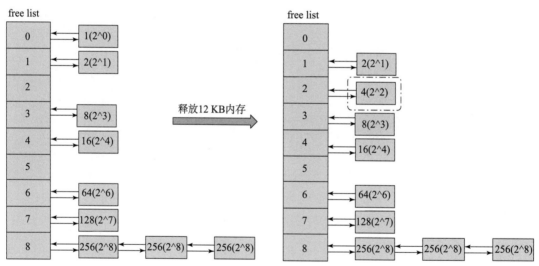

图 5－22　内存释放申请示意图

3）核心接口

内存相关核心接口如表 5－16 所示，主要是申请和释放内存的相关接口。

表 5－16　内存相关核心接口

接口名	描述
LOS_PhysPagesAllocContiguous	函数的传入参数为要申请物理内存页的数目，返回值为申请到的物理内存页对应的内核虚拟地址空间中的虚拟内存地址

续表

接口名	描述
LOS_PhysPageAlloc	申请一个页大小内存的接口
LOS_PhysPagesAlloc	该接口用于申请 n Pages 个物理内存页，并挂在双向链表 list 上，返回值为实际申请到的物理页数目
LOS_PhysPagesFreeContiguous	LOS_PhysPagesAllocContiguous 接口对应的释放内存，参数为要释放物理页对应的内核虚拟地址空间中的虚拟内存地址和内存页数目
LOS_PhysPageFree	用于释放一个物理内存页，传入参数为要释放的物理页对应的物理页结构体地址
LOS_PhysPagesFree	用于释放挂在双向链表上的多个物理内存页，返回值为实际释放的物理页数目

2. 虚拟内存管理

虚拟内存管理是计算机系统管理内存的一种技术。每个进程都有连续的虚拟地址空间，虚拟地址空间的大小由 CPU 的位数决定，32 位的硬件平台可以提供的最大寻址空间为 0 ~ 4 GB。整个 4 GB 空间分成两部分，LiteOS_A 内核占据 3 GB 的高地址空间，1 GB 的低地址空间留给进程使用。各个进程空间的虚拟地址空间是独立的，代码、数据互不影响。

将虚拟内存分割为称为虚拟页的内存块，大小一般为 4 KB 或 64 KB，LineOS_A 内核默认的页的大小是 4 KB，根据需要可以对 MMU 进行配置。虚拟内存管理操作的最小单位就是一个页，LiteOS_A 内核中一个虚拟地址区间包含地址连续的多个虚拟页，也可只有一个页。同样，物理内存也会按照页大小进行分割，分割后的每个内存块称为页帧。

如图 5 - 23 所示，虚拟地址空间可以简单划分为：用户态占低地址 1 GB（0x01000000 ~ 0x3F000000），内核态占高地址 3 GB（0x40000000 ~ 0xFFFFFFFF），用户态二侧各有 16 MB 内存空间用于安全保护隔离。

如表 5 - 17 所示，用户态内存具体可以分为堆、栈、代码段和动态库映射区间，支持代码加载、函数运行和动态库加载等。

表 5 - 17 用户态内存地址规划

内存区间	描述	属性
代码段	用户态代码段地址区间	cached
堆	用户态堆地址区间	cached
栈	用户态栈地址区间	cached
共享库	用于加载用户态共享库的地址区间，包括 mmap 所映射的区间	cached

注意：内存有 cached 地址和 uncached 地址属性区别。对 cached 地址的访问是委托给 CPU 进行的，也就是说具体数据操作是提交给真正的外设或内存，还是转到 CPU 缓存，是由 CPU 决定的。CPU 有一套缓存策略来决定什么时候从缓存中读取数据，什么时候同步缓存。对 uncached 地址的访问是告诉 CPU 忽略缓存，访问操作直接反映到外设或内存上。

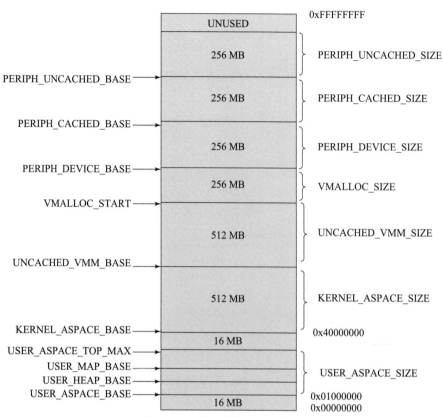

图 5－23　虚拟内存分布示意图

对于 I/O 设备一定要用 uncached 地址访问，因为 I/O 输出操作肯定是希望立即反映到 I/O 设备上，不希望让 CPU 缓存操作；另外，I/O 设备的状态是独立于 CPU 的，也就是说 I/O 口状态的改变，CPU 是不知道的，这样就导致缓存和外设的内容不一致，从 I/O 设备读取数据时，肯定希望直接读取 I/O 设备的当前状态，而不是 CPU 缓存的过期值。

如表 5－18 所示，内存空间的划分目的：加载内核代码段、数据段、堆和栈的地址区间；将物理区域中的页映射到内核空间；外设 I/O 空间的映射；为了保证外设 I/O 的及时性和正确性，还需要划分出连续内存区域以及 cached 和 uncached I/O 空间。

表 5－18　内核态地址规划

内存区间	描述	属性
KERNEL_ASPACE	用于加载内核代码段、数据段、堆和栈的地址区间	cached
UNCACHED_VMM	未缓存虚拟空间，可提供大段连续物理内存，适用于 DMA、LCD framebuf 等场景使用	uncached
VMALLOC	vmalloc 空间为动态映射，从 kmalloc 物理区域中的页，映射到 vmalloc 中分配的虚拟地址空间，在虚拟空间是连续的，但是不能保证物理空间的连续性	cached
PERIPH_DEVICE	用于外设 I/O 空间映射	cached

续表

内存区间	描述	属性
PERIPH_CACHED	外设 I/O 空间映射，内存使用方式为 cached	cached
PERIPH_UNCACHED_BASE	外设 I/O 空间映射，内存使用方式为 uncached	uncached

　　虚拟内存管理中，虚拟地址空间是连续的，但是其映射的物理内存并不一定是连续的，如图 5-24 所示。可执行程序加载运行时，每个程序都有对应的页表条目，根据页表条目中的物理地址信息访问物理内存中的内容并返回；如果没有与具体的物理页做映射，系统会触发缺页异常，系统申请一个物理页，并把相应的信息复制到物理页中，然后把物理页的起始地址更新到页表条目中。虚拟内存引入之后，进程的视角就会变得非常开阔，每个进程都拥有自己独立的虚拟地址空间，进程与进程之间的虚拟内存地址空间是相互隔离、互不干扰的。每个进程都认为自己独占所有内存空间，保证了系统的隔离性和安全性。

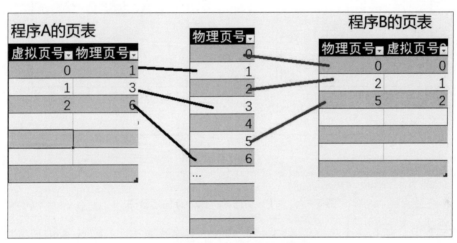

图 5-24　虚拟内存映射示意图

　　这种虚拟内存管理机制会给初学者带来一个疑问，物理设备的内存实际上是满足不了所有程序的虚拟内存总和的，但程序的局部性原理可解决这个问题。

　　程序局部性原理表现为时间局部性和空间局部性。时间局部性是指如果程序中的某条指令一旦执行，则不久之后该指令可能再次被执行；如果某块数据被访问，则不久之后该数据可能再次被访问。空间局部性是指一旦程序访问了某个存储单元，则不久之后，其附近的存储单元也将被访问。

　　从程序局部性原理的描述中可以得出这样一个结论：进程在运行之后，对于内存的访问不会访问全部的内存，相反，进程对于内存的访问会表现出明显的倾向性，更加倾向于访问最近访问过的数据以及热点数据附近的数据。根据这个结论，无论一个进程实际可以占用的内存资源有多大，根据程序局部性原理，在某一段时间内，进程真正需要的物理内存其实是很少的一部分，操作系统只需要为每个进程分配很少的物理内存就可以保证进程的正常执行和运转。

3. 虚实映射

虚实映射是指系统通过 MMU 将进程空间的虚拟地址与实际的物理地址做映射，并指定相应的访问权限、缓存属性等。程序执行时，CPU 访问的是虚拟内存，通过 MMU 页表条目找到对应的物理内存，并做相应的代码执行或数据写操作。MMU 的映射由页表（Page Table）来描述，其中保存虚拟地址和物理地址的映射关系以及访问权限等。每个进程在创建的时候都会创建一个页表。页表由一个个页表条目（Page Table Entry，PTE）构成，每个页表条目描述虚拟地址区间与物理地址区间的映射关系。MMU 中有一块页表缓存，称为快表（Translation Lookaside Buffers，TLB），做地址转换时，MMU 首先在 TLB 中查找，如果找到对应的页表条目则可直接进行转换，提高了查询效率。CPU 访问内存或外存的示意图如图 5 - 25 所示。

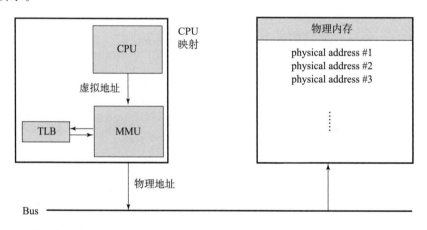

CPU: Central Processing Unit
MMU: Memory Management Unit
TLB: Translation lookaside buffer

图 5 - 25　CPU 访问内存或外存的示意图

虚实映射其实就是一个建立页表的过程。MMU 有多级页表，LiteOS_A 内核采用二级页表描述进程空间。每个一级页表条目描述符占用 4 个字节，可表示 1 MB 内存空间的映射关系，即 1 GB 用户空间（LiteOS_A 内核中用户空间占用 1 GB）的虚拟内存空间需要 1 024个。系统创建用户进程时，在内存中申请一块 4 KB 大小的内存块作为一级页表的存储区域，二级页表根据当前进程的需要做动态的内存申请。

用户程序加载启动时，会将代码段、数据段映射进虚拟内存空间，此时并没有物理页做实际的映射；程序执行时，如图 5 - 26 所示，CPU 通过虚拟地址访问内存，首先通过 TLB查找该地址是否有对应的页表，因为是初次访问，对应的页表信息不在 TLB 中。CPU 再通过 MMU 查询主存中的页表，该虚拟地址无对应的物理地址则触发缺页异常，缺页异常处理就是内存替换流程，在这过程中如果没有空闲内存就需要通过内存页淘汰算法得到空闲内存，内核申请到物理内存后将访问数据从磁盘加载到内存中，并将虚实映射关系及对应的属性配置信息写进页表，同时把页表条目更新至 TLB，接着 CPU 可直接通过转换关系访问实际的物理内存；若 CPU 访问已缓存至 TLB 的页表条目，则无须再访问保存在内存中的页表，可直接查找到内存的物理地址。Cache 是 CPU 和内存之间一个访问数据的存储区域，用来提高 CPU 访问内存的速度。现代计算机中的 CPU 运行速度远远超过内存访问速度，CPU 访问内存通过 Cache 机制访问，CPU 完成虚实映射后再通过 Cache 机制访问内存，这也是 CPU 访问内存的一个完整周期。

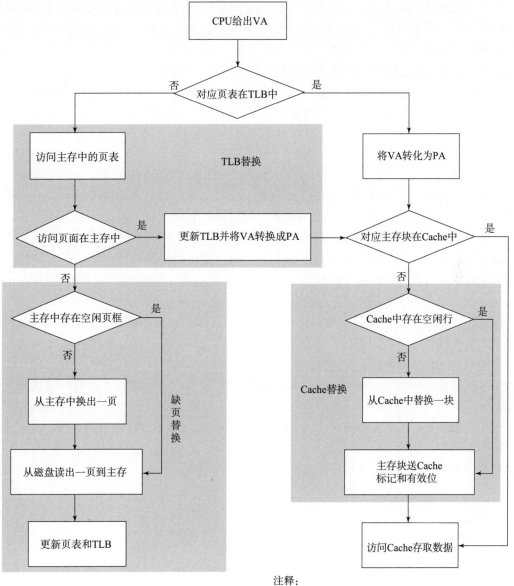

注释：
VA（Virtual Address）：虚拟地址（逻辑地址）
PA（Physical Address）：实际地址（物理地址）
TLB（Translation Lookaside Buffer）：转换检测缓冲区

图 5 – 26　CPU 访问内存流程图

5.3.4　进程管理

1. 进程

操作系统需要支持各种各样的程序。为了管理这些程序的运行，操作系统提出了进程

（Process）的概念。每个进程都对应于一个运行中的程序。有了进程的概念，操作系统能使多个程序并发执行，并且每个程序都能"独占"硬件资源，这极大地提高了资源利用率和系统吞吐量。

操作系统进一步提出了上下文切换（Context Switch）机制，通过保存和恢复进程在运行过程中的状态（即上下文），使进程可以暂停、切换和恢复，从而实现了多个进程共享 CPU资源；同时，利用5.3.3 节所提到的虚拟内存机制，操作系统为每个进程提供了独立的虚拟地址空间，使多个进程能够安全且高效地共享物理内存资源。

由于创建或撤销进程时，系统都要为之分配或回收资源，如内存空间、I/O 设备等，需要较大的时空开销，限制了并发程度的进一步提高。为减少进程切换的开销，把进程作为资源分配单位和调度单位这两个属性分开处理，即进程还是作为资源分配的基本单位，但是不作为调度的基本单位（很少调度或切换），把调度执行与切换的责任交给线程，即线程成为独立调度的基本单位，它比进程更容易（更快）创建，也更容易撤销。

LiteOS_A 内核进程管理包含进程管理、线程（即任务）管理和调度管理等部分，线程部分和 LiteOS_M 内核任务管理部分差异较小，可以参考 LiteOS_M 的任务实现部分，不再赘述。本节主要介绍 LiteOS_A 内核的进程管理和调度管理部分。

进程是系统资源管理的最小单元。LiteOS_A 内核提供的进程模块主要用于实现用户态进程的隔离，内核态被视为一个进程空间，不存在其他进程（KIdle 除外，KIdle 进程是系统提供的空闲进程，和 KProcess 共享一个进程空间）。

LiteOS_A 内核的进程模块主要为用户提供多个进程，实现了进程之间的切换和通信，帮助用户管理业务程序。LiteOS_A 内核的进程采用抢占式调度机制，采用高优先级优先 +同优先级时间片轮转的调度算法。LiteOS_A 内核的进程一共有 32 个优先级（0 ~ 31），用户进程可配置的优先级有 22 个（10 ~ 31），最高优先级为 10，最低优先级为 31。高优先级的进程可抢占低优先级进程，低优先级进程必须在高优先级进程阻塞或结束后才能得到调度。每一个用户态拥有自己独立的进程空间，相互之间不可见，实现进程间隔离，用户态根进程init 由内核态创建，其他用户态子进程均由 init 进程 fork 而来。

进程状态通常分为以下几种，进程状态迁移示意图如图 5 - 27 所示。

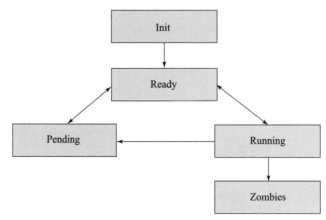

图 5 - 27　进程状态迁移示意图

- 初始化状态（Init）：进程正在被创建。
- 就绪态（Ready）：进程在就绪列表中，等待 CPU 调度。
- 运行态（Running）：进程正在运行。
- 阻塞态（Pending）：进程被阻塞挂起。本进程内所有的线程均被阻塞时，进程被阻塞挂起。
- 僵尸态（Zombies）：进程运行结束，等待父进程回收其控制块资源。

1）Init→Ready

进程创建成 fork 时，获取到该进程控制块后进入初始化状态，处于进程初始化阶段，当进程初始化完成后将进程插入调度队列，此时进程进入就绪状态。

2）Ready→Running

进程创建后进入就绪态，发生进程切换时，就绪列表中最高优先级的进程被执行，从而进入运行态。若此时该进程中已无其他线程处于就绪态，则进程从就绪列表删除，只处于运行态；若此时该进程中还有其他线程处于就绪态，则该进程依旧在就绪队列，此时进程的就绪态和运行态共存，但对外呈现的进程状态为运行态。

3）Runnig→Pending

进程在最后一个线程转为阻塞态时，进程内所有的线程均处于阻塞态，此时进程同步进入阻塞态，然后发生进程切换。

4）Pending→Ready

阻塞进程内的任意线程恢复就绪态时，进程被加入就绪队列，同步转为就绪态。

5）Ready→Pending

进程内的最后一个就绪态线程转为阻塞态时，进程从就绪列表中删除，进程由就绪态转为阻塞态。

6）Running→Ready

进程由运行态转为就绪态的情况有两种：有更高优先级的进程创建或者恢复后，会发生进程调度，此刻就绪列表中最高优先级进程转为运行态，那么原先运行的进程由运行态转为就绪态；若进程的调度策略为 LOS_SCHED_RR，且存在同一优先级的另一个进程处于就绪态，则该进程的时间片消耗光之后，该进程由运行态转为就绪态，另一个同优先级的进程由就绪态转为运行态。

7）Running→Zombies

当进程的主线程或所有线程运行结束后，进程由运行态转为僵尸态，等待父进程回收资源。

进程管理示意图如图 5 - 28 所示，用户态进程都由用户态根进程 init 通过 fork 而来，fork 进程时会将父进程的虚拟内存空间克隆到子进程，子进程实际运行时通过写时复制机制将父进程的内容按需复制到子进程的虚拟内存空间。进程只是资源管理单元，实际运行是由进程内的各个线程完成的，不同进程内的线程相互切换时会进行进程空间的切换。

LiteOS_A 内核提供的进程模块主要用于实现用户态进程的隔离，支持用户态进程的创建、退出、资源回收、设置/获取调度参数、获取进程 ID、设置/获取进程组 ID 等功能。LiteOS_A 内核进程相关接口及其描述如表 5 - 19 所示。

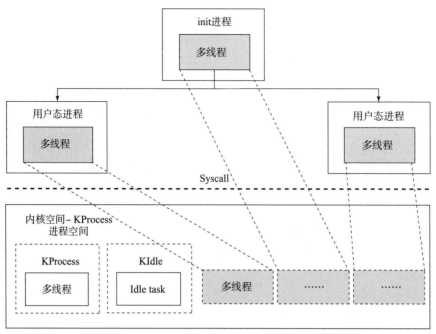

图 5 - 28　进程管理示意图

表 5 - 19　LiteOS_A 内核进程相关接口及其描述

功能分类	接口名称	描述
进程调度参数控制	LOS_GetProcessScheduler	获取指定进程的调度策略
	LOS_SetProcessScheduler	设置指定进程的调度参数，包括优先级和调度策略
	LOS_GetProcessPriority	获取指定进程的优先级
	LOS_SetProcessPriority	设置指定进程的优先级
进程操作	LOS_Wait	等待子进程结束并回收子进程
	LOS_Waitid	等待子进程结束并回收子进程
	LOS_Exit	退出进程
	LOS_Fork	fork 进程
进程组	LOS_GetProcessGroupID	获取指定进程的进程组 ID
	LOS_GetCurrProcessGroupID	获取当前进程的进程组 ID
获取进程 ID	LOS_GetCurrProcessD	获取当前进程的进程 ID
	LOS_GetUsedPIDList	获取已用的进程 ID 列表，输出到进程 ID 数组
用户及用户组	LOS_GetUserlD	获取当前进程的用户 ID
	LOS_GetGrouplD	获取当前进程的用户组 ID

续表

功能分类	接口名称	描述
用户及用户组	LOS_CheckInGroups	检查指定用户组 ID 是否在当前进程的用户组内
系统支持的最大进程数	LOS_GetSystemProcessMaximum	获取系统支持的最大进程数目
文件描述符表	LOS_GetFdTable	根据进程 ID 获取文件描述符表

2. 调度

说到调度，需要引入实时性的概念：实时性指的是一个操作系统能够在规定的时间点内完成指定的任务操作，一旦超过这个时间点会对整个系统带来不可估量的后果。与此相对的是一般操作系统，它更注重用户体验，即使系统偶尔卡顿也不会给用户带来灾难性后果。实时性反映了一个系统行为控制的精准能力，具体体现在定时器的精准度高、中断响应及时以及系统的行为固定且可预估等。周知的 Linux 系统最初是按照分时系统设计并推出的，再加上在历史版本中使用的调度算法目的是公平地分配和使用各种系统资源，保证 CPU 被各个进程公平地使用，所以早期并不支持实时性。但是从后来的 2.6 版本开始，加入了内核抢占的功能，使它的实时性得到了提升，在某种程度上具备了软实时的能力。

OpenHarmony 引入 LiteOS_A 内核需要面向 IoT 领域，构建开源的轻量级的物联网操作系统，技术特点就是内核要小，具备高实时性、高稳定性。这就要求 LiteOS_A 内核天生要具备实时能力。目前 LiteOS_A 内核支持高优先级优先 + 同优先级时间片轮转的抢占式量度机制，系统从启动开始基于系统 Tick 时间轴向前运行，使得该调度算法具有很强的实时性。Tickless 机制天然嵌入调度算法中，一方面变得系统具有更低的功耗；另一方面也使得 tick 中断按需响应，以减少无用的 tick 中断响应，进一步提高系统的实时性。LiteOS_A 内核的进程调度策略支持 SCHED_RR，线程调度策略支持 SCHED_RR 和 SCHED_FIFO。内核调度的最小单元为线程。

LiteOS_A 内核采用进程优先级队列 + 线程优先级队列的方式，进程优先级范围为 0 ~ 31，共有 32 个进程优先级桶队列，每个桶队列对应一个线程优先级桶队列：线程优先级范围也为 0 ~ 31，一个线程优先级桶队列也有 32 个优先级队列，如图 5 - 29 所示。

LiteOS_A 内核在系统内核初始化之后开始调度，运行过程中创建的进程或线程会被加入调度队列中，系统根据进程和线程的优先级及线程的时间片消耗情况选择最优的线程进程调度运行，线程一旦被调度到就会从调度队列上删除。线程在运行过程中发生阻塞时，会被加入相应的阻塞队列中并触发一次调度，调度其他线程运行。如果调度队列上没有可以调度的线程，则系统会选择 KIdle 进程的线程进行调度运行，如图 5 - 30 所示。

如表 5 - 20 所示，调度模块提供了一系列系统调度相关的函数，包括触发调度、设置和获取调度相关策略、设置调度参数等接口。

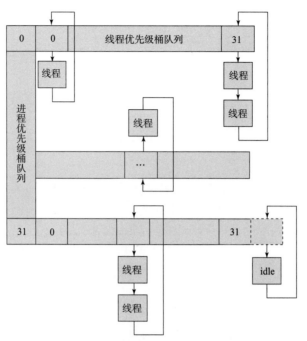

图5-29 调度优先级桶队列示意图

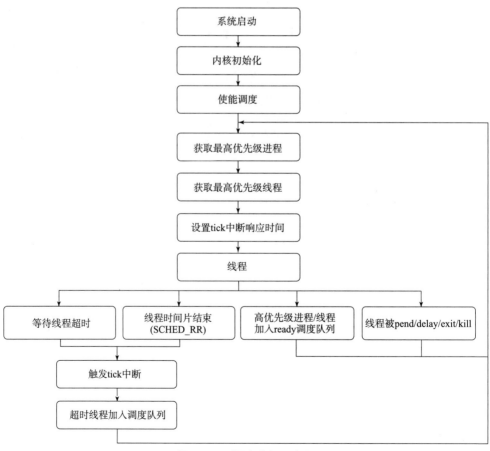

图5-30 调度流程示意图

表 5 – 20 调度相关接口说明

接口名称	描述
LOS_Schedule	触发系统调度
LOS_GetTaskScheduler	获取指定任务的调度策略
LOS_SetTaskScheduler	设置指定任务的调度策略
LOS_GetProcessScheduler	获取指定进程的调度策略
LOS_SetProcessScheduler	设置指定进程的调度参数，包括优先级和调度策略

5.3.5 扩展组件

LiteOS_A 内核除了基础内核功能外，还有系统调用、动态加载与链接、虚拟动态共享库、文件系统等扩展组件。本节将介绍这些扩展组件。

1. 系统调用

在 ARM Cortex – A 等系统资源丰富的硬件系统上，SoC 或 CPU 芯片内部一般集成了MMU，而且 CPU 有特权级别状态。基于特权级别状态，可以实现部分硬件相关的操作只能在内核态进行，例如访问外设等，用户态应用程序不能访问硬件设备。在这样的系统上，系统调用是用户态应用程序调用内核功能的请求入口。通俗地说，系统调用就是在有内核态和用户态隔离的操作系统上，用户态进程访问内核态资源的一种方式。

如图 5 – 31 所示，运行在 LiteOS_A 内核上的用户程序通过调用 Syscall API，通常用系统提供的 POSIX 接口进行内核资源访问与交互请求，POSIX 接口内部通过 SVC 指令产生软件中断，完成系统从用户态到内核态的切换，然后对接到内核的系统调用统一处理接口进行参数解析，最终分发至具体的内核处理函数。另外，为了加快一些系统 API 的执行，LiteOS_A内核也支持 VDSO 机制的系统调用，在下文中会详细介绍。

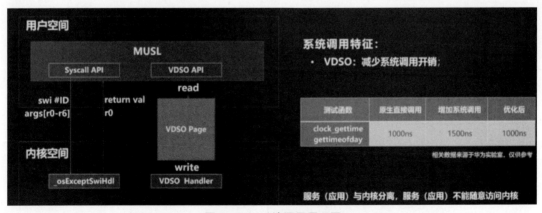

图 5 – 31 系统调用原理图

系统调用处理的具体实现由 OsArmA32SyscallHandle 函数完成，代码位于/kernel/liteos_a/syscall/los_syscall. c，主要工作是按照用户态传入的系统调用号参数进行入参解析，并调用最终对应的内核处理函数，通常不建议应用开发者直接修改内核代码增加系统调用。

```
VOID OsArmA32SyscallHandle(TaskContext* regs)
{
    UINT32 ret;
    UINT8 nArgs;
    UINTPTR handle;
    UINT32 cmd = regs -> reserved2;
    if(cmd >= SYS_CALL_NUM){
        PRINT_ERR("Syscall ID:error %d!!! \n",cmd);
        return;
    }
    handle = g_syscallHandle[cmd];
    nArgs = g_syscallNArgs[cmd/NARG_PER_BYTE];/*4bit per nargs*/
    nArgs = (cmd & 1)? (nArgs > >NARG_BITS):(nArgs & NARG_MASK);
    if((handle ==0) ||(nArgs > ARG_NUM_7)){
        PRINT_ERR("Unsupported syscall ID:%d nArgs:%d \n",cmd,
nArgs);
        regs -> R0 = -ENOSYS;
        return;
    }
    OsSigIntLock();
    switch(nArgs){
        case ARG_NUM_0:
        case ARG_NUM_1:
            ret = (*(SyscallFun1)handle)(regs -> R0);
            break;
        case ARG_NUM_2:
        case ARG_NUM_3:
            ret = (*(SyscallFun3)handle)(regs -> R0,regs -> R1,regs -
>R2);
            break;
        case ARG_NUM_4:
        case ARG_NUM_5:
            ret = (*(SyscallFun5)handle)(regs -> R0,regs -> R1,regs -
>R2,regs -> R3,regs -> R4);
            break;
        default:
            ret = (*(SyscallFun7)handle)(regs -> R0,regs -> R1,regs -
>R2,regs -> R3,regs -> R4,regs -> R5,regs -> R6);
```

```
    }
    regs -> R0 = ret;
    OsSigIntUnlock();

    return;
}
```

2. 动态加载与链接

OpenHarmony 系统中有两种类型的库：静态库和共享库。为了调用静态库中的函数，需要将库静态链接到可执行文件中，静态链接的需要把库的内容加入可执行程序中，从而生成静态二进制文件，静态库的特点是可执行文件中包含了库代码的一份完整复制。动态库和静态库类似，但是它并不是在链接时将需要的二进制代码都"复制"到可执行文件中，而是仅仅"复制"一些重定位和符号表信息，这些信息可以在程序运行时完成真正的链接过程，通常以 . so（shared object）作为后缀。

与静态库采用的静态链接技术相比，动态链接是将应用程序与动态库推迟到运行时再进行链接的一种机制。动态链接具有如下优势：

（1）多个应用程序可以共享一份代码，最小加载单元为页，相对静态链接来说可以节约磁盘和内存空间。

（2）共享库升级时，理论上将旧版本的共享库覆盖即可（共享库中的接口需要保持向下兼容性），无须重新链接。

（3）动态库的加载地址可以进行随机化处理，防止攻击，保证代码安全性。

LiteOS_A 内核主要是通过内核加载器以及动态链接器完成动态加载与链接，内核加载器的作用用于加载应用程序以及动态链接器，而动态链接器用于加载应用程序所依赖的共享库，并对应用程序和共享库进行符号重定位。

系统加载动态库的流程如图 5－32 所示。

（1）程序加载流程：

①内核根据应用程序 ELF 文件的 PT_LOAD 段信息映射至进程空间。对于 ET_EXEC 类型的文件，根据 PT_LOAD 段中 p_vaddr 进行固定地址映射；对于 ET_DYN 类型（位置无关的可执行程序，通过编译选项"－fPIE"得到）的文件，内核通过 mmap 接口选择 base 基址进行映射（load_addr = base + p_vaddr）。

②若应用程序在编译阶段选择"－fPIE"则是静态链接，设置堆栈信息后跳转至应用程序 ELF 文件中 e_entry 指定的地址并运行；若程序是动态链接的，应用程序 ELF 文件中会有 PT_INTERP 段，这个段保存了动态链接器的路径信息（ET_DYN 类型）。内核通过 mmap 方式映射动态链接器的入口地址并加载运行动态链接器。

③动态链接器自举并查找应用程序依赖的所有共享库，并对导入符号进行重定位，最后跳转至应用程序的可执行代码地址，开始运行应用程序。

可执行程序加载链接完成之后便开始真正运行起来，程序的执行流程如图 5－33 所示。

（2）程序执行流程：

①加载器与链接器调用 mmap 函数映射 PT_LOAD 类型的段，ELF 文件中 PT_LOAD 类型

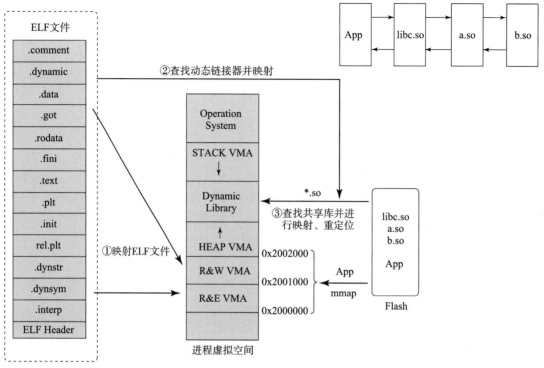

图 5－32　动态加载流程

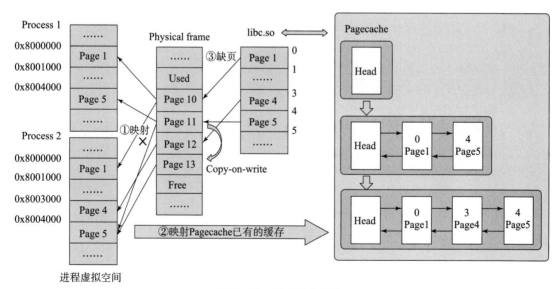

图 5－33　程序执行流程

的段表示它描述的数据需要被加载到内存中。

②内核调用 map_pages 接口查找并映射 Pagecache 已有的缓存。

③程序执行时，内存若无所需代码或数据时触发缺页中断，缺页中断处理流程会将代码

或数据所在的 ELF 文件内容读入内存，并将该内存块加入 Pagecache 中加快查找。

④映射步骤③已读入文件内容的内存块。

⑤程序继续执行。

至此，程序将在不断的缺页中断过程中执行直至结束。

3. 虚拟动态共享库

在 x86 - 32 系统大行其道的时代，调用系统调用的方法就是"int ＄0x80"。这种方法的执行速度非常慢，原因是它需要经历一个完整的中断处理过程，这包括从内核到中断流程相关的处理器微码所有执行开销。为了提升系统调用的性能，Intel 最先实现了专门的快速系统调用指令 sysenter 和系统调用返回指令 sysexit；后来 AMD 针锋相对地实现了另一组专门的快速系统调用指令 syscall 和系统调用返回指令 sysret。

后来 x86 系统通过开发 vsyscall 机制统一了这两组指令，即 glibc 通过调用__kernel_vsyscall 来确定到底应该执行 syscall/sysret 指令还是 sysenter/sysexit 指令。__kernel_vsyscall 是一个特殊的页，其位于内核地址空间，但也是唯一允许用户访问的区域，该区域的地址固定为 0xFFFFFFFFFF600000（64 位系统），大小固定为 4 KB。由于所有的进程都共享内核映射，因此所有的进程也自然能够访问到该页。此外，该机制还提供了另一个重要的作用：加速某些系统调用函数的执行效率。以 gettimeofday( ) 系统调用为例。该系统调用返回的结果起始并不涉及任何数据安全问题，因为特权用户 root 和非特权用户都会获得相同的结果。这就意味着其实完全可以通过新的实现机制来避免执行系统调用的开销，因为本质上 gettimeofday( ) 就是从内核中读取与时间相关的数据（虽然会有一些复杂的计算过程）。与其费尽心力一定要通过陷入内核的方式来读取这些数据，不如在内核与用户态之间建立一段共享内存区域，由内核定期"推送"最新值到该共享内存区域，然后用户态程序在调用这些系统调用 glibc 库函数的时候，库函数并不真正执行系统调用，而是通过共享内存区域来读取该数据的最新值，相当于将系统调用改造成了函数调用，直接提升了执行性能。

接着开发人员又抛弃了 vsyscall 机制，因为 vsyscall 的映射地址是固定不变的，因此很容易成为攻击的跳板。另外，vsyscall 能支持的系统调用数有限，无法很方便地进行扩展。于是开发人员设计了 VDSO 机制来取代 vsyscall，同时克服了 vsyscall 机制的所有缺点。

VDSO 与 vsyscall 最大的不同体现在以下两个方面：

（1）VDSO 本质上是一个 ELF 共享目标文件；而 vsyscall 只是一段内存代码和数据。

（2）vsyscall 位于内核地址空间，采用静态地址映射方式；而 VDSO 借助共享目标文件天生具有的 PIC 特性，可以以进程为粒度动态映射到进程地址空间中。

在 LiteOS_A 内核上，VDSO 机制实现上层用户态程序可以快速读取内核相关数据的一种通道方法，可用于实现部分系统调用的加速，用于实现非系统敏感数据（硬件配置、软件配置）的快速读取。

VDSO 的核心思想就是由内核看护一段内存，并将这段内存映射（只读）进用户态应用程序的地址空间，应用程序通过链接 vdso. so 后，将某些系统调用替换为直接读取这段已映射的内存，从而避免系统调用达到加速的效果。VDSO 总体可分为数据页与代码页两部分：数据页的作用是提供内核映射给用户进程的内核数据；代码页的作用是提供屏蔽系统调用的主要逻辑。

如图 5 - 34 所示，VDSO 机制主要有以下几个步骤：

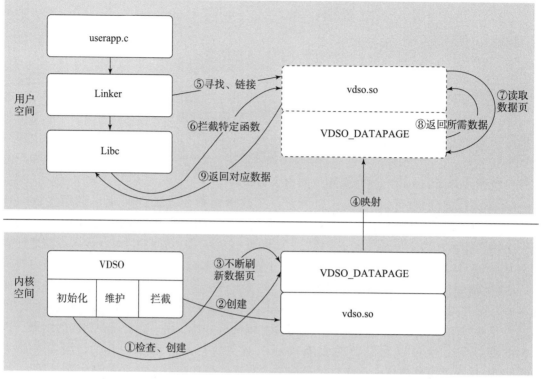

图 5 – 34　VDSO 系统设计

①内核初始化时进行 VDSO 数据页的创建。

②内核初始化时进行 VDSO 代码页的创建。

③根据系统时钟中断不断地将内核一些数据刷新进 VDSO 的数据页。

④用户进程创建时将代码页映射进用户空间。

⑤用户程序在动态链接时对 VDSO 的符号进行绑定。

⑥当用户程序进行特定系统调用时（例如 clock_gettime），VDSO 代码页会将其拦截。

⑦VDSO 代码页将正常系统调用转为直接读取映射好的 VDSO 数据页。

⑧从 VDSO 数据页中将数据传回 VDSO 代码页。

⑨将从 VDSO 数据页获取到的数据作为结果返回给用户程序。

4. 文件系统

操作系统中负责管理和存储文件信息的软件称为文件管理系统，简称文件系统。文件系统是对文件存储设备的空间进行组织和分配，负责文件存储并对存入的文件进行保护和检索的系统。具体地说，它负责为用户建立文件，存入、读出、修改、转储文件，控制文件的存取，当用户不再使用时撤销文件等。

在 LiteOS_A 内核中，文件系统基本架构如图 5 – 35 所示。文件系统对上通过 LIBC 库提供的 POSIX 标准操作接口、对下通过内核态的 VFS 虚拟层屏蔽了各个具体文件系统的差异。

为了支持多种文件系统，使其更加灵活，从而与许多其他的操作系统共存，LiteOS_A 内核支持 fat、jffs2、nfs、proc、ramfs、romfs、rootfs 等多种文件系统，并且对所有的文件系统采用统一的文件界面，用户通过文件的操作界面来实现对不同文件系统的操作。对于用户

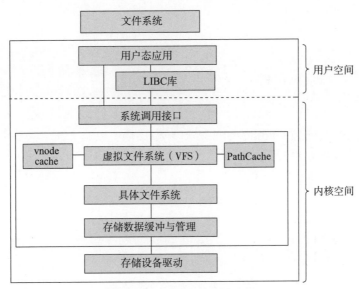

图 5 - 35　文件系统基本结构

来说，不用关心不同文件系统的具体操作过程，而只是通过一个虚拟的文件操作界面来进行操作，这个操作界面就是虚拟文件系统（VFS）。VFS 提供统一的抽象接口，屏蔽了底层异构类型文件系统的差异，使得访问文件系统的系统调用时不用关心底层的存储介质和文件系统类型。

　　LiteOS_A 中使用 VFS 作为各个文件系统的黏合层，而 VFS 在 OpenHarmony 内核中采用树结构实现，树中的每一个节点都是 Vnode 结构体。VFS 提供统一的抽象接口用于屏蔽文件系统之间的差异，其提供三大操作接口用于统一不同文件系统调用不同接口的现象。

　　这时特别要注意的是，如果有读者研究过 Linux 内核，会发现 Linux 内核模块也有 VFS 功能，它为用户程序提供文件和文件系统操作的统一接口，屏蔽不同文件系统的差异和操作细节，Linux 的 VFS 设计借鉴于 UNIX 的设计，是为了统一所有的文件、网络、外设等；抽象了虚拟文件系统，为这些不同设备提供通用的操作；也屏蔽了不同文件系统之间的实现细节，它的实现比 LiteOS_A 内核更复杂。例如，有超级块的操作，LiteOS_A 内核则统一用 Vnode 这个概念，LiteOS_A 内核更偏向物联网嵌入式，所以实现 VFS 的时候需要考虑简单性和占用更多内存等硬件资源。

　　VFS 提供的三大操作接口为：

- VnodeOps：控制 Vnode 节点。
- MountOps：控制挂载点。
- file_operations_vfs：提供常用的文件接口。

文件系统各自需要实现 VFS 提供的这三大接口，即实现系统本身需要的接口方法，让 VFS 能够调用这些接口即可。

　　1）关键数据结构

```
struct Vnode{
    enum VnodeType type;                    /* Vnode 节点类型*/
```

```
    int useCount;                              /* 节点链接数*/
    uint32_t hash;                             /* 哈希值*/
    uint uid;                                  /* 文件拥有者的 user ID*/
    uint gid;                                  /* 文件群组 ID*/
    mode_t mode;                               /* 文件读写执行权限*/
    LIST_HEAD parentPathCaches;                /* 指向父节点的路径缓存*/
    LIST_HEAD childPathCaches;                 /* 指向儿子节点的路径缓存*/
    struct Vnode* parent;                      /* Vnode 父节点*/
    struct VnodeOps* vop;                      /* Vnode 操作接口*/
    struct file_operations_vfs* fop;   /* 文件操作接口,即指定文件系统*/
    void* data;                                /* 数据,指向内部数据的指针*/
    uint32_t flag;                             /* 节点标签*/
    LIST_ENTRY hashEntry;                      /* 挂入 v_vnodeHashEntry[i]中*/
    LIST_ENTRY actFreeEntry;           /* 通过本节点挂载到空闲和使用链表中*/
    struct Mount* originMount;                 /* 所在文件系统挂载信息*/
    struct Mount* newMount;        /* 其他挂载在这个节点中的文件系统信息*/
    char* filePath;                            /* Vnode 的路径信息*/
    struct page_mapping mapping;               /* page mapping of the vnode*/
};
```

Vnode 是具体文件或目录在 VFS 层的抽象封装，它屏蔽了不同文件系统的差异，实现资源的统一管理。Vnode 节点主要有以下几种类型：

- 挂载点：挂载具体文件系统，如根目录/和/storage。
- 设备节点：/dev 目录下的节点，对应于一个设备，如/dev/mmcblk0。
- 文件或目录节点：对应于具体文件系统中的文件或目录，如/bin/init。

```
struct Mount{
    LIST_ENTRY mountList;                      /* 全局 Mount 链表*/
    const struct MountOps* ops;                /* Mount 的功能函数*/
    struct Vnode* vnodeBeCovered;              /* 要被挂载的节点*/
    struct Vnode* vnodeCovered;                /* 要挂载的节点*/
    struct Vnode* vnodeDev;                    /* 设备 Vnode*/
    LIST_HEAD vnodeList;                       /* Vnode 表的表头*/
    int vnodeSize;                             /* Vnode 表的节点数量*/
    LIST_HEAD activeVnodeList;                 /* 激活的节点链表*/
    int activeVnodeSize;                       /* 激活的节点数量*/
    void* data;                                /* 数据,指向内部数据的指针*/
```

```
      uint32_t hashseed;                    /* Hash 算法的随机种子*/
      unsigned long mountFlags;             /* 挂载标签*/
      char pathName[PATH_MAX];              /* 挂载点路径*/
      char devName[PATH_MAX];               /* 设备名称/dev/sdb-1*/
  };
```

文件系统中，有个很重要的概念就是挂载，除了根文件系统，其他所有文件系统都要先挂载到根文件系统中的某个目录之后才能访问，在 LiteOS_A 内核中把挂载对象信息抽象为结构体 Mount，并且通过全局 Mount 链表查找到具体的文件系统的挂载信息，包括被挂载的节点、设备名、具体挂载路径等。

```
  struct file
  {
    unsigned int        f_magicnum;  /* file magic number*/
    int                 f_oflags;    /* Open mode flags*/
    struct Vnode        * f_vnode;   /* Driver interface*/
    loff_t              f_pos;       /* File position*/
    unsigned long       f_refcount;  /* reference count*/
    char                * f_path;    /* File fullpath*/
    void                * f_priv;    /* Per file driver private data*/
    const char          * f_relpath; /* realpath. */
    struct page_mapping * f_mapping; /* mapping file to memory*/
    void                * f_dir;     /* DIR struct for iterate the
directory if open a directory*/
    const struct file_operations_vfs* ops;
    int fd;
  };
```

文件结构抽象了文件的属性，包括路径、大小、位置、保护信息、操作方法等，这里也涉及文件句柄 fd 的管理，在 LiteOS_A 内核中，普通文件描述符的系统总规格为 512。

2）关键接口

```
  struct VnodeOps{
    int(*Create)(struct Vnode* parent,const char* name,int mode,
struct Vnode** vnode);//创建节点
    int(*Lookup)(struct Vnode* parent,const char* name,int len,struct
Vnode** vnode);//查询节点
    int(*Open)(struct Vnode* vnode,int fd,int mode,int flags);//打开
节点
    ssize_t(*ReadPage)(struct Vnode* vnode,char* buffer,off_t pos);
```

```
    ssize_t(*WritePage)(struct Vnode* vnode,char* buffer,off_t pos,
size_t buflen);
    int(*Close)(struct Vnode* vnode);//关闭节点
    int(*Reclaim)(struct Vnode* vnode);//回收节点
    int(*Unlink)(struct Vnode* parent,struct Vnode* vnode,const char*
fileName);//取消硬链接
    int(*Rmdir)(struct Vnode* parent,struct Vnode* vnode,const char*
dirName);//删除目录节点
    int(*Mkdir)(struct Vnode* parent,const char* dirName,mode_t mode,
struct Vnode** vnode);//创建目录节点
    int(*Readdir)(struct Vnode* vnode,struct fs_dirent_s* dir);//读目
录节点信息
    int(*Opendir)(struct Vnode* vnode,struct fs_dirent_s* dir);//打开
目录节点
    int(*Rewinddir)(struct Vnode* vnode,struct fs_dirent_s* dir);//定
位目录节点
    int(*Closedir)(struct Vnode* vnode,struct fs_dirent_s* dir);//关
闭目录节点
    int(*Getattr)(struct Vnode* vnode,struct stat* st);//获取节点属性
    int(*Setattr)(struct Vnode* vnode,struct stat* st);//设置节点属性
    int(*Chattr)(struct Vnode* vnode,struct IATTR* attr);//改变节点
属性
    int(*Rename)(struct Vnode* src,struct Vnode* dstParent,const char
* srcName,const char* dstName);
    int(*Truncate)(structVnode* vnode,off_t len);//缩小或扩大
    int(*Truncate64)(structVnode* vnode,off64_t len);
    int(*Fscheck)(structVnode* vnode,structfs_dirent_s* dir);
  int(*Link)(structVnode* src,structVnode* dstParent,structVnode*
*dst,constchar* dstName);
  int(*Symlink)(structVnode* parentVnode,structVnode** newVnode,
constchar* path,constchar* target);
    ssize_t(*Readlink)(structVnode* vnode,char* buffer,size_
t bufLen);
  };
```

VFS 层通过上述统一的函数指针形式，统一调用不同的文件系统的相同功能，屏蔽了不同文件系统的底层操作。各文件系统实现一套不同的 Vnode 操作、挂载点操作以及文件操作接口，并以函数指针结构体的形式存储于对应 Vnode、挂载点、File 结构体中，实现 VFS 层对下访问。

```
struct MountOps{
    int(*Mount)(struct Mount* mount,struct Vnode* vnode,const void*
data);
    int(*Unmount)(struct Mount* mount,struct Vnode** blkdriver);
    int(*Statfs)(struct Mount* mount,struct statfs* sbp);//统计文件
系统的信息、类型、大小等
    int(*Sync)(struct Mount* mount);
};
```

挂载点的操作比较简单，核心操作是挂载和卸载文件系统。

```
struct file_operations_vfs
{
    int    (*open)(struct file* filep);
    int    (*close)(struct file* filep);
    ssize_t(*read)(struct file* filep,char* buffer,size_t buflen);
    ssize_t(*write)(struct file* filep,const char* buffer,size_
t buflen);
    off_t  (*seek)(struct file* filep,off_t offset,int whence);
    int    (*ioctl)(struct file* filep,int cmd,unsigned long arg);
    int    (*mmap)(struct file* filep,struct VmMapRegion* region);
    /*The two structures need not be common after this point*/
    int    (*poll)(struct file* filep,poll_table* fds);
    int    (*stat)(struct file* filep,struct stat* st);
    int    (*fallocate)(struct file* filep,int mode,off_t offset,off_
t len);
    int    (*fallocate64)(struct file* filep,int mode,off64_t offset,
off64_t len);
    int    (*fsync)(struct file* filep);
    ssize_t(*readpage)(struct file* filep,char* buffer,size_
t buflen);
    int    (*unlink)(struct Vnode* vnode);
};
```

文件操作结构体抽象了文件所有相关的操作，包括文件打开、关闭、读、写等操作，具体文件系统负责差异化实现。VFS 通过这种机制屏蔽了各类文件系统的差异，向用户提供了统一的文件操作界面。

3）关键流程

Vnode 创建流程通过哈希算法和 LRU 机制进行管理。当系统启动后，创建文件或目录会优先从哈希链表中查找 Vnode 缓存，如果没有命中，则从对应文件系统中搜索目标文件或

目录，创建并缓存对应的 Vnode。当 Vnode 缓存数量达到上限时，将淘汰长时间未访问的 Vnode，其中挂载点 Vnode 与设备节点 Vnode 不参与淘汰。

图 5 – 36 展示了 Vnode 的创建流程。

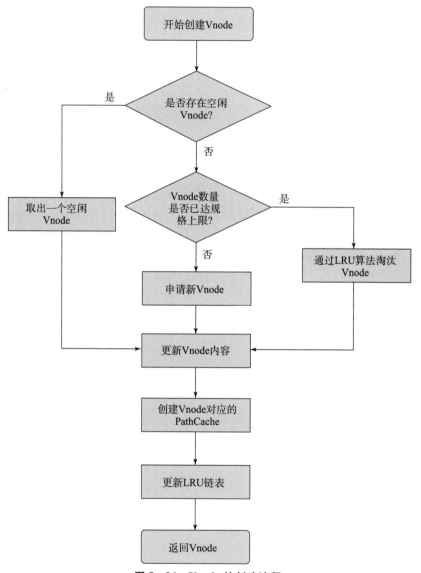

图 5 – 36　Vnode 的创建流程

每个目录或文件可抽象为具体的 Vnode，为了加快查找文件路径的查找，LiteOS_ A 使用了 PathCache 机制，也就是路径缓存，与 Vnode 对应，PathCache 同样通过哈希表存储，通过父 Vnode 中缓存的 PathCache 可以快速获取子 Vnode，加速路径查找。

图 5 – 37 展示了文件和目录的查找流程。

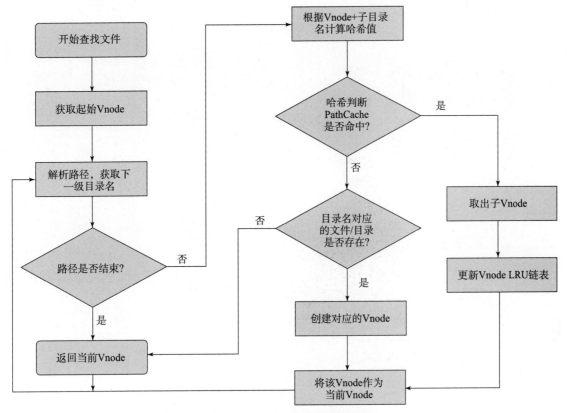

图 5 – 37　文件和目录的查找流程

5.4　思考与练习

1. OpenHarmony 开源操作系统支持的内核有哪些？分别适用的场景是哪些？

2. LiteOS_M 的基础内核对象有哪些？对应接口有哪些？

3. 查询课外资料，了解 LiteOS_M 支持的设备有哪些，LiteOS_A 支持的设备有哪些。

4. 查询源代码，列举出 LiteOS_M 支持的 CMSIS2.0 接口和 POSIX 接口。

5. 在支持 LiteOS_M 和 LiteOS_A 的设备上创建任务，通过实验观察两个内核的调度策略。

第二篇 硬件互助，资源共享

随着"万物智联"时代的到来，多种多样的智能设备进入了人们的生活，包括但不限于手机、计算机、智能家居等。同时，物联网设备数量迅猛增长，在 2020 年保有量甚至超过了手机和个人计算机设备。新时代智能化和万物互联的特点，带来了机遇，同时也带来了挑战。

功能与硬件资源各异的各式设备进入了人们日常的生活、学习、工作等过程中，且基于不同的应用场景，人们渴望多设备协同对特定场景需求的支持。例如，人们期望应用能够跟随人的活动在不同设备间自由流转，例如在手机上播放的音乐可以在用户进入车内时自动流转至车机自动播放，而在回家时音乐也可以同样流转到室内的智能音箱继续播放，实现无缝的全场景智能体验。

然而，分布式跨设备支持当前仍存在不少挑战，例如，不同设备之间的硬件资源差异较大，如何在多设备协同时最大程度发挥各个设备的硬件资源能力是亟待解决的问题；再如，各个设备之间存在着异构的情况，实现跨设备的流畅的任务调度和数据传输需要付出额外的努力。此外，设备之间的通信方式各不相同，主流的通信方式包括 WiFi、蓝牙、以太网等，如何打通设备间不同的通信链路，简化上层分布式应用的开发实现，也是相关技术重点演化的方向。

为了解决上述问题，OpenHarmony 提出了分布式软总线技术，涵盖了分布式跨设备之间的发现、认证、组网、连接，作为手机、计算机、平板、车机等分布式设备的通信基座，为设备之间的互联互通提供了统一的分布式通信能力，并为设备之间的无感发现和零等待传输创造了条件。基于分布式软总线对设备间通信的封装，开发者只需聚焦于具体业务逻辑的实现，无须关注组网方式与底层协议，大大简化了相关应用开发流程。

基于分布式软总线的相关能力，OpenHarmony 系统提供了一系列分布式服务，以协助多设备之间的智能协同，包括分布式数据管理、分布式任务调度、分布式硬件管理和分布式音视频等。本篇将在不同章节对相关服务的具体设计与实现进行详细的阐述。

第 6 章
分布式软总线

6.1 概念阐述

分布式软总线致力于实现近场设备间统一的分布式通信能力，提供不区分链路的设备发现和传输接口，具备快速发现并连接设备，高效分发任务和传输数据的能力。作为多终端设备的统一基座，总的目标是实现设备间无感发现、零等待传输。对开发者而言，无须关注组网方式和底层协议。

6.2 设计目标

软总线服务不对应用层直接提供调用接口，通过分布式设备管理提供 NAPI 接口供应用层调用。软总线向下调用其他系统能力接口实现与驱动交互适配。图 6-1 展示了分布式软总线在 OpenHarmony 整体系统架构中所处的位置。

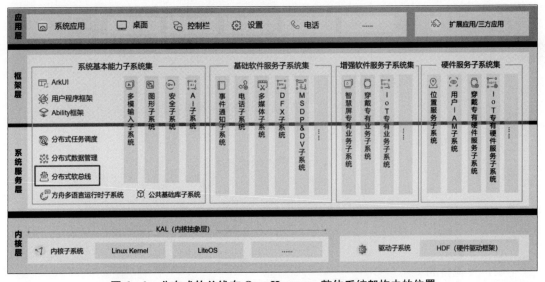

图 6-1　分布式软总线在 OpenHarmony 整体系统架构中的位置

设备间可以通过以太网、WiFi、蓝牙等通信方式进行通信。传统通信方式下，网络通信需要在两个设备端分别执行常用的 socket 通信流程；蓝牙通信需要分别执行蓝牙广播、扫描、连接、配对等通信；在通信建立之前，通信安全和设备认证等操作需要单独的系统来处理。软总线的主要目标就是简化、统一上述过程，在软总线中管理设备认证、组网、通信。开发者不再需要处理设备信任问题以及创建 socket、考虑事件循环和不同通信方式差异等问题，只需要简单调用软总线提供的接口即可。

6.3　整体架构

如图 6-2 所示，分布式软总线整体架构主要分为发现、认证、组网、传输四大部分。其中发现模块提供基于 WiFi、蓝牙、以太网等通信方式的设备发现连接能力；认证模块提供基于安全子系统的加密认证方式；组网模块提供统一的设备组网和拓扑管理能力，为设备间的传输提供已组网的设备信息；传输模块提供数据传输通道，支持消息、字节、流、文件的数据传输能力。RPC 提供的是基于分布式软总线传输能力的端到端之间的通信能力。下面将对上述核心模块一一展开介绍。

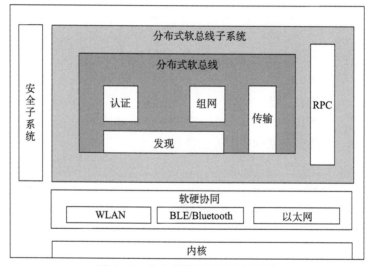

图 6-2　分布式软总线整体架构图

6.4　核心模块

本节将对分布式软总线的核心模块，即发现、认证、组网、传输进行介绍。

6.4.1　发现

（一）发现目的

分布式软总线发现的目的是在不同的通信链路里，根据广播＋回复的格式获取到符合分布式软总线发现需求的设备，并在回复的数据中获取到设备的各类信息，比如设备 ID、设备名称、设备能力以及设备的通信地址等；当获取到对端设备的信息回复后，我们的整个发现流程就完成了。其中所有通信链路的发现信息基本一致，这使得分布式软总线可以在不区分通信链路的情况下，统一处理各个发现的设备。发现的主要目的是发现周边设备，为下一步的连接组网做准备。

（二）**系统框架**

图 6－3 展示了分布式软总线发现模块的整体架构图。分布式软总线的发现客户端与服务端是通过 IPC 通信的，客户端存在于调用了发现 SDK 的各个应用中，发现服务存在于OpenHarmony 的分布式软总线服务里，发现服务再通过其他网络服务的通信接口以及回调，完成发现模块的请求和接收。

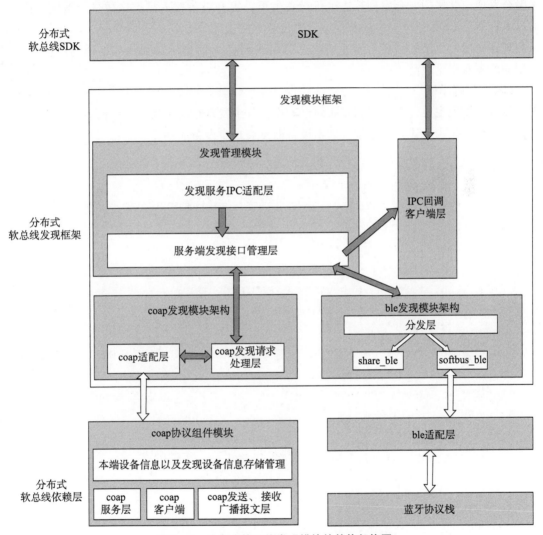

图 6－3　分布式软总线发现模块的整体架构图

为了实现不同的网络发现的统一，软总线中规范了所有发现设备的信息结构，并根据不同的网络制定了不同的发现逻辑，发现逻辑之上整合了一个发现管理，用来管理所有发现设备通信链路和发现服务逻辑管理。

（三）**关键技术**

分布式软总线发现相关的关键技术包括自动发现和融合发现。

1. 自动发现

分布式软总线可感知当前的场景与环境，自动完成与周围可信设备的发现，并通过组网模块自动进行认证和建立长连接，组建可信网络，实现对网络中节点的信息、状态、上下线等的管理，无须进行烦琐的手动发现操作，为业务和用户提供永远在线的无感发现组网体验。

2. 融合发现

单一通信技术的发现能力有一定的约束和限制，分布式软总线可以融合 BLE/COAP/NFC 等多种技术的发现能力，按照不同业务场景对各种技术采用不同的优先级，提供多技术融合发现，并采用融合发现算法进行设备去重，提升设备接入品类、数量及速度。例如，通过 WLAN 可以发现 WLAN 设备信息，通过蓝牙发现蓝牙设备，同时 WLAN 与蓝牙信息可以实现异构通信介质的交换与传递，通过 WLAN 将蓝牙信息传输到距离更远的位置，使得发现的范围变得更广泛。

（四）代码示例

设备的发现主要分为发现和发布两个动作，其中发现是为了找到其他设备而主动查询的动作，发布则是为了让其他设备找到本设备而发表自身设备的动作。

发布示例如下：

```
PublishInfo dmPublishInfo;
dmPublishInfo. publishId = DISTRIBUTED_HARDWARE_DEVICE_AUTH_SA_ID;
dmPublishInfo. mode = DISCOVER_MODE_ACTIVE;
dmPublishInfo. medium = AUTO;
dmPublishInfo. freq = LOW;
dmPublishInfo. capability = DM_CAPABILITY_OSD;
dmPublishInfo. capabilityData = NULL;
dmPublishInfo. dataLen = 0;
UnPublishService(DA_PKG_NAME,DISTRIBUTED_HARDWARE_DEVICE_AUTH_SA_
ID);
    int32 _ t ret = PublishService ( DA _ PKG _ NAME, &dmPublishInfo,
&softbusPublishCallback_);
    if(ret == DM_OK){
        publishStatus = ALLOW_BE_DISCOVERY;
    }
```

其中：

publishId：发布的 ID 值；

mode：发布的模式，分为主动发布和被动发布；

medium：发布的媒介，AUTO 为自动选择，也可以选择 COAP 或者 BLE；

freq：发布的频率，有高、中、低三个档位；

capability：发布的能力值；

DA_PKG_NAME：发布的服务名称。

执行 PublishService 前，需要先执行 UnPublishService，为的是避免之前已经发布过一样的能力，若未停止前再次发布，则会提示错误。

发现示例如下：

```
SubscribeInfo subscribeInfo;
subscribeInfo. subscribeId = DISTRIBUTED_HARDWARE_DEVICE_AUTH_SA_ID;
subscribeInfo. mode = DISCOVER_MODE_ACTIVE;
subscribeInfo. medium = AUTO;
subscribeInfo. freq = LOW;
subscribeInfo. isSameAccount = false;
subscribeInfo. isWakeRemote = true;
subscribeInfo. capability = DM_CAPABILITY_OSD;
subscribeInfo. capabilityData = NULL;
subscribeInfo. dataLen = 0;
int32_t ret = StopDiscovery(DA_PKG_NAME,DISTRIBUTED_HARDWARE_DEVICE
_AUTH_SA_ID);
if(ret == DM_OK){
LOGI("StopDiscovery success. ");
}
ret = StartDiscovery ( DA _ PKG _ NAME, &subscribeInfo,
&softbusDiscoveryCallback_);
if(ret = DM_OK){
    LOGE("StartDiscovery success. ");
}
```

其中：

subscribeId：订阅 ID；

mode：发布的模式，分为主动发布和被动发布；

medium：发布的媒介，AUTO 为自动选择，也可以选择 COAP 或者 BLE；

freq：发布的频率，有高、中、低三个档位；

isSameAccount：是否使用同账户标识；

isWakeRemote：是否远程唤醒；

capability：发布的能力值；

DA_PKG_NAME：发现的服务名称。

执行 StartDiscovery 前也同样执行了一次 StopDiscovery，也是为了避免已经开启发现而返回错误。

6.4.2　认证（DM）

（一）设备管理

设备管理（DeviceManager，DM），实现了管理设备的相关功能，包括获取可信设备列表、发现设备、认证设备、设备状态管理四大块。设备管理可以供给子系统调用或上层应用调用。其采用 Client/Service 架构，由 Client 给调用者提供接口，然后将请求发送到 Service，让 Service 执行对应的请求。Client 有 3 大模块，包括可信设备管理、发现设备、认证设备。Service 有 4 大模块，包括可信设备管理、发现设备、认证设备、设备状态管理。图 6 - 4 和图 6 - 5 分别展示了 Client 和 Service 的框架。

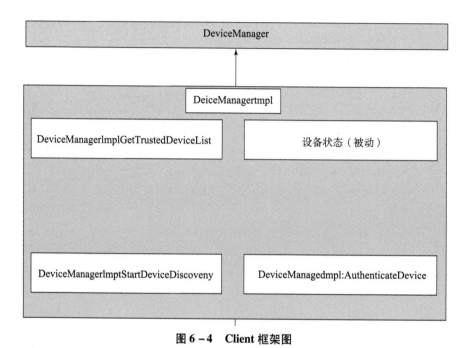

图 6 - 4　Client 框架图

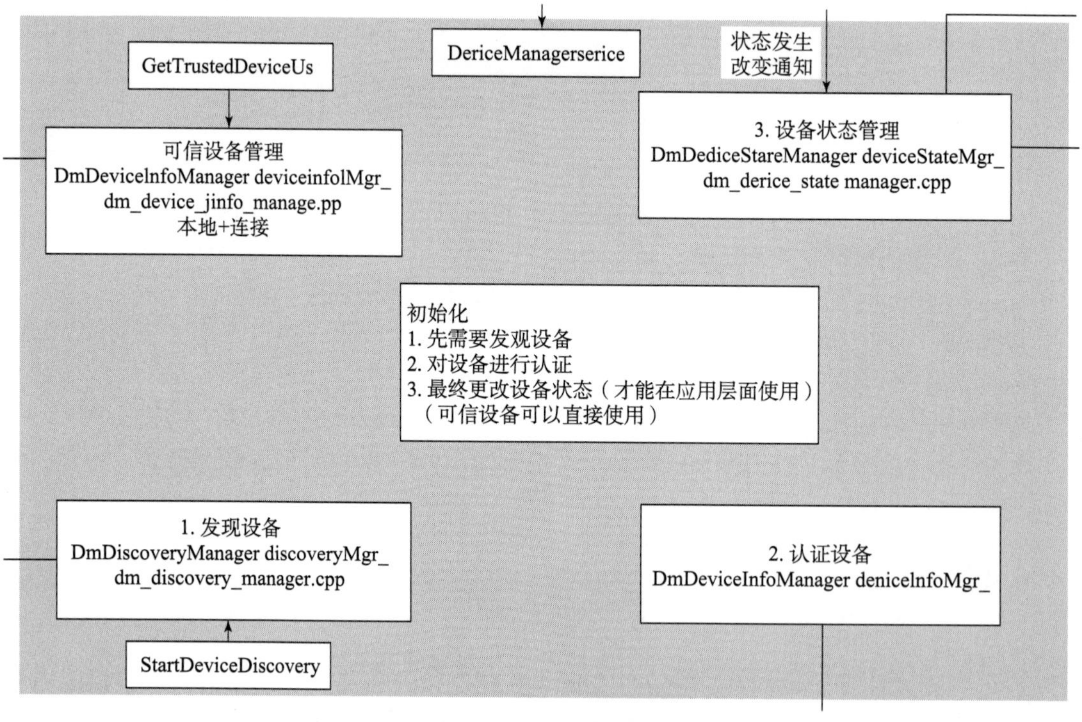

图 6 - 5　Service 框架图

（二）认证流程

在通过分布式软总线进行设备组网的过程中，确定两端设备可信关系的过程叫作认证。认证流程是设备成功组网上线前的关键步骤，其在整个分布式软总线组网的流程中所处的位置大概如下：

DM 握手建组—发现设备—开启自组网—— 认证交互—组网完成—设备上线。

1. 认证模块与安全子系统

认证流程调用安全子系统所保存的数据进行可信设备关系的获取。其中，安全子系统主要负责根据加密算法进行可信设备信息、设备群组信息等的存储、查询等功能，其保存了整个系统的核心组设备信息。图 6 – 6 展示了认证模块和安全子系统的架构关系。

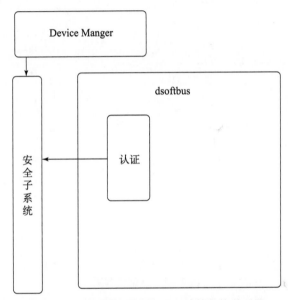

图 6 – 6　认证模块和安全子系统的架构关系图

2. 认证运行流程

认证流程如图 6 – 7 所示。两端设备建立 TCP 连接，通过会话（session）进行数据传输，在数次信息交互后双端确认对端为可信设备，认证通过后才允许组网。

3. 认证状态机

待配设备发起组网请求后，新建一个认证状态机用于控制整个认证流程。具体状态迁移示意图如图 6 – 8 所示。认证状态机主要包含三个状态，三个状态之间为线性关系，一次成功的认证流程不会出现状态回溯的情况。三个状态的具体描述如下：

（1）首先根据设备序列号，调用安全子系统接口，开始可信设备数据认证，转入可信设备认证状态。

（2）可信设备认证过程中和对端设备进行数次数据交互以完成数据认证动作，转入同步设备信息状态。

（3）同步设备信息过程中确认两端设备信息是否正确，完成后转入结束。

（三）关键技术

这里将对分布式软总线的认证以及连接的相关技术进行介绍，主要包括下列技术。

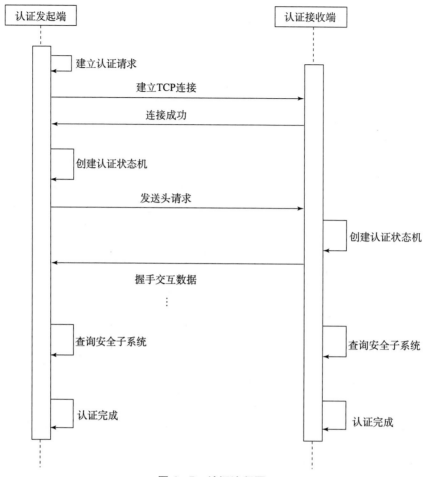

图 6 - 7　认证流程图

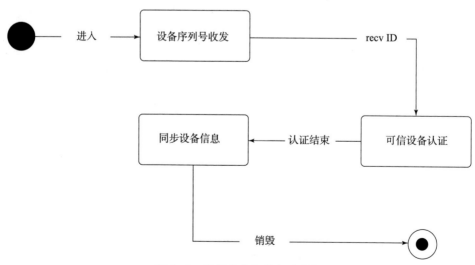

图 6 - 8　认证状态机状态迁移图

1. 连接优选

当有多种连接可用时，需要根据场景和环境选择一种最合适的连接。分布式软总线实现了连接优选能力，可以根据业务的传输需求自动给出最优的连接，这种最优可以是最大带宽，可以是最低时延，可以是最小功耗，也可以是安全可靠等因素的综合。例如，批量文件传输时的最优连接是能提供最大带宽的 P2P 连接，而将一条短信从手机协同到计算机时的最优连接可能是蓝牙连接。

2. 连接智能化

在什么时机建立什么连接，如何平衡性能与功耗，是分布式软总线需要考虑的问题。在分布式软总线的统一连接管理下，设备之间自动在合适的时机建立合适的连接，实现分布式软总线定义网络。例如，平时可以用低功耗的 BLE 来维持连接，而当有视频传输业务发生时，可以快速建立一条 P2P 连接，并且在建立 P2P 连接之前，设备可以提前完成工作参数的交互，比如 P2P 的最优工作角色和信道等，保证了连接的性能最大化，而且当工作信道受到干扰时，可以切换为优选的新信道。

3. 连接复用

设备间的连接资源往往有限，比如最大连接数有限（BR 最大为 7 个），并且连接数过多往往导致计算开销增大，因此无法保证每个业务都能获得连接，而软总线提供的连接复用机制，可实现物理链路在多业务之间的复用共享，最典型的如 BR、BLE、USB 等连接，软总线在内部创建一条连接，然后通过虚拟会话的方式将连接提供给多个业务共享使用，在保证多业务分布式体验的同时，优化连接资源配置，保证连接性能。

4. 连接冲突避免

不同通信协议和技术有各种限制和约束，如果未经过统一管理则很容易发生冲突。这些限制和约束，有些为角色选择，比如 P2P 的 GO/GC 角色选择、BLE GATT 和 TCP Socket 的 Server/Client 角色选择；有些为资源限制，比如 BR 最大支持 7 个连接，还有些具体的硬件限制，比如部分 WiFi 模组不支持 STA 和 P2P 模式共存，或共存性能退化严重等。分布式软总线的冲突避免能力，通过感知设备能力信息和统一协调管理连接，实现避免或消减冲突，确保传输能力的最大化。

6.4.3　组网

（一）组网目的和过程

组网模块主要是为了在 DM 认证完成后，在分布式软总线底层维护相关的节点信息和组网关系，处理对应设备的上下线流程和消息上报，模糊对应设备的类型和通信介质，以一个统一的组网关系结构处理各类设备。

通过超级设备输入验证码进行认证时，在 DM 模块进行 pin 码的确认后，分布式软总线中的组网（Buscenter）模块会处理设备的认证相关信息，直至设备上线，并进行节点信息的更新和上报，具体的组网过程如下。

如图 6-9 所示，首先在分布式软总线初始化时，会进行组网模块相关的初始化，具体的初始化函数中的 BusCenterServerInit（ ）进行了组网账本（NetLedger）、组网事件（BusCenterEvent）、事件监控（EventMonitor）、发现管理（DiscoveryManager）、网络管理（NetworkManager）、组网（NetBuilder）、链路、地址等相关部件的初始化。

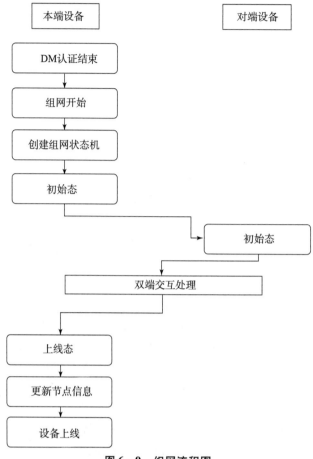

图 6-9 组网流程图

在 DM 认证模块处理完 pin 码信息、创建好组后，组网模块会收到组网开始的信息，调用 JoinLNN 开始组网，JoinLNN 会通过 IPX 通信调入软总线 core（服务端）进行处理，对发现的设备创建对应的组网状态机。状态机创建完成后，会与对端设备进行设备信息和底层生成密钥的交互和认证，推动状态机向上线态转移。组网成功后，调用 CompleteJoinLNN 更新节点信息，并将设备上线消息向上层进行通知。

（二）组网状态机

组网时，在双端的组网信息收发过程中，会推动组网连接状态机（LnnConnectionFsm）从初始态一直转换到上线态，组网连接状态机是组网模块中非常重要的一个组件。

组网状态机有四个状态，分别是初始态（STATE_AUTH_INDEX）、清除连接信息态（STATE_CLEAN_INVALID_CONN_INDEX）、上线态（STATE_ONLINE_INDEX）、下线态（STATE_LEAVING_INDEX）。

每个状态都有相对应的消息处理函数，以初始态为例，初始态对应的处理函数为 AuthStateProcess，当本端组网状态机处于认证态时，若收到其中某个消息类型，会对应执行相应的处理。

一旦开始组网，创建组网状态机时默认进入初始态，当收到对端设备发来的 FSM_MSG_TYPE_AUTH_DONE 类型的消息时，初始态的处理函数 AuthStateProcess 会对该消息进行处理，调用 OnAuthDone，进行该阶段相关的处理，并通过 LnnFsmTransactState 函数，将状态机转成清除连接信息态（STATE_CLEAN_INVALID_CONN_INDEX），以此类推，继续进行相应的双端信息交互和处理。若相关的认证都通过，即组网成功，则组网状态机将转入上线态（STATE_ONLINE_INDEX）。

当主动离网或网络断开，设备准备下线时，组网状态机会在上线态时收到 FSM_MSG_TYPE_DISCONNECT 下线消息，转入下线态后，通过 LeavingStateEnter 调用 CompleteLeaveLNN 进行离网的节点状态更新和下线消息上报。

（三）关键技术

由于异构设备硬件差异较大、网络同步困难等现实难题，OpenHarmony 实现了一系列的技术来保证分布式软总线的组网效率和质量。本节将对这些技术进行介绍。

1. 自动组网

设备组网是一个复杂的过程，往往涉及设备发现、网络拓扑、安全认证、设备保活等流程。分布式软总线组网模块通过发现模块自动触发对周边设备的感知，一旦发现附近具有可信关系的设备，自动完成连接、认证和组网的过程，并通过组网维持与可信设备之间的网络，使可信设备之间组成一张实时在线的网络，并实现对网络中节点的信息、状态、上下线等的管理，对上层业务屏蔽这些底层细节，提供永远在线的无感发现组网体验。

2. 异构组网

使用不同介质和不同通信技术的设备无法直接进行通信，而分布式软总线的异构组网功能通过建立和管理逻辑连接，可实现异构介质和通信技术下设备的混合发现组网和多跳发现组网，增强和拓展设备的组网控制范围能力。多个设备级联时，可在业务执行前自动完成逻辑连接和拓扑，实现设备间实时在线，业务实时可用。异构组网技术在扩大分布式设备组网范围的同时，对分布式业务屏蔽不同介质和不同通信技术，是分布式软总线跨设备、跨网络通信的关键能力。

3. 拓扑管理

设备的计算资源不尽相同，有些甚至差异很大，如果不加区分地进行组网管理，可能导致网络性能和稳定性降低。分布式软总线的拓扑管理机制可按照设备软硬件资源情况自动分配网络管理角色。软硬件资源丰富的设备称为富设备，这种设备可以承担网络中的管理角色；资源有限的设备称为瘦设备，其功能简单、能力单一，只能作为末端节点被管理。富设备之间彼此两两组成网状拓扑；富设备和末端节点的瘦设备之间组成一对多的星型拓扑，其中富设备作为星型网络的中间节点；作为被管理的末端节点瘦设备之间，可以不存在直接的拓扑连接，但是通过分布式软总线的网络仍然可以实现末端设备之间的逻辑连接。

4. 组网保活

组网保活的基本目的是维持网络内设备在线状态。如何选择合适的保活策略，平衡功耗与响应速度，是分布式软总线需要考虑的问题。分布式软总线根据 $1 + 8 + N$ 的不同设备类型和工作场景，提供最合适的组网保活策略，实现节省功耗或者及时发现的目的。例如，当深夜降临，大部分设备都可以适当调大心跳检测周期以节省功耗；当用户所持手机处于亮屏状态时，可以加速对周边设备的在线检测，以便及时确认可产生分布式业务的设备的状态。组网策略的输入不限于设备本身的传感器，周边环境、时间、用户行为、业务场景等都是需要综合考虑的因素。

6.4.4 传输

（一）传输能力

分布式软总线传输分为四种级别的传输能力，分别是消息、字节、文件和流传输，对应了分布式软总线不同的通信服务能力。用户可根据需求选择不同的通信服务能力，不同服务能力在时延性能和带宽性能方面侧重不同，例如流媒体传输时，对网络带宽要求高，分布式软总线针对大带宽传输做了相应的优化。

1. 消息传输

消息类型的传输方式适用于小数据发送，时延性能一般。

消息传输接口使用案例：

```
//在使用之前首先打开 session
SessionAttribute attr;
(void)memset_s(&attr,sizeof(attr),0,sizeof(attr));
attr.dataType =1;//1 表示消息类型
attr.linkTypeNum =0;//0 表示自动选择
int sessionId = OpenSession ( g _ sessionName, g _ sessionName,
networkId,"",&attr);
//获取到 sessionId 后,等待 session 打开回调通知
//消息传输
char data[] = "hello,openharmony";
int ret =SendMessage(sessionId,data,strlen(data) +1);
```

2. 字节传输

字节类型的传输方式适用于小数据发送，时延性能高，常用于指令的发送。

字节传输接口使用案例：

```
//在使用之前首先打开 session
SessionAttribute attr;
(void)memset_s(&attr,sizeof(attr),0,sizeof(attr));
attr.dataType =2;//2 表示字节类型
attr.linkTypeNum =0;//0 表示自动选择
int sessionId = OpenSession ( g _ sessionName, g _ sessionName,
networkId,"",&attr);
//获取到 sessionId 后,等待 session 打开回调通知
//消息传输
char data[] = "hello,openharmony";
int ret =SendBytes(sessionId,data,strlen(data) +1);
```

3. 文件传输

文件传输类型是分布式软总线针对文件传输场景中高速安全的文件分享提供的一种能力，在分布式文件系统中使用。

文件传输接口使用案例：

```
//使用文件传输前先设置相关监听
IFileSendListener listener = {
        .OnSendFileProcess = OnSendFileProcess,
        .OnSendFileFinished = OnSendFileFinished,
        .OnFileTransError = OnFileTransError,
    };
int ret = SetFileSendListener(PKG_NAME,g_sessionName,&listener);
IFileReceiveListener listener = {
        .OnReceiveFileStarted = OnReceiveFileStarted,
        .OnReceiveFileFinished = OnReceiveFileFinished,
        .OnFileTransError = OnFileTransError,
    };
char recvFilePath[DATA_SIZE] = "/data/tmp/";
int ret = SetFileReceiveListener(PKG_NAME,g_sessionName,&listener,
recvFilePath);
//设置完监听后打开 session,与上同
//调用文件发送接口
const char* sfileList[1] = {NULL};
char filePath[DATA_SIZE] = "/data/tmp/test.txt";
int32_t ret = SendFile(sessionId,sfileList,NULL,1);
```

4. 流传输

流传输类型是分布式软总线大带宽传输的核心特性，在分布式屏幕和分布式摄像头等分布式场景中较常用。

流传输接口使用案例：

```
//使用 OpenSession 接口打开流传输通道,dataType = 4
//使用流传输接口发送数据流
StreamData d1 = {0};
StreamData d2 = {0};
int ret = SendStream(sessionId,&d1,&d2,&tmpf);
```

（二）关键技术

OpenHarmony 所使用的无线传输通道并不稳定，因此，在分布式软总线的实现中，采用了一系列的相关技术来保障传输过程中的质量与效率。下面将对这些技术进行介绍。

1. 安全通信

安全通信是一个复杂的过程，往往涉及设备认证、加密算法选择、密钥协商管理等，如何选择合适的加密方式，平衡性能与安全性，是一个复杂的问题。分布式软总线结合安全子系统的能力构建出基于可信设备的组网，以正确的人才能将正确的设备可信互联，正确的设备之间安全通信为原则，提供高效无感设备认证/会话密钥协商/可信设备管理及任务总线和

数据总线高速加解密的功能，可允许业务选择在传输过程中简化加密或者不对传输内容加密，该能力常用于音视频硬件加解密的场景，避免重复的软件加解密增加了时延和对 CPU 资源的浪费。通过分布式软总线进行统一的安全通信，将上层业务从安全问题中解放出来，既简化了操作步骤，又统一了通信安全规范，提高了系统安全性。

2. 无感通道切换

当设备的位置发生改变，例如用户手持设备移动时，可能会从某个网络切换为其他网络，如从 WLAN 切换到蜂窝，或从蓝牙切换到 WLAN，甚至可能来回切换不同链路，切换过程中可能发生报文丢失或冗余，造成上层业务不可用。分布式软总线通过实现链路的协商和切换机制，对业务屏蔽底层通道的变化，实现业务无感的通道链路切换。正是由于分布式软总线通过会话对外屏蔽了实际物理连接，因此分布式软总线可以提供不同业务通道上链路的协商和握手机制，使得一个通道可以对接不同链路并提供链路切换能力，包括切换中报文的防丢失和防冗余能力。

3. 中继传输

当设备之间的距离较远时，可能无法直接通信或者通信性能较差，而分布式软总线提供的中继传输能力，使得设备节点在功耗、性能允许的条件下，可以主动承担网络中业务数据的转发能力，使得基于分布式软总线的数据传输不局限于既有物理网络连接。例如在没有直接连接关系，或者不方便直接建立无线 P2P 连接的设备间（通常是因为距离或者角色状态的限制），通过中间设备代理的方式，建立分段的无线 P2P 连接，通过中间设备的代理传输，可得到大带宽中继传输能力。

4. 多径传输

通信连接可能受外界因素如干扰、线路故障等而断开，此时分布式业务传输被迫中断。分布式软总线可按需将多个物理链路聚合成一个虚拟链路，在多条物理链路上进行数据冗余发送，并在接收端使用算法进行报文去重，而对上层业务只提供一个虚拟链路，屏蔽实际的物理链路情况。当某条链路断开时业务数据仍可使用剩下的链路进行传输，从而提高系统可用性。

5. 软硬件结合优化

软硬件结合优化的难点在于软件如何获取硬件的能力信息，如果软件不了解硬件，那么优化也就无从谈起。得益于 Harmony OS HDF 框架及系统完整能力的自主构建，分布式软总线具备感知硬件能力、软硬深度结合的通信优化能力，实现了软件定义硬件。例如，分布式软总线可以通过统一的控制通道按需提供双端设备协商进入低功耗模式；减少业务通信发包间隔不稳定导致频繁唤醒通信芯片；结合 WLAN 技术的特点，提供大带宽数据传输和低时延控制传输的通道；结合当前链路传输情况，自适应启动 A－MSDU/A－MPDU 聚合功能，提高信道利用率；结合业务定制需求，动态调整调度、速率，改善时延敏感型业务体验。

6. 精准拥塞控制

通信双方的传输速率不匹配时，可能发生网络拥塞。如发送方发送分组过快，而接收方的处理速度不够，被迫丢弃分组，导致发送方重传分组，进一步加剧网络拥塞，显著劣化网络性能。分布式软总线结合网络感知、链路动态反馈、自适应调整算法等技术来进行精准拥塞控制，支持通信双方协商链路信息，并结合 QDisc 队列状态实现精准控制收发速率。当传输能力低于业务预期时提供对业务的反馈，使得业务感知传输的变化，通过调整业务自身能力来改善用户体验。

7. 缓冲池技术

无线通信技术中,占用信道的开销往往较高,频繁发送少量数据可能导致空口利用率下降,降低网络吞吐量。分布式软总线缓冲池技术可智能感知当前的业务场景和空口状态,智能调度空口资源。对于延迟要求较高的使用场景,如控制命令的发送,分布式软总线在数据到来时立即发送,以最小化时延;对于传输带宽要求较高的使用场景,分布式软总线将数据临时缓冲到池中,将多个数据包整合成一个大的数据块,并智能感知当前空口状态,选择合适的时机进行发送,以最大化空口利用率,提高网络吞吐量。

8. 优先级控制

通信资源往往有限,而不同的业务数据有轻重缓急之分,如果不加以区分,可能无法满足高优先级任务的通信需求。分布式软总线提供会话优先级控制功能,使高优先级事件能够得到优先调度,优先抢占发送资源。例如,底层传输可分为任务总线和数据总线,分布式软总线为任务总线预留带宽资源,保障任务总线高优先级发送;数据还可根据业务类型分为前台数据和后台数据,当带宽不足时,前台数据可抢占后台数据的发送资源,优先发送。

6.5　思考与练习

1. 分布式软总线与底层链路间在本质上是什么关系?
2. 思考分布式软总线哪几层与物理链路强相关,哪几层是抽象化的?
3. 分布式软总线对于 OpenHarmony 整体系统的意义是什么? 在整体系统中的定位是什么?
4. 分布式软总线实现中需要考虑哪些与安全相关的问题?
5. 在后续学习分布式相关业务时,思考分布式软总线在相关业务中扮演的角色。

第 7 章
分布式数据管理

7.1 概　　述

随着互联网技术的飞速发展，分布式数据管理已成为现代企业数据存储和处理的重要方式。分布式数据管理涉及数据同步、数据安全机制等多个方面，是企业在进行大数据处理和分析时必须考虑的因素。

开源鸿蒙操作系统的数据管理是 OpenHarmony 核心功能之一，主要为开发者提供数据存储和管理的底层技术支持。然而，这一功能的实现主要依赖于数据库的管理和存储。目前，开源鸿蒙操作系统支持多种类型的数据库，包括关系型数据库和键值型数据库等。但不同业务、不同应用需要的数据库类型各有不同，需要操作系统提供不同类型的数据存储能力。

针对这一问题，开源鸿蒙操作系统提供了安全可靠的数据库保障。在数据存储方面，它根据不同数据类型的特性，提供了通用且可靠的数据持久化能力。例如，用户首选项、关系型数据库和键值型数据库等各类数据均有相应的持久化解决方案。

然而，仅仅提供基础的数据管理功能还不足以满足现代操作系统的要求。因此，开源鸿蒙操作系统在传统数据管理基础上进行了技术升级，以提高数据管理的效率。这主要体现在权限管理、数据备份恢复以及数据共享框架等方面。而对于每个应用创建的数据库，都会被保存到应用沙箱中。当应用被删除或卸载时，与之关联的数据库也会自动删除，从而确保数据的安全管理。

为了帮助读者理解 OpenHarmony 分布式数据管理的相关理论知识，本章首先介绍数据管理的基本概念，尤其是 OpenHarmony 操作系统中的相关基本概念，为后续内容奠定基础；接着介绍 OpenHarmony 中的数据同步机制；最后用数据同步的实例开发对前面所述内容进行总结，方便读者从实际操作中体会 OpenHarmony 的数据同步是如何实现的。

数据同步是分布式数据管理中的一个重要环节。在分布式系统中，数据通常分布在不同的设备上，如何保证数据的一致性和完整性，是数据同步需要解决的核心问题。数据同步在 OpenHarmony 中可以分为两大类：一是单个设备间的数据同步，主要应用于设备内的不同应用的数据同步；二是不同设备间的数据同步，主要应用于不同设备间的同一应用的数据同步。本章会对这两种类型的数据同步进行详细说明。在介绍完 OpenHarmony 的数据同步后，为了从实际应用中体会 OpenHarmony 的数据同步原理，本章安排了两个数据同步的应用开发实例，介绍应用开发的基本准备和如何编译安装到系统中。

7.1.1　数据管理的基本功能

在全场景的万物互联时代，随着每个人所拥有的设备数量不断增加，单一设备的数据已无法满足用户的需求，数据在设备间的流动变得越来越频繁。例如，在 IoTa 领域，传感器、控制器、显示器之间的数据传输，需要考虑如何在这些设备之间进行数据的流转、存储、共享和访问。

为了在系统层面解决这些问题，让应用开发者能更专注于本身的业务逻辑，OpenHarmony 提出了分布式数据管理的目标。OpenHarmony 的分布式数据管理框架致力于确保多设备间的数据安全，解决了多设备间数据同步、跨设备查找和访问的诸多关键技术问题（见图 7 - 1），从而使应用开发变得更加简便。在万物互联的时代背景下，开发者面临着设备间数据处理和管理的挑战。OpenHarmony 的分布式数据管理框架针对这些挑战，为开发者提供了有效的解决方案。通过这一框架，开发者可以更容易地实现应用逻辑，使设备间的数据流转、存储、共享和访问变得更加高效和安全。从而，让每个人在享受万物互联带来便利的同时，也能享受到更为便捷和安全的应用体验。

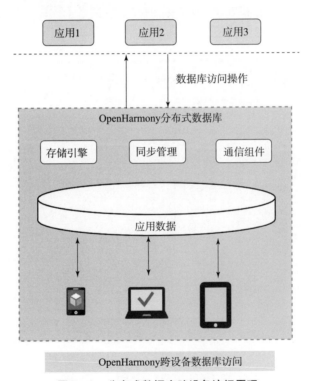

图 7 - 1　分布式数据库跨设备访问原理

分布式数据管理是 OpenHarmony 的核心技术底座之一，数据管理为开发者提供数据存储、数据管理能力。分布式数据管理技术基于应用数据沙箱能力，保证应用之间的数据相互隔离。同时对分布式数据库的同步进行控制，保证同应用的同数据库的数据才能进行同步。OpenHarmony 保证了数据的存储安全、使用安全和同步安全。同时，上述安全能力都已经集成到了系统中，让应用开发者只需要集中精力实现自己的业务逻辑即可。

7.1.2　OpenHarmony 分布式数据管理简介

OpenHarmony 操作系统中的分布式数据管理架构复杂，流程繁多，代码量大，为了方便读者从全局入手，本节主要介绍 OpenHarmony 的分布式数据管理框架在整个系统中的定位，并且具体地介绍分布式数据管理框架的组成架构；同时还介绍了分布式数据管理的基本概念，只有了解 OpenHarmony 的相关组件的基本概念和一些常用特性，才能对后续的分布式特性有很好的理解。

一、OpenHarmony 的分布式数据管理架构

OpenHarmony 提供了对用户首选项、键值型数据库、关系型数据库和分布式数据对象的数据管理。分布式数据管理对上层应用提供了简单、快捷方便的功能接口，实现了对用户账户、应用、数据库三者的统一管理，使不同用户、不同应用不能访问同一数据库。

本章节中的分布式数据管理子系统在 OpenHarmony 整体系统架构中的位置如图 7 - 2 所示，处于系统服务层，向上层应用暴露相关接口用于提供数据服务。分布式数据管理子系统支持单设备的各种结构化数据的持久化，以及跨设备之间数据的同步、共享功能。开发者通过分布式数据管理子系统，能够方便地完成应用程序数据在不同终端设备间的无缝衔接，满足用户跨设备使用数据的一致性体验。

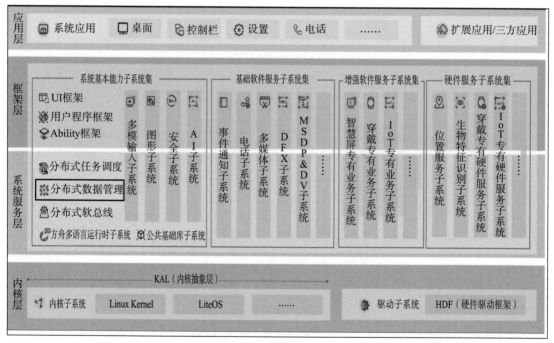

图 7 - 2　分布式数据管理在 OpenHarmony 整体系统架构中的位置

分布式子系统在代码仓中的仓库名为 distributeddatamgr，仓库里面主要涵盖了分布式数据管理子系统的数据库服务实现以及依赖的开源库等相关代码，如果读者想要深入源码解读分布式数据管理子系统的实现原理，可以在该仓库中选择自己感兴趣的部分进行剖析。

为了方便读者了解仓库中每个目录对应的功能模块，在这给出分布式数据管理子系统的

2 层目录相关描述:

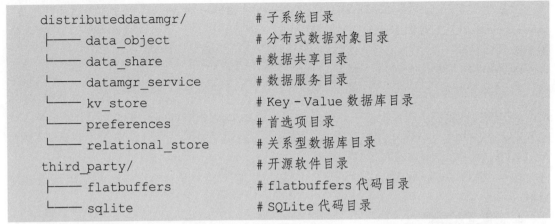

```
distributeddatamgr/              # 子系统目录
 ├─── data_object               # 分布式数据对象目录
 └─── data_share                # 数据共享目录
 └─── datamgr_service           # 数据服务目录
 └─── kv_store                  # Key - Value 数据库目录
 └─── preferences               # 首选项目录
 └─── relational_store          # 关系型数据库目录
third_party/                     # 开源软件目录
 ├─── flatbuffers               # flatbuffers 代码目录
 └─── sqlite                    # SQLite 代码目录
```

　　分布式数据管理子系统的架构模块可以参考图 7 - 3,底层架构依赖于基础数据库 SQLite,上层有首选项、关系型和键值型数据库等,同时有负责分布式数据服务的同步组件和存储组件。

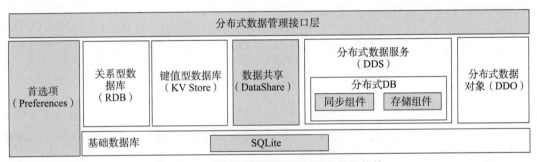

图 7 - 3　分布式数据管理子系统的架构模块

二、分布式数据库的基本概念

　　为了更好地方便读者了解 OpenHarmony 中分布式数据服务的一些基本概念,本节首先对这些概念做简单的解释,具体如下。

1. 用户首选项

　　首选项(Preferences)主要提供轻量级 Key - Value 操作,支持本地应用存储少量数据,数据存储在本地文件中,同时也加载在内存中,所以访问速度更快,效率更高。首选项提供非关系型数据存储,不宜存储大量数据,经常用于操作键值对形式数据的场景。

　　首选项对应的仓库名为 distributeddatamgr_preferences,如果需要使用首选项模块,则需使用首选项的操作类提供的接口,应用通过这些操作类完成首选项操作,大致流程有以下两步:

　　(1)借助 getPreferences,可以将指定文件的内容加载到 Preferences 实例,每个文件最多有一个 Preferences 实例,系统会通过静态容器将该实例存储在内存中,直到主动从内存中移除该实例或者删除该文件。

　　(2)获取 Preferences 实例后,可以借助 Preferences 类的函数,从 Preferences 实例中读取数据或者将数据写入 Preferences 实例,通过 flush 将 Preferences 实例持久化。

2. 关系型数据库

关系型数据库（Relational DataBase，RDB）是一种基于关系模型来管理数据的数据库。OpenHarmony 关系型数据库基于 SQLite 组件，提供了一套完整的对本地数据库进行管理的机制。

OpenHarmony 使用 SQLite 主要有以下几点原因：

（1）开源和跨平台：SQLite 是开源的，这意味着开发者可以免费使用和修改其源代码。同时，SQLite 支持跨平台，可以运行在各种操作系统上，如 Windows、Linux、MacOS 等。

（2）SQLite 是一种嵌入式数据库，无须独立的数据库引擎，直接嵌入应用程序进程中。通过 API，应用程序可以直接操作 SQLite 数据库。

（3）SQLite 在处理小型数据库时具有很高的性能，对于读写操作频繁的应用场景表现良好。

3. 键值型数据库

键值型数据库（Key – Value Storage）是一种非关系型数据库（NoSQL），它以键值对（Key – Value）的形式存储数据。在这种数据结构中，每个数据项都有一个唯一的键（Key）和一个相应的值（Value）。键值型数据库在处理非结构化数据、大数据和高并发访问等方面具有独特的优势。键值型数据库的主要特点如下：

（1）数据结构简单：键值型数据库以键值对的形式存储数据，易于存储和查询。

（2）动态数据结构：键值型数据库可以支持各种数据类型，适应性较强。

（3）分布式存储：键值型数据库可以分布式地存储和管理数据，提高系统的可扩展性和性能。

（4）高性能：键值型数据库通常具有较高的读写性能，适用于高并发访问场景。

在 OpenHarmony 操作系统中，数据管理中会多次用到键值型数据库，并且最后一节中的实战部分就是基于关系型数据库实现的。

4. 分布式数据对象

分布式数据对象管理框架是一款面向对象的内存数据管理框架，它向应用开发者提供内存对象的创建、查询、删除、修改、订阅等基本数据对象的管理能力，同时具备分布式能力，满足超级终端场景下，相同应用多设备间的数据对象协同需求。

分布式数据对象提供 JS 接口，让开发者能以使用本地对象的方式使用分布式对象。分布式数据对象支持的数据类型包括数字型、字符型、布尔型等基本类型，同时也支持数组、基本类型嵌套等复杂类型。

分布式数据对象在 OpenHarmony 操作系统中也是有一定约束的，首先是不同设备间只有相同的 bundleName 的应用才能直接同步；其次是不建议创建过多分布式对象，因为每个分布式对象将占用 100～150 KB 内存，每个对象不超过 500 KB 等。

分布式数据对象的实现原理可以参考图 7 – 4 所示。每定义一个分布式数据对象就会创建一个分布式内存数据库，通过 SessionID 来标识。当对分布式数据对象进行读写操作时，实际上是对分布式数据库进行读写操作。分布式数据对象通过软总线实现数据的同步。

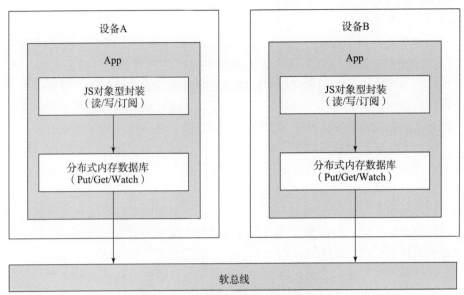

图 7 – 4 分布式数据对象的实现原理

7.2 数据同步

OpenHarmony 操作系统的数据同步从设备的个数来分，可以分为跨设备数据同步和单个设备内应用数据同步，即设备间数据同步和设备内数据同步两大类。设备间需要通过软总线进行组网，形成超级终端，即可进行设备数据共享。设备内不同应用的数据同步则是基于分布式数据对象进行共享。本节主要围绕设备间数据同步和设备内数据同步展开讨论。

7.2.1 设备间数据同步

设备间数据同步指的是，在不同设备间进行数据同步，在 OpenHarmony 操作系统中指的是将设备的数据同步到同一组网环境中的其他设备，这里的同一组网环境指的是一起组成超级终端的设备。可以参考图 7 – 5，其中 4 台设备组成超级终端，其中的一台设备可以将数据共享给其余互联的 3 台。

举例来说，当设备 1 上的应用 A 在分布式数据库中增、删、改数据后，设备 2 上的应用 A 也可以获取到该数据库的变化，比如可在分布式图库、备忘录、联系人、文件管理器等场景中使用。

根据跨设备同步数据生命周期的不同，可以做以下处理：

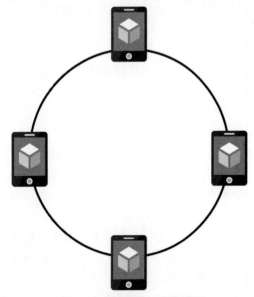

图 7 – 5 超级终端设备示意图

（1）临时数据生命周期较短，通常被保存到内存中。比如游戏应用产生的过程数据，建议使用分布式数据对象。

（2）持久数据生命周期较长，需要保存到存储的数据库中，根据数据关系和特点，可以选择关系型数据库或者键值型数据库。比如图库应用的各种相册、封面、图片等属性信息，建议使用关系型数据库；图库应用的具体图片缩略图，建议使用键值型数据库。

在分布式场景中，会涉及多个设备，组网内设备之间看到的数据是否一致称为分布式数据库的一致性。分布式数据库一致性可以分为强一致性、弱一致性和最终一致性。

①强一致性是指某一设备成功增、删、改数据后，组网内设备对该数据进行读取操作后都将得到更新后的值。对于已改变写的数据的读取，最终都能取得已更新的数据，但不完全保证能立即取得已更新的数据。

②弱一致性是指某一设备成功增、删、改数据后，组网内设备可能会读取到本次更新后的数据，也可能读取不到，不能保证在多长时间后每个设备的数据一定是一致的。

③最终一致性是指某一设备成功增、删、改数据后，组网内设备可能读取不到本次更新后的数据，但在某个时间窗口之后组网内设备的数据能够达到一致状态。

强一致性对分布式数据的管理要求非常高，在服务器的分布式场景可能会遇到。因为移动终端设备不常在线，以及无中心的特性，同应用跨设备数据同步强一致性难以满足，只支持最终一致性。

本节主要围绕键值型数据库、关系型数据库和分布式数据对象跨设备数据同步展开叙述。

（一）键值型数据库跨设备数据同步

键值型数据库适合不涉及过多数据关系和业务关系的业务数据存储，比 SQL 数据库存储拥有更好的读写性能，且在分布式场景中降低了解决数据库版本兼容问题的复杂度和数据同步过程中冲突解决的复杂度，因而被广泛使用。

1. KV 数据库在 OpenHarmony 操作系统中的基本概念

（1）KVStore 是键值型数据库存储引擎，负责提供基于简单的 KV 模型数据存取功能。

（2）KVManager 是键值型数据库管理组件，是 OpenHarmony 分布式数据管理功能的入口。

（3）单版本 KV 数据库。单版本是指数据在本地是以单个条目为单位的方式保存，当数据在本地被用户修改时，不管它是否已经被同步出去，均直接在这个条目上进行修改。多个设备全局只保留一份数据，多个设备的相同记录（主码相同）会按时间最新保留一条记录，数据不分设备，设备之间修改相同的 Key 会被覆盖。同步也以此为基础，按照它在本地被写入或更改的顺序将当前最新一次修改逐条同步至远端设备，常用于联系人、天气等应用存储场景。可以参考图 7-6，三个设备的三个数据库是相互隔离的。

目前单版本 KV 数据库支持的主要能力可以参考图 7-7，包含基本的读写和批量读数据操作。KV 数据库的数据管理依托当前公共基础库提供的 KV 存储能力开发，为设备应用提供键值对数据管理能力。在有进程的平台上，KV 存储提供的参数管理，供单进程访问，不能被其他进程使用。在此类平台上，KV 存储作为基础库加载在应用进程，以保障不被其他进程访问。

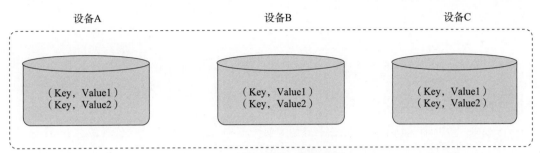

图 7 - 6　单版本 KV 数据库举例

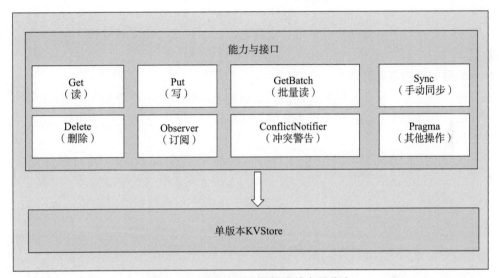

图 7 - 7　单版本 KV 数据库的主要能力

（4）多设备协同分布式数据库建立在单版本数据库之上，在应用程序存入的键值型数据中的 Key 前面拼接了本设备的 DeviceID 标识符，这样能保证每个设备产生的数据严格隔离。数据以设备的维度管理，不存在冲突；支持按照设备的维度查询数据。底层按照设备的维度管理这些数据，多设备协同数据库支持以设备的维度查询分布式数据，但是不支持修改远端设备同步过来的数据。需要分开查询各设备数据时可以使用设备协同版本数据库，如图 7 - 8 所示，常用于图库缩略图存储场景。

分布式数据管理提供了两种同步方式：手动同步和自动同步。键值型数据库可选择其中一种方式实现同应用跨设备数据同步。

（1）手动同步：由应用程序调用 sync 接口来触发，需要指定同步的设备列表和同步模式。同步模式分为 PULL_ONLY（将远端数据拉取到本端）、PUSH_ONLY（将本端数据推送到远端）和 PUSH_PULL（将本端数据推送到远端同时也将远端数据拉取到本端）。

（2）自动同步：由分布式数据库自动将本端数据推送到远端，同时也将远端数据拉取到本端来完成数据同步，同步时机包括设备上线、应用程序更新数据等，应用不需要主动调用 sync 接口。

分布式数据同步需要注意的点：在对端应用没有拉起服务之前，是没有办法执行同步服

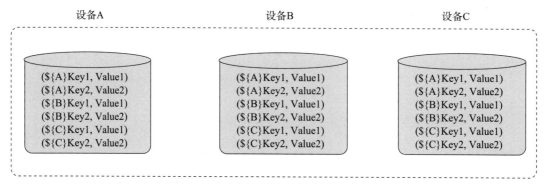

图 7-8　多设备协同数据库

务的，即使程序设置了自动同步。所以建议读者在使用分布式数据同步前，先主动拉取对端设备数据。

2. KV 数据库的实现原理

底层通信组件完成设备发现和认证后，会通知上层应用程序设备上线。收到设备上线的消息后，数据管理服务可以在两个设备之间建立加密的数据传输通道，利用该通道在两个设备之间进行数据同步。

设备间数据同步的机制可以参考图 7-9，设备 A 通过 Put/Delete 接口触发自动同步，将分布式数据通过通信适配层发送给对端设备，实现分布式数据的自动同步；如果采取手动同步方式，则是手动调用 Sync 接口进行数据同步，将分布式数据通过通信适配层发送给对端设备，实现分布式数据同步。

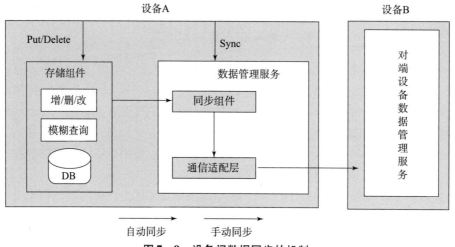

图 7-9　设备间数据同步的机制

对于在数据同步中数据变化的通知机制，程序在对数据库进行增/删/改操作时，会给订阅者发送数据变化的通知。该通知主要分为本地数据变化通知和分布式数据变化通知。本地数据变化通知主要是指本地设备的应用内订阅数据变化通知，当数据库增/删/改数据时，订阅应用会收到变化通知。而分布式数据变化通知指的是，同一应用订阅组网内其他设备数据变化的通知，即其他设备增/删/改数据时，本设备会收到通知。

（二）关系型数据库跨设备数据同步

当应用程序本地存储的关系型数据存在跨设备同步的需求时，可以将需求同步的表数据迁移到新的支持跨设备的表中，当然也可以在刚完成表创建时设置其支持跨设备。

关系型数据库在 OpenHarmony 操作系统中的分布式数据同步原理可以参考图 7-10，底层通信组件完成设备发现和认证后，会通知上层应用程序设备上线。收到设备上线的消息后数据管理服务可以在两个设备之间建立加密的数据传输通道，利用该通道在两个设备之间进行数据同步。数据管理服务从应用沙箱内读取待同步数据，根据对端设备的 DeviceID 将数据发送到其他设备的数据管理服务，再由数据管理服务将数据写入同应用的数据库内。

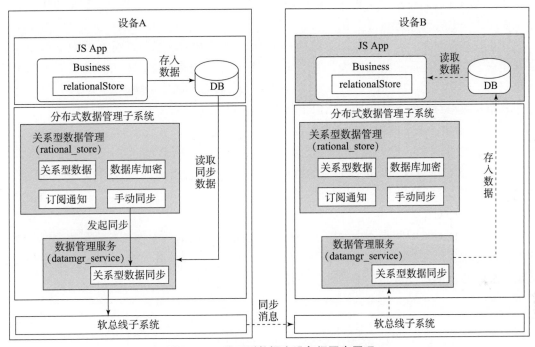

图 7-10　关系型数据库设备间同步原理

图 7-10 中的设备 A 通过 App 将业务数据写入关系型数据库，向数据管理服务发起数据同步请求，然后数据管理服务会从应用沙箱内读取同步数据，之后通过底层通信组件软总线进行数据发送，将数据同步到对端设备，通过对端设备的数据管理服务将同步数据写入对应的数据库中。

（三）分布式数据对象跨设备同步

在传统的设备间数据同步方式中，都需要开发者完成消息处理逻辑，主要包括建立通信链接、消息收发处理、错误重试、数据冲突解决等操作，工作量非常大。而且设备越多，调试复杂度也将同步增加。

为了解决上面这个问题，OpenHarmony 操作系统将上述场景进行抽象。考虑到设备之间的状态、消息发送进度、发送的数据等都是"变量"，如果让这些变量支持"全局"访问，那么开发者跨设备访问这些变量就能像操作本地变量一样，从而能够自动高效、便捷地实现数据多端同步。所以 OpenHarmony 操作系统推出了分布式数据对象框架用于提供这套解决方案。

OpenHarmony 分布式数据对象管理框架是一款面向对象的内存数据管理框架，具备向应用开发者提供内存对象的创建、查询、删除、修改、订阅等基本数据对象的管理能力，同时具备分布式能力，满足超级终端场景下，相同应用多设备间的数据对象协同需求。

分布式数据对象提供 JS 接口，让开发者能以使用本地对象的方式使用分布式对象。分布式数据对象支持的数据类型包括数字型、字符型、布尔型等基本类型，同时也支持数组、基本类型嵌套等复杂类型。

1. 分布式数据对象的基本概念

分布式内存数据库：分布式内存数据库将数据缓存在内存中，以便应用获得更快的数据存取速度，不会将数据进行持久化。若数据库关闭，则数据不会保留。

分布式数据对象：分布式数据对象是一个 JS 对象型的封装。每个分布式数据对象实例会创建一个内存数据库中的数据表，每个应用程序创建的内存数据库相互隔离，对分布式数据对象的"读取"或"赋值"会自动映射到对应数据库的 Get/Put 操作。

分布式数据对象的生命周期包括以下状态：

- 未初始化：未实例化，或已被销毁。
- 本地数据对象：已创建对应的数据表，但是还无法进行数据同步。
- 分布式数据对象：已创建对应的数据表，设备在线且组网内设置同样 SessionID 的对象数大于等于 2，可以跨设备同步数据。若设备掉线或将 SessionID 置为空，分布式数据对象退化为本地数据对象。

分布式数据对象的同步原理如图 7-11 所示，分布式数据对象生长在分布式内存数据库之上，在分布式内存数据库上进行了 JS 对象型的封装，能像操作本地变量一样操作分布式数据对象，数据的跨设备同步由系统自动完成。

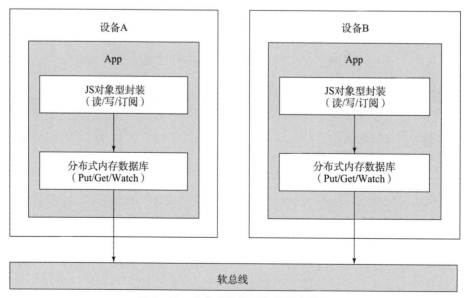

图 7-11 分布式数据对象的同步原理

2. JS 对象型存储与封装机制

OpenHarmony 为每个分布式数据对象实例创建了一个内存数据库，通过 SessionID 标识，每个应用程序创建的内存数据库相互隔离。在分布式数据对象实例化的时候，（递归）遍历对象所有属性，使用"Object. defineProperty"定义所有属性的 Set 和 Get 方法，Set 和 Get 中分别对应数据库一条记录的 Put 和 Get 操作，Key 对应属性名，Value 对应属性值。在开发者对分布式数据对象进行"读取"或者"赋值"的时候，都会自动调用到 Set 和 Get 方法，映射到对应数据库的操作。表 7 – 1 列出了分布式数据对象和分布式数据库的对应关系。

表 7 – 1　分布式数据对象和分布式数据库的对应关系

分布式数据对象实例	对象实例	属性名称	属性值
分布式数据库	一个数据库 SessionID	一条数据记录的 Key	Key 对应的 Value

3. 跨设备同步和数据变更通知机制

分布式数据对象最重要的功能就是对象之间的数据同步。可信组网内的设备可以在本地创建分布式数据对象，并设置 SessionID。不同设备上的分布式数据对象，通过设置相同的 SessionID，可建立对象之间的同步关系。

如图 7 – 12 所示，设备 A 和设备 B 上的"分布式数据对象 1"，其 SessionID 均为 Session 1，这两个对象建立了 Session 1 的同步关系。一个同步关系中，一个设备只能有一个对象加入。比如图 7 – 12 中，设备 A 的"分布式数据对象 1"已经加入了 Session 1 的同步关系，所以设备 A 的"分布式数据对象 2"加入失败。

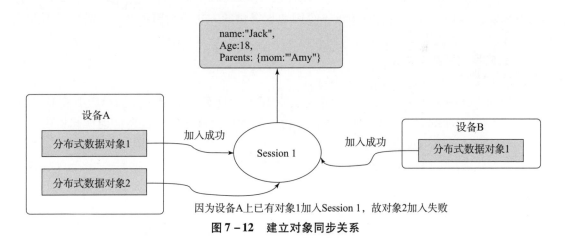

图 7 – 12　建立对象同步关系

建立同步关系后，每个 Session 有一份共享对象数据。加入了同一个 Session 的对象，支持以下操作：

（1）读取/修改 Session 中的数据。

（2）监听数据变更，感知其他设备对共享对象数据的修改。

（3）监听状态变更，感知其他设备的加入和退出。

7.2.2　设备内数据同步

DataShare 提供了向其他应用共享以及管理其数据的方法，支持同一个设备上不同应用之间的数据共享。

在许多应用场景中都需要用到数据共享，比如将电话簿、短信、媒体库中的数据共享给其他应用等。当然，不是所有的数据都允许其他应用访问，比如账号、密码等；有些数据也只允许其他应用查询而不允许其删改，比如短信等。所以对于各种数据共享场景，DataShare 这样一个安全、便捷的可以跨应用的数据共享机制是十分必要的。

OpenHarmony 中关于数据共享的仓库名为 distributeddatamgr_data_share，需要了解的数据共享的基本概念如下：

①数据提供方：提供数据及实现相关业务的应用程序，也称为生产者或服务端。

②数据访问方：访问数据提供方所提供的数据或业务的应用程序，也称为消费者或客户端。

③数据集：用户要插入的数据集合，可以是一条或多条数据。数据集以键值对的形式存在，键为字符串类型，值支持数字、字符串、布尔值、无符号整型数组等多种数据类型。

④结果集：用户查询之后的结果集合，其提供了灵活的数据访问方式，以便用户获取各项数据。

⑤谓词：用户访问数据库中的数据所使用的筛选条件，经常被应用在更新数据、删除数据和查询数据等场景。

数据提供方无须进行烦琐的封装，可直接使用 DataShare 向其他应用共享数据；对数据访问方来说，因 DataShare 的访问方式不会因数据提供的方式不同而不同，只需要学习和使用一套接口即可，大大减少了学习时间和开发难度。

1. 跨应用数据共享方式

跨应用数据共享有两种方式，具体如下：

①使用 DataShareExtensionAbility 实现数据共享。这种方式通过在 HAP 中实现一个 Extension，在 Extension 中可以实现回调，在访问方调用对应接口时，会自动拉起提供方对应的 Extension，并调用对应回调。

这种方式适用于跨应用数据访问时有业务的操作，不仅仅是对数据库的增/删/改/查的情况。

②通过静默数据访问实现数据共享。这种方式通过在 HAP 中配置数据库的访问规则，在访问方调用对应接口时，会自动通过系统服务读取 HAP 配置规则，按照规则返回数据，不会拉起数据提供方。这种方式适用于跨应用数据访问仅为数据库的增/删/改/查且没有特殊业务的情况。

2. 通过 DataShareExtensionAbility 实现数据共享

跨应用访问数据时，可以通过 DataShareExtensionAbility 拉起数据提供方的应用实现对数据的访问。此种方式支持跨应用拉起数据提供方的 DataShareExtension，数据提供方的开发者可以在回调中实现灵活的业务逻辑。这种共享方式通常用于跨应用复杂业务场景。

数据共享可分为数据提供方和数据访问方两部分。数据提供方：即

DataShareExtensionAbility，可以选择性实现数据的增/删/改/查，以及文件打开等功能，并对外共享这些数据。数据访问方：利用由 createDataShareHelper（）方法所创建的工具类，可以访问提供方提供的这些数据。

　　具体架构可以参考图 7 - 13，DataShareExtensionAbility 模块为数据提供方，实现跨应用数据共享的相关业务。DataShareHelper 模块为数据访问方，提供各种访问数据的接口，包括增/删/改/查等。数据访问方与数据提供方通过 IPC 进行通信，数据提供方可以通过数据库实现，也可以通过其他数据存储方式实现。ResultSet 模块通过共享内存实现，用于存储查询数据得到的结果集，并提供遍历结果集的方法。

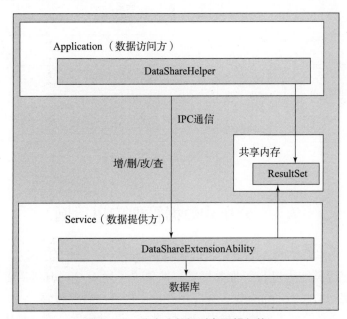

图 7 - 13　分布式数据对象逻辑架构

3. 通过静默数据访问实现数据共享

　　在典型跨应用访问数据的用户场景下，应用会存在多次被拉起的情况。为了降低应用拉起次数，提高访问速度，OpenHarmony 提供了一种不拉起数据提供方直接访问数据库的方式，即静默数据访问。

　　静默数据仅支持数据库的基本访问，如果有业务处理，建议将业务放到数据访问方。如果业务过于复杂，无法放到数据访问方，建议通过 DataShareExtensionAbility 拉起数据提供方实现。

　　如图 7 - 14 所示，和跨应用数据共享方式不同的是，静默数据访问借助数据管理服务通过目录映射方式直接读取数据提供方的配置，按规则进行预处理后访问数据库。数据访问方如果使用静默数据访问方式，URI 必须严格按照如下格式：datashare:///{bundleName}/{moduleName}/{storeName}/{tableName}? Proxy = true。Proxy = true 表示通过静默方式访问数据时不拉起数据提供方，如果没有此项，则会拉起数据提供方。数据管理服务会读取对应 bundleName 作为数据提供方应用，读取配置，进行权限校验并访问对应数据。

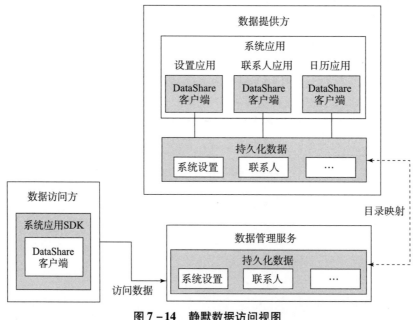

图 7-14　静默数据访问视图

7.3　分布式数据管理应用示例

OpenHarmony 操作系统的 App 应用跟传统的安卓或 iOS 应用有所区别，OpenHarmony 为开发者对应用程序所需能力进行了抽象提炼，抽象出了属于 OpenHarmony 的应用模型，使开发者可以按照统一的模型进行开发，让应用开发变得更加简单高效。

OpenHarmony 在系统演进发展过程中，先后提出了两种应用模型，具体如下：

①FA（Feature Ability）模型：OpenHarmony API 7 开始支持的模型，已经不再主推。

②Stage 模型：OpenHarmony API 9 开始新增的模型，是目前主推且会长期演进的模型。在该模型中，由于提供了 AbilityStage、WindowStage 等类作为应用组件和 Window 窗口的"舞台"，因此称这种应用模型为 Stage 模型。

本章中的应用开发也是基于的 Stage 模型，关于 Stage 模型的相关介绍可以参考本书相关章节，本节不再赘述。本节主要介绍基于 KV 数据库和关系型数据库进行测试设备间数据同步的应用开发关键流程。

7.3.1　开发环境部署

开发 OpenHarmony 的应用，需要使用配套的 IDE 工具。在这里推荐使用 DevEco Studio 3.1 进行开发，其提供了代码智能编辑、低代码开发、双向预览等功能，以及轻量构建工具 DevEco Hvigor、本地模拟器，帮助提升应用及服务开发效率。工具下载地址请参考脚注中的网址，并根据自己需要的版本进行下载。

开发应用使用的 SDK 版本需要注意 Public SDK 和 Full SDK 的区别，建议开发人员手动替换为 Full SDK，因为 Public SDK 提供的接口较为有限。

7.3.2 关系型数据库应用开发

1. 基于关系型数据库开发的员工信息分布式数据同步的基本需求

（1）能够对数据库进行创建和删除。

（2）可以对员工信息进行创建、修改和删除等。

（3）可以以指定字段在本地数据库中进行查询。

（4）可以查询远端数据库的指定字段。

（5）可以选择手动同步数据，避免远端设备应用未启动。

上述为基本需求，读者也可以加入自己的需求，使得应用功能更加完善，这次开发的主要目的是介绍如何基于 OpenHarmony 构建一般的应用，从应用层面了解 OpenHarmony 的分布式数据同步效果。

分布式关系型数据库数据同步 App UI 预览效果如图 7-15 所示，使用之时需要先申请应用的分布式数据同步权限，具体权限标识为 ohos. permission. DISTRIBUTED_DATASYNC。之后便是在应用中创建数据库和对数据进行相关操作。

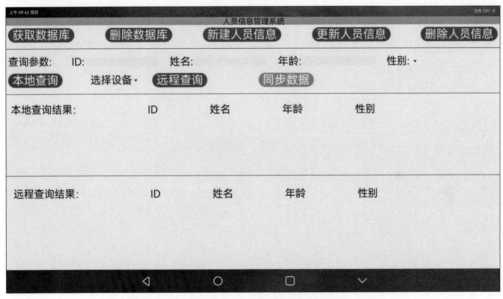

图 7-15 分布式关系型数据库数据同步 App UI

2. 应用开发的关键步骤

（1）导入关系型数据库相关模块和配置上文中所提及的权限；导入时必要依赖"import relationalStore from '@ ohos. data. relationalStore';"在配置文件中声明所需权限。

（2）使用 OpenHarmony 的 ArkUI 创建应用界面，虽然 IDE 支持使用可视化拖曳创建 UI，但可视化操作中有很多字段对于新手过于陌生，这里建议直接使用 ArkUI 进行开发；关于

注：1. https://developer. harmonyos. com/cn/develop/deveco-studio。

2. 面向应用开发者提供，不包含需要使用系统权限的系统接口，IDE 默认为 Public SDK。

3. 包含系统权限的相关接口。

UI 开发可以参考 OpenHarmony 的开发文档。

（3）创建关系型数据库，将需要同步的表设置成分布式同步表，核心操作如下：

①创建数据库，核心代码如下：

```
static async getStore ( context: common. UIAbilityContext, config ):
Promise < void > {
    if(this. store == null ||this. storeConfig. name! = config. name){
        try{
            this. store = await relationalStore. getRdbStore ( context,
config)
        }catch(err){
          throw err
        }
    }
}
```

②设置共享表，核心代码如下：

```
static async setDistributeTables(tables:Array < string > ):Promise <
void > {
    if(this. store == null){
      throw Error('set failed,store not exist')
    }
    try{
      await this. store. setDistributedTables(tables)
    }catch(err){
      throw err
    }
}
```

（4）对业务数据进行增/删/改/查操作，调用 OpenHarmony 提供的关系型数据库相关接口即可，这里不详细展开。

（5）分布式数据同步需要调用 sync 接口进行数据同步，核心代码如下：

```
if(this. store == null){
    throw Error('sync failed,store not exist')
}
let result:Array < [ string,number] >
try{
    result = await this. store. sync(mode,predicates)
}catch(err){
    throw err
```

```
}
return result
```

（6）编译安装应用进行测试。

在开发过程中如果遇到了问题，可以从 OpenHarmony 官网的参考文档中寻找解决方案，或者从一些应用示例中进行学习。

7.3.3　键值型数据库应用开发

本应用开发的目标具有如下几点：

①实现数据库的数据增/删/改/查功能。

②实现数据库的创建、关闭和销毁等功能。

③实现数据库数据变化后的订阅通知。

④实现多设备数据同步。

⑤为了便于观察，可以将操作日志输出在应用端。

KV 数据库测试 App UI 预览效果如图 7 – 16 所示，开发之前首先需要开启分布式数据同步权限，具体标识和上文的关系型数据库一样，同时需要使用数据管理服务的权限 ohos. permission. ACCESS_SERVICE_DM。之后便是创建数据库，KV 测试应用需要用户单击 "创建 KVStore" 按钮创建 KVStore，然后输入数据库名进行数据库创建。

图 7 – 16　KV 数据库测试 App UI

这里需要注意的是，KV 测试应用如果要测试数据同步，需要两端设备的应用输入的数据库 ID 是一样的，不然没有办法进行数据同步。

具体的开发步骤与关系型数据库的应用类似，这里主要介绍关键步骤，具体如下。

（1）创建 KV 数据库，注意 Promise 的使用和异常处理，确保程序健壮性，同时在创建数据库后给数据库订阅数据变化通知，核心代码如下：

```
    this. kvManager [ this. cur _ index ]. getKVStore ( this. storeID, STORE _
CONFIG. options )
    . then(( store ) => {
    this. store = store
    this. has _ KvStore = true
    this. is _ alive _ store = true
    this. deleted _ KvStore _ yes = false
    STORE _ CONFIG. KvStore = store
    try{
     this. store. on ( ' dataChange ', distributedKVStore. SubscribeType.
SUBSCRIBE _ TYPE _ ALL, ( data:distributedKVStore. ChangeNotification ) => {
            this. DataChangeCallback( data )
        })
     }
    catch( err ){
    console. error( ' $ {INFO}Failed to 监听数据库变化 . Code: $ {err. code},
message: $ {err. message}') }
    this. opsLog. push( ' $ {INFO}成功创建 Store')
    })
    . catch(( err ) => {
    // todo
    })
```

（2）使用数据同步接口，主动进行拉取或推送，它们调用的接口是一样的，只是参数会 不 一 样，例 如 将 distributedKVStore. SyncMode. PUSH _ ONLY 替 换 成 distributedKVStore. SyncMode. PULL_ONLY，核心代码如下：

```
    try{
    this. store. sync( deviceIds, distributedKVStore. SyncMode. PUSH_ONLY,
1000 )
    }catch( e ){
    // todo
    }
```

（3）编译安装应用进行测试。

7.4 思考与练习

1. 阅读 KVStore 部分的 C ++ 代码，对 KVStore 的底层是使用文件系统还是关系数据库进行解释，用流程图说明 KVStore 的底层依赖关系。

2. 分布式数据中的 DataShare 是服务吗？如果是服务，服务入口在哪个文件定义呢？

3. 分布式数据模块中多次使用单例模式，试分析代码中单例模式的写法，总结一下该实现的优缺点，这和 OpenHarmony 提供的模板单例模式写法又有何区别？

4. 分布式数据模块中和应用层交互的流程是什么？是如何使用 ability 的框架接口的？IPC 和 RPC 通信又有何区别？

第 8 章

分布式任务调度

8.1 概　　述

分布式任务调度是一种基于分布式软总线、分布式数据管理、分布式 Profile 等技术特性的任务调度方式。它通过构建一种统一的分布式服务管理机制，包括服务发现、同步、注册和调用等环节，实现对跨设备的应用进行远程启动、远程调用、绑定/解绑，以及迁移等操作的支持。此外，分布式任务调度还能够根据设备的能力、位置、业务运行状态、资源使用情况，以及用户的习惯和意图，选择最合适的设备来运行分布式任务，从而提高任务的执行效率和质量。

本章首先通过两个实际生活中的例子，引导读者了解分布式任务调度的基本概念和应用场景。其中，智能家居场景是一个典型的例子，传统的智能家居通过物联网技术将家中的各种设备（如音视频设备、照明系统、窗帘控制等）连接到一起，实现了智能化的自动控制。而 OpenHarmony 借助于其分布式任务调度，可以实现相同任务在不同设备间的智能流转，进一步提高了智能家居的自动化程度。在第二个例子中，读者将看到借助 OpenHarmony 的分布式任务调度，如何提升外出导航场景中相关应用的用户体验。

接下来，本章将结合 OpenHarmony 代码，详细介绍分布式任务调度的实现原理和核心代码的剖析。通过这种方式，读者可以更深入地理解分布式任务调度的具体实现方式，以及其在实际应用开发中的使用。图 8-1 示出了分布式任务调度在 OpenHarmony 整体系统架构中的位置。

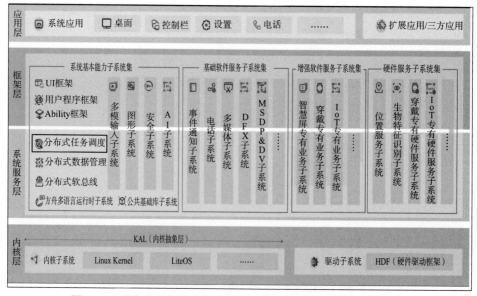

图 8-1　分布式任务调度在 OpenHarmony 整体系统架构中的位置

8.2　基本原理

为了理解 OpenHarmony 分布式任务调度的相关原理与理论，本节首先从应用场景和基本概念进行展开介绍，通过智能家居和多场景导航的例子，充分展示了分布式任务调度的应用场景和优势，同时给后续的分布式任务调度原理剖析做下铺垫。其次将简要介绍分布式任务调度实现中涉及的基本概念，包括 Ability 的 Stage 模型、系统服务 SystemAbility 和分布式调度 DistributedSched 服务，了解这些概念对分布式任务调度实现原理的理解和相关应用开发有所帮助。最后介绍分布式任务调度的总体框架，帮助读者对分布式任务调度模块的整体设计有所了解。

8.2.1　应用场景

万物互联时代，智能设备的使用场景越来越多样化，设备的类型和功能也越来越丰富，人们对智能设备之间的互联协作的要求也日益提高。由于物联网系统中设备差异性较大，能力和资源相对有限，传统的物联网体系要实现设备之间的互联协作还存在难度。但是，借助 OpenHarmony 分布式任务调度，可以将不同设备的能力和资源进行统一管理，实现设备间的资源共享，最后实现设备间的任务调度。分布式任务调度可以应用于多种场景，例如分布式任务调度可以应用于智能家居场景，用户在客厅和卧室中分别安装了两台搭载 OpenHarmony 系统的智能电视，在厨房安装了一台搭载 OpenHarmony 系统的智能冰箱，这样，当用户回家后，手机与电视自动组网，然后通过简单的任务流转，将手机上未播放完的音视频节目推送到客厅的电视上继续观看；当用户来到卧室的时候，可以将客厅的电视节目推送到卧室的电视上继续观看；当用户在厨房中准备食材时，可以将音视频节目或者是食材的制作方法推送到厨房智能冰箱的显示屏上继续浏览。

分布式任务调度同样可以应用于多场景导航的情景。在用户的日常出行中，一段路程往往需要使用不同的交通工具，例如从家里出发去某公园露营，需要先开车到达公园停车场，然后骑单车进入公园，最终可能还需要步行一段距离才可以到达目的地。在这个过程中，用户需要分别打开车载导航 App 和手机导航 App，并分别输入起点和终点，最后才能完成一次出行导航。但是，借助 OpenHarmony 分布式任务调度，可以将这些 App 的功能进行整合，用户只需要在手机上输入起点和终点，然后单击"出行"按钮。借助 OpenHarmony 分布式任务调度，应用就会根据使用场景自动地将导航信息流转到车机、手机、手表等不同的设备上。

图 8-2 所示为分布式任务调度应用场景示意。

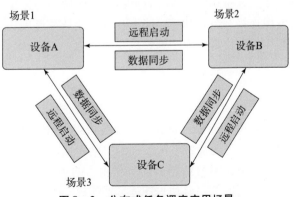

图 8-2　分布式任务调度应用场景

通过上述两个例子，可以看到借助 OpenHarmony 分布式任务调度，在物联网应用场景中可以实现设备间的资源共享和跨设备任务调度，从而创造出无限的可能性，提升用户使用体验的同时，也提升了设备的使用效率。

8.2.2　基本概念

OpenHarmony 的分布式任务调度主要涉及以下几个重要概念，了解这些概念有助于理解下文中的分布式任务调度的实现原理和应用开发方法。

（1）Stage 模型：OpenHarmony API 9 开始新增的应用模型，是目前主推且会长期演进的模型。在该模型中，由于提供了 AbilityStage、WindowStage 等类作为应用组件和 Window 窗口的"舞台"，因此称这种应用模型为 Stage 模型。Stage 模型提供 UIAbility 和 ExtensionAbility 两种类型的组件，这两种组件都有具体的类承载，支持面向对象的开发方式。关于应用模型及 Ability 相关的细节请参考第 11 章。

（2）SystemAbility（SA）：OpenHarmony 系统服务，可以向其他进程提供相关的系统能力，比如分布式数据服务（DistributedData）可以向其他进程或上层应用提供分布式数据管理的相关接口，SystemAbility 由 samgr 服务（SystemAbility Manager）统一管理。samgr 是分布式任务调度的基础，包括 SystemAbility 的启动管理、系统服务的注册与发现管理，以及对远程服务调用的响应。

（3）DistributedSched 服务：分布式任务调度服务，是 OpenHarmony 系统中的一个 SA，可以向其他进程提供分布式任务调度的相关接口，分布式任务调度框架是分布式任务调度的核心功能所在，包括远程服务的绑定与调用、绑定关系的管理、分布式任务调度之间权限的管理等，对外提供远程启动、连接、绑定功能。

（4）IPC 框架：IPC（Inter‒Process Communication）与 RPC（Remote Procedure Call）机制用于实现跨进程通信，不同的是前者使用 Binder 驱动，用于设备内的跨进程通信，而后者使用软总线 DBinder 驱动，用于跨设备跨进程通信。IPC 框架除了用于 SystemAbility 间的通信，还提供了 NAPI 接口供第三方应用使用以实现在不同 Ability 之间通信。

（5）DSoftbus 框架：现实中多设备间通信方式多种多样（WiFi、蓝牙等），不同的通信方式使用差异大，导致通信问题多；同时还面临设备间通信链路的融合共享和冲突无法处理等挑战。分布式软总线实现近场设备间统一的分布式通信管理能力，提供不区分链路的设备间发现连接、组网和传输能力。分布式任务调度中，SystemAbility 的分布式特性，元能力的远程启动等均需要应用到软总线的能力。

8.2.3　系统架构

如图 8‒3 所示，分布式任务调度框架位于系统服务层，主要包括元能力子系统中的系统服务管理（safwk/samgr）和分布式组件管理部件（distributedsched）两个模块。其中，系统服务管理主要负责系统服务的启动、注册、发现、调用等功能。分布式组件管理主要负责分布式任务调度的功能，包括元能力的远程绑定与调用、绑定关系的管理、分布式权限管控，元能力的远程启动与迁移等功能。

8.2.4　设计目标及挑战

通过上述对整体框架的介绍，可以看到分布式任务调度子系统的核心构建目标主要集中

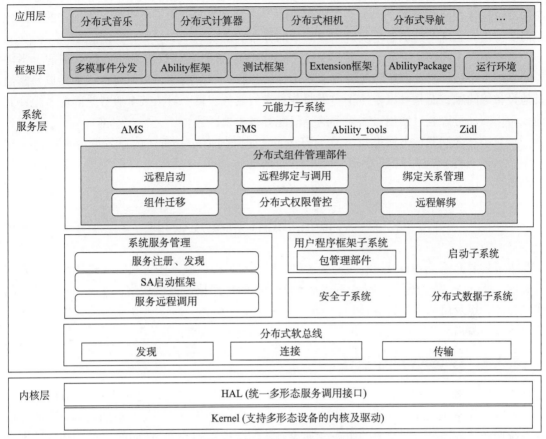

图 8 - 3 分布式任务调度框架图

在以下两点。

（1）系统服务的分布式调度。在 OpenHarmony 中系统服务是一个常驻后台的进程，通过 IPC 调用向其他进程提供服务。在某些应用场景中，应用需要调用其他设备的服务，或需要跨设备进行服务间的通信。因此，分布式任务调度子系统需要提供这样一种支持跨设备服务调用的机制。比如在分布式音频中，设备 A 要调用设备 B 上的扬声器来播放音频，那么在两台设备间需要能够访问彼此的音频框架服务。

（2）用户应用的分布式调动。如本章第一小节中描述的智能家居场景，应用能够在不同设备之间流转功能。OpenHarmony 还需要针对用户应用提供一套跨设备启动、流转的机制，能够让用户应用可以通过一些简单的系统接口调用实现上述功能。

分布式任务调动的实现，需要解决以下几个核心的问题。

（1）系统服务如何管理。OpenHarmony 的系统服务（SA）本质上是基于 Linux 的系统服务来实现的。但是在 OpenHarmony 的应用场景中，系统中的服务最好能够实现统一的管理，如服务的启动、访问、停止等。同时，如果需要将服务暴露给其他设备访问，更希望将注意力放在业务功能本身的实现，而不需要在每个服务中都实现跨设备访问的机制。

（2）如何向其他设备暴露特定的服务。因为设计时并不希望所有的系统服务都能够被其他设备访问，所以分布式的系统服务还需要考虑的就是如何实现将特定的服务向外暴露。

（3）如何跨设备访问用户应用。在解决了系统服务的跨设备访问后，还需要考虑用户应用的跨设备访问及管理。因为给每个用户应用建立一个专门的系统服务是不现实的，因此还需要提供一套统一的机制来实现用户应用的分布式调动。

针对第一个问题，下面会介绍 OpenHarmony 是如何统一对系统服务进行管理的。当需要向系统中添加一个新的服务时，可以不用去关心服务如何启动、如何将自己的接口暴露给其他设备等问题，而是可以专注于实现服务本身的业务逻辑。对于某个服务是否应该允许其他设备访问，可以通过使用一个简单的字段配置来实现区分。

针对第三个问题，下面将介绍 OpenHarmony 是如何借助分布式的系统服务调度来实现一个统一的分布式应用管理框架，应用是如何通过简单的系统接口调用实现跨端访问、启动等。

8.3　SystemAbility 框架及管理

本节主要介绍 SystemAbility 的定义、启动以及对外提供服务的方式及实现原理，主要涉及 safwk 和 samgr 两个模块。safwk 是 SystemAbility 的框架层，该模块定义了 SystemAbility 的实现方法，以及启动、注册等接口；samgr 则是 SystemAbility 的管理服务，其提供对系统中所有 SystemAbility 的统一管理，包括 SA 的注册、查询等功能。

8.3.1　SystemAbility 概述

OpenHarmony 的系统服务通常是一个常驻内存的进程，它可以通过 IPC 或 RPC 的方式向其他进程提供相关的系统能力，比如分布式数据管理、设备认证等。按照启动方式大体可将系统服务分为两种，即原生的服务（如设备认证服务）和 SystemAbility（如分布式数据管理服务）。原生的服务通常比较底层，大多数使用 C 语言实现，其对应的编译目标也是可执行的二进制文件。例如 deviceauth_service，它是设备认证的系统服务，主要负责设备的认证和鉴权。这种类型的服务通常在系统启动的时候由 init 进程根据服务的配置文件（json 格式的文本文件）进行启动。SystemAbility 则是由 samgr 统一管理的 so 库，一般采用 service. cfg + profile. xml + libservice. z. so 的方式由 init 进程根据对应的 service. cfg 文件拉起相关系统服务能力进程。cfg 配置文件为 Linux 提供的 native 进程拉起策略，开机启动阶段由 init 进程解析该文件，调用 sa_main（profile. xml）加载服务的 so 库文件。profile. xml 是 SystemAbility 的描述文件，定义了服务的名称、so 文件路径等信息。

本章的分布式任务调度主要指的是 SystemAbility 类型的系统服务，因此本节主要介绍 SystemAbility 的相关内容。SystemAbility 类型的服务主要由 safwk 和 samgr 两部分组成，如图 8 - 4 所示。其中 safwk 定义了 SystemAbility 的实现方法，并且提供了 SystemAbility 的注册、调用等功能接口；samgr 则是 SystemAbility 的管理者，通过 IPC 通信接收到 safwk 的消息，完成服务注册、调用、加载 so 库等功能。下面将分别从服务的启动、实现等方面介绍两个模块的实现原理。

8.3.2　SystemAbility 启动流程

通过 samgr 管理的服务需要配置文件 service. cfg 和 profile. xml，参考图 8 - 5。其中 name

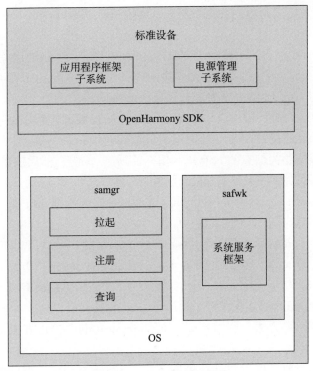

图 8 – 4 SystemAbility 框架

字段为服务的名称，path 为服务的启动路径。profile. xml 定义了服务的名称、so 文件路径等信息。需要注意的是，不同的 SystemAbility 可能会加载进同一个进程，因此 process 字段指定了要加载的进程名称，systemability 字段定义了 SystemAbility 相关的信息。也就是说一个 service 进程可以加载多个 SystemAbility 的 so 库。SystemAbility 的启动流程如下：

```
sa_demo.cfg                                        98907.xml
{"services" : [                                    <?xml version="1.0" encoding="utf-8"?>
  {                                                <info>
      "name" : "hello_sa_service",                     <process>hello_sa_service</process>
      "path" : [                                       <systemability>
          "/system/bin/sa_main",                           <name>98907</name>
          "/system/profile/hello_sa_service.xml"           <libpath>
      ],                                                       libhello_sa_service.z.so
      "uid" : "sample_sa",                                 </libpath>
      "gid" : ["sample_sa","shell"],                       <run-on-create>true</run-on-create>
      "once" : 0,                                          <distributed>false</distributed>
      "importance" : 0,                                    <dump-level>1</dump-level>
      "jobs" : {                                       </systemability>
          "on-start" : "service:hello_sa_service"    </info>
      },
      "secon" : "u:r:hello_sa_service:s0"
  }
]}
```

图 8 – 5 SystemAbility 配置文件

（1）在系统开机启动阶段，init 进程会解析 service. cfg 文件，根据配置的 path 字段，调用 sa_main（profile. xml）启动服务。sa_main 是 safwk 中编译得到的可执行文件，是

SystemAbility 的启动入口。其首先会对参数进行预处理，判断 profile. xml 路径、saId 等参数是否合法。

（2）接着 sa_main 会调用 lsamgr 的 DoStartSAProcess（）方法启动服务进程。lsamgr（Local SystemAbility Manager）是 safwk 框架中的内部组件，主要用于在 safwk 内部对服务进行管理，应注意它与 samgr 服务的区别。

（3）DoStartSAProcess（）首先解析 profile 文件，配置服务进程、SystemAbility 实例的名称、saId 等属性，然后通过 IPC 调用 samgr 服务的 AddSystemProcess（）方法将服务进程（本质上是一个绑定了服务相关信息的 lsamgr 实例）注册到 samgr，然后启动服务进程。

（4）SystemAbility 对应的系统进程启动之后，还需要加载启动 SystemAbility 自身。首先，samgr 调用 AddOnDemandSystemAbilityInfo（），将对应的 SystemAbility 实例与服务进程进行绑定，并准备启动对应的 SystemAbility。

（5）启动 SystemAbility 需要再次调用 safwk 中 lsamgr 的 StartAbility（）方法，该方法会加载 SystemAbility 对应的 so 库，并从中调用 SystemAbility 的 Start（）方法，完成服务的启动。在 Start（）方法中会触发钩子函数 OnStart（）的调用，OnStart（）通常由 SystemAbility 自己实现，用来完成其初始化工作，并调用 Publish（）发布 SystemAbility。

（6）最后 Publish（）方法会调用 samgr 的 AddSystemAbility（）方法，将 SystemAbility 注册到 samgr 中。

至此，服务启动完成，可以对外提供服务了。SystemAbility 的整体管理流程较为复杂，上面省略了部分细节，只介绍了服务启动的核心流程，可以结合图 8-6 进行理解。

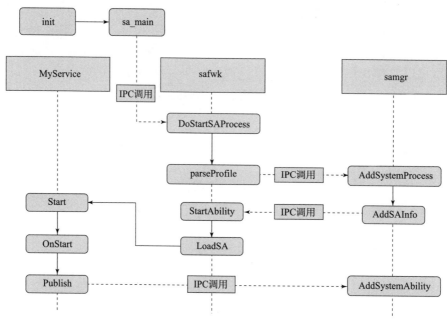

图 8-6　SystemAbility 注册及启动

8.3.3　SystemAbility 实现

SystemAbility 服务通过 IPC 通信向外提供服务，因此其除了需要继承 SystemAbility 外，还需要实现 IPC 通信框架。OpenHarmony 的 IPC 框架主要依赖下面几个类：

（1）IService：SystemAbility 服务的接口类，用来定义并描述服务的能力，该类需要继承 IRemoteBroker 类，并使用宏命令 DECLARE_INTERFACE_DESCRIPTOR 声明接口描述符。该类是 IPC 通信双方的公共接口，因此需要将其放在公共的头文件中，以便双方都可以使用。

（2）ServiceStub：SystemAbility 服务中 IPC 请求的接收类，该类需要同时继承 IService 和 IRemoteStub 类，并实现 IRemoteStub 类的 OnRemoteRequest（ ）方法，该方法用来在接收到 IPC 请求时处理请求。

（3）ServiceImpl：SystemAbility 服务的实现类，继承 ServiceStub 和 SystemAbility 类，实现 IService 接口中定义的方法，该类用来实现服务的具体功能，并且需要在 onStart（ ）方法中调用 Publish（ ）方法将服务发布出去。

（4）ServiceProxy：SystemAbility 服务的代理类，继承 IService 和 IRemoteProxy 类，并实现 IService 中定义的同名方法，该类通过 IRemoteProxy 类的 Remote（ ）获取远程对象，并调用其 SendRequest（ ）方法向 SA 服务的 Stub 类发送 IPC 请求。

当其他进程或应用需要调用该 SystemAbility 服务的功能时，首先需要调用 samgr 的 GetSystemAbility（ ）方法获取服务的代理实例，即上述的 ServiceProxy 类的实例 proxy。然后调用 proxy 中的同名方法，该方法通过 Remote（ ）－>SendRequest（ ）方法向 SystemAbility 服务的 ServiceStub 类发送 IPC 请求。在 ServiceStub 类的 OnRemoteRequest（ ）方法中接收到相应的 IPC 请求后，从中读取参数，然后调用服务实现类 ServiceImpl 的具体方法去处理实际的业务逻辑，完成后将结果写回 IPC 请求。

下面通过实现一个简单的 HelloService 服务来说明如何向系统中添加一个 SystemAbility 服务。该服务通过 IPC 通信向外提供一个 SayHello 接口，该接口接收一个 string 类型的参数 name，然后生成字符串"Hello name"，将其通过 hilog 输出打印，并将结果返回给调用者。整体服务的类图如图 8 - 7 所示。

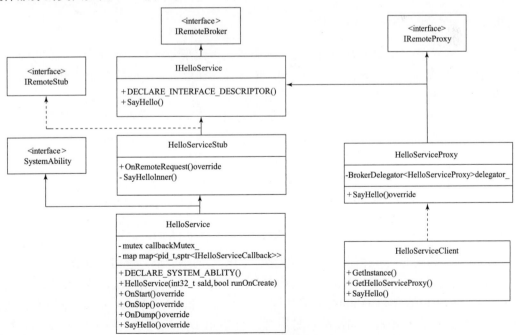

图 8 - 7　HelloService 服务类图

其中，HelloService 对应上述的 ServiceImpl 类，HelloServiceClient 是服务的客户端，提供与服务同名的接口，在其中封装了获取服务代理对象以及调用代理类的同名接口，供外部程序调用。下面的流程图 8-8 展示了外部进程调用该服务的流程。其中 GetProxy 方法会向 samgr 请求服务的代理实例，并通过接口转换函数 iface_cast 将其转换为自己进程内的 HelloServiceProxy 类型的实例 proxy，图中的虚线对应 IPC 通信，其具体的实现机制在此不再展开介绍。

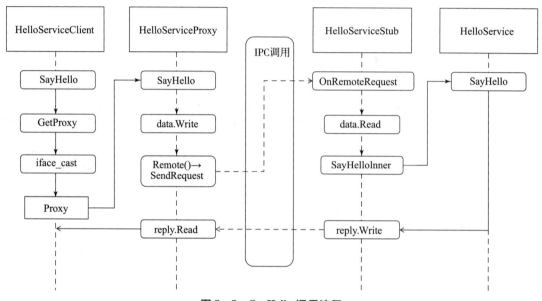

图 8-8　SayHello 调用流程

8.3.4　分布式 SystemAbility

上述 SystemAbility 的启动及调用均为本地服务，下面来介绍 SystemAbility 服务的分布式特性，即本地设备调用其他设备的 SystemAbility 服务。注意，下文中的对端设备均指已经与本地设备完成组网认证的设备。

分布式 SystemAbility 服务的启动与本地服务的启动类似，只需要在 SystemAbility 对应的 profile 文件中设置 distributed 属性为 true 即可，然后 SystemAbility 的 Publish（ ）方法中会检查注册阶段保存的该属性，若为 true，则首先通过 IPC 框架的 dbinder_service 服务的 RegisterRemoteProxy 接口对该 SystemAbility 服务的 saId 进行注册。dbinder_service 服务会维护一个 map 类型的变量 mapRemoteBinderObjects 以记录本地对外提供的分布式服务对象。在服务注册及启动阶段，分布式 SystemAbility 与本地 SystemAbility 并无太多区别，真正实现 SystemAbility 的分布式特性是在服务的访问调用阶段。其主要实现依赖于 IPC/RPC 框架，此处仅对和 samgr 相关的内容做简要介绍，更多关于 RPC 的细节请参考相关章节。

如果本地设备需要调用对端设备 SystemAbility 服务的功能，则在获取 SystemAbility 代理时需要向 samgr 的 GetSystemAbility（ ）方法同时传入 saId 和 deviceId。samgr 检测到客户端请求的是其他设备的 SystemAbility 服务实例时，会调用 IPC 框架的 dbinder_service 服务的 MakeRemoteBinder（ ）方法来构建远程服务实例，该实例实际是一个指向 DBinderServiceStub

对象的指针。DBinderServiceStub 主要用来实现 RPC 通信，这里不过多介绍。MakeRemoteBinder（）方法会构造一个 DBinderServiceStub 类的实例，并绑定远程 SystemAbility 服务的 saId 和 deviceId，然后记录在 DBinderStubRegisted_（一个 Vector 类型的变量）中。接着与对端设备建立软总线会话，并通过软总线发送 Entry 消息到对端设备，挂起线程等待回复。若能够收到回复，则证明远程服务已经启动，将 DBinderServiceStub 类的对象返回给 samgr，进一步返回给远程 SystemAbility 服务的请求者。请求者收到该对象后，将其作为参数构造 ServiceProxy 代理类对象 remoteProxy，之后的调用与本地 SystemAbility 服务调用类似，先调用 remoteProxy 中的同名接口，该接口通过 Reomte（）->SendRequest（）方法发送 RPC 请求（通过软总线）。SendRequest() 的实现属于 IPC 框架部分，此处不再赘述。

综上，本节介绍了 OpenHarmony 系统服务的实现原理。OpenHarmony 的系统服务通常是一个常驻内存的进程，可以通过 IPC 或 RPC 的方式向其他进程提供相关的系统能力。此外，本节还介绍了 SystemAbility 服务的启动及调用流程和原理，以及分布式特性的实现。SystemAbility 的实现是下文分布式组件管理的基础，了解这些内容有利于理解下文 DistributedSched 服务的实现。

8.4　分布式组件管理

系统服务的分布式特性主要供框架层使用，几乎不会直接提供给上层应用。前文在提到的智能家居等场景中支持分布式调度的任务特性多是由上层应用实现的。上层应用的分布式调度主要由分布式组件管理服务（DistributedSched）提供。DistributedSched 服务也是 OpenHarmony 操作系统中的一个 SystemAbility，可以向其他进程提供分布式任务调度的相关接口，分布式任务调度框架是分布式任务调度的核心功能所在，包括元能力的远程启动、流转等功能。

8.4.1　DistributedSched 概述

下面将介绍 DistributedSched 服务（dmsfwk 框架）的实现原理。dmsfwk 框架主要包括两个模块，即 dtbabilitymgr 和 dtbschedmgr。dtbabilitymgr 主要负责元能力的分布式流转管理功能的实现，向上层应用提供流转管理的接口，也是 SystemAbility 服务的实例。dtbschedmgr 主要负责分布式任务调度的具体功能实现，包括元能力的远程启动、迁移、绑定等具体功能的实现。

需要注意的是，在 OpenHarmony3.2 版本中，dtbschedmgr 作为一个独立的 so 库，有 dtbabilitymgr 服务进程加载使用功能，但是在最新的 4.0 版本中，dtbschedmgr 作为一个独立的 SystemAbility 服务运行，两模块间通过 IPC 通信。此外，由于在最新的 OpenHarmony 版本（4.0）中跨端迁移及多端协同的能力尚未具备，开发者当前只能开发具备跨端迁移能力的应用，但不能发起实际迁移。因此下文仅简单介绍元能力的远程启动及迁移功能的大体实现。

8.4.2　远程启动 Ability

远程启动主要依赖 dtbschedmgr 模块，在介绍 dtbschedmgr 模块前先简单了解一下

OpenHarmony 的应用启动流程。通常，通过应用的上下文类 Context 的 StartAbility（want）方法启动新的 Ability。want 是一种对象，用于在应用组件之间传递信息。例如，当 UIAbilityA 需要启动 UIAbilityB 并向 UIAbilityB 传递一些数据时，可以使用 want 作为一个载体，将数据传递给 UIAbilityB，如图 8 – 9 所示。

图 8 – 9　Ability 启动

want 类包含字段 deviceid，给字段指明了启动新的 Ability 的设备。若该字段为空则表示在本地启动，反之表示在字段指定的设备上启动。（关于 Ability 启动的相关细节请参考 Ability 章节）。当 ability_runtime 框架判断需要处理的 want 的 deviceid 为其他设备时，便会调用 dtbschedmgr 的相关接口实现分布式的能力管理。

接下来介绍如何远程启动元能力。当 ability_runtime 框架需要远程启动 Ability 时，需要调用 DistributedSched 服务（dtbschedmgr 模块）的 StartRemoteAbility() 方法处理远程启动的请求。StartRemoteAbility() 方法首先会调用 samgr 的 GetSystemAbility() 方法获取对端设备上的 DistributedSched 服务的代理对象 remoteProxy，这一步即是上文中提到的分布式 SystemAbility 服务的实现。然后设置 abilityInfo、callerInfo、accountInfo 等信息，并配置新的 want 对象。然后使用上述参数调用 remoteProxy（对端设备服务代理）的 StartAbilityFromRemote() 方法。对端设备的 DistributedSched 服务收到请求后，会调用其 StartAbilityFromRemote() 方法，通过本地的 AbilityManager 服务启动本地 Ability。Ability 远程启动流程参见图 8 – 10。

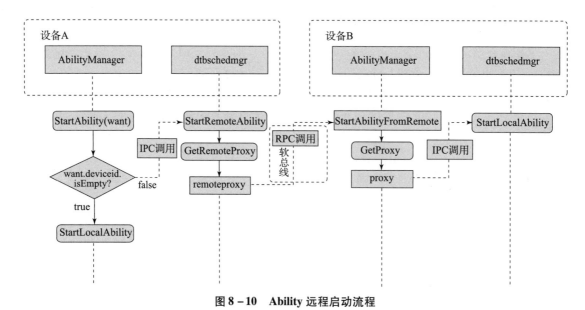

图 8 – 10　Ability 远程启动流程

8.4.3　Ability 流转

在 OpenHarmony 中，流转泛指跨设备的分布式操作。流转能力打破了设备界限，多设备联动，使用户应用程序可分可合、可流转，实现如邮件跨设备编辑、多设备协同健身、多屏游戏等分布式业务，如本章前文中提到的智能家居中视频播放流转及多场景导航应用的使用。流转为开发者提供了更广的使用场景和更新的产品视角，强化产品优势，实现体验升级。

流转按照使用场景可分为跨端迁移和多端协同。流转能力的实现主要依赖于 dtbabilitymgr 模块，整体的架构如图 8 – 11 所示。

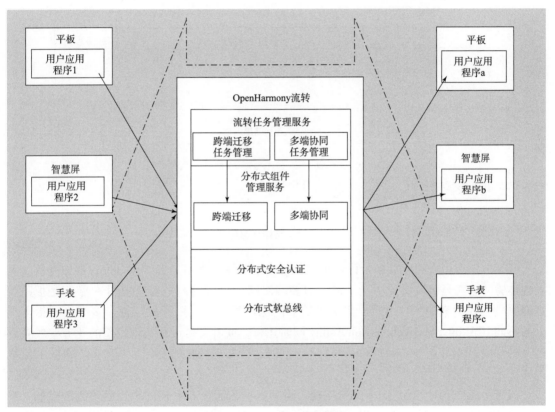

图 8 – 11　Ability 流转框架

跨端迁移指在用户使用设备的过程中，当使用情境发生变化时（例如从客厅走到卧室或者周围有更合适的设备等），之前使用的设备可能已经不适合继续当前的任务了，此时，用户可以选择新的设备来继续当前的任务，让原设备退出任务，这就是跨端迁移场景。常见的跨端迁移场景实例：在平板上播放的视频，迁移到智慧屏继续播放，从而获得更佳的观看体验同时让平板上的视频应用退出。

在应用开发层面，跨端迁移指在 A 端运行的 UIAbility 迁移到 B 端上，完成迁移后，B 端 UIAbility 继续运行任务，而 A 端 UIAbility 退出。一次跨端迁移的流程大体如图 8 – 12 所示。

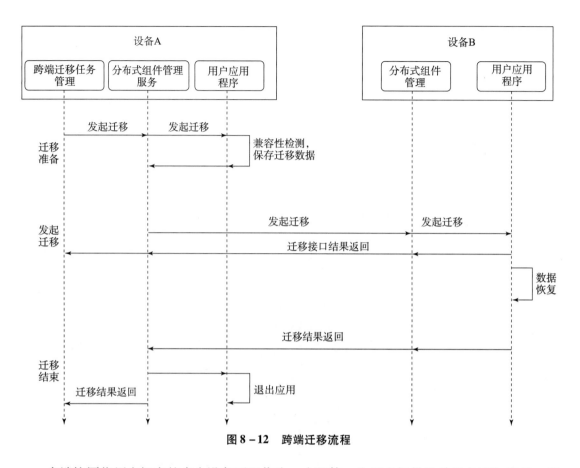

图 8 – 12　跨端迁移流程

多端协同指用户拥有的多个设备可以作为一个整体，为用户提供比单设备更加高效、沉浸的体验，这就是多端协同场景。常见的多端协同场景实例：平板侧应用 A 做答题板，智慧屏侧应用 B 做直播，为用户提供更优的上网课体验。在应用开发层面，多端协同指多端上的不同 UIAbility/ServiceExtensionAbility 同时运行，或者交替运行实现完整的业务；或者多端上的相同 UIAbility/ServiceExtensionAbility 同时运行实现完整的业务。一次多端协同的流程大体如图 8 – 13 所示。

流转功能的 NAPI 接口尚未完全实现，但其基本的流程和上述的远程启动流程类似，本地设备的 DistributedSched 服务在 ContinueRemoteMission 接口中远程调用对端设备的 DistributedSched 服务的 ContinueMission 接口，从而实现流转功能。流转功能的实现大体可分为两个部分，首先远程启动对端设备的 Ability，然后同步本地设备的 Ability 的状态及数据至对端，从而实现流转。目前数据同步功能尚未完善，但是在应用层可通过分布式数据管理（键值型数据库或关系型数据库）的相关接口实现数据的同步。

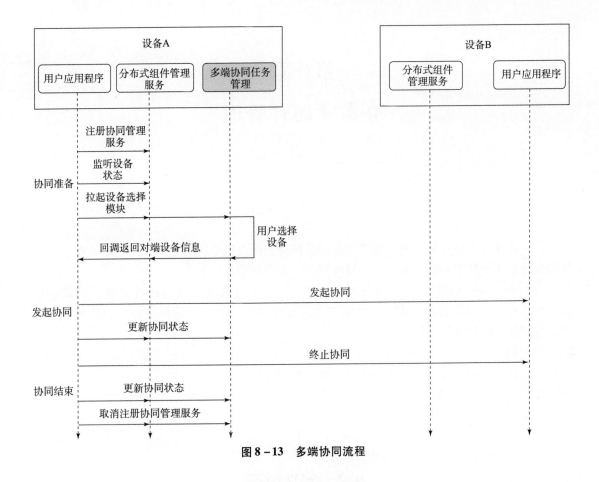

图 8 – 13　多端协同流程

8.5　思考与练习

1. 分布式任务调度包括哪两个部分？二者有何联系？
2. 阅读 IPC 及 RPC 相关代码，简要了解二者的实现原理及异同。
3. 参考官方文档，设计一个简单的支持分布式调度的应用程序或系统服务。

第 9 章

分布式硬件管理

9.1 概　述

分布式硬件管理框架是为分布式硬件子系统提供信息管理能力的部件。分布式硬件管理框架为分布式硬件子系统提供统一的硬件接入、查询和使能等能力。

OpenHarmony 通过将分布式设备进行虚拟化，将多台设备的各种硬件资源（屏幕、相机、传感器等）的能力进行共享，形成了"超级终端"内的统一硬件资源池，使用户能灵活地使用其中的各种硬件能力。

当前 OpenHarmony 分布式硬件管理能力已经支持的硬件类型有屏幕、相机、扩音器、键盘、鼠标等，后续该服务计划将拓展到其他更多硬件上。

设备通过 WiFi、热点等方式接入同一网络环境，分布式硬件监听到硬件上线后，添加硬件驱动，并通知硬件管理框架进行使能。用户通过接口可以像使用本地硬件一样使用分布式硬件。

9.2 实现原理

本节从分布式硬件管理的总体特性和框架展开，介绍分布式硬件管理的整体流程，并对相关代码框架中最核心的代码进行剖析，以此对 OpenHarmony 分布式硬件管理相关的设计与实现进行详细的讲解。

9.2.1 设计理念

为了满足分布式硬件管理的相关需求，对于分布式硬件管理框架的设计主要围绕以下三点核心的设计理念展开：

（1）由组网中设备的上线/下线触发分布式硬件资源的上线/下线。

（2）整体框架有较好的扩展性，可以基于框架，添加新的分布式硬件功能。

（3）保持轻量化，根据配置加载硬件资源，设备可以根据自己支持的硬件修改配置。

9.2.2 总体架构

基于上述设计理念，相关开发者对分布式硬件管理的系统框架进行了设计，其框架图如图 9-1 所示，主要包含以下模块。

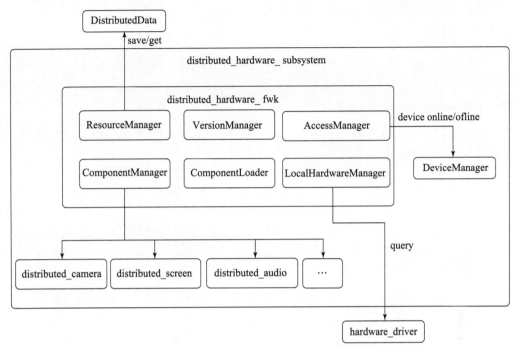

图 9 – 1　分布式硬件管理系统框架图

（1）硬件接入管理（AccessManager）：该模块对接设备管理（DeviceManger）子系统，用于处理设备的上下线事件响应。

（2）硬件资源管理（ResourceManager）：该模块对接分布式数据服务，用于存储信任体系内的本机及周边设备同步过来的设备硬件信息。

（3）分布式硬件部件管理（ComponentManager）：该模块对接各分布式硬件实例化的部件，实现对分布式硬件的动态加载和使能/去使能等操作。

（4）本地硬件信息管理（LocalHardwareManager）：该模块用于采集本地硬件信息，并通过硬件资源管理（ResourceManager）进行硬件信息的持久化存储；同时，该模块通过对接硬件驱动，基于感知本地硬件的插拔等操作，感知是否新增或移除可用硬件，将动态变化的硬件设备也纳入分布式硬件管理。

（5）部件加载管理（ComponentLoader）：该模块用于解析部件配置文件，按需加载部件驱动的实现 so，获取驱动外部接口函数句柄以及实现版本，供其他业务使用。

（6）版本管理（VersionManager）：该模块用于管理超级终端内各个设备的分布式硬件平台和分布式硬件部件的版本号，供分布式硬件业务的各个部件业务使用。

9.2.3　流程说明

1. SystemAbility 服务的拉起

根据配置文件中的 ondemand 关键字的值，分布式硬件管理框架支持开机启动和按需启动。如果该值为 true，即为按需启动，设备组网上线时由设备管理模块拉起。示例配置如下：

```
//foundation/distributedhardware/distributed _ hardware _ fwk/sa _
profile/dhardware.cfg
    {
        "jobs":[{
                "name":"services:dhardware",
                "cmds":[
                    "mkdir/data/service/el1/public/database 0711 ddms
ddms",
                    "mkdir/data/service/el1/public/database/dtbhardware
_manager_service 02770 dhardware ddms"
                ]
            }
        ],
        "services":[{
                "name":"dhardware",
                " path ": [ "/system/bin/sa _ main ","/system/profile/
dhardware.xml"],
                "uid":"dhardware",
                "gid":["dhardware","root","input"],
                "ondemand":true,//此处为按需启动
                "apl":"system_basic",
                "permission":[ "ohos. permission. DISTRIBUTED_DATASYNC","
ohos. permission. CAMERA"],
                "jobs":{
                    "on - start":"services:dhardware"
                },
                "secon":"u:r:dhardware:s0"
        }]
    }
```

2. 设备组网上线

图 9 - 2 展示了设备组网上线服务启动的流程。目前分布式硬件管理框架默认是按需启动模式，因此在设备组网上线时，服务被拉起，AccessManager 会进行初始化。其代码如下：

```
//foundation/distributedhardware/distributed_hardware_fwk/services/
distributedhardwarefwkservice/src/distributed_hardware_service. cpp
    void DistributedHardwareService::OnStart()
    {
        DHLOGI("DistributedHardwareService::OnStart start");
```

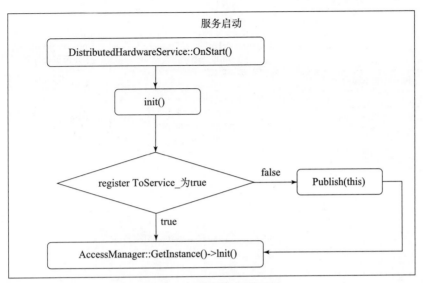

图 9 - 2 服务启动流程图

```
    HiSysEventWriteMsg(DHFWK_INIT_BEGIN,OHOS::HiviewDFX::HiSysEvent::
EventType::BEHAVIOR,
        "dhfwk sa start on demand.");

    if(state_ ==ServiceRunningState::STATE_RUNNING){
        DHLOGI("DistributedHardwareService has already started.");
        return;
    }
    if(! Init()){//分布式硬件服务初始化
        DHLOGE("failed to init DistributedHardwareService");
        return;
    }
    state_ =ServiceRunningState::STATE_RUNNING;
     DHLOGI ( " DistributedHardwareService:: OnStart start service
success.");
    }
```

图 9 - 3 展示了设备组网上线的流程，主要包括以下三个步骤：

（1）AccessManager 初始化 DeviceManger 并且注册上下线监听。其代码如下：

```
//foundation/distributedhardware/distributed_hardware_fwk/services/
distributedhardwarefwkservice/src/accessmanager/access_manager.cp
   int32_t AccessManager::Init()
   {
```

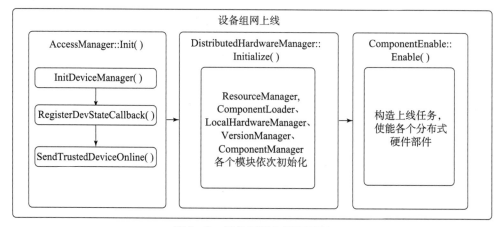

图9-3　设备组网上线流程图

```
DHLOGI("start");
if(InitDeviceManager()!=DH_FWK_SUCCESS){
    DHLOGE("InitDeviceManager failed");
    return ERR_DH_FWK_ACCESS_INIT_DM_FAILED;
}

if(RegisterDevStateCallback()!=DH_FWK_SUCCESS){
    DHLOGE("RegisterDevStateCallback failed");
    return ERR_DH_FWK_ACCESS_REGISTER_DM_FAILED;
}
SendTrustedDeviceOnline();
return DH_FWK_SUCCESS;
}
```

（2）随后，ResourceManager、ComponentLoader、LocalHardwareManager、VersionManager、ComponentManager 各个模块依次初始化。其代码如下：

```
// foundation/distributedhardware/distributed_hardware_fwk/services/
distributedhardwarefwkserviceimpl/src/distributed_hardware_manager.
cpp
    int32_t DistributedHardwareManager::Initialize()
    {
        DHLOGI("start");

        VersionInfoManager::GetInstance()->Init();
    // 组件加载实例初始化
        ComponentLoader::GetInstance().Init();
```

```
//版本管理器初始化
    VersionManager::GetInstance().Init();
//组件管理器实例初始化
    ComponentManager::GetInstance().Init();
//能力信息管理器实例初始化
    CapabilityInfoManager::GetInstance()->Init();
//能力信息管理器实例初始化
    LocalHardwareManager::GetInstance().Init();

    return DH_FWK_SUCCESS;
}
```

（3）分布式硬件管理框架内部会构造上线任务，使能各个分布式硬件部件。其代码如下：

```
//foundation/distributedhardware/distributed_hardware_fwk/services/
distributedhardwarefwkserviceimpl/src/componentmanager/component_manager.
cpp
    int32_t ComponentManager::Enable(const std::string &networkId,const
std::string &uuid,const std::string &dhId,
    const DHType dhType)
{}
```

以分布式相机为例，某设备上线后，分布式硬件管理框架会同步获取上线设备的相机硬件信息并使能。使能成功后在系统中会新增分布式相机驱动并通知到相机框架，相机框架统一管理本地相机和分布式相机驱动。上层应用通过相机框架接口可以查询到分布式相机，并按照和本地相机相同的接口使用分布式相机。

3. 设备下线

图 9-4 展示了分布式硬件管理框架中设备下线的流程，主要包含以下两个步骤：

（1）DeviceManger 触发下线监听回调。其代码如下：

```
//foundation/distributedhardware/distributed_hardware_fwk/services/
distributedhardwarefwkservice/src/accessmanager/access_manager.cpp
    int32_t AccessManager::UnInit()
{
    DHLOGI("start");
    if(UnInitDeviceManager()!=DH_FWK_SUCCESS){
        DHLOGE("UnInitDeviceManager failed");
        return ERR_DH_FWK_ACCESS_UNINIT_DM_FAILED;
    }
```

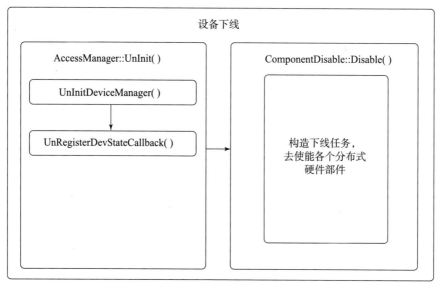

图 9 - 4　设备下线流程图

```
if(UnRegisterDevStateCallback()!=DH_FWK_SUCCESS){
    DHLOGE("UnRegisterDevStateCallback failed");
    return ERR_DH_FWK_ACCESS_UNREGISTER_DM_FAILED;
}
return DH_FWK_SUCCESS;
}
```

（2）在分布式硬件管理框架内部构造下线任务，用于去使能各个分布式硬件部件。其代码如下：

```
//foundation/distributedhardware/distributed_hardware_fwk/services/
distributedhardwarefwkservice/src/componentmanager/component_manager.
cpp
    int32_t ComponentManager::Disable(const std::string &networkId,
const std::string &uuid,const std::string &dhId,
    const DHType dhType)
{}
```

以分布式相机为例，某设备下线后，分布式硬件管理框架会去使能下线设备的相机硬件，本地移除分布式相机驱动并通知到相机框架，此时下线设备的分布式相机不可用。

9.2.4　核心代码剖析

硬件类型定义：

```
//foundation/distributedhardware/distributed_hardware_fwk/common/
utils/include/device_type.h
    enum class DHType:uint32_t{
```

```
    UNKNOWN = 0x0,              //unknown device
    CAMERA = 0x01,             //Camera
    AUDIO = 0x02,              //Mic
    SCREEN = 0x08,             //Display
    GPS = 0x10,                //GPS
    INPUT = 0x20,              //Key board
    HFP = 0x40,                //HFP External device
    A2D = 0x80,                //A2DP External device
    VIRMODEM_MIC = 0x100,      //Cellular call MIC
    VIRMODEM_SPEAKER = 0x200,  //Cellular call Speaker
    MAX_DH = 0x80000000
};
```

本地硬件启动流程分析:

```
// foundation/distributedhardware/distributed_hardware_fwk/services/
distributedhardwarefwkserviceimpl/src/localhardwaremanager/local_hardware_
manager.cpp
    void LocalHardwareManager::Init()
    {
        DHLOGI("start");
        std::vector < DHType > allCompTypes = ComponentLoader::
GetInstance().GetAllCompTypes();//获取所有组件类型
        for(auto dhType:allCompTypes){
            IHardwareHandler* hardwareHandler = nullptr;
            int32_t status = ComponentLoader::GetInstance().
GetHardwareHandler(dhType,hardwareHandler);
            //判断(组件加载模块的)获取硬件是否成功
            if(status!=DH_FWK_SUCCESS ||hardwareHandler == nullptr){
                DHLOGE("GetHardwareHandler %#X failed",dhType);
                continue;
            }
            //各硬件是否初始化成功
            if(hardwareHandler -> Initialize()!=DH_FWK_SUCCESS){
                DHLOGE("Initialize %#X failed",dhType);
                continue;
            }

            DHQueryTraceStart(dhType);
```

```
        QueryLocalHardware(dhType,hardwareHandler);
        DHTraceEnd();
        if(! hardwareHandler -> IsSupportPlugin()){//判断硬件是否支持
插件
            DHLOGI("hardwareHandler is not support hot swap plugin,
release!");
            ComponentLoader::GetInstance().ReleaseHardwareHandler
(dhType);
            hardwareHandler = nullptr;
        }else{
        compToolFuncsMap_[dhType] = hardwareHandler;
            std::shared_ptr < PluginListener > listener = std::make_
shared<PluginListenerImpl>(dhType);
            pluginListenerMap_[dhType] = listener;
            hardwareHandler -> RegisterPluginListener(listener);
        }
    }
}
```

本地硬件关闭流程分析：

```
//foundation/distributedhardware/distributed_hardware_fwk/services/
distributedhardwarefwkserviceimpl/src/localhardwaremanager/local_hardware_
manager.cpp
    void LocalHardwareManager::UnInit()
    {
        DHLOGI("start");
        compToolFuncsMap_.clear();
        pluginListenerMap_.clear();
    }
```

9.3 应用场景

分布式硬件管理框架不直接提供接口给上层应用，由各个硬件提供管理接口供开发者调用。用户通过各硬件模块的接口，即可像访问本机硬件一样，直接访问分布式硬件的功能。各分布式硬件也不直接提供接口给上层应用，它们由分布式硬件管理框架统一调用，实现分布式硬件的虚拟硬件驱动、注册等功能。

以分布式相机和分布式屏幕为例，它们都基于分布式硬件管理框架来实现。分布式硬件管理框架利用分布式数据库，实现设备间硬件能力的同步和共享。通过可配置式加载相应分布式硬件的 SDK，实现不同硬件之间以及框架与具体分布式硬件之间的解耦。示例配置如下：

```
distributed_hardware_components_cfg.json
{
    "distributed_components":[
        {
            "name":"distributed_camera",
            "type":"CAMERA",
            "comp_handler_loc":"libdistributed_camera_handler.z.so",
            "comp_handler_version":"1.0",
            "comp_source_loc":"libdistributed_camera_source_
sdk.z.so",
            "comp_source_version":"1.0",
            "comp_source_sa_id":4803,
            "comp_sink_loc":"libdistributed_camera_sink_sdk.z.so",
            "comp_sink_version":"1.0",
            "comp_sink_sa_id":4804
        },
        {
            "name":"distributed_screen",
            "type":"SCREEN",
            "comp_handler_loc":"libdistributed_screen_handler.z.so",
            "comp_handler_version":"1.0",
            "comp_source_loc":"libdistributed_screen_source_sdk.z.so",
            "comp_source_version":"1.0",
            "comp_source_sa_id":4807,
            "comp_sink_loc":"libdistributed_screen_sink_sdk.z.so",
            "comp_sink_version":"1.0",
            "comp_sink_sa_id":4808
        }
    ]
}
```

9.4　思考与练习

1. 分布式硬件管理框架依赖哪些模块？具体关系是什么？
2. 分布式硬件管理框架和分布式硬件的关系是什么？
3. 分布式硬件管理框架管理下的各硬件，是否可以彼此关联、影响？如何实现？
4. 通过分布式硬件管理框架，我们能实现哪些复杂场景下的解决方案？

第 10 章

分布式音视频

10.1 概　　述

在今天的智能时代，人们在工作、学习和娱乐中往往会使用多种设备，如智能手机、平板电脑、计算机和智能电视等。然而，缺乏跨设备流转的高效性，导致音视频等内容不能无缝地在这些设备之间传递，给用户带来了显著不便。例如，用户用手机拍摄了一段有趣的视频，却难以方便地在电视上分享给家人。这种限制不仅妨碍了目标场景的流畅进行，还削弱了数字生活的便捷性，减缓了信息传递和沟通的速度。因此，为了更好地适应多设备的普及，提升数字生活的无缝体验，迫切需要解决多设备音视频内容无法跨设备流转的问题。

分布式音视频技术的兴起可以深刻地改变用户与数字化设备互动的方式，为用户创造了一种更加智能、协同和沉浸式的使用体验。这一技术体系的核心在于无缝的设备间协同，使得用户能够在不同设备之间实现实时信息传递、可视化展示以及多媒体内容的协同创作。综合而言，分布式音视频技术的发展不仅提升了用户对数字设备的使用期望，而且使得用户的数字生活更为流畅、多元，并充分发挥了各个设备的能力。

基于分布式软总线提供的分布式数据管理、分布式任务调度、分布式硬件管理等能力，OpenHarmony 构建了多种分布式音视频相关技术，包括分布式屏幕、分布式相机、分布式音频等，下面将对这些技术分别进行介绍。

10.2　分布式屏幕

分布式屏幕是一种屏幕虚拟化能力，支持用户指定组网认证过的其他 OpenHarmony 设备的屏幕作为 Display 的显示区域。在分布式硬件子系统中，分布式屏幕组件提供跨设备屏幕能力调用，为 OpenHarmony 操作系统提供系统投屏、屏幕镜像、屏幕分割等能力的实现。

10.2.1　基本原理和实现

本节从分布式屏幕的系统架构、相关配置和使用流程等角度，对分布式视频的基本原理和实现进行讲解。

（一）系统架构

图 10 - 1 展示了分布式屏幕的系统架构，下面将对其中核心的组件进行讲解。

● 屏幕区域管理（ScreenRegionManager）：管理主控端映射在被控端屏幕上的显示区域状态，包括为显示区域指定显示的 Display，设置显示区域的宽高、解码类型等参数。

● 分布式屏幕管理（DScreenManager）：管理被控端屏幕的参数和状态，负责主控端相关对象的创建和销毁。

● 屏幕服务（ScreenService）：分布式屏幕主控端 SystemAbility 服务和分布式屏幕被控端 SystemAbility 服务，负责处理分布式硬件管理框架的 IPC 调用。

● 软总线适配器（SoftbusAdapter）：对接软总线传输接口，为屏幕图像、输入事件等提供封装的统一调用接口，实现设备间的流数据、字节数据传输和交互。

● 屏幕传输组件（ScreenTransport）：分布式屏幕传输模块，实现屏幕图像数据编码、解码、发送、接收等功能。

● 屏幕代理客户端（ScreenClient）：屏幕图像显示代理客户端，用于在设备上显示其他设备投射过来的屏幕图像数据。

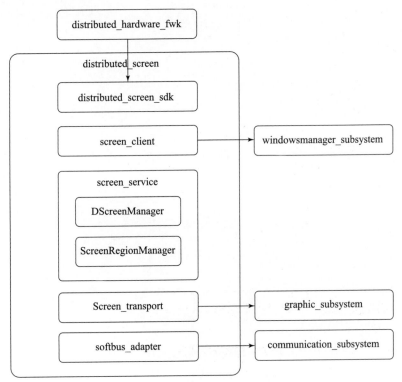

图 10 - 1　分布式屏幕系统架构

（二）相关配置

分布式屏幕整体基于分布式硬件管理框架来实现，分布式硬件管理框架利用分布式数据库，实现设备间硬件能力的同步和共享。支持可配置式加载相应分布式硬件的 SDK，实现不同硬件之间，以及框架与具体分布式硬件之间的解耦。示例配置如下：

```
# cat distributed_hardware_components_cfg.json
{
    "distributed_components":[
        {
```

```
            "name":"distributed_camera",
            "type":"CAMERA",
            "comp_handler_loc":"/system/lib/libdistributed_camera_
handler.z.so",
            "comp_handler_version":"1.0",
            "comp_source_loc":"/system/lib/libdistributed_camera_
source_sdk.z.so",
            "comp_source_version":"1.0",
            "comp_sink_loc":"/system/lib/libdistributed_camera_sink_
sdk.z.so",
            "comp_sink_version":"1.0"
        },
        {
            "name":"distributed_screen",
            "type":"DISPLAY",
            "comp_handler_loc":"/system/lib/libdistributed_screen_
handler.z.so",
            "comp_handler_version":"1.0",
            "comp_source_loc":"/system/lib/libdistributed_screen_
source_sdk.z.so",
            "comp_source_version":"1.0",
            "comp_sink_loc":"/system/lib/libdistributed_screen_sink_
sdk.z.so",
            "comp_sink_version":"1.0"
        },
    }
```

分布式屏幕将 source 侧和 sink 侧的服务相关功能注册到 samgr（系统服务管理），通过分布式任务调度进行管理，实现服务之间的 IPC 和 RPC 调用，简化跨设备跨进程带来的调度实现，实现服务之间的解耦。SystemAbility 配置示例如下：

```
< info >
    < process > dscreen < /process >
    < systemability >
        < name > 4807 < /name >
        < libpath > libdistributed_screen_source.z.so < /libpath >
        < run - on - create > false < /run - on - create >
        < distributed > true < /distributed >
        < dump - level > 1 < /dump - level >
```

```
        </systemability>
    </info>

    <info>
        <process>dscreen</process>
        <systemability>
            <name>4808</name>
            <libpath>libdistributed_screen_sink.z.so</libpath>
            <run-on-create>false</run-on-create>
            <distributed>true</distributed>
            <dump-level>1</dump-level>
        </systemability>
    </info>
```

（三）流程说明

1. 设备组网上线

设备组网上线后，分布式硬件管理框架会同步到上线设备的屏幕硬件信息并使能，使能成功后在系统中会新增虚拟屏幕并通知到窗口子系统，窗口子系统统一管理本地屏幕和分布式屏幕；上层应用通过窗口子系统提供的接口可以查询到分布式屏幕，并按照窗口子系统提供的接口来使用分布式屏幕。

2. 屏幕数据流转

（1）主控端图形子系统将需要发送的屏幕数据保存在编码器创建的输入 Surface 中。

（2）主控端编码器将输入数据进行编码，并将编码结果返回传输组件 ScreenSourceTrans。

（3）主控端传输组件 ScreenSourceTrans 将编码后的数据通过传输通道 screendatachannel 发送到 SoftBusAdapter，并经由软总线子系统发送到被控端设备。

（4）被控端设备软总线子系统收到屏幕数据后，通过 SoftBusAdapter 返回给被控端传输通道 ScreenDataChannel。

（5）被控端传输通道 ScreenDataChannel 将获取到的屏幕数据传递给解码器进行解码。

（6）解码器将屏幕数据解码，将解码后的数据保存到被控端代理显示窗口并设置到解码器的 Surface 中，最终由窗口将画面显示在屏幕上。

3. 设备下线

设备下线后，分布式硬件管理框架会去使能下线设备的屏幕硬件，本地移除对应的虚拟屏幕并通知窗口子系统，此时下线设备的分布式屏幕不可用。

10.2.2　应用场景

分布式屏幕可以实现设备与设备间屏幕画面流转，如图 10-2 和图 10-3 所示，在投屏方向上主要分为主动投屏和获取对方屏幕两种。

在实际使用场景中，分布式屏幕的功能还会得到进一步丰富，比如被控制侧可以反向控制主投端，主投端支持一对多等。

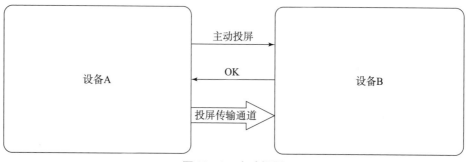

图 10 - 2　主动投屏

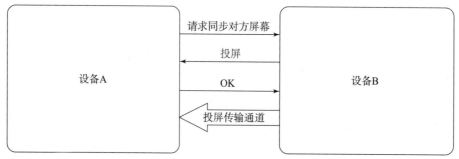

图 10 - 3　获取对方屏幕

10.3　分布式相机

分布式相机是 OpenHarmony 的重要特性之一，是基于 OpenHarmony 的 IPC 通信、分布式软总线、分布式硬件管理等技术实现的一种相机分布式使能的部件；它为 OpenHarmony 提供了多个设备的相机同时协同使用的能力。

分布式相机并不直接对应用提供接口，只向分布式硬件管理框架子系统提供 C ++ 接口。当超级设备组网成功，分布式硬件管理框架子系统会通过接口使能分布式相机。OpenHarmony 应用直接通过相机框架的接口即可使能分布式相机操作其他设备的相机，其使用方式与本地相机一致。

下面将通过分布式相机系统服务框架源码来分析 OpenHarmony 的分布式相机原理和实现。

1. 相关名词介绍

分布式相机 SDK（Distributed Camera SDK）：分布式相机接口，为分布式硬件管理框架提供超级终端虚拟相机使能/去使能能力，以及相机状态。

主控端（source）：控制端，通过调用分布式相机能力，使用被控端的摄像头进行预览、拍照、录像（暂未实现）等功能。

被控端（sink）：被控制端，通过分布式相机接收主控端的命令，使用本地摄像头为主控端提供图像数据。

元数据（metadata）：是用于控制相机各种属性的参数。分布式相机 sink 端根据收到的分布式相机 source 端发来元数据控制相机各种属性的参数。

相机框架服务（camera_service）：为 OpenHarmony 提供相机能力的服务。

相机驱动服务（camera_host）：为相机框架提供相机驱动管理以及实现统一的相机驱动接口。

分布式相机虚拟驱动服务（dcamera_host）：为分布式相机实现本地的虚拟驱动接口供 camera_host 统一管理。

相机应用（camera_app）：基于 OpenHarmony 相机能力开发的应用。

渲染服务（render_service）：为 OpenHarmony 提供图像、图形显示等能力的服务。

2. 分布式相机框架服务源码结构

分布式相机框架服务源码各模块功能说明见表 10 - 1。

表 10 - 1　分布式相机框架服务源码各模块功能说明

目录	代码功能
common	分布式相机公共代码模块，整个分布式相机框架服务都可能调用
interfaces	分布式相机对外接口模块，供分布式硬件管理框架服务调用
sa_profile	分布式相机 SA 配置模块
services	分布式相机框架服务实现
services/cameraservice	分布式相机框架核心逻辑实现
services/cameraservice/base	分布式相机 source、sink 两端公共代码模块
services/cameraservice/cameraoperator	分布式相机操作代码实现
services/cameraservice/sinkservice	分布式相机 sink 端核心逻辑实现
services/cameraservice/sourceservice	分布式相机 source 端核心逻辑实现
services/channel	分布式相机软总线通道实现
services/data_process	分布式相机管道（pipeline）实现

3. 分布式相机工作原理

如图 10 - 4 所示，分布相机工作时，sink 端将通过 camera_host 打开本地相机/摄像头的预览流、拍照流等数据流，对其进行编码后，通过分布式软总线传送到 source 端。source 端收到数据后，先将预览流解码，再对解码后的数据进行处理，处理完成的数据直接送入分布式相机虚拟驱动服务（dcamera_host）中，dcamera_host 将数据送入 source 端的 camera_host 中，camera_host 再将预览流数据通过 camera_service 送入 camera_app 指定的渲染服务中。拍照流则由 camera_app 收到后直接写入对应的文件中。

4. 分布式相机 SDK 的实现

分布式相机 source 端通过 DCameraHandler 为分布式硬件管理框架实现 IHardwareHandler 接口，由分布式硬件管理框架调用来查询本地设备中可供分布式相机调用的相机。

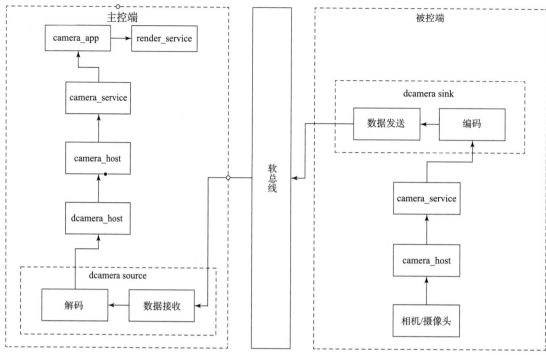

图 10 − 4　分布式相机数据流图

IHardwareHandler 接口的定义如下：

```
class IHardwareHandler{
public:
    virtual int32_t Initialize() = 0;
    virtual std::vector < DHItem > Query() = 0;
    virtual std::map < std::string, std::string > QueryExtraInfo() = 0;
    virtual bool IsSupportPlugin() = 0;
    virtual void RegisterPluginListener(std::shared_ptr < PluginListener >
listener) = 0;
    virtual void UnRegisterPluginListener() = 0;
};
```

分布式相机 source 端通过 DCameraSinkHandler 为分布式硬件管理框架实现 IDistributedHardwareSink 接口，由分布式硬件管理框架调用来完成分布式相机 source 端需要完成的初始化工作。

IDistributedHardwareSink 接口的定义如下：

```
class IDistributedHardwareSink{
public:
```

```
    virtual int32_t InitSink(const std::string &params)=0;
    virtual int32_t ReleaseSink()=0;
    virtual int32_t SubscribeLocalHardware(const std::string &dhId,
const std::string &params)=0;
     virtual int32_t UnsubscribeLocalHardware(const std::string
&dhId)=0;
  };
```

　　分布式相机 sink 端通过 DCameraSourceHandler 为分布式硬件管理框架实现 IDistributedHardwareSource 接口，由分布式硬件管理框架调用来完成分布式相机 sink 端需要完成的初始化工作。

　　IDistributedHardwareSource 接口的定义如下：

```
  class IDistributedHardwareSource{
  public:
    virtual int32_t InitSource(const std::string &params)=0;
    virtual int32_t ReleaseSource()=0;
    virtual int32_t RegisterDistributedHardware(const std::string
&uuid,const std::string &dhId,
        const EnableParam &param,std::shared_ptr<RegisterCallback>
callback)=0;
    virtual int32_t UnregisterDistributedHardware(const std::string
&uuid,const std::string &dhId,
        std::shared_ptr<UnregisterCallback>callback)=0;
    virtual int32_t ConfigDistributedHardware(const std::string
&uuid,const std::string &dhId,const std::string &key,
        const std::string &value)=0;
  };
```

　　分布式硬件管理框架调用分布式相机 SDK 的大概流程如下：

　　首先，当超级设备组网成功后，分布式硬件管理框架会调用 IHardwareHandler 的 Initialize() 进行一些初始化工作。之后调用 IHardwareHandler 的 Query 接口来查询 sink 端本地设备中可供分布式相机调用的相机（即类型为 CAMERA_CONNECTION_BUILT_IN 的相机）。然后分布式硬件管理框架将获取到的相机信息同步到分布式数据库中。

　　其次，分布式硬件管理框架调用 IDistributedHardwareSink 的 InitSink 接口来完成 sink 端的初始化工作。

　　最后，分布式硬件管理框架调用 IDistributedHardwareSource 的 InitSource、RegisterDistributedHardware 接口来完成 source 端的初始化工作。RegisterDistributedHardware 会将分布式相机的虚拟驱动注册到相机驱动管理服务中。至此整个分布式相机的初始化完成。

5. 分布式相机 source 端的实现

OpenHarmony 的分布式相机 source 端实现如图 10 – 5 所示。分布式相机 source 端服务初始化时，会创建 DCameraSourceDev 类的实例。DCameraSourceDev 类会继续创建 DCameraSourceStateMachine、DCameraSourceController、DCameraSourceInput 等类的实例来协同完成分布式相机 source 端的工作。

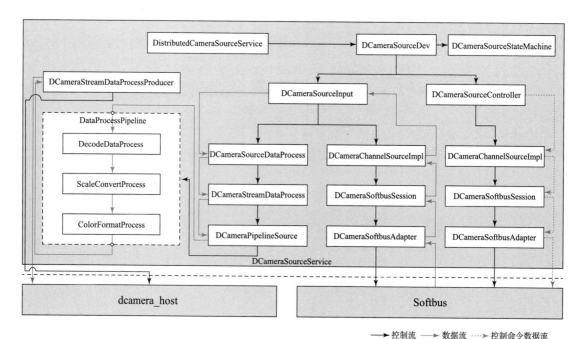

图 10 – 5　分布式相机 source 端实现

其中 DCameraSourceStateMachine 类是分布式相机的状态机。状态机通过接收 dcamera_host 相应指令来实现分布式相机状态切换，进而实现分布式相机的控制。其状态转移如图 10 – 6 所示，主要包含以下状态：

- DCAMERA_STATE_INIT：分布式相机初始化状态。此状态表示状态机处于初始化的状态，只能从该状态更新到 DCAMERA_STATE_REGIST 状态。

- DCAMERA_STATE_REGIST：分布式相机驱动注册状态。此状态是表示状态机处于驱动注册状态，可以从该状态更新到 DCAMERA_STATE_INIT、DCAMERA_STATE_OPENED 状态。

- DCAMERA_STATE_OPENED：分布式相机数据通道打开状态。此状态是表示状态机处于分布式相机数据通道打开状态，可以从该状态更新到其他除 DCAMERA_STATE_CAPTURE 外的任意状态。

- DCAMERA_STATE_CONFIG_STREAM：分布式相机数据流配置设置状态。此状态是表示状态机处于数据流配置设置状态，可以从该状态更新到其他状态机的任意状态。

- DCAMERA_STATE_CAPTURE：分布式相机数据流捕获状态（即相机正常预览拍照状态）。此状态是表示状态机处于数据传输状态，可以从该状态更新到除 DCAMERA_STATE_CONFIG_STREAM 状态外的其他状态机的任意状态。

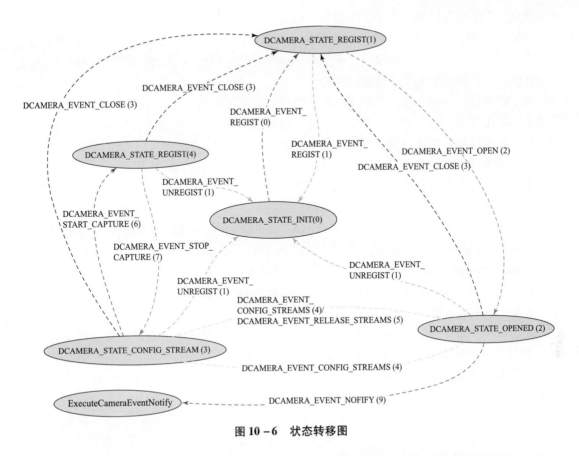

图 10 - 6　状态转移图

DCameraSourceController 类是分布式相机 source 端的控制器。其作用是通过 IPC 通道控制分布式相机 sink 端，并通过 DCameraChannelSourceImpl 类经软总线向 sink 端下发元数据（metadata）。

DCameraSourceInput 类的职责是负责分布相机 source 端的数据提供。它通过两个 DCameraChannelSourceImpl 类的实例分别接收预览数据流与拍照数据流，再将接收到的数据分别送入对应的 DCameraSourceDataProcess 类的实例中进行数据加工。

DCameraSourceDataProcess 类是分布式相机 source 端的数据处理工厂。其对数据的具体加工处理是通过 DCameraPipelineSource 类来完成的，DCameraPipelineSource 类对数据的处理是基于管道设计模式实现的，如图 10 - 7 所示。

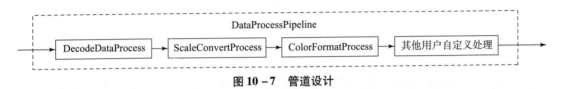

图 10 - 7　管道设计

如果采用硬编码的方式来实现类似的功能，代码之间的耦合度更高，排查问题时需要读懂更多代码，无法灵活地实现不同业务场景的不同算法。使用管道这种设计模式的核心思想是创建一组相同接口的管道，并将这些管道串联起来，使数据在这些管道中被处理并向后传递，这样每个处理可以相互独立。管道设计模式的优点主要有：

（1）降低耦合度。管道设计模式将不同的处理封装成不同的管道，每个管道相互独立，每个管道只关注自己的输入和输出，不需要知道其他管道的细节。这样可以方便地增加、删除或修改管道，而不影响整个流程的运行。

对于适合该设计模式相对复杂或较长的代码，如果不采用管道设计模式，直接编码，中间某个步骤出错时，通常还需要理解上下文才敢动手修改；采用管道设计模式之后，由于不同的步骤之间解耦，出错时只需要关注该步骤即可，便于代码的维护。

（2）增加灵活性。由于耦合度的降低，管道设计模式可以方便地实现不同的业务走不同的流程，而不需要修改业务代码。只需要调整管道顺序，或增删管道即可。这样可以根据需求变化快速地调整流程，提高开发效率和可维护性。

分布式相机 source 端实现的管道有 DecodeDataProcess（解码）、ScaleConvertProcess（缩放）、ColorFormatProcess（图像色彩转换）等。用户也可自定义实现自己的处理管道。

DCameraStreamDataProcessProducer 类是分布式相机 source 端的数据生产者。通过 DCameraSourceDataProcess 类处理后的数据，将通过 DCameraStreamDataProcessProducer 类送入 dcamera_host 进行销毁。

DCameraChannelSourceImpl 类是分布式相机 source 端的数据通道或控制通道的实现。它通过 DCameraSoftbusSession 类（软总线会话管理）管理着 DCameraSoftbusAdapter 类（软总线接口适配器）来完成软总线通道的建立与数据传输。它既负责从软总线接收对应的预览数据流、拍照数据流，也负责通过软总线向 sink 端发送元数据（metadata）。

至此，我们已基本了解到了 OpenHarmony 的分布式相机 source 端的实现方案及代码框架。若需了解更多细节的请自行阅读 OpenHarmony 的分布式相机 source 端实现源码。

6. 分布式相机 sink 端的实现

OpenHarmony 的分布式相机 sink 端实现如图 10-8 所示。分布式相机 sink 端服务初始化时，DistributedCameraSinkService 类通过 DCameraHandler 类获取本地可供远程调用的相机列表，并根据可用的相机列表创建出对应的 DCameraSinkDev 类的实例。同时 DistributedCameraSinkService 类通过 IPC 通道接收来自 source 端的控制并操控对应的本地相机。

DCameraSinkDev 类负责分布式相机 sink 端的设备管理，DCameraSinkDev 类通过创建 DCameraSinkController 类的实例来实现分布式相机 sink 端的控制。

DCameraSinkController 类是分布式相机 sink 端的控制器。DCameraSinkController 类通过 DCameraClient、DCameraSinkOutput、DCameraChannelSinkImpl 等类来协同完成分布式相机 sink 端的具体控制。

DCameraClient 类的职责是通过 camera_service 控制本地相机，并为 DCameraSinkOutput 类提供数据流。

DCameraSinkOutput 类的职责是为分布式相机 sink 端提供数据输出。它先将 camera_host 传入的数据流通过 DCameraSinkDataProcess 类处理，再送入 DCameraChannelSinkImpl 类进行数据输出。

DCameraSinkDataProcess 类是分布式相机 sink 端的数据处理工厂。其对数据的具体加工处理是通过 DCameraPipelineSink 类来完成的，DCameraPipelineSink 类对数据的处理是基于管

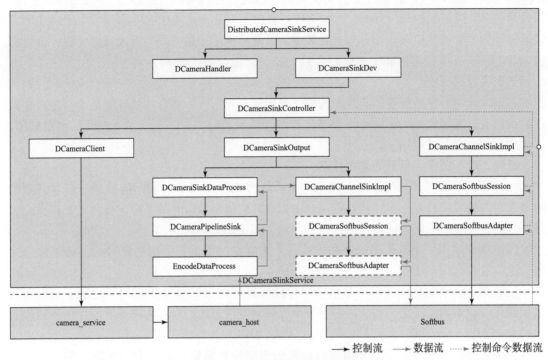

图 10 – 8　分布式相机 sink 端实现

道设计模式实现的。这里实现的管道只有 EncodeDataProcess 类。

　　EncodeDataProcess 类的职责是负责对分布式相机的预览流进行编码。编码完成后数据将用 DCameraChannelSinkImpl 类通过软总线发送到分布式相机 source 端。

　　DCameraChannelSinkImpl 类的职责是负责为分布式相机 sink 端管理 sink 端的数据通道或控制通道。它通过 DCameraSoftbusSession 类（软总线会话管理）管理着 DCameraSoftbusAdapter 类（软总线接口适配器）来完成软总线通道的建立与数据传输。它既负责通过软总线向分布式相机 source 端发送预览数据流、拍照数据流，也负责接收分布式相机 source 端通过软总线发来的元数据（metadata）。

　　至此，本节已基本介绍了 OpenHarmony 的分布式相机 sink 端的实现方案及代码框架。

10. 4　分布式音频

　　分布式音频是指多个设备之间音频外设跨设备协同使用的能力，如果将设备 A 的音频通过设备 B 的扬声器（Speaker）进行播音，或者设备 A 使用设备 B 的麦克风（Mic）进行录音。如此，对于一些不具备音频外设的轻量设备便可以通过分布式音频的能力，调用其他设备的音频设备进行声音播放及录制，从而实现音频方面的硬件互助。本节将结合 OpenHarmony4. 0 源代码，介绍分布式音频能力的实现原理。

10. 4. 1　概述

　　分布式音频是 OpenHarmony4. 0 引入的新特性，其实现主要依赖于系统 distributed_audio

服务（daudio_service）。该服务不会实现 NAPI 接口，也就是其不直接向上层应用提供接口，而是通过 IPC 向音频框架（audio_framework）提供实现分布式特性的内部接口。上层应用可以通过音频框架的接口来调用分布式音频能力，其具体的使用方式与本地音频一致，也就是说 audio_framework 框架屏蔽了本地的音频设备与远端设备的差别，使上层应用在使用上无法感知到两者的区别。

在正式介绍分布式音频的实现原理前，我们需要先了解一些音频处理的基本概念。从而帮助我们更好地理解 OpenHarmony 是如何控制音频系统的，进一步帮助我们开发出更易用、体验更好的音视频类应用。

首先了解一些音频处理的基本概念。

（1）采样：采样是指将连续时域上的模拟信号按照一定的时间间隔取值，获取到离散时域上离散信号的过程。每秒从连续信号中提取并组成离散信号的采样次数叫作采样率。采样率越高，声音的质量越好，同时占用的存储空间也越大。

（2）量化：为了更高效地保存和传输每个采样点的数值，将这些声音的振幅值进行规整，这一过程称为量化。

（3）编码：将量化后的离散整数序列转化为计算机实际存储所用的二进制字节序列的过程叫作音频编码。反之，将二进制字节恢复成音频信号的过程称为解码。常用的音频编码格式有 PCM、AAC、MP3、WMA、FLAC、APE、OGG、AC3、DTS 等。

（4）声道：指声音在录制或播放时在不同空间位置采集或回放的相互独立的音频信号的数量，也就是声音录制时的音源数量或回放时相应的扬声器数量。

（5）音频帧：音频数据是流式的，本身没有明确的一帧帧的概念，在实际应用中，为了音频算法处理/传输的方便，一般约定俗成取 2.5 ~ 60 ms 为单位的数据量为一帧音频。

（6）PCM：即脉冲编码调制（Pulse Code Modulation），是通过上述采样、量化、编码后得到的原始的音频编码数据，其他编码如 MP3、WAV、FLAC 等都是在它基础上再次编码和压缩得到的。

上述概念都是音频处理中的一些通用的基本概念，接下来将介绍 OpenHarmony 在处理音频时所使用的一些特定的概念。

（1）音频流：音频流是 OpenHarmony 音频系统中的关键概念。指音频系统中对一个具备音频格式和音频使用场景信息的独立音频数据处理单元的定义，可以表示播放，也可以表示录制，并且具备独立音量调节和音频设备路由切换能力。它包含采样、声道、位宽、编码信息，是创建音频播放或录制流的必要参数，描述了音频数据的基本属性。

（2）使用场景：除了基本属性，音频流还需要具备使用场景信息。基础信息只能对音频数据进行描述，但在实际的使用过程中，不同的音频流，在音量大小、设备路由、并发策略上是有区别的。系统就是通过音频流所附带的使用场景信息，为不同的音频流制定合适的处理策略，以达到更好的音频用户体验。使用场景主要可分为播放场景和录制场景。

（3）player_framework：player_framework 是媒体库提供的音视频播放框架，主要包括 AVPlayer 和 AVRecorder。AVPlayer 可以将媒体资源转码为可供渲染的图像和可听见的音频模拟信号，并通过输出设备进行播放。AVRecorder 可以捕获音频信号，接收视频信号，完成音视频编码并保存到文件中，帮助开发者轻松实现音视频录制功能。player_framework 提供了功能完善的一体化播放/录制能力，应用只需要处理流媒体资源，不负责数据解析和解码就可达成播放/录制的效果。

（4）audio_framework：audio_framework 是 OpenHarmony 音频系统的核心框架，它是一个音频处理的中间件，主要负责音频数据的处理和分发。它提供了音频流的创建、销毁、音量调节、设备路由切换、音频数据的读写等功能接口。此外，audio_framework 还向上层应用提供了 NAPI 接口，应用可以通过 AudioRenderer 和 AudioCaptureer 播放或/录制 PCM 音频数据，相比 player_framework 而言，它更适合有音频开发经验的开发者，从而实现更灵活的播放功能。

（5）distracted_audio：distracted_audio 是 OpenHarmony 音频系统的分布式音频服务（daudio_service），它是一个系统级服务，主要负责分布式音频的能力实现。它通过 IPC 向 audio_framework 提供分布式音频的内部接口，audio_framework 通过调用这些接口来实现分布式音频的能力，也是分布式音频能力的核心实现部分。

通过上述概念可以注意到，player_framework 和 audio_framework 都对上层应用提供 NAPI 接口。player_framework 在处理音频时，实质上是对 audio_framework 框架接口做了一层封装，以应付大多数的播放/录制场景。如图 10 - 9 所示为音频播放架构。但是对于一些特殊的场景，比如需要对音频数据进行实时处理，或者需要对音频数据进行二次编码时，player_framework 就无法满足需求了，这时候就需要直接使用 audio_framework 框架接口来实现。本节内容主要介绍 audio_framework 框架及其分布式特性，对于 player_framework，我们将不再详细展开。

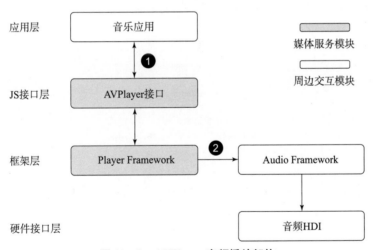

图 10 - 9　AVPlayer 音频播放架构

下面我们结合 OpenHarmony4.0 的源代码，先简单介绍 audio_framework 的整体架构即核心实现，然后介绍 distributed_audio 如何实现音频的分布式特性。

10.4.2　音频框架

audio_framework 作为 OpenHarmony 音频系统的核心框架，主要包含两个模块，即音频管理服务（audio_policy）和音频流通路服务（audio_service）。两个模块均作为独立的系统服务运行。

audio_policy 主要负责管理音频策略、音频模式以及音频设备，同时向上层应用提供 NAPI 接口以实现音频播放及录制功能，即上文提到的 AudioRenderer 和 AudioCapturer。

audio_service 则主要负责音频流管理，包括实际渲染、采集、混音等功能的实现。向上对 audio_policy 提供接口，接收其控制命令，向下将控制命令下发至内核驱动层的 HDI/HDF，以最终作用于实际音频硬件。

接下来我们通过音频的播放/录制流程以及音频场景控制几个方面来介绍 audio_framework 的工作原理。

1. 音频播放

在上层应用开发中使用 AudioRenderer 播放音频涉及 AudioRenderer 实例的创建、音频渲染参数的配置、渲染的开始与停止、资源的释放等。我们先来了解一下 AudioRenderer 的生命周期以及状态变化。

图 10 - 10 展示了 AudioRenderer 的状态变化，在创建实例后，调用对应的方法可以进入指定的状态实现对应的行为。需要注意的是，在确定的状态执行不合适的方法可能导致 AudioRenderer 发生错误，因此开发者在调用状态转换的方法前应该进行状态检查，避免程序运行产生预期以外的结果。此外，为保证 UI 线程不被阻塞，大部分 AudioRenderer 调用都是异步的。

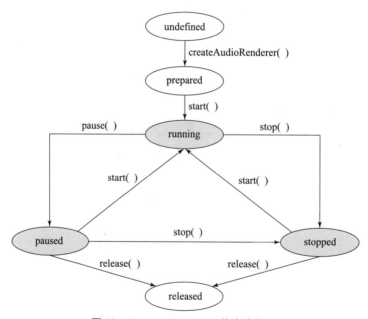

图 10 - 10　AudioRender 状态变化图

NAPI 接口中向应用开发者提供了通过 on（'stateChange'）方法来订阅 AudioRenderer 的状态变更。因为针对 AudioRenderer 的某些操作，只有音频播放器在固定状态时才能执行。如果应用在音频播放器处于错误状态时执行操作，系统可能会抛出异常或生成其他未定义的行为。下面简单介绍各个状态。

（1）prepared 状态：通过调用 createAudioRenderer（）方法进入该状态。

（2）running 状态：正在进行音频数据播放时，可以在 prepared 状态通过调用 start（）方法进入此状态，也可以在 paused 状态和 stopped 状态通过调用 start( ) 方法进入此状态。

（3）paused 状态：在 running 状态可以通过调用 pause( ) 方法暂停音频数据的播放并进入 paused 状态，暂停播放之后可以通过调用 start( ) 方法继续音频数据播放。

（4）stopped 状态：在 paused/running 状态可以通过 stop( ) 方法停止音频数据的播放。

（5）released 状态：在 prepared、paused、stopped 等状态，用户均可通过 release( ) 方法释放掉所有占用的硬件和软件资源，并且不会再进入其他的任何一种状态了。

在 NAPI 框架层，AudioRenderer 实例会绑定一个 AudioStream 实例来记录维护音频流的相关信息。该实例在 AudioRenderer 启动时被创建。在 AudioRenderer 中的操作如开始、停止、音频数据渲染等最终都会调用 AudioStream 实例的相关方法。AudioStream 最终会调用到 PulseAudio 的相关接口完成音频流的控制。完成音频渲染的流程如图 10-11 所示。

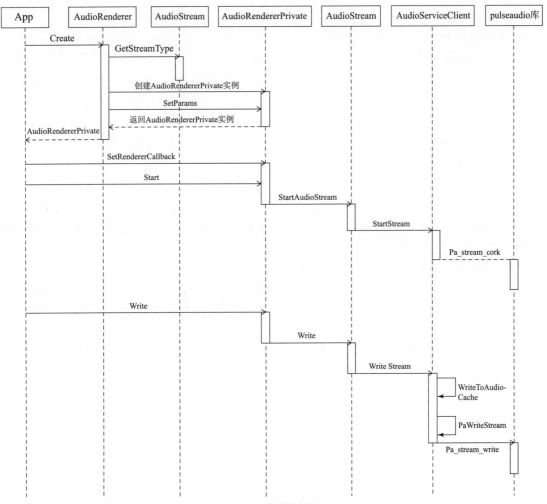

图 10-11　音频渲染流程图

2. 音频录制

与 AudioRenderer 类似，NAPI 框架层可向应用提供 AudioCapturer 以录制 PCM 音频数据。使用其录制音频将涉及 AudioCapturer 实例的创建、音频采集参数的配置、采集的开始与停

止、资源的释放等。同样，AudioCapturer 也有自己的
生命周期及状态变化。图 10 – 12 展示了 AudioCapturer
的状态变化，在创建实例后，调用对应的方法可以进
入指定的状态实现对应的行为。同样在确定的状态执
行不合适的方法可能导致 AudioCapturer 发生错误，因
此状态检查也需要在调用其他方法前进行，以避免程
序运行中产生预期以外的结果。

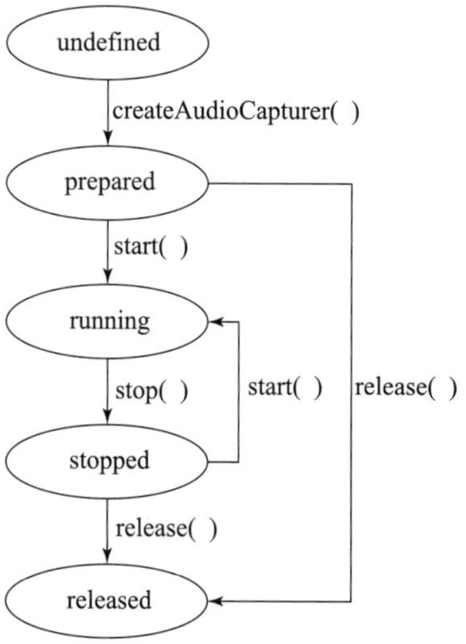

AudioCapturer 的各个状态基本与 AudioRenderer 相
同，此处不再展开介绍。音频录制的整体流程也与播
放类似，最终都是通过对 AudioStream 的控制完成相关
状态转换及音频录制。

3. 场景控制

1）场景模式

OpenHarmony 内当前预置了多种音频场景，包括响

图 10 – 12　AudioCapturer 状态变化图

铃、通话、语音聊天等，在不同的场景下，系统会采用不同的策略来处理音频。如在蜂窝通话
场景中会更注重人声的清晰度。系统会使用 3A 算法对音频数据进行预处理，抑制通话回声，
消除背景噪声，调整音量范围，从而达到清晰人声的效果。3A 算法，指声学回声消除
（Acoustic Echo Cancellation，AEC）、背景噪声抑制（Active Noise Control，ANC）、自动增益控制
（Automatic Gain Control，AGC）三种音频处理算法。目前系统中共有四种音频场景，具体如下：

（1）AUDIO_SCENE_DEFAULT：默认音频场景，音频通话之外的场景均可使用。

（2）AUDIO_SCENE_RINGING：响铃音频场景，来电响铃时使用，仅对系统应用开放。

（3）AUDIO_SCENE_PHONE_CALL：蜂窝通话音频场景，蜂窝通话时使用，仅对系统
应用开放。

（4）AUDIO_SCENE_VOICE_CHAT：语音聊天音频场景，VOIP 通话时使用。

应用可通过 AudioManager 的 getAudioScene 来获取当前的音频场景模式。比如当应用开
始或结束音频通话相关功能时，可通过此方法检查系统是否已切换为合适的音频场景模式。

2）铃声模式

铃声模式可以便捷地管理铃声音量，并调整设备的振动模式。当前系统中预置的三种铃
声模式，具体如下：

（1）RINGER_MODE_SILENT：静音模式，此模式下铃声音量为零（即静音）。

（2）RINGER_MODE_VIBRATE：振动模式，此模式下铃声音量为零，设备振动开启
（即响铃时静音，触发振动）。

（3）RINGER_MODE_NORMAL：响铃模式，此模式下铃声音量正常。

应用可以调用 AudioVolumeGroupManager 中的 getRingerMode 获取当前的铃声模式，以便
采取合适的提示策略。同时，如果应用希望及时获取铃声模式的变化情况，可以通过
AudioVolumeGroupManager 中的 on（'ringerModeChange'）监听铃声模式变化事件，使应用在
铃声模式发生变化时及时收到通知，方便应用做出相应的调整。

10. 4. 3　分布式音频

分布式音频允许应用像使用本地的音频设备那样使用其他设备的硬件。两台设备完成组

网后，分布式硬件管理框架会将两台设备音频外设纳入硬件资源池统一管理，两台设备可以互相发现对端设备的音频外设，并像使用本地音频外设一样使用被控端设备的音频外设完成播音和录音。同样，如果两台设备组网断开或者可信关系被删除，会触发设备下线，分布式硬件管理框架就会清理下线设备的分布式音频外设，但此时无法查询到对端设备音频外设。

分布式音频的使用流程大体可分为三步：

（1）设备组网上线。设备组网后，分布式硬件管理框架会同步到上线设备的音频外设硬件规格信息，根据上线设备音频外设规格信息在本地注册分布式音频驱动，注册成功后在系统中会新增分布式音频驱动，并通知到音频框架，音频框架统一管理本地音频和分布式音频驱动；上层应用通过音频框架接口可以查询到分布式音频外设。

（2）设备使用。应用可以通过音频框架接口使用分布式音频的能力，调用被控端设备的扬声器进行播音，或者调用被控端设备的麦克风进行录音。

（3）设备下线。设备下线后，分布式硬件管理框架将下线设备的音频外设去使能，同时移除分布式音频驱动并通知到音频框架，此时下线设备的分布式音频功能不能继续使用。

分布式音频框架将已经完成组网的设备分为主控端（source）与被控端（sink）。主控端指分布式音频控制端设备，向被控端设备发送指令，实现在被控端设备上音频播放和录制的功能；被控端指分布式音频被控制端设备，接收来自主控端设备的指令，使本地音频外设为主控端设备所用，用来播音或录音。分布式音频的总体架构如图 10 – 13 所示，主要包含如下的核心模块：

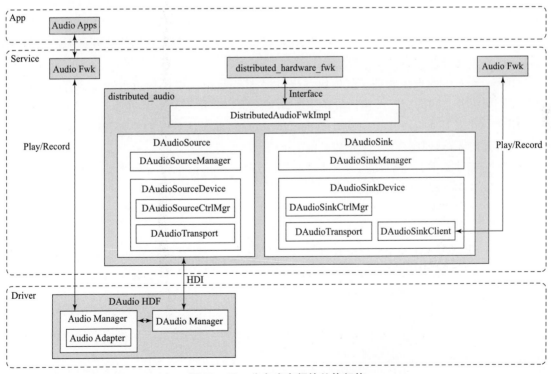

图 10 – 13　分布式音频的总体架构

分布式音频框架实现（DistributedAudioFwkImpl）：该模块旨在实现分布式硬件管理框架

所定义的南向外设扩展接口，为用户提供分布式音频初始化、释放、使能、去使能以及音频设备参数配置等接口的具体实现。

主控端分布式音频设备抽象（DAudioSourceDevice）：该抽象模块充当主控端设备与被控端设备音频外设之间的代理，负责实现对被控端音频外设音量、焦点、媒体键事件的控制。在执行录音功能时，该模块接收被控端音频外设录音并编码后的数据，完成解码后将音频流传送给主控端音频框架。而在执行放音功能时，该模块接收主控端音频框架的音频流，进行编码处理后发送给被控端设备。

被控端分布式音频设备抽象（DAudioSinkDevice）：该模块作为主控端设备的音频外设在被控端设备的代理，负责响应和处理主控端发送的音量、焦点、媒体键事件。在执行录音功能时，被控端模块接收本地采集音频流，进行编码处理后将编码数据发送给主控端设备。当执行放音功能时，模块接收主控端设备传来的音频流数据，完成解码操作并将其传递给本地音频框架进行播放。

分布式音频主控端控制模块（DAudioSourceCtrlMgr）：该模块负责处理被控端设备的媒体键事件、主控端设备与被控端设备之间的音量同步以及响应被控端设备音频焦点状态等任务。

分布式音频被控端控制模块（DAudioSinkCtrlMgr）：该模块负责监听被控端设备的音量、音频焦点状态以及媒体键事件，执行主控端设备音量调节指令，并反馈被控端设备的音频焦点状态和媒体键事件。

分布式音频传输处理模块（DAudioTransport）：此模块负责主控端设备和被控端设备之间音频数据的处理和传输，包括音频编码、解码、数据发送和接收等操作。

分布式音频被控端代理模块（DAudioSinkClient）：与被控端音频框架交互，完成音频流的播放或采集任务。

HDF 分布式音频设备管理扩展模块（DAudio Manager）：该模块负责分布式音频驱动与分布式音频服务之间的交互，包括设备注册、去注册、打开、关闭等功能。

HDF 分布式音频设备管理模块（Audio Manager）：此模块负责创建和管理驱动层音频设备，与音频框架跨进程交互，并通知设备上下线状态。

HDF 分布式音频设备驱动实体（Audio Adapter）：充当远端设备在驱动层的抽象，负责执行和转发具体驱动层的事件。

10.4.4　小结

本节介绍了 OpenHarmony 分布式音视频的实现原理。分布式音频是指多个设备之间音频外设跨设备协同使用的能力，通过分布式音频的能力，调用其他设备的音频设备进行声音播放及录制，从而实现音频方面的硬件互助。分布式音频的实现主要依赖于系统 distributed_audio 服务（daudio_service），通过 IPC 向音频框架（audio_framework）提供实现分布式特性的内部接口。接下来继续介绍了音频框架和分布式音频服务的实现，以供读者能够更好地理解 OpenHarmony 的硬件互助特性。

10.5　思考与练习

1. 分布式屏幕和屏幕模块之间的关系是怎样的?

2. 屏幕模块接口如何触发分布式屏幕的打开/关闭?

3. 阅读源码,了解分布式音频实现依赖哪些模块或组件,梳理分布式音频播放流程中,source 端和 sink 端进行了几次交互。

第三篇　一次开发，多端部署

OpenHarmony 操作系统为万物智联的各种异构终端提供了统一的操作系统底座，通过统一的操作系统底座为终端设备提供统一的系统能力。由于各种终端的资源大小、功能和性能等存在较大差异，这对操作系统的应用框架、UI 编程框架和图形系统都带来了巨大挑战，目前 UI 编程框架的总体发展趋势是用更低的开发成本实现更高的开发效率。

OpenHarmony 创新性地提出了"一次开发，多端部署"的设计理念，即应用开发者只需要开发一次代码，即可以实现多设备部署的能力，这极大地提高了应用开发效率，减少了开发成本的投入。

本篇围绕 OpenHarmony 的"一次开发，多端部署"特性，详细介绍 OpenHarmony 的应用框架（Ability）、UI 编程框架、图形系统和方舟编译器的理论和实践。

第 11 章

Ability 子系统

11.1 Ability 框架概述

11.1.1 简介

Ability 是应用程序的基本组成单位，也是应用程序的运行入口，其功能地位对应着 Android 系统中的 Activity。用户启动、使用和退出应用过程中，Ability 会在不同状态间切换，这些状态称为 Ability 的生命周期。Ability 提供生命周期的回调函数，开发者通过 Ability 的生命周期回调感知应用的状态变化。应用开发者在编写应用时，首先需要编写的就是 Ability，同时还需要编写 Ability 的生命周期回调函数，并在配置文件中配置相关信息。这样，操作系统在运行期间通过配置文件创建 Ability 的实例，并调度它的生命周期回调函数，从而执行开发者的代码。

基于不同的业务场景，OpenHarmony 设计并提供了不同的 Ability 类型。例如，需要展示的 UI 页面、用于与用户交互的 PageAbility、用于后台运行任务（如执行音乐播放、文件下载等）时不提供用户交互界面的 ServiceAbility、用于对外提供统一的数据访问抽象的 DataAbility、基于特定场景（如服务卡片、输入法等）提供的 ExtensionAbility 等。

为了对应用中的 Ability 的运行及生命周期进行统一的调度和管理，OpenHarmony 设计了 Ability 子系统。该子系统支持应用进程能够支撑多个 Ability，Ability 具有跨应用进程间和同一进程内调用的能力。Ability 管理服务统一调度和管理应用中各 Ability，并对 Ability 的生命周期变更进行管理。

如图 11-1 所示，Ability 框架提供的业务覆盖用户进程（UserProcess），提供 AbilityKit 支撑用户进程的运行环境，同时包含用于调度管理用户进程中的 App 及 Ability 的 Service Layer 层。

11.1.2 基本概念

按照框架图中从上到下的顺序，对于 Ability 框架有以下重要基本概念需要介绍。

1. 用户进程（UserProcess）

用户进程指 OpenHarmony 上层的应用进程，包括系统应用与第三方应用等，各应用一般运行在独立的用户进程中。一个应用可以包含一个或多个 Ability。用户进程包含 AbilityKit 中各模块的逻辑。AbilityKit 通过 IPC 调用的方式使用服务层的系统服务。

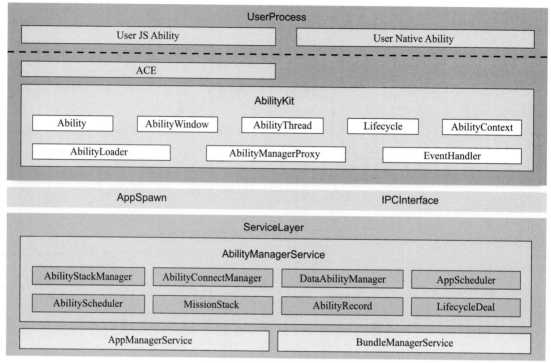

图 11 - 1　Ability 框架图

2. AbilityKit

AbilityKit 为 Ability 的运行提供基础的运行环境支撑。Ability 是系统调度应用的最小单元，是能够完成一个独立功能的组件，一个应用可以包含一个或多个 Ability。其中，Ability/AbilityWindow 是 Ability 的基本模板类，AbilityContext 是 Ability 运行的上下文环境基类。AbilityLoader 是应用进程中 Ability 的加载类，AbilityThread/Lifecycle 是管理及控制应用进程中 Ability 生命周期的类，AbilityManagerProxy 是应用进程中 Ability 将自身状态通过IPCInterface 通知给服务层的类。EventHandler 是应用中使用 Event 通信的类，由系统公共组件提供。AppSpawn 用于应用进程的孵化。IPCInterface 用于应用进程中 AbilityKit 中的各逻辑模块与服务层进行进程间的通信时调用。

3. 服务层（ServiceLayer）

服务层（ServiceLayer）的各模块运行在 OpenHarmony 的系统进程中，用于与底层交互并向框架层提供功能，通过 IPC 调用的方式与用户进程相互传递信息。

Ability 管理服务（AbilityManagerService）是协调各 Ability 运行关系及对生命周期进行调度的系统服务。连接管理模块（AbilityConnectManager）是 Ability 管理服务对 Service 类型Ability 实现连接管理的模块。数据管理模块（DataAbilityManager）是 Ability 管理服务对 Data 类型 Ability 进行管理的模块。App 管理服务调度模块（AppScheduler）提供 Ability 管理服务对用户程序管理服务进行调度管理的能力。

Ability 调度模块（AbilityScheduler）提供对 Ability 进行调度管理的能力。生命周期调度模块（LifecycleDeal）是 Ability 管理服务对 Ability 的生命周期事件进行管理调度的模块。

AppManagerService 用于对应用进程整体进行管理。

BundleManagerService 用于安装/卸载应用的 hap 包及管理安装后的应用信息。

11.1.3　应用模型

Ability 框架模型结构具有两种框架形态，也就为应用提供了两种模型，分别是 FA 模型和 Stage 模型。

1. FA 模型

API 8 及其更早版本的应用程序只能使用 FA 模型进行开发。FA 模型将 Ability 分为 FA（Feature Ability）和 PA（Particle Ability）两种类型，其中 FA 支持 Page Ability，PA 支持 Service Ability、Data Ability 及 FormAbility。

2. Stage 模型

Stage 模型从 API 9 开始引入，它将 Ability 分为 Ability 和 ExtensionAbility 两大类，其中，ExtensionAbility 又被扩展为 ServiceExtensionAbility、FormExtensionAbility、DataShareExtensionAbility 等一系列 ExtensionAbility，以便满足更多的使用场景。

11.2　基本原理与实现

本节将深入讲解 Ability 子系统的设计思路和代码实现。

11.2.1　子系统架构

1. 代码目录结构

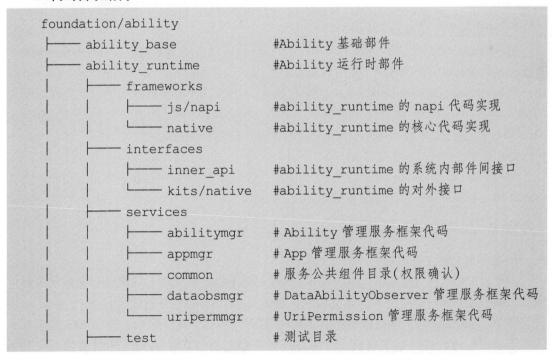

```
foundation/ability
├──── ability_base          #Ability 基础部件
├──── ability_runtime       #Ability 运行时部件
│     ├──── frameworks
│     │     ├──── js/napi    #ability_runtime 的 napi 代码实现
│     │     └──── native     #ability_runtime 的核心代码实现
│     ├──── interfaces
│     │     ├──── inner_api  #ability_runtime 的系统内部件间接口
│     │     └──── kits/native  #ability_runtime 的对外接口
│     ├──── services
│     │     ├──── abilitymgr   # Ability 管理服务框架代码
│     │     ├──── appmgr       # App 管理服务框架代码
│     │     ├──── common       # 服务公共组件目录(权限确认)
│     │     ├──── dataobsmgr   # DataAbilityObserver 管理服务框架代码
│     │     └──── uripermmgr   # UriPermission 管理服务框架代码
│     ├──── test             # 测试目录
```

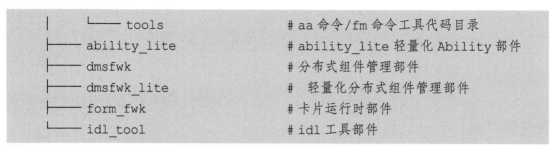

```
|        └── tools          # aa 命令/fm 命令工具代码目录
├──── ability_lite          # ability_lite 轻量化 Ability 部件
├──── dmsfwk                 # 分布式组件管理部件
├──── dmsfwk_lite            #  轻量化分布式组件管理部件
├──── form_fwk               # 卡片运行时部件
└──── idl_tool               # idl 工具部件
```

2. Ability 运行时全景图

Ability 运行时全景图（见图 11 – 2）主要从四部分概述 Ability 运行时的关键类的类图结构，包括系统服务层（App 管理）、用户层（应用进程）、系统服务层（Ability 管理）、用户层（应用进程内的 Ability）。对于每一层的关键类，详细介绍如下。

1）系统服务层（App 管理）

AppMgrServiceInner 及 AppRuningRecord 是 App 管理服务的核心类。AppMgrServiceInner 中含有 AppRunningManager 的实例，AppRunningManager 中以 map 表的形式包含所有的正在运行的应用记录（AppRunningRecord）。一个 AppRunningRecord 对应一个 App 主进程（全景图中 MainThread 所在的进程）。

2）用户层（应用进程）

AppRunningRecord 通过 AppLifeCycleDeal 管理所对应的 App 的生命周期。MainThread 及 OHOSApplication 是应用进程的核心类。OHOSApplication 中包含应用进程的上下文，其中，abilityRcordMgr 以 map 表的形式存储该进程内的所有 AbilityLocalRcord，每一个 AbilityLocalRcord 对应进程内的一个 Ability。应用进程是通过 AbilityThread 对其内的各 Ability 进行调用的。

3）系统服务层（Ability 管理）

AbilityManagerService 及 AbilityRecord 是 Ability 管理服务的核心类。AbilityManagerService 是操作各类 Ability 方法的入口，其内以 map 表的形式包含所有用户的 AbilityConnectManager/DataAbilityManager/MissionListManager。各子 Manager 内又以 list 或 map 表的形式存储该用户的所有类型的 Ability 的 AbilityRecord。一个 AbilityRcord 对应用户层的一个 Ability，AbilityRecord 通过 LifecycleDeal 管理所对应的 Ability 的生命周期。

4）用户层（应用进程内的 Ability）

AbilityThread 是 Ability 管理服务的核心类，它是操作 Ability 的方法入口。Ability 通过 context 与服务层通信，并调用服务层的方法。

11.2.2 应用启动流程

1. 应用启动的主要流程

应用启动的主要流程如图 11 – 3 所示，StartAbility 是启动入口，依次会触发创建应用进程，加载进程并同时创建可调度该进程的关键类（MainThread），通过 AttachApplication 将该关键类（MainThread）的指针回送到系统服务层的 App 管理服务中，这样 App 管理服务就可以对应用进程进行调度管理。创建并加载要启动的 Ability 实例，同时创建可调度该 Ability 实例的关键类（AbilityThread），通过 AttachAbilityThread 将该关键类（AbilityThread）

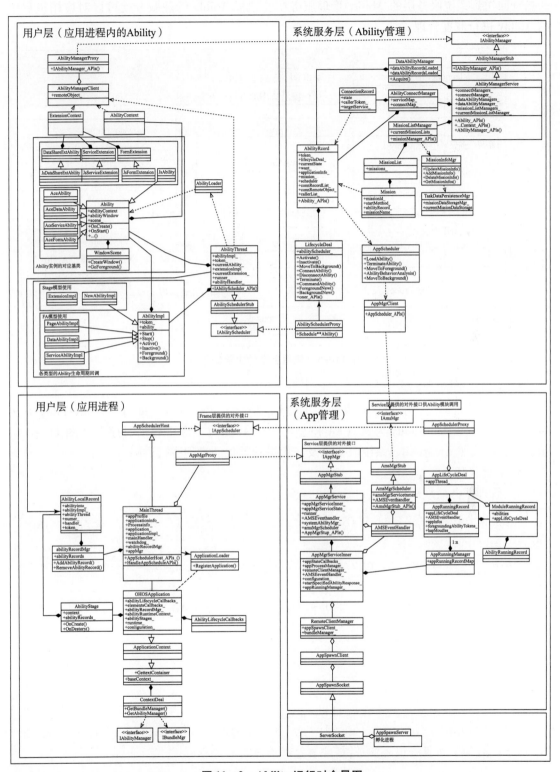

图 11 - 2　Ability 运行时全景图

的指针回送到系统服务层的 Ability 管理服务中，这样 Ability 管理服务就可以对应用进程中的 Ability 进行调度管理。

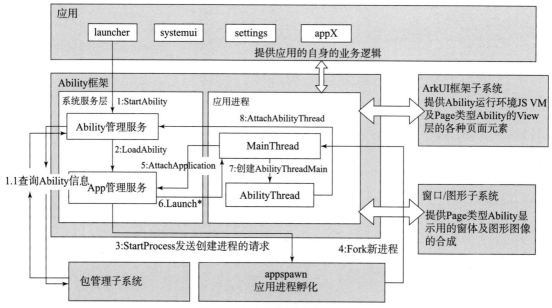

图 11-3   应用启动的主要流程

2. 应用启动的时序图

这里以 launcher 应用（Stage 模型）通过调用 ServiceExtensionContext 的 StartAbility 方法启动设置应用的 MainAbility 为例（FA 模型的 PageAbility）。应用启动时序图如图 11-4 所示，下文将按照 AbilityKit、系统服务层及应用进程孵化的过程进行讲解。

3. 关键代码

1）管理服务层加载启动 Ability

```
//foundation/ability/ability_runtime/service/appmgr/src/app_mgr_
service_inner.cpp
    void AppMgrServiceInner::LoadAbility(const sptr<IRemoteObject>
&token,const sptr<IRemoteObject> &preToken,
        const std::shared_ptr<AbilityInfo> &abilityInfo,const std::
shared_ptr<ApplicationInfo> &appInfo,
        const std::shared_ptr<AAFwk::Want> &want)
    {
~
        std::string processName;
        MakeProcessName(abilityInfo, appInfo, hapModuleInfo, appIndex,
processName);//根据调用信息,创建要拉起的应用的进程名

        auto appRecord =
```

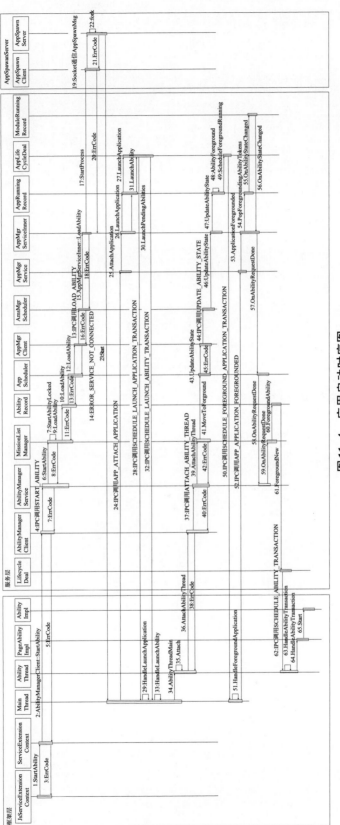

图 11-4　应用启动时序图

```
                appRunningManager_ -> CheckAppRunningRecordIsExist(appInfo ->
name,processName,appInfo ->uid,bundleInfo);   //检查要拉起的目标应用是否正
在运行
        if(! appRecord){
           ~
            StartProcess( abilityInfo -> applicationName, processName,
startFlags,appRecord,
                appInfo ->uid,appInfo ->bundleName,bundleIndex);//目标应
用没运行的情况下,创建新的进程,启动该应用
        }else{
           ~
            StartAbility ( token, preToken, abilityInfo, appRecord,
hapModuleInfo,want);//已经启动的情况下,在该进程中加载目标 Ability
        }
      ~
    }
```

2）应用主进程启动

```
    //foundation/ability/ability _ runtime/frameworks/native/appkit/
app/main_thread. cpp
    void MainThread::Start()
    {
       ~
        std::shared_ptr < EventRunner > runner = EventRunner::GetMainEventRunner
();//获取主进程的 runner
       ~
        sptr < MainThread > thread = sptr < MainThread > (new( std::nothrow)
MainThread());
        thread ->Init(runner);//使用此 runner 设置并初始化 MainThread
        thread ->Attach();   //连接 App 管理服务,并请求 AttachApplication
        int ret = runner ->Run();
       ~
    }
    void MainThread::Init(const std::shared_ptr < EventRunner > &runner)
    {
       ~
        mainHandler_ = std::make_shared < MainHandler > (runner,this);//设
置 mainHandler_,方便其他线程中投递任务到主线程
```

```
    signalHandler_ = std::make_shared < EventHandler > (EventRunner::
Create(SIGNAL_HANDLER());//设置看门狗线程,主要用于监测主线程是否卡死
    ~
    watchdog_ -> Init(mainHandler_);
}
```

3）App 管理服务处理应用发送的 AttachApplication 请求

```
//foundation/ability/ability_runtime/services/appmgr/src/app_mgr_
service_inner.cpp
    void AppMgrServiceInner::AttachApplication (const pid_t pid, const
sptr < IAppScheduler > &appScheduler)
    {
        appRecord -> SetApplicationClient(appScheduler);　//设置 appRecord
的 appScheduler 变量,这个变量就指向了应用进程中的 MainThread 对象,至此,App 管
理服务就获取到了能够管理这个应用的关键地址
        if ( appRecord - > GetState ( ) = = ApplicationState::APP_STATE_
CREATE){
            LaunchApplication(appRecord);　//调用 LaunchApplication
    }
    ~
    }
    void AppMgrServiceInner::LaunchApplication(const std::shared_ptr <
AppRunningRecord > &appRecord)
    {
        ~
    appRecord -> LaunchApplication(* configuration_);　//通过 appScheduler
回调到应用进程的 MainThread 中的 ScheduleLaunchApplication 方法
        appRecord -> LaunchPendingAbilities();//发起 LaunchAbility 的动作
    }
```

4）应用进程处理 ScheduleLaunchApplication 请求

```
//foundation/ability/ability_runtime/frameworks/native/appkit/
app/main_thread.cpp
    void MainThread:: ScheduleLaunchApplication ( const  AppLaunchData
&data,const Configuration &config)
    {
    ~
    wptr < MainThread > weak = this;
    auto task = [weak,data,config](){
    ~
```

```
            appThread - > HandleLaunchApplication ( data, config);//调用
HandleLaunchApplication 处理
        };
        if(! mainHandler_->PostTask(task(){
            HILOG_ERROR("MainThread::ScheduleLaunchApplication PostTask
task failed");
        }
    }
    void   MainThread:: HandleLaunchApplication ( const   AppLaunchData
&appLaunchData,const Configuration &config)
    {
        if(! InitCreate ( contextDeal, appInfo, processInfo, appProfile))
{//初始化应用进程的上下文环境
        ~

        application_ = std::shared_ptr < OHOSApplication > (ApplicationLoader::
GetInstance().GetApplicationByName());//创建 OHOSApplication 对象
            std:: shared _ ptr < Global:: Resource:: ResourceManager >
resourceManager(Global::Resource::CreateResourceManager());
        if(! InitResourceManager ( resourceManager, bundleInfo, config))
{ //初始化资源管理对象
    std::shared_ptr < AbilityRuntime::ContextImpl > contextImpl = std::
make_shared <AbilityRuntime::ContextImpl > ();//创建 Context 上下文对象
        ~

        if(isStageBased){ //为 Stage 模型创建 jvm 运行环境,此逻辑在后面章节
还会再介绍,此处先省略,只需记住 FA 模型与 Stage 模型的 jvm 环境有所不同即可
        ~

        }
    ~

#if defined(NWEB)//如果是 Web 应用进程,会单独再创建一个 nweb 进程
    //pre dns for nweb
    std::thread( &OHOS::NWeb::PreDnsInThread). detach();
    //start nwebspawn process
    std::thread([nwebApp = application_,nwebMgr = appMgr_]{
    ~

Web:: NWebHelper:: TryPreReadLib ( isFirstStartUpWeb, nwebApp - >
GetAppContext() ->GetBundleCodeDir());
    }).detach();
#endif
    }
```

至此，一个可运行的应用进程基本就创建完整了，剩余的加载 Ability 及控制应用与 Ability 的生命周期的详细过程留给读者，读者可结合全景图及应用启动时序图自行对相关代码进行探索。

11.3　Stage 模型与 FA 模型

11.3.1　差异概述

Stage 模型与 FA 模型最大的区别在于：Stage 模型中，多个应用组件共享同一个 ArkTS 引擎实例；而 FA 模型中，每个应用组件独享一个 ArkTS 引擎实例。因此在 Stage 模型中，应用组件之间可以方便地共享对象和状态，同时减少复杂应用运行对内存的占用。Stage 模型作为主推的应用模型，开发者通过它能够更加便利地开发出分布式场景下的复杂应用。表 11 –1 展示了这两种模型的整体差异概况。

表 11 –1　FA 模型与 Stage 模型整体差异概况

项目	FA 模型	Stage 模型
应用组件	1. 组件分类 FA Model PageAbilty　ServiceAbility　DataAbility —PageAbility 组件：包含 UI，提供展示 UI 的能力。 —ServiceAbility 组件：提供后台服务的能力，无 UI。 —DataAbility 组件：提供数据分享的能力，无 UI。 2. 开发方式 通过导出匿名对象、固定入口文件的方式指定应用组件。开发者无法进行派生，不利于扩展能力。	1. 组件分类 Stage Model UIAbility　ExtensionAbility ServiceExtensionAbility　…… —UIAbility 组件：包含 UI，提供展示 UI 的能力，主要用于和用户交互。 —ExtensionAbility 组件：提供特定场景（如卡片、输入法）的扩展能力，满足更多的使用场景。 2. 开发方式 采用面向对象的方式，将应用组件以类接口的形式开放给开发者，可以进行派生，利于扩展能力。
进程模型	有两类进程： （1）主进程； （2）渲染进程。	有三类进程： （1）主进程； （2）ExtensionAbility 进程； （3）渲染进程。
线程模型	1. ArkTS 引擎实例的创建 一个进程可以运行多个应用组件实例，每个应用组件实例运行在一个单独的 ArkTS 引擎实例中。 2. 线程模型 每个 ArkTS 引擎实例都在一个单独线程（非主线程）上创建，主线程没有 ArkTS 引擎实例。 3. 进程内对象共享 不支持。	1. ArkTS 引擎实例的创建 一个进程可以运行多个应用组件实例，所有应用组件实例共享一个 ArkTS 引擎实例。 2. 线程模型 ArkTS 引擎实例在主线程上创建。 3. 进程内对象共享 支持。

续表

项目	FA 模型	Stage 模型
任务管理模型	（1）每个 PageAbility 组件实例创建一个任务。 （2）任务会持久化存储，直到超过最大任务个数（根据产品配置自定义）或者用户主动删除任务为止。 （3）PageAbility 组件之间不会形成栈的结构。	（1）每个 UIAbility 组件实例创建一个任务。 （2）任务会持久化存储，直到超过最大任务个数（根据产品配置自定义）或者用户主动删除任务为止。 （3）UIAbility 组件之间不会形成栈的结构。
应用配置文件	使用 config. json 描述应用信息、HAP 信息和应用组件信息。	使用 app. json5 描述应用信息，使用 module. json5 描述 HAP 信息、应用组件信息。

11.3.2 应用组件

1. FA 模型

1）PageAbility 组件

PageAbility 是包含 UI、提供展示 UI 能力的应用组件，主要用于与用户交互。PageAbility 的生命周期是 PageAbility 被调度到 INACTIVE、ACTIVE、BACKGROUND 等各个状态的统称。PageAbility 的生命周期流转及状态说明如图 11 - 5、表 11 - 2 所示。

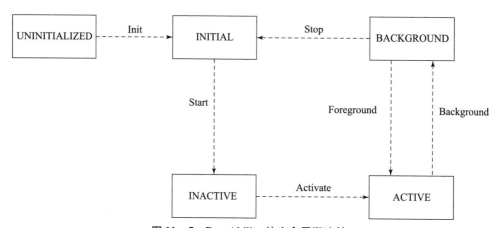

图 11 - 5 PageAbility 的生命周期流转

表 11 - 2 PageAbility 的生命周期状态说明

生命周期状态	生命周期状态说明
UNINITIALIZED	未初始状态，为临时状态，PageAbility 被创建后会由 UNINITIALIZED 状态进入 INITIAL 状态
INITIAL	初始化状态，也表示停止状态，表示当前 PageAbility 未运行，PageAbility 被启动后由 INITIAL 状态进入 INACTIVE 状态

生命周期状态	生命周期状态说明
INACTIVE	失去焦点状态，表示当前窗口已显示但是无焦点状态
ACTIVE	前台激活状态，表示当前窗口已显示，并获取焦点
BACKGROUND	后台状态，表示当前 PageAbility 退到后台，PageAbility 在被销毁后由 BACKGROUND 状态进入 INITIAL 状态，或者重新被激活后由 BACKGROUND 状态进入 ACTIVE 状态

PageAbility 的生命周期回调与生命周期状态的关系如图 11 - 6 所示。

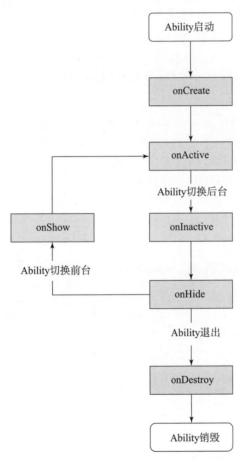

图 11 - 6　PageAbility 的生命周期回调与生命周期状态的关系

2）ServiceAbility 组件

ServiceAbility，即基于 Service 模板的 Ability，主要用于后台运行任务（如执行音乐播放、文件下载等），不提供用户交互界面。ServiceAbility 可由其他应用或 PageAbility 启动，即使用户切换到其他应用，ServiceAbility 仍将在后台继续运行。

3）DataAbility 组件

DataAbility，即使用 Data 模板的 Ability，主要用于对外部提供统一的数据访问抽象，不提供用户交互界面。DataAbility 可由 PageAbility、ServiceAbility 或其他应用启动，即使用户切换到其他应用，DataAbility 仍将在后台继续运行。

使用 DataAbility 有助于应用管理其自身和其他应用存储数据的访问，并提供与其他应用共享数据的方法。DataAbility 既可用于同设备不同应用的数据共享，也支持跨设备不同应用的数据共享。

数据的存放形式多种多样，可以是数据库，也可以是磁盘上的文件。DataAbility 对外提供对数据的增/删/改/查，以及打开文件等接口，这些接口的具体实现由开发者提供。

2. Stage 模型

1）UIAbility 组件

UIAbility 组件是一种包含 UI 的应用组件，主要用于和用户交互。对应于 FA 模型的 PageAbility 组件。原生支持应用组件级的跨端迁移和多端协同。支持多设备和多窗口形态。UIAbility 的生命周期包括 Create、Foreground、Background、Destroy 四个状态，如图 11 - 7 所示。

UIAbility 实例创建完成之后，在进入 Foreground 之前，系统会创建一个 WindowStage。WindowStage 创建完成后会进入 onWindowStageCreate() 回调，可以在该回调中设置 UI 加载、设置 WindowStage 的事件订阅，如图 11 - 8 所示。

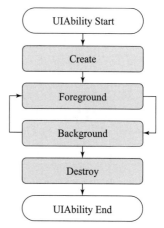

图 11 - 7　UIAbility 生命周期状态

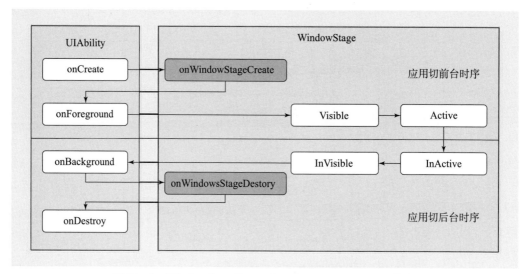

图 11 - 8　WindowStageCreate 和 WindowStageDestroy 状态

2）ExtensionAbility 组件

ExtensionAbility 组件是基于特定场景（如服务卡片、输入法等）提供的应用组件，以便满足更多的使用场景。每一个具体场景对应一个 ExtensionAbilityType，开发者只能使用（包括实现和访问）系统已定义的类型。各类型的 ExtensionAbility 组件均由相应的系统服务统一管理，例如 InputMethodExtensionAbility 组件由输入法管理服务统一管理。当前系统已定义的 ExtensionAbility 类型如表 11 - 3 所示。

表 11 - 3　当前系统已定义的 ExtensionAbility 类型简介

已支持 ExtensionAbility 类型	功能描述
FormExtensionAbility	FORM 类型的 ExtensionAbility 组件，用于提供服务卡片场景相关能力
WorkScheduleExtensionAbility	WORK_SCHEDULER 类型的 ExtensionAbility 组件，用于提供延迟任务回调实现的能力
InputMethodExtensionAbility	INPUT_METHOD 类型的 ExtensionAbility 组件，用于实现输入法应用的开发
AccessibilityExtensionAbility	ACCESSIBILITY 类型的 ExtensionAbility 组件，用于提供辅助功能业务的能力
ServiceExtensionAbility	SERVICE 类型的 ExtensionAbility 组件，用于提供后台服务场景相关能力。对应于 FA 模型的 ServiceAbility 组件
DataShareExtensionAbility	DATA_SHARE 类型的 ExtensionAbility 组件，用于提供支持数据共享业务的能力。对应于 FA 模型的 DataAbility 组件
StaticSubscribeExtensionAbility	STATIC_SUBSCRIBER 类型的 ExtensionAbility 组件，用于提供静态广播的能力
WindowExtensionAbility	WINDOW 类型的 ExtensionAbility 组件，用于提供界面组合扩展能力，允许系统应用进行跨应用的界面拉起和嵌入
EnterpriseAdminExtensionAbility	ENTERPRISE_ADMIN 类型的 ExtensionAbility 组件，用于提供企业管理时处理管理事件的能力，比如设备上的应用安装事件、锁屏密码输入错误次数过多事件等

限于篇幅，这里只介绍 ServiceExtensionAbility 的生命周期，其他类型的 ExtensionAbility 的生命周期留给读者自己探索。

ServiceExtensionAbility 提供了 onCreate()、onRequest()、onConnect()、onDisconnect() 和 onDestroy() 生命周期回调，可根据需要重写对应的回调方法。图 11 - 9 展示了 ServiceExtensionAbility 的生命周期。

3. 组件类型

Ability 管理服务及 App 管理服务对不同应用模型中的不同类型的 Ability 管理基本都是相同的。应用模型中 Ability 组件类型产生差异的原因主要是运行在应用进程中的 AbilityKit 模块的逻辑导致的。

1）差异一：组件类型差异的实现

（1）不同类型的 Ability 组件会将自己的基类以键值对的形式注册到 AbilityLoader 的 abilities_列表中。

关键代码：

```
    //foundation/ability/ability _ runtime/frameworks/native/appkit/
app/main_thread. cpp
    void  MainThread:: HandleLaunchApplication ( const  AppLaunchData
&appLaunchData,const Configuration &config)
```

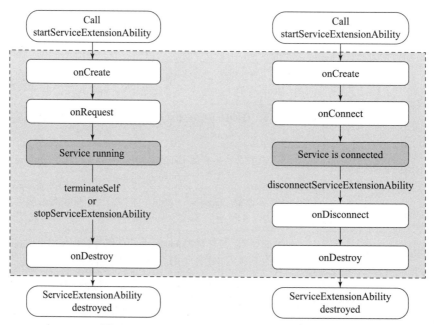

图 11－9　ServiceExtensionAbility 的生命周期

```
    {
    if(isStageBased){//只在 Stage 模型时,注册 Ability 类及所有 Extension 类
      AbilityLoader:: GetInstance ( ) . RegisterAbility ( " Ability ",
[application = application_]( ){
            return Ability::Create(application ->GetRuntime( ));//注
册 Abiilty 类
      AbilityLoader::GetInstance( ).RegisterExtension( "FormExtension",
[application = application_]( ){
              return  AbilityRuntime:: FormExtension:: Create
(application ->GetRuntime( ));//注册 FormExtension 类
          });
      AbilityLoader::GetInstance( ).RegisterExtension( "StaticSubscriber
Extension",[application = application_]( ){
              return  AbilityRuntime:: StaticSubscriberExtension::
Create(application ->GetRuntime( ));//注册 StaticSubscriberExtension 类
          });
      LoadAllExtensions(jsEngine,"system/lib64/extensionability");//注册
其他所有 Extension 类
      void  MainThread:: LoadAllExtensions ( NativeEngine  &nativeEngine,
const std::string &filePath)
    {
```

```
  ~
  for(auto file:extensionFiles){
  AbilityLoader:: GetInstance ( ) . RegisterExtension ( extensionName,
[application = application_,file](){
              return AbilityRuntime::ExtensionModuleLoader::GetLoader
(file.c_str()).Create(application -> GetRuntime());//通过循环注册所有其
他 Extension 类型
  }
  }

  void MainThread::LoadAbilityLibrary(const std::vector < std::string >
&libraryPaths)
  {//某些特定的 FA 模型的应用进程加载,其他 FA 模型的应用进程在编译解决时就已
经依赖了 libace.z.so 库,所以,在应用程序启动时会自动加载 libace.z.so
  ~
      AceAbilityLib = dlopen ( acelibdir.c_str ( ), RTLD_NOW | RTLD_
GLOBAL);//加载 libace.z.so 库
  ~
  }
```

注：libace.z.so 库被加载时，会根据宏定义，将 AceAbility/AceDataAbility/AceForm Ability/AceServiceAbility 注册到 AbilityLoader 的 abilities_列表中。

关键代码可在 UI 框架代码中搜索 REGISTER_AA，并参考 AbilityLoader 中 REGISTER_ AA 的定义。

（2）应用启动过程中，对 Ability 进行 Attach 阶段，根据应用的模型确定该 Ability 组件的 ClassName，然后，根据 ClassName 从 AbilityLoader 的 abilities_列表中取出构造方法，从而实例化该 Ability 组件。至此，达到了不同应用模型使用不同 Ability 组件的差异。

关键代码：

```
  //foundation/ability/ability_runtime/frameworks/native/ability/
native/ability_thread.cpp
  void AbilityThread::Attach(...)
  {
  ~
      std:: string abilityName = CreateAbilityName ( abilityRecord,
application);//获取 Ability 组件的 ClassName
  ~
  //new ability
      auto ability = AbilityLoader:: GetInstance ( ).GetAbilityByName
(abilityName);//根据 ClassName 获取构造函数,生成 Ability 组件实例
```

```
~
}
std::string AbilityThread::CreateAbilityName(const std::shared_ptr
<AbilityLocalRecord>&abilityRecord,
    std::shared_ptr<OHOSApplication>&application)
{
~
    if(abilityInfo->type==AbilityType::PAGE){
        if(abilityInfo->isStageBasedModel){  //根据应用模型及
AbilityType,确定 Ability 组件的 ClassName
            abilityName=ABILITY_NAME;
        }else{
            abilityName=ACE_ABILITY_NAME;
        }
    }else if(abilityInfo->type==AbilityType::SERVICE){
    if(abilityInfo->type==AbilityType::SERVICE){
    ~
        if(abilityInfo->extensionAbilityType==ExtensionAbilityType::
WORK_SCHEDULER){
            abilityName=WORK_SCHEDULER_EXTENSION;
        }
    ~
    return abilityName;
}
```

2）差异二：开发方式差异的实现

即 Stage 模型是如何实现面向对象的方式将应用组件以类接口的形式开放给开发者的（以 UIAbility 组件为例）。

UIAbility 组件的实例化的类是 JsAbility。

关键代码：

```
//foundation/ability/ability _ runtime/frameworks/native/ability/
native/ability_runtime/js_ability. cpp
void JsAbility::Init(const std::shared_ptr<AbilityInfo>&abilityInfo,
    const std::shared_ptr<OHOSApplication>application,std::shared_
ptr<AbilityHandler>&handler,
    const sptr<IRemoteObject>&token)
{
std::string srcPath(abilityInfo->package);  //设置组件的入口文件
    ~
```

```
        }
    std::string moduleName(abilityInfo->moduleName);//组件的 moduleName
    moduleName.append("::").append(abilityInfo->name);//组件的派
生 ClassName
    ~
    jsAbilityObj_=jsRuntime_.LoadModule(
            moduleName,srcPath,abilityInfo->hapPath,abilityInfo->
compileMode==AppExecFwk::CompileMode::ES_MODULE);　//加载该组件的派
生 Class 实例,并赋值给 jsAbilityObj_
    ~
    }
    //组件派生类里的生命周期回调被触发
    NativeValue* JsAbility::CallObjectMethod(const char* name,NativeValue*
const* argv,size_t argc,bool withResult)
    {
    ~
    NativeValue* value=jsAbilityObj_->Get();
        NativeObject * obj = ConvertNativeValueTo < NativeObject >
(value);
                                                    //派生类实例
    ~
    NativeValue* methodOnCreate=obj->GetProperty(name);//派生类里
的方法
        if(withResult){　//派生类里的方法被调用,带返回值的形式
            return  handleEscape.Escape ( nativeEngine.CallFunction
(value,methodOnCreate,argv,argc));
        }
        nativeEngine.CallFunction(value,methodOnCreate,argv,argc);//派
生类里的方法被调用,不带返回值的形式
        return nullptr;
    }
```

11.3.3　进程模型

1. FA 模型

OpenHarmony FA 模型的进程模型如图 11-10 所示。

应用中（同一包名）的所有 PageAbility、ServiceAbility、DataAbility、FormAbility 运行在同一个独立进程中，即图中的 Main Process。WebView 拥有独立的渲染进程，即图中的 Render Process。

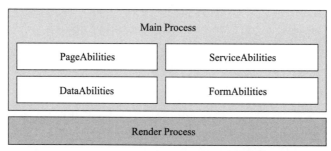

Application

图 11 –10　OpenHarmony FA 模型的进程模型示意图

2. Stage 模型

OpenHarmony Stage 模型的进程模型如图 11 – 11 所示。应用中（同一 Bundle 名称）的所有 UIAbility、ServiceExtensionAbility、DataShareExtensionAbility 运行在同一个独立进程中，如图中的 Main Process。应用中（同一 Bundle 名称）的同一类型 ExtensionAbility（除 ServiceExtensionAbility 和 DataShareExtensionAbility 外）运行在一个独立进程中，如图中的 FormExtensionAbility Process、InputMethodExtensionAbility Process、Other ExtensionAbility Process。WebView 拥有独立的渲染进程，如图中的 Render Process。

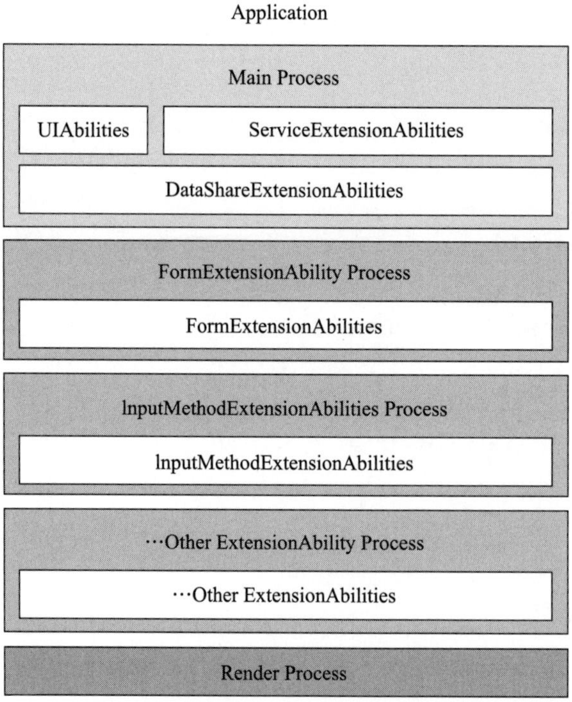

Application

Main Process
UIAbilities　ServiceExtensionAbilities
DataShareExtensionAbilities

FormExtensionAbility Process
FormExtensionAbilities

lnputMethodExtensionAbilities Process
lnputMethodExtensionAbilities

···Other ExtensionAbility Process
···Other ExtensionAbilities

Render Process

图 11 –11　OpenHarmony Stage 模型的进程模型示意图

在上述模型基础上，对于系统应用可以通过申请多进程权限（见图 11 –12），为指定 HAP 配置一个自定义进程名，该 HAP 中的 UIAbility、DataShareExtensionAbility、ServiceExtensionAbility

就会运行在自定义进程中。不同的 HAP 可以通过配置不同的进程名运行在不同进程中。

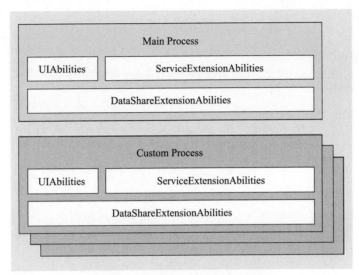

图 11－12　申请多进程权限示意图

3. 多进程模型

Stage 模型中对多进程模型的实现:

（1）Stage 应用开发中,允许对 hapModule 及 extensionAbilities 配置 process 选项。

（2）应用启动过程中,会根据应用模型及 process 选项,生成进程名。从而拉起多进程。

关键代码:

```cpp
//foundation/ability/ability_runtime/services/appmgr/src/app_mgr_
service_inner.cpp
    void AppMgrServiceInner::LoadAbility(const sptr < IRemoteObject >
&token,const sptr < IRemoteObject > &preToken,
        const std::shared_ptr < AbilityInfo > &abilityInfo,const std::
shared_ptr < ApplicationInfo > &appInfo,
        const std::shared_ptr < AAFwk::Want > &want)
    {
      ~
        std::string processName;
        MakeProcessName(abilityInfo, appInfo, hapModuleInfo, appIndex,
processName);//根据配置生成进程名
      ~
    auto appRecord =
          appRunningManager_ -> CheckAppRunningRecordIsExist(appInfo ->
name,processName,appInfo -> uid,bundleInfo);  //检查当前应用的当前进程是否
存在
```

```
        if(! appRecord){
            ~
            StartProcess(abilityInfo - > applicationName, processName,
startFlags,appRecord,
               appInfo ->uid,appInfo ->bundleName,bundleIndex);//如果不
存在,拉起新的进程
        }else{
    ~
        }

    void AppMgrServiceInner::MakeProcessName(const std::shared_ptr <
AbilityInfo >&abilityInfo,
        const std:: shared _ ptr < ApplicationInfo > &appInfo, const
HapModuleInfo &hapModuleInfo,int32_t appIndex,
        std::string &processName)
    {
      ~
    if(! abilityInfo ->process. empty()){//先根据Ability组件配置的process
去生成新的 ProcessName
    processName = abilityInfo ->process;
        return;
    }
    MakeProcessName(appInfo,hapModuleInfo,processName);//根据应用配
置生成 ProcessName
        if(appIndex! =0){
        processName += std::to_string(appIndex);
        }
    }
    void AppMgrServiceInner::MakeProcessName(
    const std::shared_ptr < ApplicationInfo > &appInfo, const HapModuleInfo
&hapModuleInfo,std::string &processName)
    {
        ~
        if(hapModuleInfo. isStageBasedModel &&! hapModuleInfo. process.
empty()){//如果是 Stage 模型,且 hapModule 中配置了 process,则生成新
的 ProcessName
        processName = hapModuleInfo. process;
        HILOG_INFO("Stage mode,Make processName:% {public}s",processName. c_
str());
```

```
        return;
    }
    ~
    processName = appInfo - > bundleName;//否则，采用 bundleName 作
为 ProcessName
    }
```

11.3.4　线程模型

在 FA 模型中，主线程负责管理其他线程。每个 Ability 有一个 Ability 线程，负责输入事件分发、UI 绘制、应用代码回调（事件处理、生命周期）、接收 Worker 线程发送的消息等功能。Worker 线程执行耗时操作。

在 Stage 模型中，由主线程执行 UI 绘制；管理主线程的 ArkTS 引擎实例，使多个 UIAbility 组件能够运行在其之上；管理其他线程的 ArkTS 引擎实例，例如启动和终止 Worker 线程；分发交互事件；处理应用代码的回调，包括事件处理和生命周期管理；接收 Worker 线程发送的消息。Worker 线程执行耗时操作。

实现原理

FA 模型与 Stage 模型的线程模型的最大差异点是 Stage 模型中不再有 Ability 线程，FA 模型中 Ability 线程的大部分动作在 Stage 模型中都由主线程完成。造成这个差异的最大原因是 FA 模型中每个 Ability 组件实例运行在一个单独的 ArkTS 引擎实例中。主线程中没有 ArkTS 引擎实例。而 Stage 模型中，所有 Ability 组件实例共享一个 ArkTS 引擎实例，该 ArkTS 引擎实例在主线程创建。

下面的代码是在 Stage 模型主线程上创建 ArkTS 引擎实例的过程。FA 模型的 ArkTS 引擎实例由读者自己调研代码后梳理。

关键代码：

```
//foundation/ability/ability _ runtime/frameworks/native/appkit/
app/main_thread.cpp
void MainThread::HandleLaunchApplication(const AppLaunchData
&appLaunchData,const Configuration &config)
{
~
//创建 runtime
    AbilityRuntime::Runtime::Options options;
    ~
    auto runtime=AbilityRuntime::Runtime::Create(options);
    if(! runtime){
        HILOG_ERROR("Failed to create runtime");
        return;
```

```
            }
            auto& jsEngine = (static_cast < AbilityRuntime::JsRuntime& >
(* runtime)).GetNativeEngine();//创建 ArkTS 引擎实例
    ~
    }
```

11.4　应用组件的跨设备交互

在 OpenHarmony 中，将跨多设备的分布式操作统称为流转；根据使用场景的不同，流转又分为跨端迁移和多端协同两种具体场景。

11.4.1　跨端迁移

跨端迁移的主要工作是将应用的当前任务（包括页面控件状态变量等）迁移到目标设备，使其能在目标设备上接续。主要功能包括：

（1）支持用户自定义数据存储及恢复。

（2）支持页面路由信息和页面控件状态数据的存储及恢复。

（3）支持应用兼容性检测。

（4）支持应用根据实际使用场景动态设置迁移状态（默认迁移状态为 ACTIVE 激活状态）。如编辑类应用在编辑文本的页面下才需要迁移，其他页面不需要迁移，但可以通过 setMissionContinueState 进行控制。

（5）支持应用动态选择是否进行页面栈恢复（默认进行页面栈信息恢复）。如应用希望自定义迁移到其他设备的显示页面，则可以通过 SUPPORT_CONTINUE_PAGE_STACK_KEY 进行控制。

（6）支持应用动态选择流转成功后是否退出迁移发起端应用（默认流转成功后退出迁移发起端应用），则可以通过 SUPPORT_CONTINUE_SOURCE_EXIT_KEY 进行控制。

跨端迁移流程图如图 11 –13 所示。

11.4.2　多端协同

多端协同包括跨设备启动 UIAbility 和 ServiceExtensionAbility 组件、跨设备连接 ServiceExtensionAbility 组件及跨设备 Call 调用实现多端协同。

多端协同流程如图 11 –14 所示。

11.4.3　跨端迁移及协同的主要功能类图

跨端迁移及协同中涉及的主要部件是 foundation/ability/dmsfwk 下的分布式组件管理部件。这个部件被设计为分布式 SystemAbility（进程名为 distributedsched）。应用进程发起流转或迁移时，Ability 管理服务通过调用分布式组件调度（distributedsched）的接口实现与远端设备的通信并拉起相应的目标应用，目标应用被拉起后，不同设备间的应用组件可直接进行通信，从而达到多端协同的目的。

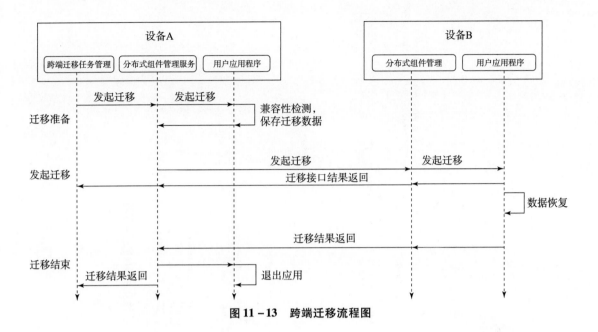

图 11 – 13　跨端迁移流程图

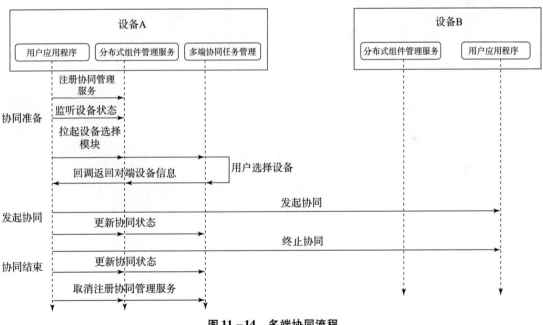

图 11 – 14　多端协同流程

　　分布式组件调度（distributedsched）中实现迁移及协同的主要类图如图 11 – 15 所示。

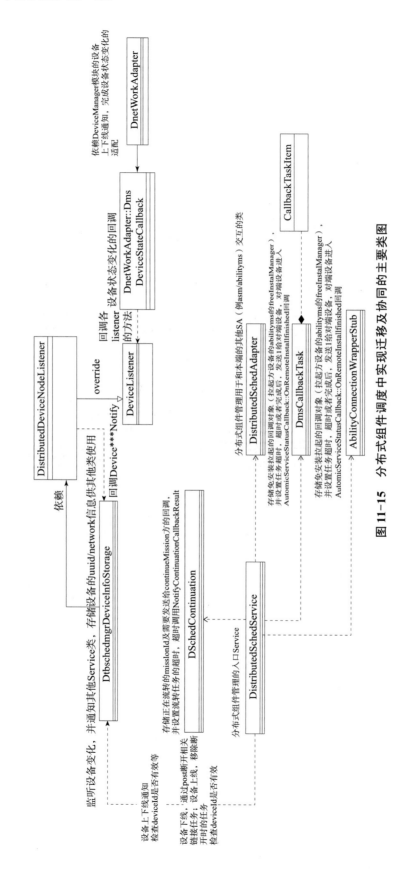

图 11-15 分布式组件调度中实现迁移及协同的主要类图

11.5　Ability 框架工具模块

Ability assistant（Ability 助手，简称为 aa），是实现应用及测试用例启动功能的工具，为开发者提供基本的应用调试和测试能力，例如启动应用组件、强制停止进程、打印应用组件相关信息等。

注：在使用 aa 工具前，开发者需要在线获取 hdc 工具，执行 hdc shell。aa 子命令如表 11-4 所示。

表 11-4　aa 子命令

命令	描述	返回值
aa help	显示 aa 相关的帮助信息	返回帮助信息
aa start[-d < deviceId >] -a < abilityName > -b < bundleName > [-D]	用于启动一个应用组件，目标组件可以是 FA 模型的 PageAbility 和 ServiceAbility 组件，也可以是 Stage 模型的 UIAbility 和 ServiceExtensionAbility 组件，且目标组件相应配置文件中的 visible 标签不能配置为 false	当启动成功时，返回 "start ability successfully."；当启动失败时，返回 "error：failed to start ability."，同时会包含相应的失败信息
aa stop-service [-d < deviceId >] -a < abilityName > -b < bundleName >	用于停止 ServiceAbility	当成功停止 ServiceAbility 时，返回 "stop service ability successfully."；当停止失败时，返回 "error：failed to stop service ability."
aa force-stop < bundleName >	通过 bundleName 强制停止一个进程	当成功强制停止该进程时，返回 "force stop process successfully."；当强制停止失败时，返回 "error：failed to force stop process."
aa dump < options > options list： - a/ - all - l/ - mission - list[type] - e/ - extension[elementName] - u/ - userId < UserId > - d/ - data - i/ - ability < AbilityRecordID > - c/ - client	- a：打印所有 mission 内的应用组件信息； - l：打印 uIAbility 及 PageAbility 的任务链信息； - e：打印 ServiceAbility 及 Extension 组件信息； - u：打印 userId 的栈信息，需要和其他参数组合使用，例如，aa dump - a - u 100； - d：打印 DataAbility 相关信息； - i：打印指定应用组件的详细信息； - c：打印应用组件详细信息，需要和其他参数组合使用，例如 aa dump - i 21 - c	返回打印应用组件的信息

示例：

aa dump －a

```
# aa dump -a
User ID #100
  Current mission lists:
    MissionList Type #LAUNCHER
  default stand mission list:
    MissionList Type #DEFAULT_STANDARD
  default single mission list:
    MissionList Type #DEFAULT_SINGLE
  launcher mission list:
    MissionList Type #LAUNCHER
  ExtensionRecords:
    uri [/com.ohos.callui/com.ohos.callui.ServiceAbility]
      AbilityRecord ID #7    state #ACTIVE    start time [22823]
      main name [com.ohos.callui.ServiceAbility]
      bundle name [com.ohos.callui]
      ability type [SERVICE]
      app state #FOREGROUND
      Connections: 0
    uri [/com.ohos.launcher/com.ohos.launcher.MainAbility]
      AbilityRecord ID #6    state #ACTIVE    start time [17766]
      main name [com.ohos.launcher.MainAbility]
      bundle name [com.ohos.launcher]
      ability type [SERVICE]
      app state #FOREGROUND
      Connections: 0
    uri [/com.ohos.medialibrary.MediaScannerAbilityA/MediaScannerAbility]
      AbilityRecord ID #10    state #ACTIVE    start time [38435]
      main name [MediaScannerAbility]
      bundle name [com.ohos.medialibrary.MediaScannerAbilityA]
      ability type [SERVICE]
      app state #FOREGROUND
      Connections: 0
    uri [/com.ohos.mms/com.ohos.mms.ServiceAbility]
      AbilityRecord ID #9    state #ACTIVE    start time [37973]
      main name [com.ohos.mms.ServiceAbility]
      bundle name [com.ohos.mms]
      ability type [SERVICE]
      app state #FOREGROUND
      Connections: 0
    PendingWantRecords:
  AppRunningRecords:
    AppRunningRecord ID #0
      process name [com.ohos.launcher]
      pid #1413  uid #20010015
      state #FOREGROUND
    AppRunningRecord ID #1
      process name [com.ohos.callui]
      pid #1504  uid #20010008
      state #FOREGROUND
    AppRunningRecord ID #2
      process name [com.ohos.mms]
      pid #1578  uid #20010019
      state #FOREGROUND
    AppRunningRecord ID #3
      process name [com.ohos.medialibrary.MediaScannerAbilityA]
      pid #1602  uid #20010017
      state #FOREGROUND
    AppRunningRecord ID #4
      process name [com.ohos.medialibrary.MediaLibraryDataA]
      pid #1610  uid #20010016
      state #FOREGROUND
#
```

11.6　思考与练习

1. 查阅代码，理解不同 Ability 组件的不同生命周期回调是如何控制实现的。

2. 查阅代码，阐述 FA 模型的 ArkTS 引擎实例的创建过程。

3. 开发一个简单的跨设备协同的应用示例。

4. 查阅资料对比 Android 的 Activity 组件和 OpenHarmony 的 Ability 子系统，提炼总结二者的共同点和差异点。

第 12 章
图形栈

12.1　图形栈概述

人们主要通过图形用户界面与计算机进行交互，图形用户界面即 GUI（Graphical User Interface）。在 OpenHarmony 中，GUI 由 UI 框架和用户程序框架共同组成，而本章所介绍的图形子系统主要用来呈现 UI 框架画面内容。

图形子系统是 OpenHarmony 中比较复杂的子系统之一。对上，它要向用户程序框架和 UI 框架提供图形接口和窗口管理接口，该能力在图形子系统内部主要涉及窗口管理。对下，需要将图形图像合成并输出到具体的显示设备中，该能力在 OpenHarmony 图形子系统中具体由 Rosen 服务来实现。图形子系统在整个 OpenHarmony 系统中的位置如图 12 - 1 所示。

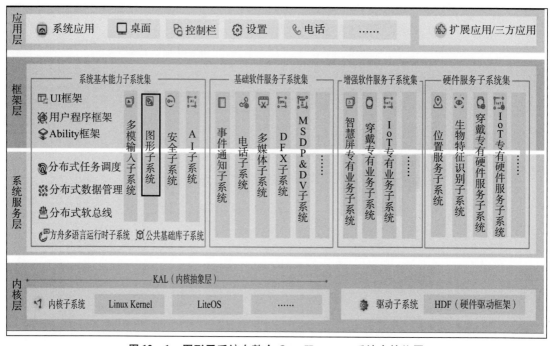

图 12 - 1　图形子系统在整个 OpenHarmony 系统中的位置

图形子系统是操作系统的重要组成部分，是用户与操作系统交互的重要途径。

OpenHarmony 图形子系统与 Android 的图形子系统类似，包括窗口管理、图形绘制、窗口合成、硬件加速、显示驱动硬件等几大系统。本章节涉及 OpenHarmony 系统中一些专业词汇和概念，以下是对一些概念的简介。

1. fence

fence 在图形显示系统中起着关键作用，有助于确保渲染操作的顺序、同步和资源管理。这对于保持渲染顺序和避免显示错误非常重要。

fence 用于同步不同线程或组件之间的渲染操作。比如在 GPU 和 CPU 之间，由于 GPU 和 CPU 位于不同的线程，可能存在同时操作一个 buffer 的情况，此时会导致画面撕裂，而 fence 的存在可以确保 GPU 和 CPU 操作一个 buffer 是顺序执行的，从而避免撕裂的现象。

图 12 - 2 展示了 fence 在 OpenHarmony 的渲染和显示过程中的工作流程。

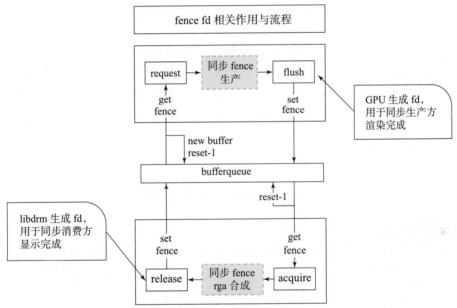

图 12 - 2　fence 在 OpenHarmony 的渲染和显示过程中的工作流程

（1）生产者利用 GPU 绘图时，不用等绘图完成，直接刷新 buffer，同时传递给 buffer queue 一个 fence。

（2）消费者获取这个 buffer 后，同时获取 buffer 携带的 fence，这个 fence 在 GPU 绘图完成后变成 -1，这就是 acquireFence，用于生产者通知消费者生产完成。

（3）当消费者获取到的 buffer 给到显示驱动后，需要把 buffer 释放到 buffer queue 中，由于该 buffer 可能正在被显示驱动使用，所以释放时需要传递一个 fence，用来指示该 buffer 内容是否正在被使用。

（4）接下来，生产者继续请求到这个 buffer 的时候，需要等待这个 fence 变成 -1，这就是 releaseFence，用于消费者通知生产者消费完成。

2. vsync

显示系统中的垂直同步（vertical synchronization，简称 vsync）是一种信号，vsync 信号由硬件设备产生，显示器以固定的频率（通常为 60 Hz、75 Hz 或 120 Hz）进行垂直刷新，即扫描屏幕上的每一行像素。刷新完成后，屏幕会显示新的图像，并会发送一个垂直同步信号，用于确保图形渲染和显示器刷新屏幕的垂直扫描同步。具体来说，vsync 确保图形处理器（GPU）在显示器的垂直刷新周期开始时执行渲染操作。

OpenHarmony 中，vsync 控制渲染与合成显示节奏如图 12 − 3 所示，以一般 60 Hz 显示设备为例，黄色块是一帧画面，是应用进程渲染后的 App 页面，以及 render_service 合成之后即将送到显示器的画面，假设 App 在 16 ms 内画面渲染完成，它会通知 render_service 在下一个 vsync 周期到来时进行一次画面合成与送显示动作，客户端渲染和 render_service 服务端合成，两者在 vsync 信号协调下分别被控制在两个 vsync 周期里有序执行。

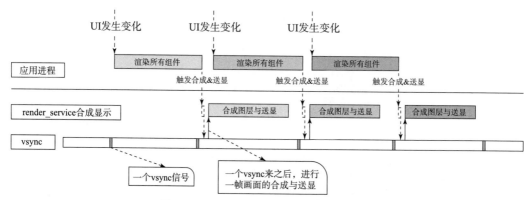

图 12 − 3　vsync 控制渲染与合成显示节奏

3. 生产消费模型

生产消费模型可以用于平衡生产和消费两者的能力。如果没有使用该模型的消费者，生产者只有在消费者消费完成之后才能进行下一次生产；有了生产者和消费者模型之后，生产者生产的数据被存到生产缓冲队列，消费者从消费缓冲队列中取数据去消费，两个队列互不影响，互不拖累，耦合性低。

OpenHarmony 实现生产消费模型的模块是 surface。surface 模块生产消费的对象是 buffer，即一块存储空间。surface 模块提供了 buffer 队列，供生产者和消费者分别进行生产与消费，这里的生产指的是将图形数据写入 buffer，消费指的是通知合成子系统拿到有图形数据的 buffer 后进行合成及送显的动作。

如图 12 − 4 所示，surface 模块维护了两个索引队列，分别为 free 队列和 dirty 队列。free 队列索引对应的 buffer 是空闲的，供生产者申请使用，生产者使用完成后，将 buffer 索引标记到 dirty 队列，而 dirty 队列存放已经生产好的 buffer 的索引，消费者根据 vsync 有节奏地从 dirty 队列中取出 buffer 进行消费。图 12 − 4 中粉色的 buffer 由 HDI 的 gralloc 模块具体决定（可以是虚拟内存、DMA 内存等）。

生产者生产图形过程：

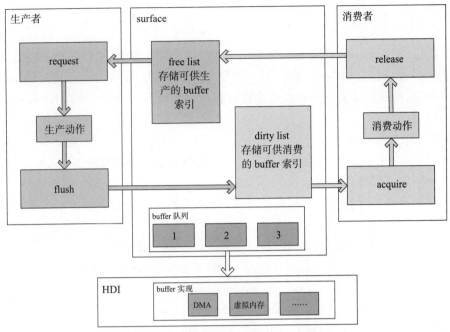

图 12 – 4　**surface 模块索引队列（配彩图）**

```
SurfaceBuffer buffer;
//申请一块 buffer
//向 buffer 写入图形数据
producer_surface->RequestBuffer(buffer…);
//将写入了图形数据的 buffer 放入 dirty 队列,并通知消费者消费
producer_surface->FlushBuffer(buffer…);
```

　　首先从 buffer 队列申请一块空闲 buffer，然后向这块 buffer 中写入图形数据，最后将携带图形数据的 buffer 放入 buffer 队列。

　　消费者消费过程：

```
class TestConsumerListener:public IBufferConsumerListener{
    //收到消费的通知
    void OnBufferAvailable()override{
        SurfaceBuffer buffer;
        //从 dirty 队列取出一块 buffer
        consumer_surface->AcquireBuffer(buffer…);
        //将 buffer 交给 Rosen 进行合成
        //将消费完成的 buffer 放入空闲队列,供生产者继续使用
        consumer_surface->ReleaseBuffer(buffer…);
```

```
            }
        }
```

生产者在调用 FlushBuffer 函数之后，会触发回调消费者的 OnBufferAvailable 函数，OnBufferAvailable 函数从 buffer 队列拿到一块已经生产好的 buffer，然后将这块 buffer 交给 weston 模块进行合成，最后由 weston 模块进行释放，释放后的 buffer 放在 buffer 队列，供生产者下一次使用。

4. 其他相关的基本概念

- 图形子系统：提供基本绘制接口，管理和合成图层，并将最终图层送给驱动显示。
- Window：不同知识背景的人对 Window 概念的理解有所不同。在系统的不同层次，Window 的存在形式有所不同，暂时可以将 Window 理解成屏幕中一块矩形区域，用于承载图形画面。
- Compositor：合成器，可将多个叠加的 surface 合成一个 surface。
- Libdrm：内核驱动 DRM 的用户空间 client 库封装（KMS，GEM 等图形接口），其通过 ioctl 访问 DRM 驱动。
- Libinput：输入处理，依赖 mtdev、libudev、libevdev 等库。
- HDI：全称 Hardware Device Inerface，即硬件设备的接口定义。
- 渲染节点：渲染节点是对控件的抽象，包括 Base 节点、Root 节点和 Canvas 节点。具体定义参见 UI 渲染章节。
- 合成节点：在合成侧，图层和屏幕也被抽象成 Node 节点。读者通过阅读 12.4 章节，可以理解节点的真正含义。

下面将对图形子系统中的关键系统分别进行介绍。

12.2　窗口系统

12.2.1　总体架构

窗口系统主要包含窗口模块和屏幕模块。

窗口模块包含：

- Window Manager Client（简称 WM）：应用进程窗口管理接口层，提供窗口对象抽象和窗口管理接口，对接元能力和 UI 框架。
- Window Manager Server（简称 WMS）：窗口管理服务，提供窗口布局、Z 序控制、窗口树结构、窗口拖曳、窗口快照等能力，并提供窗口布局和焦点窗口给多模输入。

屏幕模块包含：

- Display Manager Client（简称 DM）：应用进程 Display 管理接口层，提供 Display 信息抽象和 Display 管理接口。
- Display Manager Server（简称 DMS）：Display 管理服务，提供 Display 信息、Display 时间通知、屏幕截图、屏幕亮灭和亮度处理控制，并处理 Display 与 Screen 映射关系，其能力主要是通过 RenderService 实现。

Window、Display、Screen 的关系在窗口系统中极容易被混淆。Screen 是物理屏幕，Display 是逻辑屏幕，Window 则依附于 Display。Screen 与 Display 之间是多对多的关系，Display 与 Window 也是多对多的关系。在普通的单屏场景下，Screen 与 Display 是一对一关系，Display 与 Window 则是一对多关系。

窗口系统的设计遵循以下两条原则：轻模组化的架构原则，尽量按业务进行模组解耦；分层抽象的原则，减少不同模组在整个系统交互中暴露。

窗口系统的整体架构图如图 12 - 5 所示，下面将对其核心组件进行介绍。

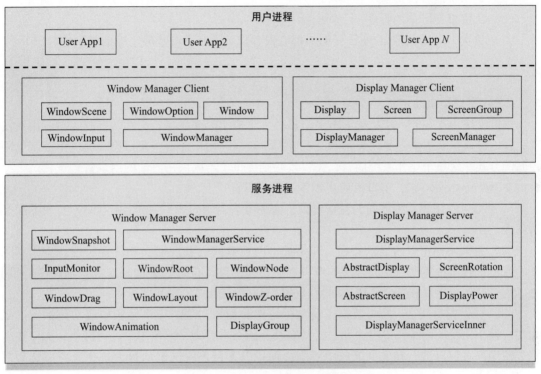

图 12 - 5　窗口系统的整体架构图

1. Window Manager Service（WMS）

WMS 主要负责 Window 的管理，比如创建、销毁、布局、层级的管理，并提供窗口布局、焦点、事件分发的能力，但不负责绘制。其主要职责如下：

（1）管理 Window 的创建与销毁以及窗口属性的维护。

（2）负责窗口树的维护。

（3）负责窗口焦点的管理。

（4）负责窗口的层级管理。

（5）负责窗口布局与策略的管理。

（6）提供窗口的缩放与拖曳能力。

（7）避开区域的管理。

（8）加载 ACE 布局并触发布局回调事件。

2. Display Manager Service（DMS）

DMS 提供 Display 信息、Display 事件通知，管理 Display 与 Screen 之间的映射关系，其他能力主要通过 RenderService 实现。其主要职责如下：

（1）通过 RenderService 获取并管理 Screen。

（2）负责 Display 的管理，以及其与 Screen 的映射管理。

（3）对外提供显示信息，如宽高、虚拟像素比等。

（4）提供截屏、亮灭屏、横竖屏、亮度等屏幕相关能力。

（5）提供扩展屏或镜像屏等多屏能力。

（6）负责虚拟屏幕的管理。

（7）负责 Display 事件的通知，如屏幕亮灭、显示大小、横竖屏、冻结等事件。

12.2.2 窗口模块

（一）窗口模块的定义

窗口模块用于在同一块物理屏幕上，提供多个应用界面显示、交互的机制。对应用开发者而言，窗口模块提供了界面显示和交互能力。对终端用户而言，窗口模块提供了控制应用界面的方式。对整个操作系统而言，窗口模块则提供了不同应用界面的组织管理逻辑。

在 OpenHarmony 中，窗口模块主要负责以下职责：

（1）提供应用和系统界面的窗口对象。应用开发者通过窗口加载 UI 界面，实现界面显示功能。

（2）组织不同窗口的显示关系，即维护不同窗口间的叠加层次和位置属性。应用和系统的窗口具有多种类型，不同类型的窗口具有不同的默认位置和叠加层次（Z 轴高度）。同时，用户操作也可以在一定范围内对窗口的位置和叠加层次进行调整。

（3）提供窗口装饰。窗口装饰指窗口标题栏和窗口边框。窗口标题栏通常包括窗口最大化、最小化及关闭按钮等界面元素，具有默认的点击行为，方便用户进行操作；窗口边框则方便用户对窗口进行拖曳、缩放等行为。窗口装饰是系统的默认行为，开发者可选择启用/禁用，无须关注 UI 代码层面的实现。

（4）提供窗口动效。在窗口显示、隐藏及窗口间切换时，窗口模块通常会添加动画效果，以使各个交互过程更加连贯流畅。在 OpenHarmony 中，应用窗口的动效为默认行为，不需要开发者进行设置或者修改。

（5）指导输入事件分发。即根据当前窗口的状态或焦点，进行事件的分发。触摸和鼠标事件根据窗口的位置和尺寸进行分发，而键盘事件会被分发至焦点窗口。应用开发者可以通过窗口模块提供的接口设置窗口是否可以触摸和是否可以获焦。

OpenHarmony 的窗口模块将窗口界面分为系统窗口、应用窗口两种基本类型。

（1）系统窗口：系统窗口指完成系统特定功能的窗口，如音量条、壁纸、通知栏、状态栏、导航栏等。

（2）应用窗口：应用窗口区别于系统窗口，指与应用显示相关的窗口。根据显示内容的不同，应用窗口又分为应用主窗口、应用子窗口两种类型。

应用主窗口：应用主窗口用于显示应用界面，会在"任务管理界面"显示。

应用子窗口：应用子窗口用于显示应用的弹窗、悬浮窗等辅助窗口，不会在"任务管理界面"显示。应用子窗口的生命周期跟随应用主窗口。

（二）**窗口模式**

应用窗口模式指应用主窗口启动时的显示方式。OpenHarmony 目前支持全屏、分屏、自由窗口三种应用窗口模式，如图 12–6 所示。这种对多种应用窗口模式的支持能力，也称为操作系统的"多窗口能力"。

图 12–6　应用窗口模式实例

（1）全屏：应用主窗口启动时铺满整个屏幕。

（2）分屏：应用主窗口启动时占据屏幕的某个部分，当前支持二分屏。两个分屏窗口之间具有分界线，可通过拖曳分界线调整两个部分的窗口尺寸。

（3）自由窗口：自由窗口的大小和位置可自由改变。同一个屏幕上可同时显示多个自由窗口，这些自由窗口按照打开或者获取焦点的顺序在 Z 轴排布。当自由窗口被点击或触摸时，将导致其 Z 轴高度提升，并获取焦点。

窗口模块目前支持两种策略，层叠（Cascade）与平铺（Tile）。默认的布局策略是层叠，分屏显示也会将策略切换至层叠。布局策略的主要能力就是决定窗口的排列布局方式、位置与大小。层叠策略是手机开机后采用默认的布局模式。层叠式布局是一个三维的空间，将手机的水平方向作为 X 轴，竖直方向作为 Y 轴，还有一根垂直于屏幕从里朝外方向的虚拟的 Z 轴，所有窗口按照顺序排列在 Z 轴上。平铺策略是将整个屏幕划分成若干区域，每个区域显示一个窗口。窗口之间互相没有覆盖，分别在某个区域里最大化。两种策略的布局策略如图 12–7 所示。

12.2.3　窗口创建过程

窗口的创建方式有两种：一种是调用窗口模块接口直接创建，比如开机动画和鼠标；另一种则是常见的从 Ability 中创建窗口。下文将重点讲解 Ability 创建窗口的过程。

Ability 窗口的创建从冷启动或热启动接口中触发。Ability 持有 AbilityWindow，AbilityWindow 则持有 WindowScene。WindowScene 在初始化阶段会创建一个主窗口。窗口的创建会调用 Window∷Create 函数创建 WindowImpl 对象，并调用 WindowManagerService∷CreateWindow 函数。在 WindowManagerService 中，则通过 WindowController 生成 WindowId 并创建 WindowNode。最后通过 WindowRoot 将 WindowNode 管理起来。

AbilityWindow 与 WindowScene 的关系如下：AbilityWindow 是 Ability 持有并用来在生命周期函数中生成或调用窗口生命周期的类，操作窗口的类则是 WindowScene。WindowScene 由 WindowManager Client 端提供，用于屏蔽元能力与窗口管理之间的强耦合，方便后续无屏幕的小型设备裁剪显示系统。

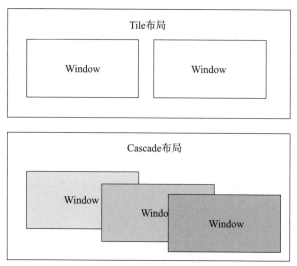

图 12-7 窗口模块布局策略

WindowImpl 与 WindowNode 有所区别。WindowImpl 是 IWindow 的实现，是提供给上层操作窗口的接口。WindowNode 与 WindowImpl 一一对应，是 WMS 中操作窗口的实体，其通过 WindowRoot 管理。WindowNode 内部维护了一个 windowToken_对象，该对象的指向就是 WindowImpl。WindowImpl 负责对其他子模块提供操作窗口的能力，该能力通过 WMS 与 RenderService 实现。WindowImpl 在创建时会创建 RSSurfaceNode 对象，该对象则会向 RenderService 提交一条窗口创建的事务。在 WindowNode 创建时，WindowImpl 会将 RSSurfaceNode 的引用传递给 WindowNode。WindowNode 则是 WMS 中对窗口的抽象，内部维护了父子关系、显示隐藏、布局大小等。

WindowRoot 管理着所有的窗口。其内部维护着 WindowNode 与 WindowId 的 map，提供了对 WindowNode 的增/删/改查操作，并且提供了最小化所有窗口、最大化窗口、设置布局策略等能力。其记录窗口节点关系如下所示：

```
class WindowRoot:public RefBase{
    ...//记录窗口节点的 WindowId 和 WindowNode 关系的 map 表
    std::map < uint32_t,sptr < WindowNode > >windowNodeMap_;
//记录窗口节点的 WindowId 和 WindowImpl 关系的 map 表
    std::map < sptr < IRemoteObject >,uint32_t >windowIdMap_;
//记录屏幕组 ID 和窗口树容器关系的 map 表
    std:: map < ScreenId, sptr < WindowNodeContainer > >
windowNodeContainerMap_;
//记录屏幕组 ID 和 Display 关系的 map 表
    std::map < ScreenId,std::vector < DisplayId > >displayIdMap_;
    ...
};
```

主窗口的 WindowImpl 由 WindowScene 持有，子窗口则由主窗口自己管理维护。在

Ability 销毁时，会通知 WindowScene 销毁主窗口，主窗口则会销毁所有的子窗口，并通知 WMS 中的 WindowRoot 销毁相应的 WindowNode。

具体而言，创建一个窗口大体需要经过以下步骤：

（1）创建窗口渲染节点 SurfaceNode。

（2）创建窗口节点 WindowNode 并保存渲染节点信息。

（3）将窗口节点挂到窗口树下。

（4）将渲染节点挂到对应显示屏 Display 的渲染树。

（5）调整窗口布局，计算窗口大小并同步相关信息到渲染节点，至此窗口则可以参与渲染合成并显示到物理屏幕上。

下面具体介绍创建窗口的完整流程。

（1）普通窗口（如鼠标和窗口动画）创建显示时序如图 12 - 8 所示。

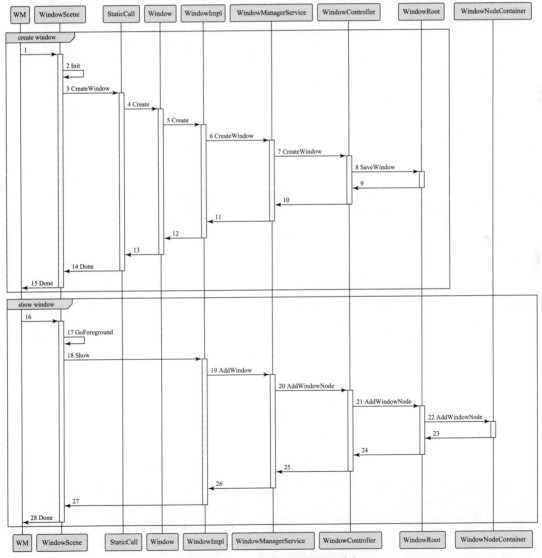

图 12 - 8　普通窗口创建显示时序

（2）Ability 窗口启动和 3.1 版本相比有了新的变化，启动有两种方式，分别称为冷启动和热启动，冷启动过程中 IPC 调用接口 WindowManagerService：：StartingWindow。

①窗口启动前，先创建一个窗口节点及关联的两个渲染节点，分别是 leashWindow 和 startingWindow。leashWindow 是 Ability 启动的相同 token 的窗口渲染节点的根节点；startingWindow 是创建后 Ability 预设的内容，默认显示图标。冷启动动画结束后销毁此窗口。

②冷启动时序如图 12 - 9 和图 12 - 10 所示。

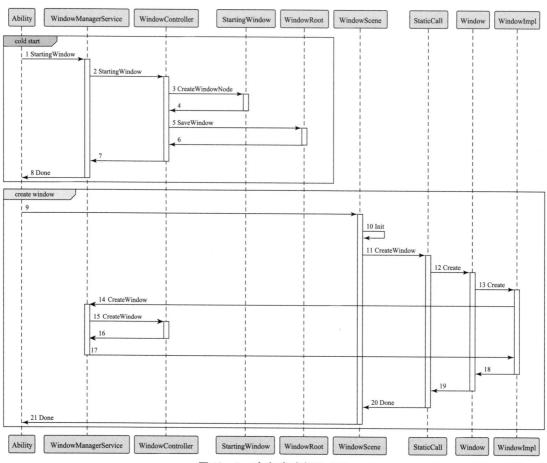

图 12 - 9　冷启动时序图（1）

基于时序图，下面将通过代码片段中代码注释对重要时序点的讲解，详细讲解冷启动的全过程，并解读普通窗口和 Ability 窗口的创建过程和差异。

```
void WindowController::StartingWindow( sptr < WindowTransitionInfo >
info,std::shared_ptr < Media::PixelMap > pixelMap,
    uint32_t bkgColor,bool isColdStart)
{
    //token 是 从 Ability 传入并在 WindowNode 属性保存,相同的 token 的
WindowNode 只有一个
```

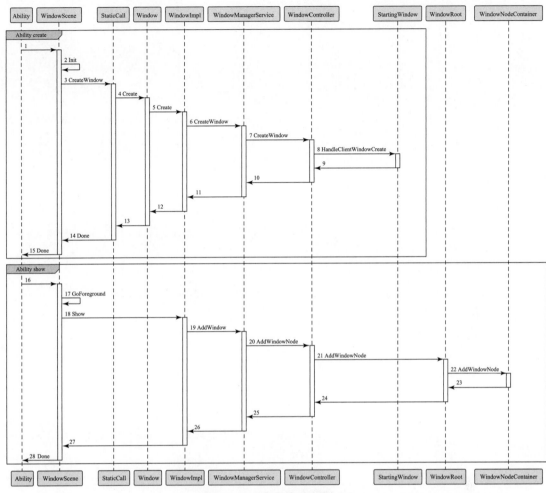

图 12 – 10　冷启动时序图（2）

```
        auto node = windowRoot_ - > FindWindowNodeWithToken ( info - >
GetAbilityToken());
    ...
        //创建 WindowNode 和关联的渲染节点 RSSurfaceNode,此窗口节点是相同
token 窗口节点的父节点
        node = StartingWindow::CreateWindowNode(info,GenWindowId());
        ...
        //WindowNode 被添加到 WindowRoot 并管理起来
        windowRoot_ - > SaveWindow(node) ! = WMError::WM_OK)
    ...
    //添加到窗口树,调整布局信息并同步到渲染树
```

```
        windowRoot_->AddWindowNode(0,node,true)!=WMError::WM_OK
    //绘制 StartingWindow 内容并显示,默认绘制 App 图标
        StartingWindow:: DrawStartingWindow ( node, pixelMap, bkgColor,
isColdStart);
    }
```

Ability 窗口冷启动创建窗口节点 WindowNode 和与之关联的渲染节点 RSSurfaceNode。

```
    sptr < WindowNode > StartingWindow:: CreateWindowNode ( const sptr <
WindowTransitionInfo >& info,uint32_t winId)
    {
        //创建窗口节点 WindowNode
        sptr < WindowNode > node = new( std::nothrow)WindowNode( property);
    ...
        //创建与窗口节点 WindowNode 关联的渲染节点 RSSurfaceNode
        CreateLeashAndStartingSurfaceNode(node)!=WMError::WM_OK
        ...
    }
```

创建与冷启动 Ability 窗口关联的两个渲染节点，即 leashWindow 和 startingWindow。

```
    WMError WindowController:: CreateWindow ( sptr < IWindow > & window,
sptr < WindowProperty >& property,
    const std:: shared_ptr < RSSurfaceNode > & surfaceNode,uint32_t&
windowId,sptr < IRemoteObject >token,
    int32_t pid,int32_t uid)
    {
    ...
    //Ability 冷启动的窗口有相同的 token,共享同一个 WindowNode 并将
RSurfaceNode 与之关联
        sptr < WindowNode > node = windowRoot_ -> FindWindowNodeWithToken
( token);
        if ( node!= nullptr && WindowHelper:: IsMainWindow ( property - >
GetWindowType())&& node -> startingWindowShown_){
        //Ability 启动在 WM 创建的渲染节点,将其添加到 WindowNode 中保存,并
更新 WindowNode 中从 Ability 传入的参数
            StartingWindow:: HandleClientWindowCreate ( node, window,
windowId,surfaceNode,property,pid,
        ...
    //生成窗口唯一 ID
    windowId = GenWindowId();
```

```
    ...
    //直接调用窗口对外接口创建的窗口,此处创建 WindowNode 并保存管理
     node = new WindowNode(windowProperty, window, surfaceNode, pid,
uid);
    //WindowNode 保存 token 信息
    node->abilityToken_ = token;
    node->dialogTargetToken_ = token;
    //更新动画效果
    UpdateWindowAnimation(node);
...

    //保存 WindowNode
    return windowRoot_->SaveWindow(node);
  }
```

窗口控制器创建窗口节点，此处 Ability 窗口根据 token 找到关联的 WindowNode（已创建），普通窗口则继续走创建流程。

```
    void WindowLayoutPolicyCascade::UpdateLayoutRect(const sptr <
WindowNode>& node)
  {
  //默认布局 Cascade 计算窗口 WindowNode 大小并同步到 SurfaceNode
  UpdateWindowSizeLimits(node);
  //窗口区域需要规避状态栏和导航栏,即屏幕高度减去状态栏和导航栏高度
  bool needAvoid = (node->GetWindowFlags() & static_cast <uint32_t >
(WindowFlag::WINDOW_FLAG_NEED_AVOID));
    ...
  //更新窗口大小
  node->SetWindowRect(winRect);
  //计算并更新窗口触摸和鼠标点击影响区域
    CalcAndSetNodeHotZone(winRect, node);
    //update node bounds before reset reason
    //同步宽高信息到 RSSurfaceNode,如果存在 leashWindow, startingWindow
一并同步
    UpdateSurfaceBounds(node, winRect, lastWinRect);
    ...
  }
```

在布局策略中计算窗口大小并同步到渲染节点。

```
    static void SetBounds(const sptr < WindowNode>& node, const Rect&
winRect, const Rect& preRect)
```

```
{
    ....
    //同步更新窗口大小到对应的渲染节点
    if(node -> leashWinSurfaceNode_){
        //Ability 应用窗口
        ...
    node -> leashWinSurfaceNode_ -> SetBounds(winRect. posX_,winRect.
posY_,winRect. width_,winRect. height_);
        ...
    node -> startingWinSurfaceNode_ -> SetBounds(0,0,winRect. width_,
winRect. height_);
        ...
     node - > surfaceNode_ - > SetBounds(0, 0, winRect. width_,
winRect. height_);
        }
    }else if(node -> surfaceNode_){
        //直接使用 WM 接口启动的窗口,例如鼠标图标和开机动画
    node -> surfaceNode_ -> SetBounds(winRect. posX_,winRect. posY_,
winRect. width_,winRect. height_);
    }
}
```

最后，同步 WindowNode 布局大小信息到渲染节点。

12.3　UI 渲染

　　UI 渲染是指单个应用的渲染结果，应用的渲染结果要在合成显示端合成画面后才能显示。每个应用都对应一个 UI 渲染进程。每个 UI 渲染进程下都包含至少一个主窗口，每个主窗口下面可能包含多个子窗口。如图 12 – 11 所示，合成显示负责多个应用的渲染结果合成画面，在下文将对合成显示系统进行详细说明。

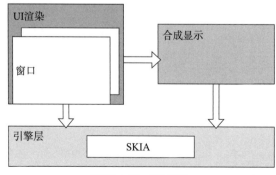

图 12 – 11　UI 渲染

本节将对 UI 渲染的相关概念和设计实现进行介绍，对核心框架代码进行讲解，以进一步说明 UI 渲染管线是如何渲染一个应用窗口的。

12.3.1　基本概念

1. 渲染（Rendering）

渲染或者叫绘制，指的是模型的视觉实现过程，计算机图形学（Computer Graphics，CG）的光照、纹理等理论和算法都需要对模型进行处理，其中也要用到大量的几何计算。模型是用严格定义的语言或者数据结构对三维物体的描述，包括几何、视点、纹理以及照明信息。

渲染是三维计算机图形学中最重要的研究课题之一，并且在实践领域它与其他技术密切相关。在图形流水线中，渲染是最后一项重要步骤，通过它得到模型与动画的最终显示效果。自从 20 世纪 70 年代以来，随着计算机图形的不断复杂化，渲染也越来越成为一项重要的技术。

20 世纪 80—90 年代对渲染的研究比较多，包含了大量的渲染模型，其中包括局部光照模型（Local Illumination Model）、光线跟踪算法（Ray Tracing）、辐射度（Radiosity）等，以及到后面的更为复杂、真实、快速的渲染技术，比如全局光照模型（Global Illumination Model）、Photo mapping、BTF、BRDF，以及基于 GPU 的渲染技术等。现在的渲染技术已经能够将各种物体，包括皮肤、树木、花草、水、烟雾、毛发等渲染得非常逼真。一些商业化软件（比如 Maya、Blender、Pov Ray 等）也提供了强大的真实感渲染功能，在计算机图形学研究论文中，作图时要经常用到这些工具来渲染漂亮的展示图或结果图。然而，已知的渲染实现方法，仍无法实现复杂的视觉特效，离实时的高真实感渲染还有很大差距，比如完整地实现适于电影渲染（高真实感、高分辨率）制作的 RenderMan 标准，以及其他各类基于物理真实感的实时渲染算法等。因此，如何充分利用 GPU 的计算特性，结合分布式的集群技术，从而来构造低功耗的渲染服务是发展趋势之一。

2. Skia

Skia 是一款跨平台的 2D 向量图形处理函数库，是谷歌（Google）公司开发的，包含字型、坐标转换以及点阵图，都有高效能且简洁的表现，可以用于开发各种应用程序，如浏览器、游戏、移动应用程序等。Skia 引擎的主要特点是速度快、可移植性强、占用的内存少、稳定性佳，适用于多种硬件平台。

Skia 的目标是提供快速、高效、可扩展的 2D 图形库，它支持多种颜色模式和平滑算法，同时也支持字体、文本渲染和图像扭曲。Skia 的绘图引擎可以与多个图形 API 进行集成，包括 OpenGL、Vulkan 和 Metal 等，并提供了自己的软件渲染器和 GPU 渲染器。

Skia 引擎可以在多个操作系统和平台上使用，包括 OpenHarmony、Android、iOS、Windows、Mac OS X 和 Linux。它是许多 Google 应用程序的核心组件，例如 Chrome 浏览器、Android 操作系统和谷歌地图等。

12.3.2　UI 渲染过程

（一）数据结构

节点是对 UI 渲染过程中的渲染动作及能力的概括，节点之间有继承关系。节点包括

Base 节点、Root 节点、Canvas 节点、Display 节点、Surface 节点。UI 渲染节点主要用到 Base 节点、Root 节点、Canvas 节点。Base 节点是所有各类节点的根节点，Root 节点对应的是单个应用的最上层节点，Canvas 节点可以理解成是一个控件，例如一个 button 由多个 Canvas 节点组合而成，每个 Canvas 负责 button 最终效果的一部分，比如其中一个 Canvas 节点可能负责构成 button 组件的背景色。UI 渲染侧涉及的节点有 RSBaseNode、RSRootNode、RSCanvasNode 和 RSBaseRenderNode、RSRootRenderNode、RSCanvasRenderNode。合成显示侧涉及的节点有 RSBaseRenderNode、RSRootRenderNode、RSCanvasRenderNode。UI 渲染侧节点和合成显示侧节点有对应关系，如图 12 – 12 所示。

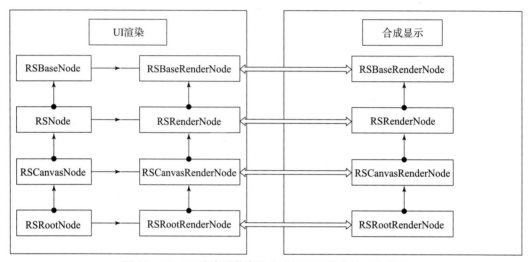

图 12 – 12　UI 渲染侧节点和合成显示侧节点的对应关系

UI 渲染是一个负责窗口实际渲染的模块，这个模块对外主要接 ArkUI、Window（窗口系统）等。每个应用都至少有一个窗口，每个窗口实际对应一个节点（Node），不管是 UI 渲染还是合成显示系统，节点都有对应的抽象。有 UI 经验的一般都知道，一个窗口往往包含多个子窗口，每个子窗口也实际对应一个节点。UI 渲染设计了 RSBaseRenderNode、RSRootRenderNode、RSCanvasRenderNode 等节点。每个窗口实际上对应了一棵以 RSBaseRenderNode、RSRootRenderNode、RSCanvasRenderNode 的树，渲染过程实际上是从 RSBaseRenderNode 开始，逐个遍历自己的子节点，一层一层下去，完成子节点的渲染，并最终完成全部渲染。

注：（1）一个 RSBaseRenderNode 节点一般包含多个 RSRootRenderNode，每个应用只有一个 RSRootRenderNode，有时存在多个 RSRootRenderNode，是因为桌面显示可能同时存在状态栏、导航栏或者其他应用。

（2）一个 RSRootRenderNode 一般包含多个 RSCanvasRenderNode。

（3）一个 RSCanvasRenderNode 一般包含多个 RSCanvasRenderNode。参见图 12 – 13。

（二）渲染过程

渲染是从函数 RSRenderThread∷RSRenderThread（）开始的，在构造函数内初始化 mainFunc_为一个 lambda 表达式，在 UI 有变更之后，App 主动发出 request 请求之后，在下一次 vsync 周期到来时，会调用这个 lambda 表达式进行 UI 渲染。

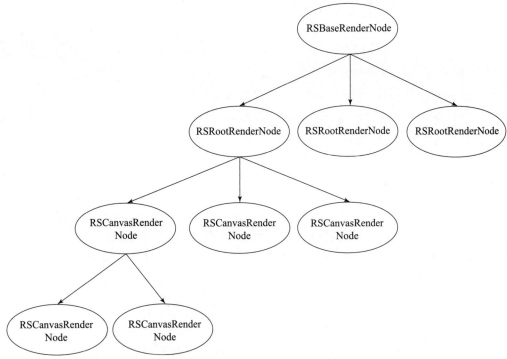

图 12 – 13　RSBaseRenderNode 关系图

接下来介绍 mainFunc_。ProcessCommands 完成 ArkUI 侧设置的 Command 处理，Animate 处理动画，Render 完成最终渲染。渲染过程可参照以下代码：

```
mainFunc_ = [&](){
...
ProcessCommands();//处理 Command
...
Animate(prevTimestamp_);//动画
Render();//节点渲染
...
};
```

1. 数据准备

Command 是对函数的封装，封装参数有两个：一个是函数的别名；另一个是函数的参数。参见以下代码简要：

```
#ifdef ROSEN_INSTANTIATE_COMMAND_TEMPLATE
#define ADD_COMMAND(ALIAS,TYPE)              \
    using ALIAS = RSCommandTemplate<TYPE>;\
    template class RSCommandTemplate<TYPE>;
#else
```

```
#define ADD_COMMAND(ALIAS,TYPE)using ALIAS = RSCommandTemplate <
TYPE >;
 #endif
```

从以上代码可以看到 Command 其实是模板 RSCommandTemplate 的实例化。

OpenHarmony 中主要包括以下三个关键的 Command：

- RSBaseNodeAddChild：在 Base 节点下添加子节点。
- RSRootNodeCreate：创建 Root 节点。
- RSCanvasNodeCreate：创建 Canvas 节点。

接下来对 Node 的创建进行讲解，UI 渲染侧暴露给 ArkUI 侧的接口其实是创建 RSCanvasNode 及 RSRootNode。由于 Command 封装了节点的创建，RSRootNode::Create 对外提供给 ArkUI 创建 RSRootNode，在 RSRootNode 创建后会调用 RSRootNodeCreate 创建 RSRootRenderNode。RSCanvasNode::Create 对外提供给 ArkUI 创建 RSCanvasNode。在 RSCanvasNode 创建后会调用 RSCanvasNodeCreate 创建 RSCanvasRenderNode。以 RSRootNode 为例，参见以下代码：

```
std::shared_ptr < RSNode > RSRootNode::Create(bool isRenderServiceNode)
{
    //创建 RSRootNode
    std::shared_ptr < RSRootNode > node(new RSRootNode(isRenderService
Node));
    ...
    auto transactionProxy = RSTransactionProxy::GetInstance();
 ...
    //创建 UI 渲染侧 RSRootRenderNode
    std::unique_ptr < RSCommand > command = std::make_unique < RSRoot
NodeCreate >(node -> GetId());
    transactionProxy -> AddCommand(command,node -> IsRenderService
Node());
  if(node -> NeedSendExtraCommand()){
    //创建合成显示侧 RSRootRenderNode
        std::unique_ptr < RSCommand > extraCommand = std::make_unique
< RSRootNodeCreate >(node -> GetId());
            transactionProxy - > AddCommand ( extraCommand,! node - >
IsRenderServiceNode());
    }
    return node;
}
```

由以上代码可以发现，RSNode 在创建的同时会在 UI 渲染和合成显示侧分别创建 RSRenderNode。

2. 窗口渲染

本节对 Render 接口进行讲解，其核心内容主要分为两步：第一步，通过 context_ -> GetGlobalRootRenderNode( ) 获取根节点（RSBaseRenderNode）；第二步，对 RSBaseRender Node 的子节点（RSRootRenderNode）进行遍历。

```
void RSRenderThread::Render( )
{
    ...
    const auto& rootNode = context_ -> GetGlobalRootRenderNode( );//获
取根节点
    ...
    rootNode -> Process(visitor_);//遍历根节点
    ...
}
```

接下来调用到 RSRootRenderNode::Process 接口，在接口内调用 RSRenderThreadVisitor:: ProcessRootRenderNode( )，这个接口内会对应用从根节点开始遍历渲染。

RSRenderThreadVisitor:: ProcessRootRenderNode( ) 主要干了三件事：第一件事是渲染 buffer 的申请；第二件事是在 buffer 上渲染所有 Node 节点；第三件事是通知合成显示渲染完成。

buffer 的申请第一步是获取 RSSurfaceNode，第二步是获取 RSSurface，第三步是获取 surfaceframe，第四步是获取 sksurface。各个节点通过 RSRenderThreadVisitor 关联起来，从 Base 节点遍历的时候，通过 RSBaseRenderNode 调用其对应子节点，每个子节点通过 RSRenderThreadVisitor 的 ProcessBaseRenderNode、ProcessCanvasRenderNode、ProcessRoot RenderNode 调用到具体的类，详细关系参见图 12 - 14。

接下来就要对每个 RSCanvasRenderNode 子节点做真正的渲染工作了。渲染分为三步：第一步是渲染准备；第二步是遍历节点；第三步是渲染收尾。渲染准备时序图如图 12 - 15 所示。

（1）在 ProcessRenderBeforeChildren 内部绘制背景图。

（2）调用基类 RSRenderNode 的渲染前绘制这一功能，在基类调用 SaveCanvasAndAlpha 保存 canvas 和 Alpha，调用 SkPaintFilterCanvas::concat 将提供的变换矩阵与当前变换矩阵预连接。

（3）RSPropertiesPainter::DrawBackground 调用属性绘制背景，桌面背景在次阶段绘制。

（4）RSPropertiesPainter::DrawFilter 调用属性绘制过滤。

（5）ApplyDrawCmdModifier 绘制背景样式 cmd 修饰。

（6）ApplyDrawCmdModifier 绘制内容样式 cmd 修饰，应用图标在此阶段进行绘制。

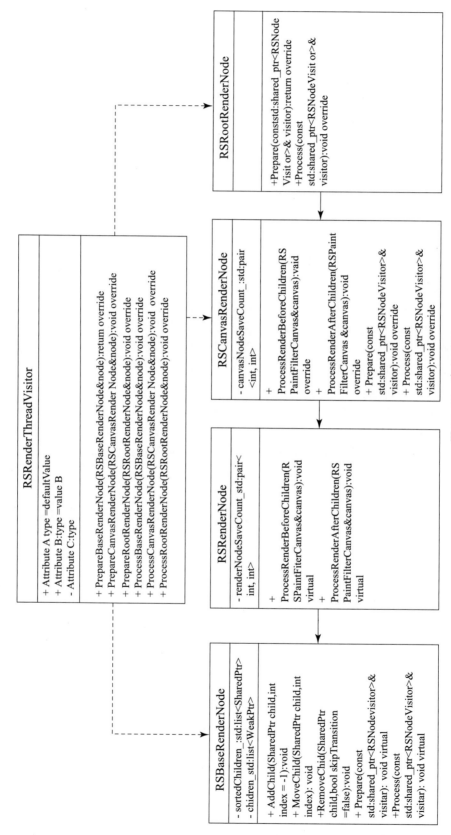

图 12-14 类关系图

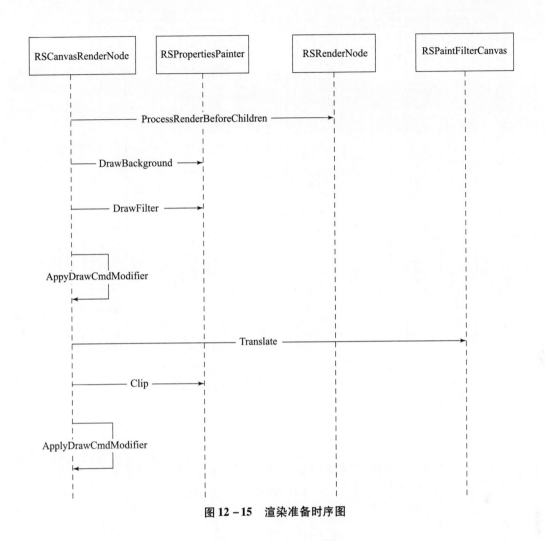

图 12 – 15 渲染准备时序图

12. 4 合成显示系统

合成显示系统负责多个应用的渲染结果合成画面，主要由 Graphic 子系统提供相关图形接口能力，下面将对 Graphic 子系统的设计与实现进行讲解。

12. 4. 1 总体架构

如图 12 – 16 所示，Graphic 子系统的架构主要分为以下三层。

接口层：提供图形的 Native API 能力，包括 WebGL、Native Drawing 的绘制能力、OpenGL 指令级的绘制能力支撑等。

框架层：包括 Render Service、Drawing、Animation、Effect、显示与内存管理五个模块。

引擎层：包括 2D 图形库和 3D 图形引擎两个模块。2D 图形库提供 2D 图形绘制底层 API，支持图形绘制与文本绘制底层能力。3D 图形引擎能力尚在构建中。

其中最核心的框架层，包含了以下主要模块：

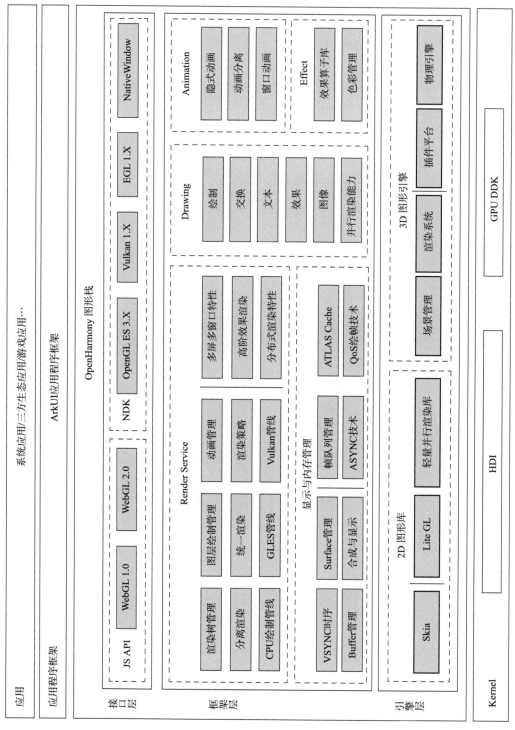

图 12-16　Graphic 子系统总体架构

Render Servicel（渲染服务）：提供 UI 框架的绘制能力，其核心职责是将 ArkUI 的控件描述转换成绘制树信息，根据对应的渲染策略，进行最佳路径渲染。同时，负责多窗口流畅和空间态下 UI 共享的核心底层机制。

Drawing（绘制）：提供图形子系统内部的标准化接口，主要完成 2D 渲染、3D 渲染和渲染引擎的管理等基本功能。

Animation（动画）：提供动画引擎的相关能力。

Effect（效果）：主要完成图片效果、渲染特效等效果处理的能力，包括多效果的串联、并联处理，在布局时加入渲染特效、控件交互特效等相关能力。

显示与内存管理：此模块是图形栈与硬件解耦的主要模块，主要定义了 OpenHarmony 显示与内存管理的能力，其定义的南向 HDI 接口需要让不同的 OEM 厂商完成对 OpenHarmony 图形栈的适配。

12.4.2　一帧画面合成与显示解析

本节内容针对分离渲染展开介绍。

（一）一帧画面合成与显示示意图

图 12 - 17 显示了 Settings 应用显示到屏幕上所涉及的过程与模块。Settings 应用启动后，屏幕上实际有 4 个图层，分别是 Launcher、Settings、Status - bar、Navation - bar。以 Settings 为例，图中 A、B、C、D 四个蓝色方块为 Settings 应用中的 ArkUI 组件，当用户操作 Settings，Settings 组件发生变更时，会触发 App 的渲染动作，渲染动作其实就是生产过程，在前面已介绍，生产其实是对 buffer 进行操作，最终的结果也保存在 buffer 中。这一过程就是上文所述的渲染过程。当 Settings 生产完成后，会通知消费者进行消费，这里的消费者是指 render_service 合成服务，它收到通知后拿到待消费的 buffer，然后进行一帧画面的更新。如何管理和显示是下一小节将详细介绍的内容。在下一小节，将 render_service 管理的 buffer 称为图层。

（二）一帧画面合成流程解析

图 12 - 18 展示了上文中 4 个图层在 render_service 中的图层结构，以帮助读者理解合成过程。globalRootRenderNode_保存了所有 Node 节点信息，它的类型是 RSBaseRenderNode，它的第一层子节点有 RSDisplayRenderNode 类型，RSDisplayRenderNode 代表一个屏幕，总共有几个屏幕，就应该有几个 RSDisplayRenderNode，它的子节点代表需要在该屏幕下显示的图层。注意 RSRootRenderNode 类型节点的子节点是空的。所有的客户端在创建的时候，就会在 render_service 中创建对应类型为 RSSurfaceRenderNode 的节点，一个 RSSurfaceRenderNode 对应一个图层，并在创建的时候就作为子节点添加到对应的屏幕 RSDisplayRenderNode 中。

图 12 - 19 是一帧画面的合成显示时序图，下面根据代码进行详细介绍。

```cpp
void RSMainThread::OnVsync(uint64_t timestamp,void* data){
    ...
    //render_service 收到需要更新帧画面时,开始进行图层合成
    mainLoop_();
    ...
}
```

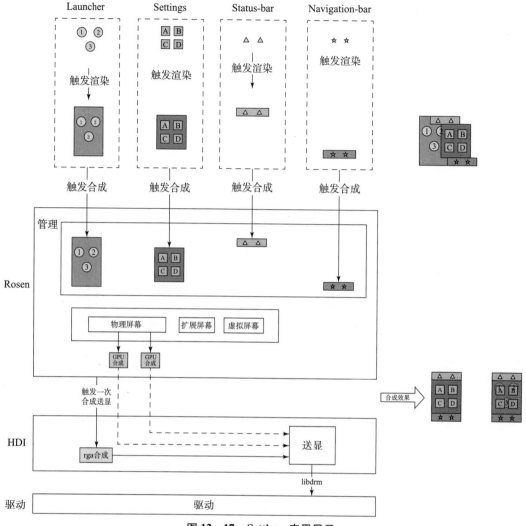

图 12 − 17　Settings 应用显示

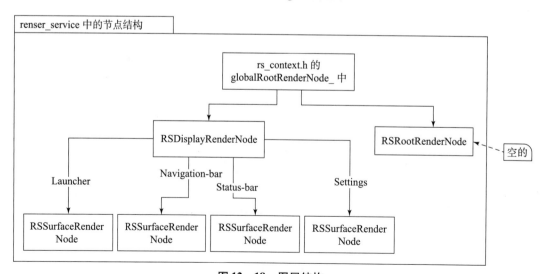

图 12 − 18　图层结构

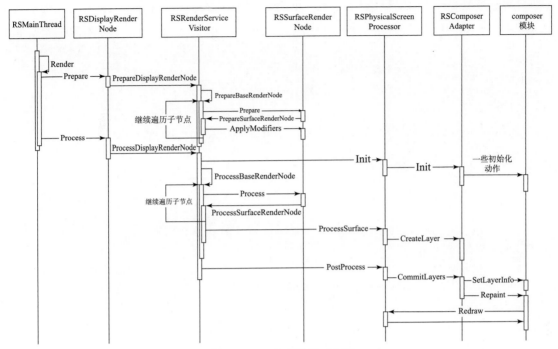

图 12 – 19　合成显示时序图

当客户端应用发生变化的时候，客户端会向 render_service 发出一个请求，render_service 在收到请求之后，在下一次 vsync 信号到来之后，开始执行一帧的合成与显示流程，即 OnVsync 方法。

```
mainLoop_=[&](){
    RS_LOGD("RsDebug mainLoop start");
    ...
    //render_service 作为消费者,消费 buffer
    ConsumeAndUpdateAllNodes();
    //处理所有的客户端命令
    ProcessCommand();
    ...
    Render();
    ReleaseAllNodesBuffer();
    ...
    RS_LOGD("RsDebug mainLoop end");
};
```

mainLoop_是处理图层合成与显示的最顶层方法，所以该方法内的日志（log）可以用来统计帧率。该方法中首先会从 buffer 队列中拿到一个可被消费的 buffer，然后执行客户端传递过来的命令，最后进行合成送显动作。

```
bool RSBaseRenderUtil:: ConsumeAndUpdateBuffer ( RSSurfaceHandler&
surfaceHandler){
    ...
    sptr < SurfaceBuffer > buffer;
    sptr < SyncFence > acquireFence = SyncFence::INVALID_FENCE;
    Rect damage;
    //render_service 作为消费者,从 surface 队列中拿一个 buffer 用作后续的
合成

    consumer -> AcquireBuffer(buffer,acquireFence,0,damage);
    surfaceHandler. SetBuffer(buffer,acquireFence,damage,timestamp);
    ...
    return true;
}
```

ConsumeAndUpdateAllNodes 的关键代码是 AcquireBuffer 拿到可供消费的 buffer，并且拿到对应 buffer 的 fence，该 fence 是 acquireFence，该 fence 代表客户端渲染是否已经完成，如果没有完成，render_service 需要等待，然后才能进行合成动作。

```
void RSMainThread::ProcessCommandForDividedRender(){
    ...
    //遍历所有客户端传递过程的 command
    for(auto&[timestamp,commands]:effectiveCommands_){
        for(auto& command:commands){
            if(command){
                command -> Process(* context_);
            }
        }
    }
}
```

ProcessCommand 最终调用到 ProcessCommandForDividedRender，该函数主要遍历所有客户端传递过来的命令，命令主要是关于节点的变更动作，比如添加节点、删除节点、给某个节点添加子节点。

```
bool RSBaseRenderUtil:: ReleaseBuffer ( RSSurfaceHandler& surface
Handler){
    auto& consumer = surfaceHandler. GetConsumer();
    auto& preBuffer = surfaceHandler. GetPreBuffer();
     consumer - > ReleaseBuffer ( preBuffer. buffer, preBuffer. release
Fence);
```

```
    return true;
  }
```

在 render_service 调用 Render 方法结束后，代表消费者 render_service 已经将所有图层合成完成，并执行了送显动作，此时需要调用 ReleaseBuffer，将 buffer 放入空闲队列，供生产者继续使用。

```
void RSMainThread::Render(){
//这里的 rootNode 类型是 RSBaseRenderNode
    const std::shared_ptr < RSBaseRenderNode > rootNode = context_ ->
GetGlobalRootRenderNode();
    auto rsVisitor = std::make_shared < RSRenderServiceVisitor >();
    ...
    rootNode -> Prepare(rsVisitor);
//计算遮挡
    CalcOcclusion();
    ...
    rootNode -> Process(rsVisitor);
  }
```

Render 方法的具体图层的合成动作交由 RSRenderServiceVisitor 的 Prepare 和 Process 两个方法完成。

CalcOcclusion 函数的功能是，如果图层 B 完全覆盖图层 A，那么图层 A 则不参与合成动作，因为图层数量的增加会导致合成耗时有所增加，所以 CalCocclusion 有优化帧率的作用。

```
void RSRenderServiceVisitor:: PrepareBaseRenderNode ( RSBaseRender
Node& node){
    for(auto& child:node. GetSortedChildren()){
        child -> Prepare(shared_from_this());
    }
  }
```

RSBaseRenderNode 的 Prepare 调用的是 visitor 的 PrepareBaseRenderNode 方法，再结合图 12–20 可知，它实际是遍历 RSDisplayRenderNode 之后，再遍历 RSDisplayRenderNode 下的每个子节点 RSSurfaceRenderNode。

```
void RSRenderServiceVisitor:: PrepareDisplayRenderNode ( RSDisplay
RenderNode& node){
    //应用 DisplayNode 变化
    node. ApplyModifiers();
    ...
    //继续遍历 DisplayNode 下的 RSSurfaceRenderNode
```

```
          PrepareBaseRenderNode(node);
  }
```

RSDisplayRenderNode 的 Prepare 调用的是 visitor 的 PrepareDisplayRenderNode 方法，该方法中主要做了两件事情：第一步，会将客户端的针对节点对应的变化（宽、高等）应用到 render_service 中的 RSDisplayRenderNode；第二步，继续遍历子节点 RSSurfaceRenderNode。

```
    void    RSRenderServiceVisitor::    PrepareSurfaceRenderNode
(RSSurfaceRenderNode& node){
        ...
        //应用 RSSurfaceRenderNode 变化
        node.ApplyModifiers();
        ...
        //继续遍历子节点 RSSurfaceRenderNode
        PrepareBaseRenderNode(node);
        ...
  }
```

继续遍历，执行到 RSSurfaceRenderNode，RSSurfaceRenderNode 的 Prepare 调用的是 visitor 的 PrepareSurfaceRenderNode 方法。该方法同样是先将客户端对节点的变化应用到 render_service 中的 RSSurfaceRenderNode。第一步，会将客户端的变化应用到 RSSurface RenderNode；第二步，继续遍历子节点 RSSurfaceRenderNode。所以从以上代码看，Prepare 主要是将客户端的变化应用到 render_service 对应的节点。

```
    void RSRenderServiceVisitor:: ProcessBaseRenderNode ( RSBaseRender
Node& node){
        for(auto& child:node.GetSortedChildren()){
            child -> Process(shared_from_this());
        }
        if(!mParallelEnable){
            //clear SortedChildren,it will be generated again in next frame
            node.ResetSortedChildren();
        }
  }
```

与 prepare 类似，process 也是先遍历 RSDisplayRenderNode，然后遍历子节点 RSSurface RenderNode。

```
    void RSRenderServiceVisitor:: ProcessDisplayRenderNode ( RSDisplay
RenderNode& node){
        ...
```

```
    //根据节点的合成类型,创建 processor 处理器,这里以 RSVirtualScreen
Processor 处理器为例
      processor_ = RSProcessorFactory::CreateProcessor(node.Get
CompositeType());
      processor_ -> Init(node,node.GetDisplayOffsetX(),node.Get
DisplayOffsetY(),mirrorNode ? mirrorNode -> GetScreenId(): INVALID_
SCREEN_ID)
      ...
    //继续遍历 DisplayNode 下的 RSSurfaceRenderNode
    ProcessBaseRenderNode(node);
    //将所有图层信息提交显示设备
    processor_ ->PostProcess();
  }
```

ProcessDisplayRenderNode 会创建一个 processor,这里是物理屏幕,所以创建的是 RSPhysicalScreenProcessor,一个屏幕对应一个 processor,然后继续处理该屏幕下的所有 RSSurfaceRenderNode。OpenHarmony 系统中除了有物理屏幕,还有虚拟屏幕。

```
    bool RSPhysicalScreenProcessor::Init(RSDisplayRenderNode& node,
int32_t offsetX,int32_t offsetY,ScreenId mirroredId){
    //屏幕相关的初始化动作
    RSProcessor::Init(node,offsetX,offsetY,mirroredId);
    //将 Redraw 注册给 hdibackend
     return composerAdapter_ -> Init(screenInfo_,offsetX,offsetY,
mirrorAdaptiveCoefficient_,
        [this](const auto& surface, const auto& layers){Redraw
(surface,layers);});
  }
```

```
    bool RSComposerAdapter::Init(const ScreenInfo& screenInfo,int32_t
offsetX,int32_t offsetY,
    float mirrorAdaptiveCoefficient,const FallbackCallback& cb){
    hdiBackend_ = HdiBackend::GetInstance();
    auto screenManager = CreateOrGetScreenManager();
    output_ = screenManager -> GetOutput(ToScreenPhysicalId(screenInfo.
id));
    //将 Redraw 注册给 hdibackend
    fallbackCb_ = cb;
```

```
    auto onPrepareCompleteFunc = [ this ]( auto& surface, const auto&
param,void* data){
        OnPrepareComplete(surface,param,data);
    };
    hdiBackend_->RegPrepareComplete(onPrepareCompleteFunc,this);
    ...
    return true;
}
```

RSPhysicalScreenProcessor 在初始化的时候，会将 Redraw 注册给 composer，后面会提到 Redraw 的作用。RSPhysicalScreenProcessor 的初始化主要是初始化本屏幕的一个 HdiOutput。backend 代表了屏幕输出服务，HdiOutput 是一个可显示图像的输出设备。

```
    void RSRenderServiceVisitor:: ProcessSurfaceRenderNode ( RSSurface
RenderNode& node){
        ...
        //继续处理子节点 RSSurfaceRenderNode,本书不做介绍
        ProcessBaseRenderNode(node);
        ...
        processor_->ProcessSurface(node);
        ...
    }
```

RsSurfaceRenderNode 的 precess 交由 RSPhysicalScreenProcessor 完成。

```
    foundation/graphic/graphic_2d/rosen/modules/render_service/core/
pipeline/rs_physical_screen_processor. cpp
    void RSPhysicalScreenProcessor::ProcessSurface(RSSurfaceRenderNode
&node){
        auto layer = composerAdapter_->CreateLayer(node);
        layers_.emplace_back(layer);
    }
```

RSPhysicalScreenProcessor 的 ProcessSurface 中，conposerAdapter 会根据 RSSurfaceRender Node 的参数，构建 HdiLayerInfo 对象，该对象是 composer 模块对图层的抽象，对应关系如图 12-20 所示。这一步结束后，所有待合成的 RSSurfaceRenderNode 图层信息已构建完成。

```
    void RSPhysicalScreenProcessor::PostProcess(){
        composerAdapter_->CommitLayers(layers_);
    }
```

```
    void RSComposerAdapter:: CommitLayers ( const std:: vector <
LayerInfoPtr > & layers){
    //do composition.
    //将所有的图层信息送给显示设备
    output_ -> SetLayerInfo(layers);
    std::vector < std::shared_ptr < HdiOutput > > outputs{output_};
    //显示设备对图层进行合成
    hdiBackend_ -> Repaint(outputs);

    ...
    //set all layers' releaseFence.
    //合成结束,相当于消费者消费完成,此时需要调用 ReleaseBuffer,并塞
入 fence
    const auto layersReleaseFence = hdiBackend_ -> GetLayersRelease
Fence(output_);
    for(const auto&[layer,fence]:layersReleaseFence){
        ...
        surfaceHandler -> SetReleaseFence(fence);
    }
}
```

composer 对应的图层信息构建完成后，调用 RSRenderServiceVisitor 的 Process DisplayRenderNode 中的 PostProcess，将图层信息提交给 composer 模块进行硬件合成及送显操作。

上文介绍到 RSPhysicalScreenProcessor::Redraw 被注册给了 hdibackend，其实它是在 output 进行硬件合成之前先执行，用于图层的 GPU 或者 CPU 合成，也就是说，图层是可以根据条件，分别使用 GPU、CPU 硬件合成的，具体可以参见下面 Redraw 函数的实现。

```
    void RSPhysicalScreenProcessor:: Redraw ( const sptr < Surface > &
surface,const std::vector < LayerInfoPtr > & layers){
    //决定是否使用 CPU 合成
    bool forceCPU = RSBaseRenderEngine::NeedForceCPU(layers);
    auto renderFrame = renderEngine_ -> RequestFrame(surface,render
FrameConfig_,forceCPU);
    auto canvas = renderFrame -> GetCanvas();
    ...
    //进行 CPU 或者 GPU 合成
    renderEngine_ -> DrawLayers (* canvas, layers, forceCPU, mirror
AdaptiveCoefficient_);
```

```
//合成完的 buffer 又被 hdibackend 继续使用(硬件合成与送显)
renderFrame ->Flush();
}
```

如图 12 - 20 所示，composer 与 hdi 之间也有一个生产消费模型。生产者是这里的 Redraw GPU 合成，消费者是 hdi 硬件合成，生产消费的对象是即将送显的那一帧 buffer。Redraw 方法中 RequestFrame 请求空闲 buffer 镜像 GPU 合成进行生产，完成后，通知 hdi 进行硬件合成，然后送显。

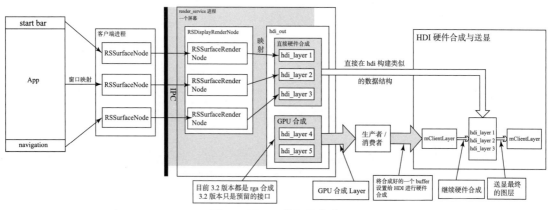

图 12 - 20 一帧画面合成

12.5 bootanimation 分析

开机动画 bootanimation 运行时会创建系统的第一个窗口，其执行流程涉及图形窗口，即上文介绍过的 RenderService、vsync 和 WindowManager 等，同时与其他模块依赖相对较少，通过对这部分内容的介绍可以将本章内其他内容串联起来，是学习 OpenHarmony 图形栈知识的一个极佳案例。

12.5.1 服务配置

bootanimation 启动服务配置文件 graphic. cfg 时分别启动了 render_service 和 bootanimation 进程，配置文件内容如下：

```
/foundation/graphic/graphic_2d/graphic.cfg
"services":[{
    "name":"render_service",#渲染服务端
    "path":["/system/bin/render_service"],
    ......
    },{
"name":"bootanimation",    #开机动画
```

```
    "path":["/system/bin/bootanimation"],
      ......
    }]
```

bootanimation 模块的路径 data 目录下有 bootpic. zip 压缩文件，内含开机动画的所有图片帧和 json 播放配置文件。config. json 文件可以配置开机动画播放帧率，帧率支持 30 帧和 60帧。OpenHarmony 开机动画有 150 张图片，因此，当选择 30 帧时开机动画的播放时长就是5 s，配置文件内容如下：

```
{
    "Remark":"FrameRate Support 30,60 frame rate configuration",
    "FrameRate":30
}
```

12.5.2 流程分析

开机动画执行的主要流程如下：

（1）等待渲染服务初始化完成，获取显示设备，开始运行开机动画。

```
/foundation/graphic/graphic_2d/frameworks/bootanimation/src/main.cpp
int main(int argc,const char* argv[])
{
    //等待渲染服务初始化完成
    WaitRenderServiceInit();
    //获取显示设备列表
    auto& dms =OHOS::Rosen::DisplayManager::GetInstance();
    auto displays =dms.GetAllDisplays();
    //传入显示设备,开始执行开机动画
    bootAnimation.Run(displays);
    ......
}
/foundation/graphic/graphic_2d/frameworks/bootanimation/src/boot_
animation.cppvoid BootAnimation::Run(std::vector < sptr < OHOS::Rosen::
Display > > & displays)
{
    //执行 bootanimation 初始化
    mainHandler_ -> PostTask(std::bind( &BootAnimation::Init,this,
displays[0] -> GetWidth(),displays[0] -> GetHeight()));
}
```

（2）进行 bootanimation 初始化，执行一系列操作，包括创建 VsyncReceiver、初始化BootWindow、RsSurface 和图片坐标。随后，读取 bootpic. zip 中的图片和配置信息。

```
/foundation/graphic/graphic_2d/frameworks/bootanimation/src/boot_
animation.cpp
    void BootAnimation::Init(int32_t width,int32_t height)
    {
        ……
        //完成一系列初始化
        InitBootWindow();
        InitRsSurface();
        InitPicCoordinates();
        //获取图像信息
        BootAniConfig jsonConfig;
        ReadZipFile(BOOT_PIC_ZIP,imageVector_,jsonConfig);
        imgVecSize_ = static_cast < int32_t > (imageVector_.size());
        SortZipFile(imageVector_);
        ……
        //在回调过程中调用 OnVsync 绘制每一帧图像
        OHOS::Rosen::VSyncReceiver::FrameCallback fcb = {
            .userData_ = this,
            .callback_ = std::bind(&BootAnimation::OnVsync,this),
        };
    }
```

a. 创建启动窗口 BootWindow，窗口类型为 WINDOW_TYPE_BOOT_ANIMATION。

```
/foundation/graphic/graphic_2d/frameworks/bootanimation/src/boot_
animation.cpp
    void BootAnimation::InitBootWindow()
    {
        //设置窗口类型、窗口区域大小、是否可触摸等属性
        option -> SetWindowType();
        option -> RemoveWindowFlag();
        option -> SetWindowRect();
        option -> SetTouchable();
        scene_ = new OHOS::Rosen::WindowScene();
        scene_ -> Init();
        //获取窗口、置于前台
        window_ = scene_ -> GetMainWindow();
        scene_ -> GoForeground();
    }
```

b. 初始化 RsSurface，ExtractRSSurface 借助 InitBootWindow 创建的 window_获取 rsSurface_。

```
/foundation/graphic/graphic_2d/frameworks/bootanimation/src/boot_
animation.cpp
  void BootAnimation::InitRsSurface()
  {
     //获取 rsSurface 对象
     rsSurface_ = OHOS::Rosen::RSSurfaceExtractor::ExtractRSSurface
(window_->GetSurfaceNode());
     ......
     //创建渲染上下文对象 rc
      rc_ = OHOS::Rosen::RenderContextFactory::GetInstance()
.CreateEngine();
     rc_->InitializeEglContext();
     rsSurface_->SetRenderContext(rc_);
  }
```

c. 初始化图片坐标，用于保证图片正常显示不变形。

```
/foundation/graphic/graphic_2d/frameworks/bootanimation/src/boot_
animation.cpp
  void BootAnimation::InitPicCoordinates()
  {
     if(windowWidth_>=windowHeight_){
        //水平方向居中处理
        realHeight_=windowHeight_;
        realWidth_=realHeight_;
        pointX_=(windowWidth_ - realWidth_)/2;
     }else{
        //垂直方向居中处理
        realWidth_=windowWidth_;
        realHeight_=realWidth_;
        pointY_=(windowHeight_ - realHeight_)/2;
     }
  }
```

（3）向 vsync 注册回调，将 BootAnimation::OnVsync 注册成回调函数，在回调过程中调用 OnVsync 绘制每一帧数据，具体会执行如下操作。

a. rsSurface 请求帧对象，获取该帧对象的画布。

b. 根据序号获取图像数据，并在画布上绘制背景和图像。

```
/foundation/graphic/graphic_2d/frameworks/bootanimation/src/boot_
animation.cpp
    void BootAnimation::Draw()
    {
        ……
        //通过 RequestFrame 创建 frame
        auto frame = rsSurface_ -> RequestFrame(windowWidth_, window
Height_);
        framePtr_ = std::move(frame);
        auto canvas = framePtr_ -> GetCanvas();
        //进行绘制
        OnDraw(canvas, picCurNo_);
        ……
    }
    void BootAnimation::OnDraw(SkCanvas* canvas, int32_t curNo)
    {
        //获取图像数据
        std::shared_ptr<ImageStruct> imgstruct = imageVector_[curNo];
        sk_sp<SkImage> image = imgstruct -> imageData;
        ……
        //绘制背景和图像
        canvas -> drawRect(SkRect::MakeXYWH(0.0, 0.0, windowWidth_,
windowHeight_), backPaint);
        canvas -> drawImageRect(image.get(), rect, &paint);
    }
```

c. 向 render_service 发送画布数据，FlushFrame 将画布数据送显，显示的具体实现可以参考上文合成显示系统内容。

```
/foundation/graphic/graphic_2d/frameworks/bootanimation/src/boot_
animation.cpp
    void BootAnimation::Draw()
    {
        ……
        rsSurface_ -> FlushFrame(framePtr_);
    }
```

d. 重复执行直至图像数据读取完毕，结束绘制。

（4）开机动画播放完毕，结束进程。

12.5.3　制作开机动画

开机动画资源文件 bootpic. zip 包含一个名为 OH_bootAni compressed 的文件夹和 config. json 配置文件。

OpenHarmony_master 代码中 OH_bootAni compressed 文件夹有 150 张图片，命名格式为 OH_bootAni_00000. jpg 依序到 OH_bootAni_00149. jpg。照此格式将图片放在 OH_bootAni compressed 文件夹下，在 config. json 文件配置好帧率后，就完成了开机动画的制作。图 12 – 21 所示为开机动画文件。

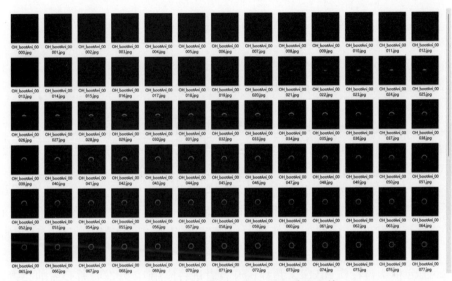

图 12 – 21　开机动画文件

12.6　思考与练习

1. 显示系统中生产消费模型是什么？生产消费的对象是什么？
2. 显示系统中，窗口模块充当什么角色？
3. App 进程的渲染节点和合成服务 Rosen 中的节点有怎样的关系？
4. 查看当前合成系统中有多少个图层及每个图层的宽高等信息。

第 13 章
ArkUI

13.1 ArkUI 概述

UI（User Interface），即用户界面，主要包含视觉（比如图像、文字、动画等可视化内容）以及交互（比如按钮单击、列表滑动、图片缩放等用户操作），即与用户界面相关的所有输入与输出。

实际开发中，部分组件以及功能会频繁地被开发者所使用。为了降低每次开发的成本，最为直接的思路便是把具有共性的组件代码抽象并抽离出来，总结成为通用的组件。在后续开发其他页面时，仅需引入这些通用的组件，便可以省略很多重复的工作，节省开发时间。经过不断提炼，这些被频繁使用的组件集合就形成了前端 UI 框架。

前端 UI 框架可以理解为是对 UI 设计的封装，它包含 UI 开发所需的基础设施，包括 UI 控件、视图布局、动画机制、交互事件的处理，以及相应的编程语言和编程模型（如 MVVM）等。

OpenHarmony 的 UI 框架被称作 ArkUI，是提供开发者进行应用 UI 开发时所必需的能力，包括 UI 组件、动画、绘制、交互事件、JS API 扩展机制等，并通过精心的封装设计提升相关开发者的开发效率。

13.2 UI 框架的分类与发展趋势

本节对当前 UI 框架的主要分类与发展趋势进行简要介绍，以帮助读者理解后续 ArkUI 框架的设计理念。

（一）原生 UI 框架与跨平台 UI 框架

以平台支持能力划分，UI 框架可分为原生 UI 框架和跨平台 UI 框架。

原生 UI 框架指的是与操作系统绑定的 UI 框架，比如 iOS 的原生框架是 UIKit，Android 的原生框架是 View 框架。这些框架通常只能运行在相应的操作系统上。

跨平台 UI 框架指的是可以在不同的系统平台独立运行的 UI 框架。比如 HTML5 和基于 HTML5 拓展诞生的前端框架 React Native，以及 Google 开发的 Flutter 等。跨平台 UI 框架的特性是跨平台，同一份代码可以部署到不同的操作系统平台上，只需少量的修改甚至于不需要修改。由于不同的操作系统平台存在差异性，跨平台 UI 框架相较原生 UI 框架在设计和编码上会更为复杂。

（二）命令式 UI 框架与声明式 UI 框架

以编程思维划分，UI 框架可分为命令式 UI 框架和声明式 UI 框架。

命令式 UI 框架的编程思维是过程导向式的——通过一步步命令"机器"如何去做（How），让"机器"按照用户的命令实现用户需要的 UI 界面。比如 Android 的原生框架 View，开发人员通过它提供的 API 接口直接操作 UI 组件。命令式 UI 框架更易于开发者掌控，开发者可以根据业务需求和流程定制具体的实现步骤，这一流程更符合直观的设计与实现思维。

声明式 UI 框架的编程思维是结果导向式的——用户只需要告诉"机器"想要的 UI 界面是什么（What），而"机器"会去想办法实现它。比如 Web 的 Vue 框架，它会根据声明式的语法描述，渲染出对应的 UI 界面，并结合 MVVM（Model – View – View Model）编程模型，自动监听数据的变化来更新 UI 界面。

命令式 UI 框架和声明式 UI 框架因为其编程思维的不同，各自存在对应的优缺点：

命令式 UI 框架的优点是开发者可以控制具体的实现路径，这使得经验丰富的开发者能够更为高效地实现设计到代码的转换。然而使用命令式 UI 框架，开发者需了解大量的 API 细节并指定好具体的执行路径，开发门槛较高。最终 UI 界面具体的实现效果也高度依赖开发者本身的开发技能。因此，命令式 UI 框架对于新人开发者并不友好。此外，由于 UI 界面的开发效果和具体代码实现绑定较紧，在跨设备情况下，灵活性和扩展性相对有限。

声明式 UI 框架的优点是开发者只需对结果进行详尽的描述，相应的实现和优化都由 UI 框架来处理。此外，由于结果描述和具体实现分离，实现方式相对灵活且容易扩展。然而，实现高质量的 UI 界面编写对于声明式 UI 框架的要求较高，需要框架具备完备、直观的描述能力，并能够针对相应的描述信息进行高效的处理。

（三）UI 框架发展趋势

在应用开发对应的业务越发复杂、版本迭代和新需求开发不断加速的现状下，UI 框架作为应用开发的核心组成部分也需要持续发展，以满足当前开发者的需求。

当前 UI 框架发展的核心目标就是提高开发效率，降低开发成本和提升性能。为了达成上述目标，UI 框架业界也呈现出对应发展趋势。

1. 提高开发效率

为提高开发效率，UI 框架从命令式 UI 框架向声明式 UI 框架发展，声明式 UI 框架可以实现更直观、更便捷的 UI 开发。比如 iOS 中的 UIKit 到 SwiftUI，Android 中的 View 到 Jetpack Compose，以及当前流行的 ReactNative、Flutter 等也都是声明式 UI 的代表，OpenHarmony 的 ArkUI 框架也支持声明式 UI 框架。此外，在 UI 描述方面，SwiftUI 中的 Swift 语言，Jetpack Compose 中的 Kotlin 语言，OpenHarmony ArkUI 中的 TS 以及 eTS 语言，都精简了 UI 描述语法，降低开发门槛。

2. 降低开发成本

为了降低开发成本，UI 框架开发了跨平台（操作系统）能力，跨平台能力可以让一套代码复用到不同的 OS 上。跨平台能力的实现也带来了一系列的挑战，例如运行在不同平台上的性能问题、能力和渲染效果的一致性问题等。业界基于以下几种方案以应对跨平台能力带来的问题：

（1）JS/Web 方案，例如 HTML5 利用 JS/Web 的标准化生态，通过相应的 Web 引擎实现跨平台目标。

（2）JS + Native 混合方案，例如 React Native、Weex 等，结合 JS 桥接到原生 UI 组件的方式实现了一套应用代码能够运行到不同 OS 上。

（3）平台无关的 UI 自绘制能力 + 新的语言，例如 Flutter，整个 UI 基于底层画布由框架层来绘制，同时结合 Dart 语言实现完整的 UI 框架。Flutter 从设计之初就是将跨平台能力作为重要的竞争力去吸引更多的开发者。

此外，部分原生开发框架也开始往跨平台演进。例如，Android 原生的开发框架 Jetpack Compose 也开始将跨 OS 支持作为其中的目标，计划将 Compose 拓展到例如 Windows 和 MacOS 的桌面平台。

3. 提升性能

在性能方面，Swift 语言通过引入轻量化结构体等特性以更好地实现内存快速分配和释放，Flutter 中 Dart 语言则在运行时专门针对小对象内存管理做相应优化等。

随着智能设备的普及，多设备场景下，设备的形态差异（屏幕大小、分辨率、形状、交互模式等）、设备的能力差异（从百 KB 级内存到 GB 级内存设备等）以及应用需要在不同设备间协同，这些都对 UI 框架以及应用开发带来了新的挑战。

13.3　基本原理和实现

本节将对 ArkUI 框架的总体架构、核心原理和关键机制等相关理论知识进行介绍，以展现 ArkUI 框架的具体设计与实现。

13.3.1　总体架构

ArkUI 是 OpenHarmony 的 UI 框架，包含前端 UI 框架、后端提供 UI 运行时的功能渲染引擎，以及负责应用在系统中执行时所需的资源加载、UI 渲染和事件响应组件等。ArkUI 框架提供了从前端界面解析到后端运行处理所需要的整体能力。

ArkUI 框架结合 OpenHarmony 的基础运行单元 Ability、语言和运行时以及各种平台（OS）能力 API 等共同构成了 OpenHarmony 应用开发的基础，实现了跨设备分布式调度以及原子化服务免安装等能力。

如图 13 – 1 所示，ArkUI 框架（即图中的 VI 框架）位于框架层，和用户程序框架、Ability 框架共同实现了系统基本能力子系统集。

ArkUI 框架总体架构设计主要遵循以下思路：

（1）建立分层机制，引入高效的 UI 基础后端，并能够与 OS 平台解耦，形成一致化的 UI 体验。

（2）通过多前端的方式扩展应用生态，并结合声明式 UI，在开发效率上持续演进。

（3）框架层统一结合语言和运行时、分布式、组件化设计等，围绕跨设备进一步提升体验。

ArkUI 将应用的 UI 界面进行解析，通过创建后端具体 UI 组件，进行布局计算、资源加载等处理，生成具体绘制指令，并将绘制指令发送给渲染引擎；渲染引擎将绘制指令转换为具体屏幕像素，最终通过显示设备将应用程序转换为可视化的界面效果展示给用户。

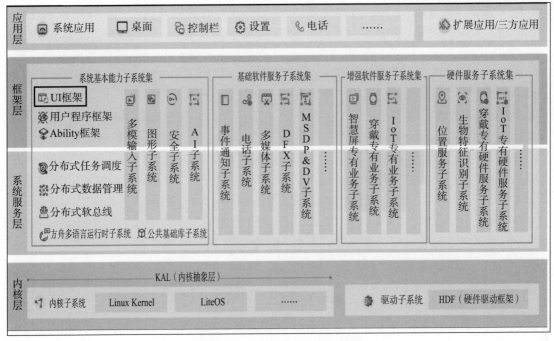

图 13-1　OpenHarmony 架构图

ArkUI 框架通过上述解耦的方案实现了跨平台的能力，提供了多种开发范式的支持，同时支持的开发范式还可以不断扩充，以达到提升开发效率、降低开发成本的效果。

13.3.2　基本原理

ArkUI 框架架构主要分为四个部分：前端框架层、桥接层、引擎层、平台抽象层，如图 13-2 所示。

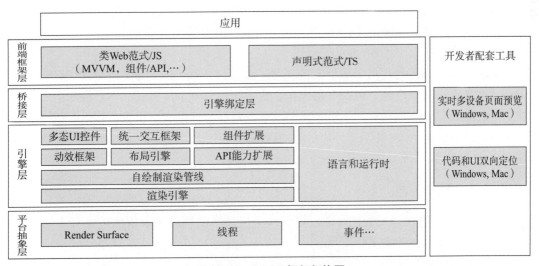

图 13-2　ArkUI 框架架构图

1. 前端框架层

前端框架层提供了上层的开发范式，用户通过提供的开发范式进行应用开发，同时还提供了对应的组件支持，以及对应的编程模型 MVVM。通过 MVVM 进行数据和视图的绑定，当数据变更后前端框架会对绑定的界面元素进行更改。同样用户的输入也会传递到后台，通过绑定实现界面的自动更新。

ArkUI 框架包含了两种开发范式：基于 JS 扩展的类 Web 开发范式和基于 TS 扩展的声明式开发范式。

JS 类 Web 开发范式由 HML、CSS、JS 文件组成。HML 文件描述页面组件的结构，CSS 文件描述页面组件的样式，JS 文件从交互的角度描述页面行为。该范式和 Web 前端的开发范式类似，可以方便 Web 前端的开发者快速上手 OpenHarmony 系统的开发。

TS 声明式开发范式由 ETS 文件构成。ETS 文件提供了组件的描述、动效和状态管理的功能。声明式开发范式可以让开发者更直观地描述 UI 界面，不必关心框架如何实现 UI 绘制和渲染。

2. 桥接层

桥接层作为前端引擎到后端引擎的中间层，起到了对接的作用。

桥接层将不同的前端开发框架进行转化并转为同一个后端框架，使得开发范式可以扩展。当前支持的类 Web 开发范式和 TS 声明式开发范式再进行转化，将组件信息都转化为同一个数据结构 Component 并传递到引擎层，使得架构上可支持多前端开发范式。此外，通过进一步对前端引擎的支持进行扩充能极大增强 ArkUI 框架的可拓展性。

3. 引擎层

引擎层可以分为两个部分，UI 后端引擎以及语言和运行时执行引擎，如图 13-2 所示。

框架图中引擎层左边是 UI 后端引擎，包含了 UI 组件的后端实现、视图布局、动画事件、交互能力的支持、自绘制渲染管线和渲染引擎等功能，同时也包含了能力扩展的基础设施，还包含组件扩展及系统 API 能力扩展的功能。

框架图中引擎层右边是语言和运行时，即执行引擎。OpenHarmony 的执行引擎称为方舟 JavaScript 引擎，支持了代码的执行能力，提供了运行时的管理。

4. 平台抽象层

平台抽象层为跨平台提供了底层支持，对平台进行了抽象，对底层的依赖进行了解耦，提取出底层依赖的基础功能，包括底层画布、通用线程以及事件机制。平台抽象层面向不同的平台向上层提供统一的接口，实现了 ArkUI 框架跨平台的能力。因此，OpenHarmony 系统的 IDE 工具 DevEco Studio 基于 ArkUI 的跨平台能力可以做到和设备接近一样的渲染体验以及多设备上的 UI 实时预览功能。

13.3.3 整体流程

下面以 Web 范式的开发为例，通过讲解一个应用从前端脚本解析到渲染显示的整体流程案例以呈现 ArkUI 框架的工作原理。

（一）前端脚本解析

应用在编译过程中会生成引擎可执行的 Bundle 文件。启动应用时 JS 线程会执行 Bundle 文件，引擎层会将 Bundle 中的内容进行解析、执行，最终转化为数据结构用于描述界面信息，并进行数据绑定。

图 13-3 是对一个类 Web 开发范式文件进行解析生成的树状结构，每个节点包含该节点的属性及样式信息。

（二）渲染管线构建

组件树的构建以及整个渲染管线的核心逻辑都在 UI 线程中实现。经过前端框架的解析，通过桥接层转化为后端引擎的组件实现。

后端引擎通过 Component 组件描述前端组件，并保存属性及样式信息。每个前端组件对接一个

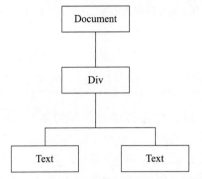

图 13-3　类 Web 开发范式文件树状结构图

Composed Component。Composed Component 继承自 Component，是一个组合控件，通过不同的子 Component 组合对前端控件进行描述。实际上，除了 Composed Component，有的 Component 继承自 ComponentGroup，这对梳理逻辑没有影响，两者的区别主要是提供的接口有差异。

如图 13-4 所示，引擎层将前端组件转化为后端 Component 树，每个前端组件会转化为一个 Composed Component，通过不同的子 Component 对前端组件进行描述。

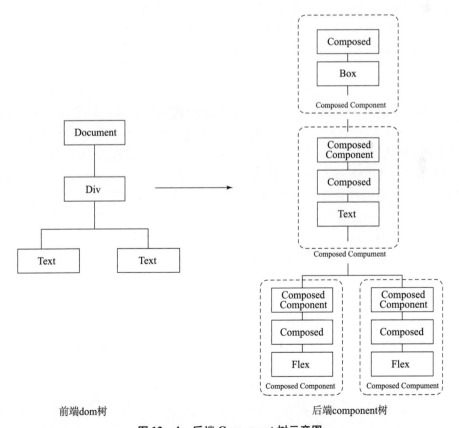

图 13-4　后端 Component 树示意图

除了 Component，还有两个相关的核心概念：Element 和 Render。

Element 是 Component 的具体实现，表示一个实际用于展示的节点。引擎会通过 Component 构建 Element 的实例，以此将 Component 树转化为一个 Element 树。

而 Render 用于显示控件的具体内容，包括它的位置、大小、绘制命令等。Component、Element 和 Render 三者一般是一一对应的关系，引擎会再将 Element 树转化为一棵 Render 树。

当应用启动时，会在初始化 Element 树后创建几个基础节点，包括 Root、Overlay、Stage。Root 是 Element 树的根节点，负责全局背景色的绘制。Overlay 是一个全局的悬浮层容器，用于弹窗等全局绘制场景的管理。Stage 是一个 Stack 容器，每个加载完成的页面都要挂载到这个栈中，用于管理应用中各个页面之间的转场动效等。创建 Render 树时，会创建对应的节点，如图 13 - 5 所示。

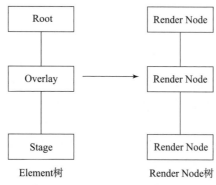

图 13 - 5　render node 树示意图

桥接层通知 Pipeline 渲染管线页面已经准备好后，当帧同步信号（vsync）过来时，Pipeline 就可以对页面进行挂载了。整个流程即通过 Component 树创建对应的 Element 子树并挂载到整个界面的根 Element 树上，再通过根 Element 树创建对应的 Render 树。

图 13 - 6 展示了 Render 树的生成过程。值得注意的是，ComposedElement 子树转化为 RenderNode 时，并不会对根节点进行转化，只会对子节点进行转化，因为 ComposedElement 是一个容器节点，并不需要进行绘制。

（三）布局绘制机制

Element 树和 Render 树构建好后需要对树进行布局和绘制，布局和绘制的结果决定了实际的显示内容。

1. 布局

布局指计算每个节点需要占据空间的大小。当树中每个节点需要占据空间的大小都确定之后，就可以进行布局计算出每个节点的空间位置。框架会为每个节点分配一个矩形区域用于存放节点，所以节点的大小由矩形的长宽决定，对节点空间大小测量的过程即是确定矩形长宽的过程。

布局采用的是深度优先遍历算法，因为每个节点的实际大小往往受父节点及子节点的影响，有的节点会填充父节点的空间，有的节点却只会包裹子节点。遍历的过程是自上而下从根节点往下传递，到达叶节点后自下而上向父节点告知自己的大小，从而得到整棵树的布局信息。

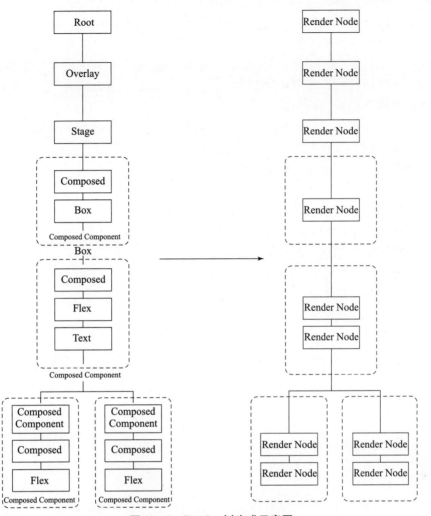

图 13-6 Render 树生成示意图

遍历过程中，针对每个节点的布局分为以下三个步骤：

（1）计算当前节点期望的最大尺寸和最小尺寸，递归调用子节点时传递给子节点。

（2）子节点如果是叶节点，则根据父类传递过来的信息计算自身的尺寸，并传递回父节点；否则继续递归传递。

（3）当前节点获取子节点的尺寸后便计算自身尺寸，再根据自己的布局逻辑来计算每个子节点的位置信息，并向上传递自身尺寸。

整个遍历完成后，每个节点的尺寸和位置信息就都确定了，再往下就是对每个控件进行绘制。

2. 绘制

绘制采用的也是深度遍历算法，实际绘制时会调用当前 RenderNode 的相关函数，而当前只是记录下绘制的命令。

出于对性能的考虑，ArkUI 框架不直接进行绘制，以充分利用系统提供的硬件加速能力。为了提高性能，渲染引擎使用了 DisplayList 机制，在绘制时只记录下所有的绘制命令，然后在 GPU 渲染时统一转成 OpenGL 的指令执行，这样能最大限度地提高图形处理效率。在 Paint 中传入 context 上下文和 offset 偏移量两个参数。每个独立的绘制上下文可以看作一个图层，通过上下文可以获取一个用于当前节点绘制的画布 Canvas。

图层的概念也是为了提高性能而提出的。绘制时会将整个页面的内容分为多个图层，针对需要频繁地重新绘制的部分可以为其单独分配一个图层，重新绘制时只需要对该图层进行重新绘制，而非整个界面。

对某个节点进行绘制时，会选取当前图层的根节点自上而下执行每个节点的 Paint 方法。

遍历过程中，针对每个节点的布局分为以下几个步骤：

（1）如果当前节点标记需要分层，则为其分配一个单独的上下文，并在其中提供一个用于绘制的画布。

（2）在画布中记录当前节点的背景绘制命令。

（3）递归调用子节点的绘制方法，记录子节点的绘制命令。

（4）在画布中记录当前节点的前景绘制命令。

整个遍历结束后，会得到一个图层（Layer）树，树中包含了这一帧完整的绘制信息，包括了每个图层的信息及其中每个节点的绘制命令。

前三个流程阶段生成的对象如图 13 - 7 所示。

图 13 - 7 UI 对象绘制流程图

（四）光栅化合成机制

布局绘制流程结束后就会进行光栅化合成，即将需要显示的内容进行转化后通过 GPU 展示出来。

UI 线程会通过渲染管线对图层进行渲染，并将所有图层添加到一个渲染队列中，然后 GPU 线程中的合成器 Compositor 会将该渲染队列中的图层取出来，进行光栅化合成处理。

光栅化就是将图层中的命令进行回访，将图形数据转化为像素的过程。

合成就是将所有的图层合成一个完整界面的渲染结果，并存放到当前界面 Surface 的图形内存 Graphic Buffer 中。最终还需要将 Graphic Buffer 中的数据提交到系统合成器中进行合成显示。

系统的合成显示过程指合成器会将 Graphic Buffer 添加到帧缓冲队列 Buffer Queue 中，系统合成器会将当前应用的内容和系统其他的显示内容（如系统导航栏和状态栏）再次进行合成，最终放到 Frame Buffer 帧缓冲区中，等待屏幕的驱动从 Frame Buffer 中读取数据并显示到屏幕上。

（五）局部更新机制

上述步骤实现了页面从前端到显示的整个过程，然而界面生成后在运行时还会发生改变（如用户的交互事件或服务触发的界面更新等）。根据业务场景，对整个界面进行更新并不是必要的，有时只需对局部的内容进行更新，因此局部更新机制也十分关键。

由于前端脚本解析阶段进行了数据绑定，当控件的文本发生变化时，会自动触发该控件的属性更新，通过系统引擎发起更新属性的请求。此时前端框架会创建一组 Composed 的补丁 Patch 作为更新的输入。通过该补丁会找到对应的 Element 在 Element 树中的位置，并从该节点开始从上往下逐层比对更新。如果节点类型一致，则只需要更新对应节点的属性和对应的 RenderNode 节点，否则需要从该节点开始重新创建对应的 Element 和 RenderNode 节点，并将 RenderNode 标记为 needLayout 和 needRender。根据 needLayout 和 needRender 的标记，对当前节点的图层进行布局和绘制，并生成新的布局树。

后续的光栅化合成流程和前面的步骤一致。

13.4 ArkUI 架构演进

ArkUI 框架作为 OpenHarmony 的核心框架，向上对接应用的界面开发。应用性能、UX 体验都依赖于 ArkUI 框架，ArkUI 框架的架构设计对性能有着决定性的影响。

13.4.1 ArkUI 原有架构遇到的挑战

ArkUI 3.2 相较 ArkUI 3.1 版本，架构上做了部分模块的替换，如渲染引擎使用 Rosen 替换 Flutter，JS 引擎使用 ArkTS 替换 QuickJS 等，整体架构的核心设计上并没有大的变化。

ArkUI 3.2 及之前的版本组件架构设计上针对 UI 组件的通用属性设计实现了多节点组合模型（见图 13-8），针对前端 UI 的描述信息，ArkUI 会基于调用的属性方法类型动态创建相应的属性事件类组件进行组合来生成一个 UI 子树结构，用 UI 子树结构实现对应的 UI 描述。

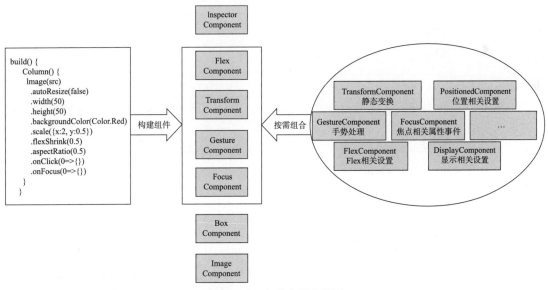

图 13-8 多节点组合模型

在此类架构模型下，各个 UI 装饰组件只需要关注自身场景的实现而不需要关注其他无关的属性方法，实现了 UI 组件结构的分层解耦和按需创建。

随着 ArkUI 不断迭代开发，在很多新场景设计和新技术预研过程中，多节点组合模型同样遇到了挑战。以 DevEcoIDE 默认创建的 HelloWorld 为例（见图 13 - 9），应用界面的一个 Text 控件，到了后端会被转换成如图 13 - 10 所示的 Component 子树。其中 Inspector ComposedComponent 为无障碍及 xts 测试提供接口；FocusableComponent 用于焦点相关的处理；BoxComponent 用于处理背景色、大小等通用属性。而 TextComponent 才是真正用来处理文本的组件。

```
@Entry
@Component
struct Index {

  build() {
    Text("Hello world")
            .fontSize(50)
            .backgroundColor(Color.Gray)
  }
}
```

图 13 - 9　DevEcoIDE 默认示例

```
|-> InspectorComposedComponent childSize:1
  | retakeID: 24
  |-> FocusableComponent childSize:1
    | retakeID: 25
    |-> BoxComponentchildSize:1
      | retakeID: 26
      |-> TextComponentV2 childSize:0
          retakeID: 23
```

图 13 - 10　默认示例对应 Component 子树

老框架下，ets 上开发者编写的只是一个组件，但是实际上后端可能会对应多个组件去处理该组件的一些属性。以 Text 组件为例，ArkUI 3.2 框架中，TextComponent 老框架类图如图 13 - 11 所示，TextComponent 属性主要分布在 TextSpecializedStyle 和 TextSpecializedAttribute 中。而一个简单的"HelloWorld"示例，则不仅需要对 TextComponent 进行属性处理，其他涉及的 InspectorComposedComponent、FocusableComponent、BoxComponent 等组件涉及的属性也需要进行分别处理，这就造成了额外的开销。

总而言之，先前版本 ArkUI 框架遇到如下挑战：

（1）由于前端 UI 描述和后端 UI 组件不一致问题，在 IDE 预览场景下，很难根据后端绘制的 UI 组件类型找到对应的代码片段。例如在 UI 界面上选择了 FocusComponent 的时候，需要向下找到对应的 ImageComponent 才能感知到当前的 UI 描述节点为 Image。在更加复杂的树形结构下，会带来更多的开销和缺陷问题。

（2）在列表滑动等实时性要求严苛的场景下，由于后端的多节点组合模型，导致列表动态构建一个较为复杂的列表项时，后端创建的 UI 组件会成倍增加，更多的对象的创建意味着更多额外的性能开销。

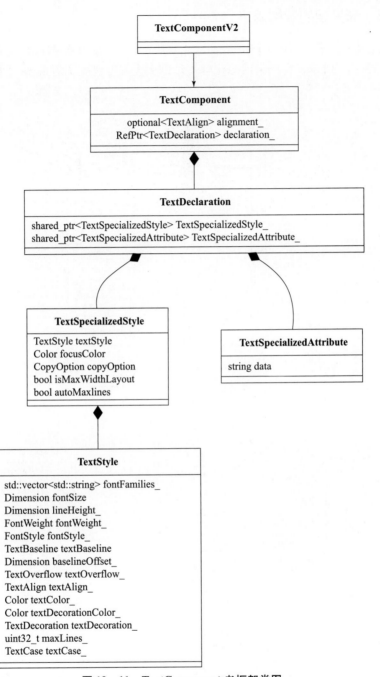

图 13 - 11　TextComponent 老框架类图

（3）加速更新场景性能的新方案（最小化更新方案）需要在前端 UI 描述上准确找到对应的后端 UI 组件进行定向更新，而后端 UI 组件子树结构的存在导致了更多节点查找和更新的开销，达不到最优的效果。

13.4.2 新框架的架构演进

针对上述挑战，新发布的 OpenHarmony 4.0 版本中，ArkUI 框架设计了新的单节点组合模型，如图 13−12 所示，在原来动态化解耦基础上大幅度优化了后端 UI 子树的结构。

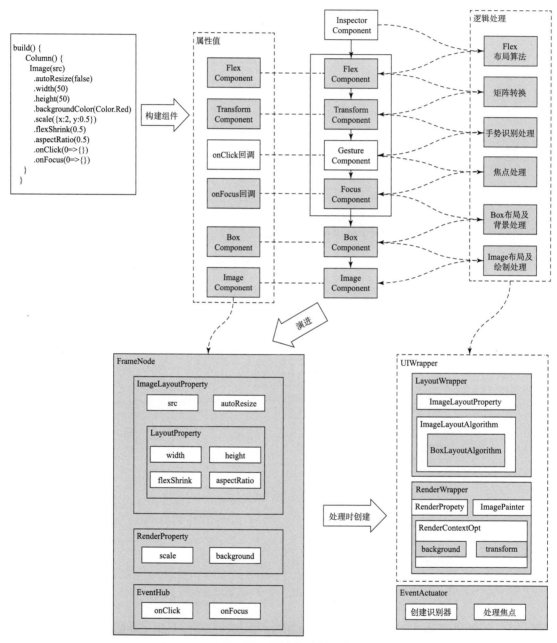

图 13−12 单节点组合模型

多节点组合模型中各个装饰器组件主要承载两个功能：属性值（保存开发者设置的属性值，这些属性值用于后续逻辑处理的驱动）和逻辑处理（基于开发者设置的属性值，按照特定的逻辑进行处理），针对上述两个主要场景，单节点组合模型进行了如下的改进：

（1）去掉 UI 子树结构，单个 UI 描述节点对应单个 UI 后端节点。

（2）装饰类组件拆分为属性集合类和任务封装器类。

（3）组件节点本身只承载属性设置能力，具体的逻辑处理通过创建相应的任务封装器 Wrapper 和 Actuator 实现。

（4）属性值通过新的属性集合的方式实现，属性集合通过继承关系，在基类中实现通用属性能力，子类基于不同的节点类型可以拓展内部的属性字段。

（5）各个属性值的设置都采用动态分配内存的按需创建方式。

（6）属性集合在创建封装任务时会传递给任务封装器用于逻辑处理的输入，任务封装器通过判断属性值是否创建来决定采用何种逻辑处理方式。

（7）组件节点在更新属性后会标记 dirty 区来驱动任务封装器的创建，任务封装器在任务执行完成后随即进行销毁，不占用常驻内存。

（8）布局任务封装器的输入为布局属性集合和布局算法，布局算法采用继承结构，盒式布局算法实现通用布局能力，子类主要承担具体内容区的测算任务，比如文本测算等。

（9）绘制任务封装器的输入为绘制属性集合、内容区绘制方法和渲染属性操作集合，绘制属性集合作为数据输入，驱动绘制算法的执行。

FrameNode：组件节点，其内容如图 13 – 13 所示。

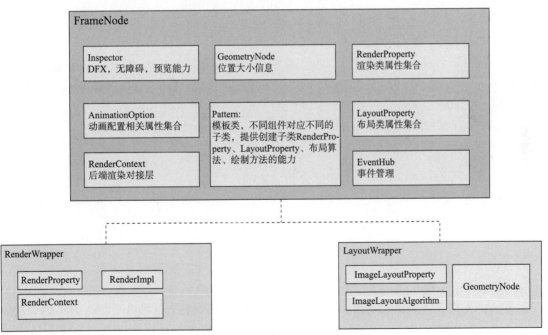

图 13 – 13　FrameNode 内容

（1）GeometryNode：存储大小位置信息。

（2）RenderProperty：渲染类属性集合，不同组件可以创建子类，保存相关渲染属性，比如进度条的滑轨颜色。

（3）LayoutProperty：布局类属性集合，不同组件可以创建子类，保存相关布局属性，比如 Flex 容器的 Flex 属性。

（4）Pattern：模板类，不同组件对应不同的子类，提供创建子类 RenderProperty、LayoutProperty、布局算法、绘制方法的能力。

（5）RenderContext：绘制上下文，对接不同后端，提供统一的 Canvas 接口、渲染属性（转换矩阵、背景色等）接口。

（6）LayoutWrapper：工具类，提供布局任务的包装，输入为 LayoutProperty、Layout Algorithm，输出为 GeometryNode。

（7）RenderWrapper：工具类，提供绘制任务的包装，输入为 RenderProperty、RenderImpl、RenderContext，输出为绘制内容。

（8）EventHub：事件管理类，提供事件回调设置统一入口，针对设置的事件回调类型，创建不同的事件管理器进行事件处理，比如手势事件创建 GestureEventHub 进行统一处理。

注：为方便读者阅读，本书将多节点模型框架称为老框架，单节点模型框架称为新框架。

架构改进前后对比：

老框架会把前端界面转换成后端的三棵树（Component、Element、Render）。

Component：会记录组件的基本信息，分两大类——RenderComponent 和 Composed Component。RenderComponent 可以创建 RenderNode，是一种可视的组件；Composed Component 可用于构建其他组件，但本身不能创建 RenderNode，无法绘制。

Element：是构造控件树的基本逻辑单元，分两大类——RenderElement 和 ComposedElement。

RenderNode：代表了一个基本的绘制单元。RenderContext 为 RenderNode 提供画布。RenderNode 的成员函数 PerformLayout() 用于测量以及布局，Paint（RenderContext& context，const Offset& offset）函数负责绘制。

新的 ArkUI 框架只有一棵 FrameNode 树，FrameNode 中持有如下成员变量：

```
RefPtr < LayoutProperty > layoutProperty_;
RefPtr < PaintProperty > paintProperty_;
RefPtr < RenderContext > renderContext_ = RenderContext::Create();
RefPtr < EventHub > eventHub_;
RefPtr < Pattern > pattern_;
```

Pattern 是测量、布局、绘制行为的基类。后端组件只需要重写 Pattern 中的接口函数，不需要继承 FrameNode 类，通过不同的 tag 表示不同类型的 FrameNode。

在新的架构下，上文的"HelloWorld"示例，前端的一个 Text 控件，只会对应到后端的一个 FrameNode（该 FrameNode 的 tag 为"Text"，不同的前端控件到了后端被转换成不同 tag 的 FrameNode），树结构变得清晰了很多；属性的处理也不需要像老框架中那样每个组件单独处理，而是集中在 FrameNode 中进行统一处理。以 Text 组件为例，新的框架中，需要建立属性组对象 TextParagraph：

```
class TextParagraph{
```

```
    public:
        TextParagraph() = default;
        TextParagraph(std::string content, const FontStyle& fontStyle,
const TextLineStyle& textLineStyle): content_(std::move(content(),
propFontStyle_(std::make_unique<FontStyle>(fontStyle(),
propTextLineStyle_(std::make_unique<TextLineStyle>(textLineStyle()
        {}
        explicit TextParagraph(std::string content):content_(std::move
(content(){}
        ~TextParagraph() = default;
    ...
        void Reset()
        {
            content_.clear();
            propFontStyle_.reset();
            propTextLineStyle_.reset();
        }
    ...
        ACE_DEFINE_PARAGRAPH_PROPERTY(FontStyle,FontSize,Dimension);
        ACE_DEFINE_PARAGRAPH_PROPERTY(FontStyle,TextColor,Color);
        ACE_DEFINE_PARAGRAPH_PROPERTY(FontStyle,ItalicFontStyle,Italic
FontStyle);
        ACE_DEFINE_PARAGRAPH_PROPERTY(FontStyle,FontWeight,Font
Weight);
        ACE_DEFINE_PARAGRAPH_PROPERTY(FontStyle,FontFamily,std::vector
<std::string>);
        ACE_DEFINE_PARAGRAPH_PROPERTY(TextLineStyle,LineHeight,
Dimension);
        ACE_DEFINE_PARAGRAPH_PROPERTY(TextLineStyle,TextBaseline,
TextBaseline);
        ACE_DEFINE_PARAGRAPH_PROPERTY(TextLineStyle,BaselineOffset,
Dimension);
        ACE_DEFINE_PARAGRAPH_PROPERTY(TextLineStyle,TextAlign,
TextAlign);
        ACE_DEFINE_PARAGRAPH_PROPERTY(TextLineStyle,TextCase,
TextCase);
        ACE_DEFINE_PARAGRAPH_PROPERTY(TextLineStyle,TextDecoration
Color,Color);
```

```
        ACE_DEFINE_PARAGRAPH_PROPERTY(TextLineStyle,TextDecoration,
TextDecoration);
        ACE_DEFINE_PARAGRAPH_PROPERTY(TextLineStyle,TextOverflow,
TextOverflow);
        ACE_DEFINE_PARAGRAPH_PROPERTY(TextLineStyle,MaxLines,uint32_
t);
        ...
    };
```

建立完属性组之后，可以创建 LayoutProperty 布局属性集合 TextLayoutProperty，并通过 ACE_DEFINE_PROPERTY_GROUP 宏将属性组作为自身的成员，通过 ACE_DEFINE_PROPERTY_ITEM_WITH_GROUP 向前端暴露属性设置方法和 dirty 区标记 flag：

```
class ACE_EXPORT TextLayoutProperty:public LayoutProperty{
    DECLARE_ACE_TYPE(TextLayoutProperty,LayoutProperty);

public:
    TextLayoutProperty()=default;
    ~TextLayoutProperty()override=default;
    RefPtr<LayoutProperty>Clone()const override
    {
        auto value=MakeRefPtr<TextLayoutProperty>();        value->Layout
Property::
    UpdateLayoutProperty(DynamicCast<LayoutProperty>(this));
        value->propTextParagraph_=CloneTextParagraph();
        return value;
    }
    void Reset()override
    {
        LayoutProperty::Reset();
        ResetTextParagraph();
    }

    ACE_DEFINE_PROPERTY_GROUP(TextParagraph,TextParagraph);
    ACE_DEFINE_PROPERTY_ITEM_WITH_GROUP(TextParagraph,Content,
std::string,PROPERTY_UPDATE_MEASURE);
    ACE_DEFINE_PROPERTY_ITEM_WITH_GROUP(TextParagraph,FontSize,
Dimension,PROPERTY_UPDATE_MEASURE);
```

```
    ACE_DEFINE_PROPERTY_ITEM_WITH_GROUP(TextParagraph,TextColor,
Color,PROPERTY_UPDATE_MEASURE);
    ACE_DEFINE_PROPERTY_ITEM_WITH_GROUP(TextParagraph,Italic
FontStyle,ItalicFontStyle,PROPERTY_UPDATE_MEASURE);
    ACE_DEFINE_PROPERTY_ITEM_WITH_GROUP(TextParagraph,FontWeight,
FontWeight,PROPERTY_UPDATE_MEASURE);
    ACE_DEFINE_PROPERTY_ITEM_WITH_GROUP(TextParagraph,FontFamily,
std::vector<std::string>,PROPERTY_UPDATE_MEASURE);
    ACE_DEFINE_PROPERTY_ITEM_WITH_GROUP(TextParagraph,LineHeight,
Dimension,PROPERTY_UPDATE_MEASURE);
    ACE_DEFINE_PROPERTY_ITEM_WITH_GROUP(TextParagraph,Text Baseline,
TextBaseline,PROPERTY_UPDATE_MEASURE);
    ACE_DEFINE_PROPERTY_ITEM_WITH_GROUP(TextParagraph,Baseline
Offset,Dimension,PROPERTY_UPDATE_MEASURE);
    ACE_DEFINE_PROPERTY_ITEM_WITH_GROUP(TextParagraph,TextAlign,
TextAlign,PROPERTY_UPDATE_MEASURE);
    ACE_DEFINE_PROPERTY_ITEM_WITH_GROUP(TextParagraph,Text
Overflow,TextOverflow,PROPERTY_UPDATE_MEASURE);
    ACE_DEFINE_PROPERTY_ITEM_WITH_GROUP(TextParagraph,MaxLines,
uint32_t,PROPERTY_UPDATE_MEASURE);
    ACE_DEFINE_PROPERTY_ITEM_WITH_GROUP(TextParagraph,Text Decoration,
TextDecoration,PROPERTY_UPDATE_MEASURE);
    ACE_DEFINE_PROPERTY_ITEM_WITH_GROUP(TextParagraph,Text
DecorationColor,Color,PROPERTY_UPDATE_MEASURE);
    ACE_DEFINE_PROPERTY_ITEM_WITH_GROUP(TextParagraph,TextCase,
TextCase,PROPERTY_UPDATE_MEASURE);
    ...
    };
```

　　由于文本布局和绘制均需要重新创建 Paragraph 对象，故文本的属性值均放在 TextLayoutProperty 对象中，不需要额外创建 TextPaintProperty 对象。至于通用属性的处理，ArkUI 3.2 抽象出 BoxComponent、MouseListenerComponent、FocusableComponent 等专门用来处理通用属性及事件。ArkUI 4.0 框架对通用属性的处理都放到了 RenderContext 中。

　　总的来说，新框架中，后端需要维护的开销减少，原先需要维护三棵树，现在只需要维护一棵树。属性事件方面进行统一规划，尤其是通用属性方面，降低了复杂应用开发的开销。在内存占用方面，新框架比老框架有了很大的提升。

13.5　UI 组件定制

下面列出了 ArkUI 相关的代码结构，而 UI 组件定制相关的代码都在 frameworks 文件夹下实现。在 OpenHarmony 中，新增一个定制 UI 组件主要包含两部分的内容——组件的注册和实现。

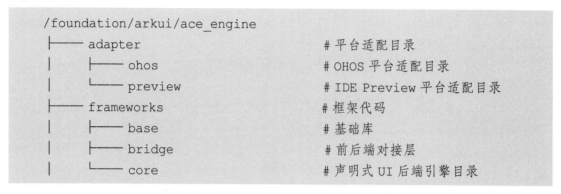

```
/foundation/arkui/ace_engine
├── adapter              # 平台适配目录
│    ├── ohos            # OHOS 平台适配目录
│    └── preview         # IDE Preview 平台适配目录
├── frameworks           # 框架代码
│    ├── base            # 基础库
│    ├── bridge          # 前后端对接层
│    └── core            # 声明式 UI 后端引擎目录
```

13.5.1　UI 组件的注册

组件的注册即将组件注册到桥接层中。应用界面在解析时会将页面中的节点与桥接层注册的组件进行匹配，如果匹配成功，那么桥接层负责将前端节点转化为统一的 Component 组件传递给后端引擎，这样后端就能对不同的前端范式提供统一的后端处理逻辑了。

因此，一方面，要将自定义的组件注册到 dom_document. cpp 中，让桥接层能知道组件的存在；另一方面，针对不同的范式，需要在桥接层提供不同的桥接节点，桥接节点负责创建对应的 Component 对象，并将页面中定义的属性、样式、触发事件传递给 Component。

为支持 JS 类 Web 开发范式，需要在桥接层提供 DomNode 节点，而 ArkTS 声明式开发范式需要提供 JSView 节点。

13.5.2　UI 组件的实现

组件的实现即组件在引擎层中的具体实现。

结合前文的渲染管线构造流程，老框架下组件的实现主要聚焦于实现 Component、Element 和 RenderNode。值得一提的是实现 RenderNode 时，需要创建对应的 Flutter 文件，通过 Flutter 三方库方便开发者进行图形的绘制。实现的方法是将对应的 Flutter 类继承 RenderNode 类，并在 Component 提供的 RenderNode 创建函数中直接创建对应的 Flutter 类的实例，这样就可以在不改变原先框架的前提下使用 Flutter 提供绘制功能了。

新框架下组件的实现则依赖 Pattern 类，并根据其提供的 RenderProperty、LayoutProperty、布局算法、绘制方法等实现对组件的开发。

13.5.3　UI 组件定制实例

本节通过一个声明式开发范式的组件属性增强的实现案例，帮助读者理解上述自定义组件的过程。

该示例是为容器组件 List 添加 startContentOffset 与 endContentOffset 属性。List 组件作为一个通用容器组件，在应用中有着广泛的应用，如手机通信录、社交软件关注人列表、购物平台购物列表等。List 组件也是 OpenHarmony 中复杂度排名前列的容器组件之一，本示例通过如何为该组件增加属性，为读者展示 ArkUI 框架组件运行流程。

（一）**组件具备的特性**

startContentOffset 与 endContentOffset 属性为 List 组件中开始和结束的偏移量，是 List 组件的属性。

（二）**使用示例**

下面是 List 组件的调用示例，在界面中调用了 List 组件，并通过两个 Text 显示获取到的返回值。

```
//xxx. ets
@ Entry
@ Component
struct ListExample{
  private arr:string[] = ['Item0','Item1','Item2','Item3','Item4','Item5','Item6','Item7','Item8']
build(){
  Stack({alignContent:Alignment. TopStart}){
    Column(){
      List({space:20,initialIndex:0}){
        ForEach(this. arr,(item) => {
          ListItem(){
            Text(item)
              . width('100% '). height(100). fontSize(16)
                . textAlign ( TextAlign. Center ) . borderRadius ( 10 ).
backgroundColor(0xFFFFFF)
          }
        },item => item)
      }


      //@ ts - ignore IDE 中如果引用的 list. d. ts 文件包含这两个接口,则可
以不需要该行注释
      . contentEndOffset(16)//结束偏移量
      . contentStartOffset(32)//开始偏移量
      . sticky(StickyStyle. Header)
      . listDirection(Axis. Vertical)//排列方向
       . divider ({strokeWidth: 2, color: 0xFFFFFF, startMargin: 10,
endMargin:10})//每行之间的分界线
```

```
    .edgeEffect(EdgeEffect.Spring)//滑动到边缘无效果
    .chainAnimation(true)//联动特效关闭
    .onScrollIndex((firstIndex:number,lastIndex:number) => {
      console.info('first' + firstIndex)
      console.info('last' + lastIndex)
    })
    .editMode(this.editFlag)
    .onItemDelete((index:number) => {
      console.info(this.arr[index] + 'Delete')
      this.arr.splice(index,1)
      console.info(JSON.stringify(this.arr))
      return true
    }).width('90%')
  }.width('100%')
    //省略代码

}
```

图 13 – 14 展示了 List 组件 startContentOffset 属性的显示效果。

（三）ets 页面解析与属性传递

当新增或更新组件和属性时，需要在 compiler/src/components 目录下新增或修改对应的 json 文件。公共属性放入 compiler/components/common_attrs. json 文件中，若要更新公共属性，则在该文件下修改即可。

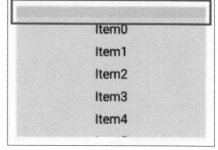

图 13 – 14　界面效果图

组件形式如下：

```
{
  "name":string,
  "attrs":[],
  "atomic":boolean,
  "parents":[],
  "children":[],
  "single":boolean,
  "noDebugLine":boolean
}
...
```

组件新增参数配置描述如表 13 – 1 所示。

表 13 - 1 组件新增参数配置描述

参数	参数描述
name（必需）	组件名称
attrs（组件必需，若没有私有属性，对应 value 写空数组）	组件属性
atomic（可选，默认 false）	是否可有子组件
parents（可选，默认所有组件可用）	父组件只能是哪些组件
children（可选，默认所有组件可用）	子组件只能是哪些组件
single（可选，默认 false）	是否只能包含一个子组件
noDebugLine（可选，默认 false）	预览模式下对应组件是否生成 debugline

第一步：在 list. json 中添加新组件的属性定义。

在源码/developtools/ace _ ets2bundle/compiler/components/list. json 中增加 "startContentOffset" "endContentOffset" 属性：

```
{
  "name":"List",
  "children":["ListItem","Section","ListItemGroup"],
  "attrs":[
    "listDirection","scrollBar","edgeEffect","divider","editMode",
"cachedCount","sticky","chainAnimation"," lanes "," startContentOffset ",
"endContentOffset","onScroll","onReachStart","onReachEnd",onScrollStop",
"onItemDelete"," onItemMove "," onItemDragStart "," onItemDragEnter ",
"onItemDragMove"," onItemDragLeave "," onItemDrop "," multiSelectable ",
"enableScrollInteraction","onScrollIndex","onScrollBegin","scrollSnapAlign"
  ]
}
```

第二步：绑定属性。

在 frameworks/bridge/declarative _frontend/jsview/js _list. cpp 中增加和绑定属性设置的函数：

```
void JSList::JSBind(BindingTarget globalObj){
JSClass < JSList >::Declare("List");
JSClass < JSList >::StaticMethod("create",&JSList::Create);
JSClass < JSList >::StaticMethod("width",&JSList::JsWidth);
//省略代码
JSClass < JSList >::StaticMethod("contentStartOffset",
&JSList::SetContentStartOffset);
JSClass < JSList >::StaticMethod("contentEndOffset",
```

```
&JSList::SetContentEndOffset);

//省略代码

//函数实现
void JSList::SetContentStartOffset(float startOffset)
{
ListModel::GetInstance()->SetContentStartOffset(startOffset);
}

void JSList::SetContentEndOffset(float endOffset)
{
ListModel::GetInstance()->SetContentEndOffset(endOffset);
}
```

在 js_list.h 头文件中，需要添加对应的代码声明：

```
static void SetContentStartOffset(float startOffset);
static void SetContentEndOffset(float endOffset);
```

需要注意的是，当前社区的代码 ArkUI 新老框架并存，所以在 Bridge 层使用宏定义 NG_BUILD 来区分后面对接的是新框架还是老框架：

```
ListModel* ListModel::GetInstance()
{
    if(! instance_){
        std::lock_guard<std::mutex>lock(mutex_);
        if(! instance_){
#ifdef NG_BUILD
            instance_.reset(new NG::ListModelNG());
#else
            if(Container::IsCurrentUseNewPipeline()){
                instance_.reset(new NG::ListModelNG());
            }else{
                instance_.reset(new Framework::ListModelImpl());
            }
#endif
        }
    }
    return instance_.get();
}
```

结合代码可见，老框架中，创建的示例为 Framework：：ListModelImpl（ ），如要在老框架下开发，则需要在 frameworks/bridge/declarative_frontend/jsview/models/list_model_impl. cpp 文件中进行属性的设置：

```
void ListModelImpl::SetContentStartOffset(float startOffset)
{
    JSViewSetProperty ( &V2:: ListComponent:: SetContentStartOffset,
startOffset);
}

void ListModelImpl::SetContentEndOffset(float endOffset)
{
    JSViewSetProperty ( &V2:: ListComponent:: SetContentEndOffset,
endOffset);
}
```

而新框架中，使用的是 NG：：ListModelNG（ ）示例，因此需要进入新框架中进行属性的声明和设置：

frameworks/core/components_ng/pattern/list/list_model. h：

```
virtual void SetContentStartOffset(float startOffset)=0;
virtual void SetContentEndOffset(float endOffset)=0;
```

frameworks\core\components_ng\pattern\list\list_model_ng. h：

```
void SetContentStartOffset(float startOffset)override;
void SetContentEndOffset(float endOffset)override;
```

frameworks\core\components_ng\pattern\list\list_model_ng. cpp：

```
void ListModelNG::SetContentStartOffset(float startOffset)
{
    ACE_UPDATE_LAYOUT_PROPERTY(ListLayoutProperty,ContentStartOffset,
startOffset);
}

void ListModelNG::SetContentEndOffset(float endOffset)
{
    ACE_UPDATE_LAYOUT_PROPERTY(ListLayoutProperty,ContentEndOffset,
endOffset);
}
```

可以看到，设置 ContentOffset 属性使用的是 ACE_UPDATE_LAYOUT_PROPERTY 函数，表明这两个属性是属于布局类属性，其他类的属性（绘制、渲染）也都有对应的 UPDATE

函数处理：

```
#define ACE_UPDATE_LAYOUT_PROPERTY(target,name,value)
do{
    auto frameNode = ViewStackProcessor::GetInstance() -> GetMainFrame
Node();
    CHECK_NULL_VOID(frameNode);
    auto cast##target = frameNode -> GetLayoutProperty<target>();
    if(cast##target){
        cast##target -> Update##name(value);
    }
}while(false)


#define ACE_UPDATE_PAINT_PROPERTY(target,name,value)
do{
    auto frameNode = ViewStackProcessor::GetInstance() -> GetMain
FrameNode();
    CHECK_NULL_VOID(frameNode);
    auto cast##target = frameNode -> GetPaintProperty<target>();
    if(cast##target){
        cast##target -> Update##name(value);
    }
}while(false)


#define ACE_UPDATE_RENDER_CONTEXT(name,value)
do{
    auto frameNode = ViewStackProcessor::GetInstance() -> GetMain
FrameNode();
    CHECK_NULL_VOID(frameNode);
    auto target = frameNode -> GetRenderContext();
    if(target){
        target -> Update##name(value);
    }
}while(false)
```

由于从 2023 年年初开始，社区代码的演进均基于新框架，因此，该示例后续内容也基于新框架进行示范。

（四）后端属性的设置与实现

进入后端处理流程后，类 Web 范式和声明式范式流程就是统一的了，区别仅在于新老框架的区别。

第一步：在 ListLayoutProperty 类添加属性相关函数。

新框架下每个组件对应不同的模板类，该模板类提供创建子类 RenderProperty、LayoutProperty、布局算法、绘制方法的能力。

ListLayoutProperty 类继承 LayoutProperty 类，LayoutProperty 类定义了四个 visual 函数，由不同子类各自进行实现：

```
//新框架在创建时会复制 FrameNode 中布局任务相关的布局属性以及布局算法,在
布局过程中不再依赖 FrameNode,可以实现布局任务的独立运行,为后续布局任务的并行
并发提供基础
    virtual RefPtr < LayoutProperty > Clone()const;

    virtual void Reset();

    virtual void ToJsonValue(std::unique_ptr < JsonValue > & json)
const;

    virtual void FromJson(const std::unique_ptr < JsonValue > & json);
```

List 组件中的具体实现：

frameworks\core\components_ng\pattern\list\list_layout_property. h：

```
class ACE_EXPORT ListLayoutProperty:public LayoutProperty{
    DECLARE_ACE_TYPE(ListLayoutProperty,LayoutProperty);

public:
    ListLayoutProperty() = default;

    ~ListLayoutProperty()override = default;

    RefPtr < LayoutProperty > Clone()const override
    {
        auto value = MakeRefPtr < ListLayoutProperty > ();
        value -> LayoutProperty::UpdateLayoutProperty(DynamicCast <
LayoutProperty > (this));
        value -> propSpace_ = CloneSpace();
    //省略代码
        value -> propContentStartOffset_ = CloneContentStartOffset();
        value -> propContentEndOffset_ = CloneContentEndOffset();
        value -> propScrollSnapAlign_ = CloneScrollSnapAlign();
```

```
        value->propEditMode_=CloneEditMode();
        value->propScrollEnabled_=CloneScrollEnabled();
        return value;
    }

    void Reset()override
    {
        LayoutProperty::Reset();
        ResetSpace();
        //省略代码
        ResetContentStartOffset();
        ResetContentEndOffset();
        ResetScrollSnapAlign();
        ResetEditMode();
        ResetScrollEnabled();
    }

    void ToJsonValue(std::unique_ptr<JsonValue>&json)const
override;
    void FromJson(const std::unique_ptr<JsonValue>&json)
override;
    void ScrollSnapPropToJsonValue(std::unique_ptr<JsonValue>&
json)const;

    ACE_DEFINE_PROPERTY_ITEM_WITHOUT_GROUP(Space,Dimension,
PROPERTY_UPDATE_MEASURE);
    //省略代码
    ACE_DEFINE_PROPERTY_ITEM_WITHOUT_GROUP(ContentStartOffset,
float,PROPERTY_UPDATE_MEASURE);
    ACE_DEFINE_PROPERTY_ITEM_WITHOUT_GROUP(ContentEndOffset,float,
PROPERTY_UPDATE_MEASURE);
    ACE_DEFINE_PROPERTY_ITEM_WITHOUT_GROUP(EditMode,bool,PROPERTY_
UPDATE_MEASURE);
    ACE_DEFINE_PROPERTY_ITEM_WITHOUT_GROUP(ScrollEnabled,bool,
PROPERTY_UPDATE_MEASURE);
};
```

frameworks\core\components_ng\pattern\list\list_layout_property. cpp：

```
void ListLayoutProperty::ToJsonValue(std::unique_ptr < JsonValue > &
json) const
    {
        LayoutProperty::ToJsonValue(json);
        json -> Put("space", propSpace_. value_or(Dimension(0, Dimension
Unit::VP)). ToString(). c_str());
        json -> Put("contentStartOffset", std::to_string(propContent
StartOffset_. value_or(0(). c_str());
        json -> Put("contentEndOffset", std::to_string(propContent
EndOffset_. value_or(0(). c_str());
```

第二步：实现属性的逻辑。

需要设置的属性属于布局属性，除了 listParttern 类本身外，需要进行代码逻辑设置的地方还有 list_layout_algorithm。

其中，frameworks/core/components_ng/pattern/list/list_layout_algorithm. cpp 中需要获取这两个布局属性的设置值，以及将 startContentOffset 设置到 list 初始状态中。

Measure 函数中，使用 listLayoutProperty -> Get 函数获取前面设置在属性中的对应值：

```
    void ListLayoutAlgorithm::Measure(LayoutWrapper* layoutWrapper)
    {
        auto listLayoutProperty = AceType::DynamicCast < ListLayoutProperty >
(layoutWrapper -> GetLayoutProperty());
        CHECK_NULL_VOID(listLayoutProperty);

        const auto& layoutConstraint = listLayoutProperty -> GetLayout
Constraint(). value();

        //calculate idealSize and set FrameSize
        axis_ = listLayoutProperty -> GetListDirection(). value_or(Axis::
VERTICAL);

        //calculate main size.
        auto contentConstraint = listLayoutProperty -> GetContentLayout
Constraint(). value();
        //省略代码
    //获取属性值
        contentStartOffset_ = listLayoutProperty -> GetContentStart
Offset(). value_or(0.0f);
```

```
        contentEndOffset_ = listLayoutProperty -> GetContentEndOffset().
value_or(0.0f);

        //省略代码
```

因为 startContentOffset 也要在 list 初始化状态下体现该属性，所以在 list 相关的布局函数里面，需要设置该属性：

```
    void ListLayoutAlgorithm:: BeginLayoutForward ( float  startPos,
LayoutWrapper* layoutWrapper)
    {
        LayoutForward(layoutWrapper,jumpIndex_.value(),startPos);
        if (((jumpIndex_.value() > 0) ||(! IsScrollSnapAlignCenter
(layoutWrapper)&& jumpIndex_.value() ==0))&&
            GreatNotEqual(GetStartPosition(),(contentStartOffset_ +
startMainPos_())){

        //省略代码

    void ListLayoutAlgorithm:: MeasureList ( LayoutWrapper *  layout
Wrapper)
    {
        //省略代码
        if(jumpIndex_){
            if(jumpIndex_.value() ==LAST_ITEM){
                jumpIndex_ =totalItemCount_ - 1;
            } else if ((LessNotEqual(jumpIndex_.value(),0)) ||(Great
OrEqual(jumpIndex_.value(),totalItemCount_))){
                LOGW("jump index is illegal,%{public}d,%{public}d",
jumpIndex_.value(),totalItemCount_);
                jumpIndex_.reset();
            }
        }
        if((jumpIndex_ ||targetIndex_) && scrollAlign_ == ScrollAlign::
AUTO &&
            NoNeedJump(layoutWrapper, startPos, endPos, startIndex,
endIndex)){
            jumpIndex_.reset();
            targetIndex_.reset();
```

```
        }
        if(jumpIndex_){
            LOGD("Jump index:%{public}d,offset is %{public}f,start
MainPos:%{public}f,endMainPos:%{public}f",
                    jumpIndex_.value(),currentOffset_,startMainPos_,
endMainPos_);
            switch(scrollAlign_){
                case ScrollAlign::START:
                case ScrollAlign::NONE:
                case ScrollAlign::CENTER:
                    jumpIndex_=GetLanesFloor(layoutWrapper,jumpIndex_.
value());
        //list 初始状态下,需要计算偏移量
                    if(scrollAlign_==ScrollAlign::START){
                        startPos=contentStartOffset_;
                    }else{
                        float mainLen=MeasureAndGetChildHeight(layout
Wrapper,jumpIndex_.value());
                        startPos=(contentMainSize_ - mainLen)/2.0f;
                    }
                    BeginLayoutForward(startPos,layoutWrapper);
                    break;
        //初始状态下,endOffset 偏移量不需要计算
                case ScrollAlign::END:
                    HandleJumpEnd(layoutWrapper);
                    break;
                case ScrollAlign::AUTO:
                    HandleJumpAuto(layoutWrapper,startIndex,endIndex,
startPos,endPos);
                    break;
            }
```

此外，contentOffset 偏移量的布局还要求在 list 回弹的时候体现，即回弹的位置需要计算偏移量，那么需要在 frameworks\core\components_ng\pattern\list\list_pattern.cpp 中的回弹事件相关里面处理：

```
    void ListPattern:: SetEdgeEffectCallback(const RefPtr < Scroll
EdgeEffect > & scrollEffect)
    {
```

```
        scrollEffect -> SetCurrentPositionCallback([weak = AceType::
WeakClaim(this)]() ->double{
        auto list = weak.Upgrade();
        CHECK_NULL_RETURN_NOLOG(list,0.0);
        return list -> startMainPos_ + list -> GetChainDelta(list ->
startIndex_) - list ->currentDelta_;
    });
        scrollEffect -> SetLeadingCallback([weak = AceType::WeakClaim
(this)]() ->double{
        auto list = weak.Upgrade();
        auto endPos = list ->endMainPos_ + list ->GetChainDelta(list ->
endIndex_);
        auto startPos = list -> startMainPos_ + list -> GetChainDelta
(list -> startIndex_);
        if(list -> IsScrollSnapAlignCenter()&&! list -> itemPosition_.
empty()){
            float endItemHeight =
                list -> itemPosition_.rbegin() -> second.endPos -
list ->itemPosition_.rbegin() ->second.startPos;
            return list -> contentMainSize_/2.0f + endItemHeight/2.0f -
(endPos - startPos);
        }
        //向上拖曳回弹需要计算 contentEndOffset
        return list ->contentMainSize_ - (endPos - startPos) - list ->
contentEndOffset_;
    });

        scrollEffect -> SetTrailingCallback([weak = AceType::WeakClaim
(this)]() ->double{
        auto list = weak.Upgrade();
        CHECK_NULL_RETURN_NOLOG(list,0.0);
        if(list -> IsScrollSnapAlignCenter()&&! list -> itemPosition_.
empty()){
            float startItemHeight =
                list ->itemPosition_.begin() ->second.endPos - list ->
itemPosition_.begin() ->second.startPos;
            return list ->contentMainSize_/2.0f - startItemHeight/2.0f;
        }
```

```
        //拖曳到末尾回弹需要计算 contentStartOffset
        return list -> contentStartOffset_;
    });


    scrollEffect - > SetInitLeadingCallback ([ weak = AceType::
WeakClaim(this)]() ->double{
        auto list = weak. Upgrade();
        auto endPos = list -> endMainPos_ + list -> GetChainDelta(list ->
endIndex_);
        auto startPos = list -> startMainPos_ + list -> GetChainDelta
(list -> startIndex_);
        if(list -> IsScrollSnapAlignCenter()&&! list -> itemPosition_.
empty()){
            float endItemHeight =
                list -> itemPosition_. rbegin() -> second. endPos -
list -> itemPosition_. rbegin() -> second. startPos;
            return list -> contentMainSize_ /2. 0f + endItemHeight/2. 0f -
(endPos - startPos);
        }
        //初始化前导位置默认值
    return list -> contentMainSize_ -(endPos - startPos) - list -> content
EndOffset_;
    });


    scrollEffect - > SetInitTrailingCallback ([ weak = AceType::
WeakClaim(this)]() ->double{
        auto list = weak. Upgrade();
        CHECK_NULL_RETURN_NOLOG(list,0. 0);
        if(list -> IsScrollSnapAlignCenter()&&! list -> itemPosition_.
empty()){
            float startItemHeight =
                list -> itemPosition_. begin() -> second. endPos - list ->
itemPosition_. begin() -> second. startPos;
            return list -> contentMainSize_/2. 0f - startItemHeight/2. 0f;
        }
    //初始化尾随位置的默认值
        return list -> contentStartOffset_;
    });
}
```

当然，listPattern 中的 contentOffset 的值需要设置到 list 里：

```
//在 RefPtr < LayoutAlgorithm > ListPattern::CreateLayoutAlgorithm( )
函数中处理

listLayoutAlgorithm -> SetContentStartOffset( contentStartOffset_ );
listLayoutAlgorithm -> SetContentEndOffset( contentEndOffset_ );
```

至此，一个复杂组件的简单属性设置的开发流程结束。

13.6　思考与练习

1. 查阅资料对比 Android 的 UI 框架和 OpenHarmony 的 UI 框架，阐述二者的区别。
2. 查阅资料，了解方舟 JavaScript 引擎的工作原理。
3. 将 ContentOffset 两个属性添加在老框架下并运行成功。
4. 阐述新框架下布局、绘制、渲染三个属性各自的实现方式。
5. 使用海思设备定制一个组件，例如仿遥控器的圆盘按钮或可滑动的环形控制器等。

第 14 章

ArkCompiler

14.1　概　　览

运行时（Runtime）是指程序在执行阶段的环境和支持，包括操作系统、库函数、虚拟机等组件，它们共同协作以执行编写好的源代码。在运行时，程序通过解释或编译的方式转化为可执行的机器码，与硬件交互并完成特定任务。运行时的概念强调了程序的动态性和实际执行的情境。

运行时的主要作用在于提供一个执行程序的框架，负责处理内存管理、异常处理、线程调度等底层细节，以保证程序能够正确、高效地运行。运行时环境还负责与外部系统、硬件等进行交互，为程序提供必要的资源和支持。运行时的存在使得开发者能够更专注于程序逻辑而无须深入关注底层的实现细节，从而提高了开发效率和跨平台的可移植性。

以下是一些常见的运行时：

（1）Java 虚拟机：Java 是一种广泛使用的编程语言，它的运行时环境是 Java 虚拟机（JVM）。JVM 负责将 Java 源代码编译为字节码，并在运行时执行字节码。JVM 还提供了垃圾回收、内存管理、线程管理等功能。

（2）NET 运行时：. NET 是微软开发的一个开发平台，它的运行时环境是公共语言运行时（Common Language Runtime，CLR）。CLR 负责将. NET 语言（如 C#、VB. NET）编译为中间语言（IL），并在运行时执行 IL 代码。CLR 提供了垃圾回收、类型安全、异常处理等功能。

（3）Python 解释器：Python 是一种解释型语言，它的运行时环境是 Python 解释器。Python 解释器负责解释和执行 Python 源代码，并提供动态类型、垃圾回收等功能。

（4）JavaScript 引擎：JavaScript 是一种广泛用于 Web 开发的脚本语言，它的运行时环境是 JavaScript 引擎（如 V8 引擎）。JavaScript 引擎负责解析和执行 JavaScript 代码，并提供内存管理、JIT 编译等功能。

在 OpenHarmony 中，同样需要为应用搭建一个运行环境，负责管理程序的执行，包括内存管理、线程管理、异常处理、库调用等。为此，ArkCompiler（方舟编译器）应运而生，其支持的运行时被称为方舟运行时。方舟运行时有其独特的应用场景，不适合直接使用现有的开源运行时框架，需要在吸收其他运行时优点的基础上从头设计和开发。具体而言，方舟运行时因为 OpenHarmony 的相关特性需要满足以下特点：

（1）可裁剪。OpenHarmony 需要支持运行在轻量设备（内存为 128 KB ~ 1 MB）、小型设备（内存为 1 ~ 128 MB）、标准设备（内存约为 128 MB）、大型设备（内存约为 1 GB）等不同级别的设备上运行，因此方舟运行时必须是可配置、可裁剪的。

（2）低开发门槛。为了做好软件生态，需要吸纳大量的应用开发者，因此需要降低应用的开发门槛。方舟编译器支持多种被开发者广泛使用的编程语言。在 Harmony OS 中，方舟编译器支持把 JavaScript、TypeScript、ArkTS、Java 编译成方舟字节码，而在 OpenHarmony 上，其裁剪了对 Java 的支持，未来可能会增加对华为自研语言仓颉的支持。

（3）统一编程平台。当开发者需要开发一个物联网功能，比如窗帘自动收拉或智能小厨宝时，通常需要在手机端开发控制应用。安卓使用 AndroidStudio 开发，需要掌握 Java 语言和 Android API；苹果使用 XCode 开发，需要掌握 ObjectC 语言和苹果特有的 API。而开发设备侧程序则需要搭建设备厂商提供的特有开发环境，一般使用 C 语言来开发，且需要学习使用设备特有的 API，因而需要不同领域的开发者相互配合完成。而 OpenHarmony 的手机端应用开发环境是 DevEcoStudio，使用方舟编译器支持的 JavaScript、TypeScript 等语言来开发，与适配了 OpenHarmony 的设备侧开发环境完全一致。

（4）高效。安卓的运行时 ART（Android Runtime）是基于 AOT（Ahead-of-Time）编译的运行时，安卓应用在安装时，会将 Java 字节码编译成机器码，以提高应用的执行效率。方舟运行时同样支持 AOT 编译，在安装 OpenHarmony 的应用时，将方舟字节码编译成机器码，如图 14-1 所示。

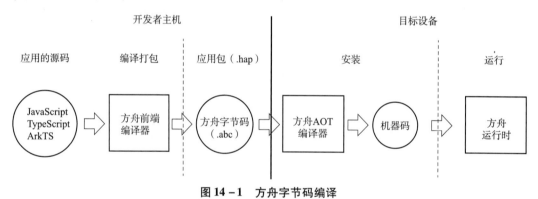

图 14-1 方舟字节码编译

在某些场景下，比如程序需要运行在不同的设备上时（可能指令集不同），无法提前编译出目标机器码，这种情况就需要用到 JIT（Just-in-Time）运行时编译，如图 14-2 所示。

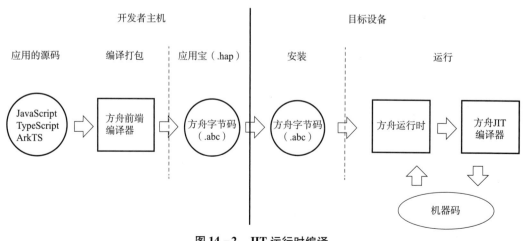

图 14-2 JIT 运行时编译

在低端设备上（如 IoT 设备），方舟运行时也支持对方舟字节码的解释执行，本章将分别对前端编译器、JIT 编译器、AOT 编译器和运行时进行介绍。

14.2　编　译　器

开发者使用 JavaScript、TypeScript、ArkTS 等高级语言开发应用，需要通过编译器编译成方舟运行时可识别的代码，并在编译过程中对程序进行优化，以提高运行效率。前端编译器将高级语言编译成方舟字节码，JIT 编译器和 AOT 编译器将字节码编译成机器码。

14.2.1　前端编译器

部分解释器直接解释脚本语言来运行，例如 Python 解释器和 Quickjs 解释器。这种运行方式效率很低，CPU 和内存资源耗费在解析脚本上，且严格按照脚本逻辑执行，不能提前对代码进行优化。如果多种不同的高级语言要在设备上解释运行，设备侧的解释器将会庞大且复杂。

前端编译器则是将不同的高级语言提前编译成优化的、统一的方舟字节码，方舟运行时只需要解释运行字节码。开发者在使用 DevEcoStudio 打包 OpenHarmony 应用的过程中，会自动调用前端编译器将源码编译成字节码。生成方舟字节码的完整流程如图 14 – 3 所示。

图 14 – 3　生成方舟字节码流程

前端编译器以 ArkTS/TS/JS 脚本代码作为输入，将其编译生成方舟字节码（. abc）文件。

. abc：二进制形式的方舟字节码（ArkCompiler Bytecode）。

. pa：文本形式的方舟字节码，反编译 . abc 文件获得（panda argument）。

方舟编译器定义了 222 条指令，高级语言的代码最终编译成这些指令来实现功能，在 OpenHarmony 的 arkcompiler_ets_runtime 仓库中可以查询到这些指令（ecmascript/interpreter/templates/instruction_dispatch. inl）。

前端编译器使用了多种优化算法，下面介绍几种重要的优化算法。

（一）**值编号**（**Value Numbering**）

通过识别和消除冗余的计算，以提高程序的执行效率。在值编号中，编译器分析程序中的表达式，并为每个表达式分配一个唯一的值编号。如果两个表达式具有相同的值编号，则它们表示相同的计算结果。通过识别并消除具有相同值编号的表达式，编译器可以减少计算操作的数量。

优化前：

```
a = 5
b = 10
c = a + b
```

```
d = a + b
e = c * d
```

可以看到表达式 $a+b$ 被计算了两次，这种情况下，编译器会为表达式 $a+b$ 分配一个唯一的值编号，比如（1），然后，编译器会替换重复的表达式，优化后：

```
a = 5
b = 10
(1) : a + b
c = (1)
d = (1)
e = c * d
```

（二）移动常量至使用位置（Move constants closer to usage）

常量通常被定义为具有固定值的变量或表达式。当编写代码时，可能会在不同的地方多次使用相同的常量。然而，常量的定义位置可能与其实际使用位置相隔较远，这使得常量定义之后，需要将常量从寄存器移到内存，在使用时再把常量从内存读到寄存器，会导致性能的损失。

通过将常量移动到其实际使用位置附近，可以减少内存访问的开销。因为常量的值可以直接嵌入指令中，在常量载入寄存器后直接使用，而不需要从内存中加载。这样可以减少内存访问的次数，提高代码的执行速度。

优化前：

```
CONST_VALUE = 5 * 10
... 其他代码
print CONST_VALUE
```

优化后：

```
... 其他代码
print 50
```

这个优化是由编译器自动完成的，不建议开发者使用这种写法，因为会导致代码的可读性降低。

（三）Lowering 算法

Lowering 是编译过程中的一个重要环节，主要将高级语言逻辑转换为低级语言表示，如方舟指令集。Lowering 优化可以涉及多个方面，以下是几个示例。

1. 表达式降阶

在 Lowering 优化中，表达式会被转化为更低级别的形式，例如三地址代码或者中间表示（IR）。这个过程包括将复杂的表达式拆分为更简单的形式，例如将复合表达式转化为基本的算术和逻辑操作。

优化前：

```
a = b + c * d
```

优化后：

```
t1 = c*d
t2 = b + t1
a = t2
```

2. 控制流降阶

高级语言中的控制流结构（如条件和循环）也需要降阶为底层的表示形式。这涉及将条件和循环转化为底层的条件分支和跳转指令。这个过程通常使用控制流图（CFG）来表示程序的控制流，并根据 CFG 进行转换。

优化前：

```
for(i = 0;i < n;i ++){
    ...
}
```

优化后：

```
i = 0
loop_begin:
if(i >= n)goto loop_end
...
i = i + 1
goto loop_begin
loop_end:
```

3. 数据类型降阶

高级语言中的数据类型通常比底层表示形式更加抽象。在 Lowering 优化中，数据类型会被转化为底层的数据表示形式，比如整数、浮点数和指针。这个过程包括类型检查和转换，以确保数据的正确性和一致性。

优化前：

```
f = 1.23
i = (int)f
```

优化后：

```
load_float f_addr,r0
convert_float_to_int r0,r1
store_int r1,i_addr
```

4. 内存访问降阶

高级语言中的内存访问通常以高级的方式进行，例如使用变量名进行访问。在 Lowering 优化中，内存访问会被转化为底层的内存地址计算和加载/存储指令。这个过程可以包括寄存器分配和优化，以减少内存访问的次数和延迟。

优化前：

```
a = 1
b = 2
c = a + b
```

优化后：

```
load_int a_addr,r0
load_int b_addr,r1
add_int r0,r1,r2
store_int r2,c_addr
```

（四）Cleanup 算法

该算法主要用于清理和消除编译过程中生成的临时变量、未使用的代码和其他不必要的结构，以提高生成的目标代码的质量和效率。

14.2.2　方舟字节码文件格式

方舟字节码可以直接被方舟运行时解释执行，其中包含了常量、类和函数，名为 func_main_0 的函数为入口函数。

为便于分析二进制的字节码文件（.abc），先了解一下字节码文件中的几种数据类型，见表 14 – 1。

表 14 – 1　字节码文件中的几种数据类型

类型	介绍
uint8	8 位无符号整型，占用 1 个字节
uint16	16 位无符号整型，占用 2 个字节
uint32	32 位无符号整型，占用 4 个字节
ULEB128	LEB128 编码中的无符号整数值，不定长
SLEB128	LEB128 编码中的带符号整数值，不定长
String	ULEB128 编码的长度信息 + MUTF – 8 编码的字符串内容，不定长
TaggedValue	一个 uint8 的类型 + n 个 uint8 的数据，不定长

（1）ULEB128（Unsigned Little – Endian Base 128）和 SLEB128（Signed Little – Endian Base 128）是两种用于对整数进行变长编码的格式。

ULEB128 编码用于无符号整数的变长表示。它将一个无符号整数分解成多个字节，每个字节使用 7 位表示数据位，最高位用于指示是否还有后续字节。例如数字 300 的二进制表示为 100101100，以 7 位一组进行分割，得到 [10，0101100]，小端存储得到 [0101100，10]，第一个字节有后续字节，首位补 1，第二个字节没有后续，首位补 0，得到 [（1）0101100，（0）0000010]，最终编码为两个字节 0xAC、0x02。

SLEB128 编码用于有符号整数的变长表示。它使用 zigzag 算法将有符号整数映射到无符号整数，然后使用 ULEB128 进行编码。

32 位有符号整数 –1，二进制表示为 0xFFFF FFFF FFFF FFFF，不利于长度压缩，zigzag 算法解决了这个问题。

①对于有符号整数 n，zigzag 编码 = $((-n) << 1) | 1$，例如 –300，结果为 601；

②对于无符号整数 n，zigzag 编码 = $(n << 1) | 0$，例如 300，结果为 600。

（2）String 由 ULEB128 编码的长度信息和 MUTF – 8 编码的数据组成，解码首先取出一个 ULEB128 编码的正整数 n，字符串实际长度为 $(n >> 1)$，最低位表示了字符串是否为 ASCII 码字符串（$n\&1$），例如 [0x07, 0x61, 0x62, 0x63, 0x00]。

字符串实际长度 = 0x07 >> 1 = 3；

是否是 ASCII 码 = 0x07&1 = 1。

然后解析得到字符串为 abc。这里要注意，字符串必定以 0x00 结尾，但 0x00 不包含在首字节的字符串长度内，后续继续解析时需要跳过 0x00。

（3）TaggedValue 是方舟字节码中定义的一个特殊数据类型，在不同场景下，有不同的含义，其第一个字节为类型，类型不同后面的数据长度也不同。

表 14 – 2 描述了类属性的部分 TaggedValue 类型（解析类属性时参照）：

表 14 – 2　类属性的部分 TaggedValue 类型

名称	类型编号	后续类型	说明
NOTHING	0x00	无	TaggedValue[ ] 的结束符
SOURCE_LANG	0x02	uint8	源语言，后续为 0 或 1。 0：ECMASCRIPT； 1：PANDA_ASSEMBLY
RUNTIME_ANNOTATION	0x03	uint32	运行时可见注释偏移量
ANNOTATION	0x04	uint32	运行时不可见注释偏移量
RUNTIME_TYPE_ANNOTATION	0x05	uint32	运行时可见注释类型偏移量
TYPE_ANNOTATION	0x06	uint32	运行时不可见注释类型偏移量
SOURCE_FILE	0x07	uint32	文件名字符串的偏移量

表 14 – 3 是函数属性的部分 TaggedValue 类型（解析函数属性时参照）：

表 14 – 3　函数属性的部分 TaggedValue 类型

名称	类型编号	后续类型	说明
NOTHING	0x00	无	TaggedValue[ ] 的结束符
CODE	0x01	uint32	函数的代码偏移量
SOURCE_LANG	0x02	uint8	源语言，后续为 0 或 1。 0：ECMASCRIPT； 1：PANDA_ASSEMBLY
DEBUG_INFO	0x05	uint32	调试信息的偏移量
ANNOTATION	0x06	uint32	运行时不可见注释偏移量

下面从方舟字节码文件的文件头开始分析，一步一步最终找到程序的入口代码。使用 OpenHarmony 的前端编译工具 es2abc 将下面的 JS 代码编译成方舟字节码。

```
for( let i = 0 ; i < 10 ; i ++ ) {
        print( i )
}
```

使用十六进制编辑器打开方舟字节码文件，其内容如图 14 - 4 所示。最前面的 60 个字节为文件头数据，对应表 14 - 4 进行解析。前 8 个字节固定为 PANDA，代表这是一个方舟字节码文件。文件校验和使用 CRC 算法，从版本号开始到文件结尾计算得到，用于验证文件的正确性和完整性。文件版本号为 9，文件长度为 0x190。

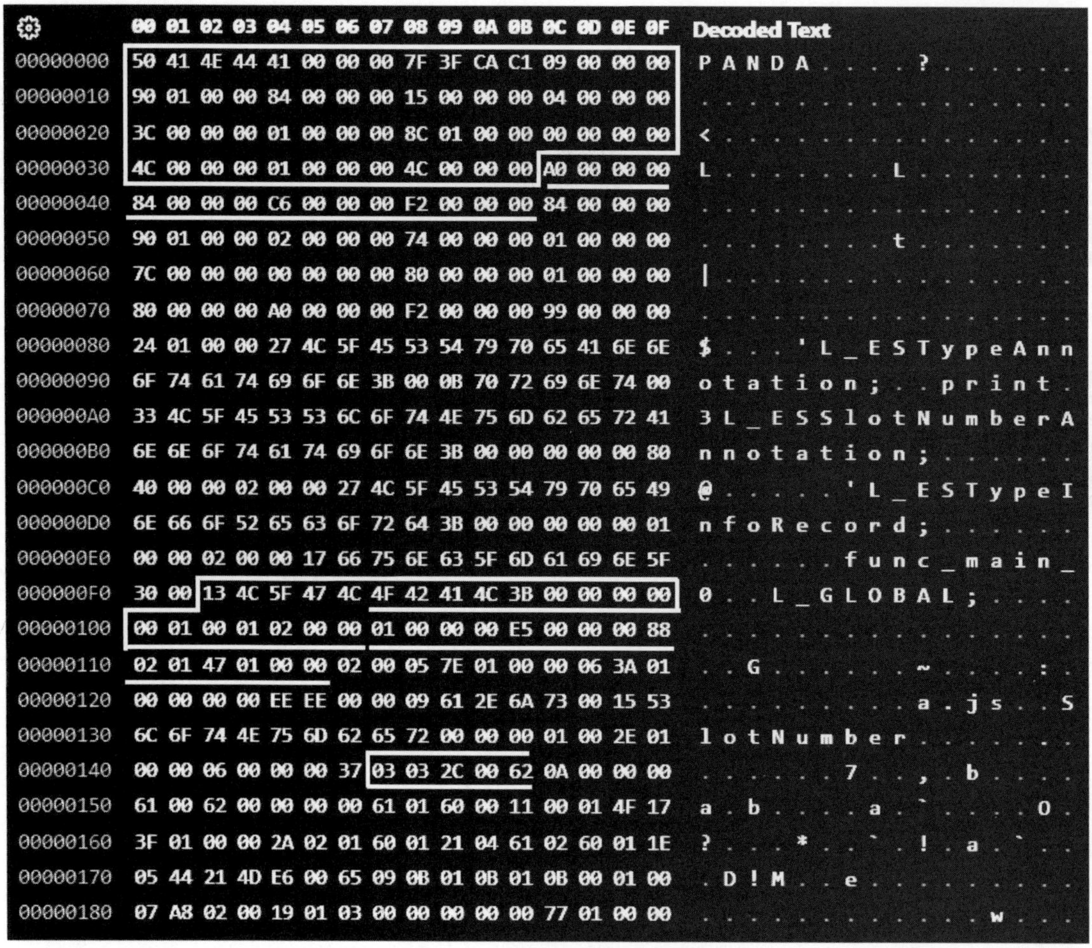

图 14 - 4　方舟字节码文件

表 14 – 4　文件头数据

uint8[8]magic 魔术字符串：PANDA		uint8[4]checksum 文件校验和	uint8[4]version 文件版本号
uint32 file_ size 文件长度	uint32 foreign_off 外部区域偏移量	uint32 foreign_size 外部区域大小	uint32 num_classes 类数量
uint32 class_idx_off 类索引结构偏移量	uint32 num_ lnps 程序行号索引数量	uint32 lnp_idx_off 程序行号索引偏移量	uint32 num_literalarrays 文本数组数量
uint32 literalarray_idx_off 文本数组索引结构偏移量	uint32 num index_regions 文件中索引区域数量	uint32 index_section _off 索引区域的偏移量	

因为入口函数在类中，可以直接看类的数量和索引表位置，解析文件头数据得到 num_ classes = 4，class_idx_off = 0x3C，查看 0x3C 位置有 4 个类偏移地址，分别为 [0xA0，0x84，0xC6，0xF2]，类数据结构如表 14 – 5 所示（灰色为可选数据）。

表 14 – 5　类数据结构

不定长	String name 类名				uint32 super_class _off 父类偏移量	
不定长	ULEB128 access_flags 访问标识		不定长	ULEB128 num_ fields 字段数量		
不定长	ULEB128 num_methods 函数数量		不定长	TaggedValue source_ lang 源语言类型		可选
不定长	TaggedValue[ ]runtime annotations 运行时可见注释偏移量	可选	不定长	TaggedValue[ ]annotations 运行时不可见注释偏移量		可选
不定长	TaggedValue[ ]runtime_type_annotations 运行时可见注释类型偏移量	可选	不定长	TaggedValue type_ annotations 运行时不可见注释类型偏移量		可选
不定长	TaggedValue source_file 文件名字符串的偏移量	可选	0 结束			

根据 4 个类偏移地址和前文中 String 解析方法，分别解析得到类名：

0xA0：L_ESSlotNumberAnnotation；

0x84：L_ESTypeAnnotation；

0xC6：L_ESTypeInfoRecord；

0xF2：L_GLOBAL。

入口函数在_GLOBAL 类中，对_GLOBAL 类进行深入解析，见表 14 – 6。

表 14 – 6　对_GLOBAL 类进行深入解析

字段	偏移位置	值
name	0xF2	L_GLOBAL
super_class_off	0xFD	0

字段	偏移位置	值
access_flags	0x101	1
num_fields	0x102	0
num_methods	0x102	1
source_lang	0x104	0，源语言是 ECMASCRIPT
runtime_annotations	0x106	无
annotations	0x106	无
runtime_type_annotations	0x106	无
type_annotations	0x106	无
source_file	0x106	无

0x106 的 TaggedValue 类型为 0，类的相关属性到此结束，跳过这个字节从 0x107 开始继续解析。根据 num_fields 数量解析字段数据，这里 num_fields = 0，不做解析。接着根据 num_methods 数量解析函数，函数数据结构如表 14 - 7 所示。

表 14 - 7　函数数据结构

uint16 class_idx 类索引	uint16 proto_idx 协议索引	uint32 name_off 函数名字符串偏移量		不定长	ULEB128 access_flags 函数的访问标记	
不定长	TaggedValue code 函数代码偏移量	可选	不定长		TaggedValue source_lang 源语言类型	可选
不定长	TaggedValue debug_info 调试信息	可选	不定长		TaggedValue annotation 运行时不可见注释偏移量	可选
0 结束						

根据函数结构解析得到如表 14 - 8 所示结果。

表 14 - 8　解析结果

字段	偏移位置	值
class_idx	0x107	1
proto_idx	0x109	0
name_off	0x10B	0xE5
access_flags	0x10F	0x108
code	0x111	0x147
source_lang	0x116	0
debug_info	0x118	0x17E
annotation	0x11D	0x13A

从 0xE5 解析得到函数名为 func_main_0，正是要找的入口函数，函数代码的偏移量为 0x147，在后面运行时小节将详细讲解字节码如何运行。

14.2.3　JIT 编译器

同一个 OpenHarmony 应用包（.hap），需要在各种异构设备上都能高效运行，为了满足这一需求，方舟运行时中实现了 JIT 即时编译器（Just – In – Time Compiler），其可以在方舟字节码运行过程中，动态地将字节码编译成处理器可以直接运行的机器码，以提高运行效率。

JIT 编译器的主要优势在于它能够根据运行过程中的实际情况，有针对性地进行优化，比如热点函数（高频调用的函数）。它可以针对当前的环境和硬件特性进行优化，生成更加高效的机器码。此外，JIT 编译器还可以提供更好的动态特性支持，如动态类型检查、动态加载和卸载代码等。

在运行过程中，编译需要占用处理器和内存，在编译时会一定程度地降低程序的运行性能，因此需要筛选使用高效的优化算法，以免影响应用的正常运行。

14.2.4　AOT 编译器

对于有明确目标设备（固定的处理器，运行环境）的情况下，就可以提前将方舟字节码编译成目标设备的机器码，OpenHarmony 实现了 AOT 编译器功能，AOT 编译是在开发者主机完成后执行的，可以最大化地执行优化算法进行编译优化。

在进行 AOT 编译之前，首先要打包字节码格式的应用，并在目标设备上执行一段时间，以分析应用的执行情况，生成 pgo（profile guided optimization）文件，其中记录了热点函数等，然后将 pgo 文件加入编译环境，打开 AOT 编译开关，通过 AOT 编译器再次打包应用，此时编译出的应用内，已经将部分需要优化的高级语言编译成了机器码。

14.3　运　行　时

本节对 OpenHarmony 运行时中的核心内容，即内存分配、垃圾回收和字节码执行三部分内容进行了讲解。

14.3.1　内存分配

方舟运行时作为一个虚拟机，需要实现自己的寄存器、栈内存、堆内存。方舟运行时跟大多数高级语言一样，采用了自动内存管理，也就是不需要开发者显式地分配和释放内存，这就需要在运行时内部自动完成内存的分配和释放，如何才能高效并低碎片地分配和释放内存，不同的算法各有优缺点，不能同时兼顾高效和低碎片，所以方舟运行时实现了两种分配算法，一种是高效，一种是低碎片，因此需要在不同的场景使用不同的算法来达到目的。

1. 高效算法

顺序指针分配器（Bump Pointer Allocator）是一种按顺序直接分配所需空间的简单算法，在 OpenHarmony 中，它首先开辟一块 256 KB 的内存（大小可配置），设置一个指向内存起始地址的指针，当需要分配内存时，直接将指针当前指向的地址返回给申请者，并把指针向后移动需要分配的长度，当有内存释放时，不做任何操作，所以这种方式虽然高效，但极易产生内存碎片。

2. 低碎片算法

通过自由链表分配器（Free – List Allocator）维护两个链表，一个是分配的内存，另一个是空闲内存。在需要申请内存时，先从空闲链表中查找是否有大小合适的空间，如果没有，就申请新的空间，然后挂到已分配内存的链表上。这种算法每次申请内存时都要检索和操作链表，相对低效，但不易产生内存碎片。

如何区分场景来使用不同的算法呢，一般来说，在高频场景，使用高效算法，在低频场景，使用低碎片算法。为此 OpenHarmony 把堆内存分为不同的空间。

（1）年轻代空间（Young Space）：新分配的小内存一般会放在这个空间，是操作最频繁的空间，所以这个空间采用高效算法。

（2）老年代空间（Old Space）：在年轻代空间中分配的内存，经过几次 GC 算法仍然没有释放的，会转移到老年代空间。这部分内存相对稳定，不会频繁地分配和释放，采用低碎片算法。

（3）代码空间（Code Space）：JIT 编译器将字节码编译成机器码后，存于此空间，方舟运行时可以跳转到代码空间执行。

（4）不可移动空间（No – movable Space）：静态数据存于此空间。

（5）大对象空间（Large Space）：新分配对象大小超过一定值（如 128 KB，可配置）时，分配到此空间。

14.3.2　垃圾回收

上文已经提到，不同的内存分配算法，需要有对应的垃圾回收机制配合。

年轻代空间中的顺序指针分配器，定位是高频高效，所以回收算法也要高效，OpenHarmony 采用了 GC 复制（Copying Garbage Collection）算法，当一个 256 KB 的内存块申请完时，算法将这块内存中存活的对象复制到另一个 256 KB 的空间中，并更新对象引用，然后可以直接释放原块。这种方式高效，且不会遗留碎片，缺点是需要开辟跟原内存块大小一样的新块空间，算法运行时新老块空间同时存在，以空间换效率。

老年代空间中的自由链表分配器，因其使用链表来存储对象，运行一段时间后，链表每个节点所指向的地址空间在真实内存中会比较乱，会产生真实内存中的内存碎片，OpenHarmony 采用了 GC 标记 – 压缩（Mark – Compact Garbage Collection）算法，当内存碎片达到一定阈值时，触发算法运行，将未被释放的对象紧凑地移动到内存的一端。

14.3.3　字节码执行

方舟运行时可以直接解释并运行方舟字节码，也可以运行通过 JIT 或 AOT 编译器编译出的机器码。这里根据上文分析得到的方舟字节码文件中入口函数的地址，详细讲解方舟运行时如何解释运行方舟字节码。

在此之前首先要了解一个基本数据结构——JSTaggedValue，它使用了 Nan – boxing Pointer 技术，将整数、浮点数、布尔值和对象等内存单元封装到 8 个字节中（uint64），前两个字节（16 位）代表类型，后 6 个字节存储对象数据，字符串、数组等不定长数据存储为 Object 类型，如表 14 – 9 所示。

表 14 – 9 内存单元封装

类型	前两个字节 (16 bit)	后 6 个字节 (48 bit)
Object	0x0000	48 位的指针
WeakRef	0x0000	47 位的指针，末位为 1
Double	0x0001 ~ 0xFFFE	48 位的值
Int	0xFFFF	前 16 位为 0，后 32 位为有符号整数

有两种类型比较特殊：

（1）Double 类型需要 8 个字节存储，所以前两个字节也是值的一部分。

（2）在 Object 类型中，还有一些特殊值，如表 14 – 10 所示。

表 14 – 10 Object 类型中的特殊值

类型	值
False	0x0000, 0000, 0000, 0006
True	0x0000, 0000, 0000, 0007
Undefined	0x0000, 0000, 0000, 0002
Null	0x0000, 0000, 0000, 0003
Hole	0x0000, 0000, 0000, 0005
Optimized	0x0000, 0000, 0000, 000C

执行方舟字节码之前，需要先初始化虚拟机：

（1）初始化 GC 任务池。

（2）初始化堆内存。

（3）初始化 Ecma 上下文（方舟编译器和运行时符合 Ecmascript 的规范）。

然后读取方舟字节码文件，解析出入口函数地址（func_main_0），跳转执行。将上一节中的方舟字节码文件通过 OpenHarmony 的反编译工具 ark_disasm 反编译，可得到方舟字节码的文本形式，如图 14 – 5 所示。

可以看到"offset：0x0107，code offset：0x0147"和上一节中分析得到的函数入口和代码偏移地址一致。

虚拟机模拟真实 CPU 执行机器码，对应在内存中创建了寄存器、栈指针、指令指针等。对图 14 – 5 中的字节码解析如下。

（1）ldai 0xa：将 32 位立即数 0xa（十进制的 10）载入临时寄存器 acc 中，相当于 acc = 0xa，可以看到在虚拟机中，这里把整数 0xa 转换成了 JSTaggedValue 类型。

（2）sta v0：将临时寄存器 acc 中的值保存到 v0 寄存器中，相当于 v0 = acc。

（3）ldai 0x0 和 sta v1：和（1）（2）指令相同，相当于 acc = 0，v1 = acc。

（4）jump_label_1：lda v0：这里做了两件事，一件是设置了 jump_label_1 标签，在程序的其他地方可以跳转过来；另一件是 lda v0 指令，将 v0 的内容读取到临时寄存器 acc 中，相当于 acc = v0。

（5）less 0x0，v1：比较 v1 中的值和 acc 的值，把结果存入 acc，相当于 acc = v1 < acc？

```
.function any func_main_0(any a0, any a1, any a2) <static> { # offset: 0x0107, code offset: 0x0147
#   CODE:
    ldai 0xa                        # offset: 0x0147, [IMM32]...........:....[0x0062 0x000a 0x0000 0x0000 0x0000]
    sta v0                          # offset: 0x014c, [V8]................[0x0061 0x0000]
    ldai 0x0                        # offset: 0x014e, [IMM32]...............[0x0062 0x0000 0x0000 0x0000 0x0000]
    sta v1                          # offset: 0x0153, [V8]................[0x0061 0x0001]
    jump_label_1: lda v0            # offset: 0x0155, [V8]................[0x0060 0x0000]
    less 0x0, v1                    # offset: 0x0157, [IMM8_V8]...........[0x0011 0x0000 0x0001]
    jeqz jump_label_0               # offset: 0x015a, [IMM8]...............[0x004f 0x0017]
    tryldglobalbyname 0x1, "print"  # offset: 0x015c, [IMM8_ID16]........[0x003f 0x0001 0x0000 0x0000]
    callarg1 0x2, v1                # offset: 0x0160, [IMM8_V8]...........[0x002a 0x0002 0x0001]
    lda v1                          # offset: 0x0163, [V8]................[0x0060 0x0001]
    inc 0x4                         # offset: 0x0165, [IMM8]...............[0x0021 0x0004]
    sta v2                          # offset: 0x0167, [V8]................[0x0061 0x0002]
    lda v1                          # offset: 0x0169, [V8]................[0x0060 0x0001]
    tonumeric 0x5                   # offset: 0x016b, [IMM8]...............[0x001e 0x0005]
    mov v1, v2                      # offset: 0x016d, [V4_V4]............[0x0044 0x0021]
    jmp jump_label_1                # offset: 0x016f, [IMM8]...............[0x004d 0x00e6]
    jump_label_0: ldundefined       # offset: 0x0171, [NONE]..............[0x0000]
    returnundefined                 # offset: 0x0172, [NONE]..............[0x0065]
```

图 14 - 5   方舟字节码的文本形式

true:false，这里的第一个参数已被遗弃，0x0 没有意义。因为此时的 acc 是在第四条中载入的 v0，等于 10，acc 此时为 v1，等于 0，所以结果为 true 存入 acc 中。

（6）jeqz jump_label_0：acc 值为 false 或者 0 时，跳转到 jump_label_0。

（7）tryldglobalbyname 0x1，"print"：从常量表中读取 print 对应的属性值（函数）到 acc，第一个参数 0x1 已弃用。

（8）callarg1 0x2，v1：一个参数的函数调用，调用存储在临时寄存器 acc 中的函数，v1 为函数的参数，第一个参数 0x2 已被遗弃。

（9）lda v1：相当于 acc = v1。

（10）inc 0x4：相当于 acc = acc + 1，参数 0x4 已弃用。

（11）sta v2：相当于 v2 = acc。

（12）lda v1：相当于 acc = v1。

（13）tonumeric 0x5：如果 acc 中值不是数字类型，则转换成数字类型。

（14）mov v1，v2：相当于 v1 = v2。

（15）jmp jump_label_1：跳转到前面循环执行。

（16）jump_label_0：ldundefined：循环 10 次后，跳转到这里结束运行，并把 acc 设置为 undefined。

（17）returnundefined：函数执行结束返回。

14.4   思考与练习

1. 方舟字节码是否可以经过拓展后在 Windows 上运行？

2. 方舟运行时是否支持多线程执行方舟字节码？

3. 方舟编译器能否将 Java 源码编译成方舟字节码？

第四篇　OpenHarmony 安全体系

为了建立 OpenHarmony 安全相关体系，首先需要对安全风险进行评估。业界通用安全风险评估模型使用一个公式对安全威胁进行了定义与量化，即：

$$风险 = 资产 \times 威胁$$

因此，对 OpenHarmony 相关安全风险进行评估时，主要包括资产识别和威胁识别两部分。

资产识别指识别对组织具有价值的信息资产，包括用户个人数据、企业商业数据、设备 OS 资源、Firmware 固件资源、应用程序自身资源等。

威胁识别指识别可能对资产或组织造成损害的某种安全事件发生的潜在原因，OpenHarmony 常见的威胁包括：

（1）仿冒：恶意用户伪造登录、设备伪造关联设备、应用程序伪造安装。

（2）篡改：恶意用户/攻击者篡改关键数据、应用程序安装包被篡改、设备 OS/Firmware/补丁包等被篡改。

（3）抵赖：恶意用户修改关键数据否认行为、攻击者入侵痕迹未能及时发现。

（4）信息泄露：用户个人数据、企业商业数据、应用程序/OS 密钥等信息泄露。

与传统的集中式操作系统不同，OpenHarmony 采用了分布式架构，同时将系统划分为多个子系统，每个子系统负责一部分功能，通过轻量级的通信协议进行互联互通。这种分布式架构可以有效提高系统的安全性和鲁棒性，降低单点故障的风险。因此，在设计开发时，应该为 OpenHarmony 选择合适的安全模型和安全机制，来保障系统的安全性。

对于安全模型，美国国防部发布的计算机安全橘皮书（TCSEC）将系统安全划分为 7 个等级（见下表），该安全等级模型被业界广泛接受。OpenHarmony 参考该等级模型，从 B2 到 C1 对数据和设备做了分级保护。

TCSEC 对系统安全等级的划分

等级	描述
A1	最高安全级别，也称为可验证的设计。A 级还附加一个安全系统受监视的设计要求，对合格的安全个体必须进行分析并通过这一设计。另外，必须采用严格的形式化方法来证明该系统的安全性。而且在 A 级，所有构成系统的部件的来源必须保证安全，这些安全措施还必须保证在销售过程中这些部件不受损害
B3	B3 级要求用户工作站或终端通过可信任途径连接网络系统，这一级必须采用硬件来保护安全系统的存储区
B2	结构化保护，B2 级要求计算机系统中所有对象必须加标签，而且给设备（如家庭中枢、控制设备和 IoT 设备）分配安全级别
B1	B1 级系统支持多级安全（MLS）模型，多级是指这一安全保护安装在不同级别的系统中（网络、应用程序、工作站等），它对敏感信息提供更高级的保护。例如安全级别可以分为解密、保密和绝密级别
C2	C2 级引进了受控访问环境（用户权限级别）的增强特性，如 RBAC 基于角色访问控制
C1	C1 级系统要求硬件有一定的安全机制，用户在使用前必须登录到系统，还要求具有完全访问控制的能力，应当允许系统管理员为一些程序或数据设立访问许可权限。不足之处是没有权限等级划分
D1	这是计算机安全的最低一级。整个计算机系统是不可信任的，硬件和操作系统很容易被侵袭。D1 级计算机系统标准规定对用户没有验证，也就是任何人都可以使用该计算机系统而不会有任何障碍

对于安全访问控制模型，OpenHarmony 主要参考机密性保护 BLP 模型、完整性保护 BiBa 模型。BLP 模型和 BiBa 模型都是强访问控制模型（Mandatory Access Control，MAC）。强访问控制模型通过为系统中的每个对象（如文件、目录等）分配一个安全级别，并定义一组规则来控制主体（如用户、组等）对对象的访问。此类模型的主要目标是确保安全级别高的对象只能被安全级别高的主体访问，而安全级别低的主体无法访问安全级别高的对象。

BLP 模型是一种模拟军事安全策略的计算机访问控制模型，它是最早也是最常用的一种强访问控制模型，主要用于严格保证系统信息的机密性。如下图所示，BLP 模型中，高安全级可以向低安全级读，低安全级不可以向高安全级读；高安全级不可以向低安全级写，低安全级可以向高安全级写；同安全等级可以读写，不同安全等级不可以读写。

BLP模型

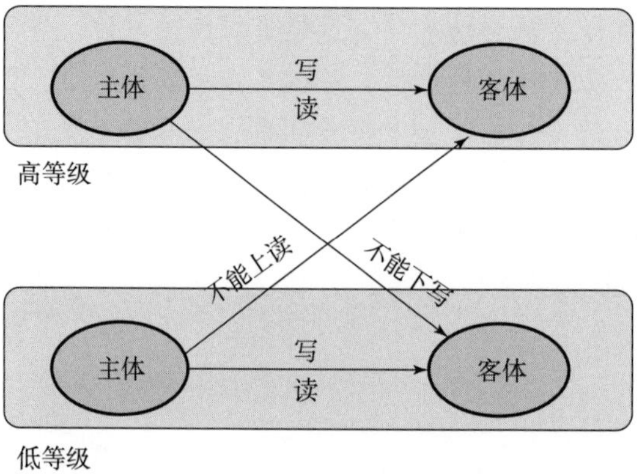

BiBa 模型是一种常用户商业信息完整保护的访问控制模型，为每个主体和客体都分配了完整级。如下图所示，BiBa 模型规定，高安全级不可以向低安全级读，低安全级可以向高安全级读；高安全级可以向低安全级写，低安全级不可以向高安全级写；同安全等级可以读写，不同等级不可以读写。

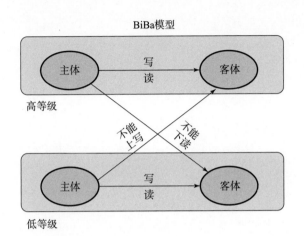

基于 OpenHarmony 安全等级的设定来源，再结合强访问控制模型定义主体和客体对象的安全级别，BLP 模型和 BiBa 模型适用于 OpenHarmony 的不同应用场景。BLP 机密性访问控制模型，主要用于保证用户个人数据、企业商业数据、设备 OS/应用程序数据不泄露，通过设备分级、数据分级来保证低安全设备不能获取高安全等级的设备数据。BiBa 完整性访问控制模型主要用于保证关键数据、应用安装补丁包、设备固件包等不会被低安全场景篡改，同时也通过设备分级规定禁止了低安全设备对高安全设备发起控制指令。

OpenHarmony 安全架构模型以 TCSEC（B2 ~ C1）对数据和设备做了分级保护，OpenHarmony 的主体（用户、应用程序、设备、开发者）在安全环境（设备以及相关联组网环境）中通过严格的访问控制（设备分级、数据分级、accesstoken 等）对客体（数据、文件、外设等）进行访问。

在 OpenHarmony 安全模型中，所有主体、客体、环境必须可信。在基于标识对象安全级别的标签上，需要保证这些主体、应用环境和客体的真实、完整、不可篡改，也就是 OpenHarmony 所提出的"正确的人通过正确的设备正确地使用数据"的概念。下文将通过对 OpenHarmony 三个"正确"的阐释来说明 OpenHarmony 在安全上的理念与实现。

第 15 章

正确的人

15.1　主体的概念

读者看到此节标题可能会困惑，为什么原本在 OpenHarmony 提出的概念中称为"正确的人"，本节标题却提出主体的概念呢？这是因为称之为"人"只是为了用通俗的语言帮助读者理解 OpenHarmony 安全相关设计理念的大致思路，而在信息领域中则使用专有名词主体来对相关理念进行描述。

主体（Subject）指提出访问请求的实体、动作的发起者，但不一定是动作的执行者。相对而言，客体（Object）指可以接受主体访问的被动实体。凡是可以被操作的信息、资源、对象都可以被认为是客体。

OpenHarmony 的安全模型结合了机密性保护的 BLP 模型和完整性保护的 BiBa 模型，形成了主体对客体操作行为和约束条件的关联集合，是决定主体是否可以对客体实施特定操作的模型，所以主体的重要性不言而喻。

因此，OpenHarmony 安全模型中"正确的人"实际是指对客体提出访问请求的实体、访问动作的发起者，这里统称之为"主体"。如图 15 - 1 所示，主体在 OpenHarmony 中的表现形态包括用户、应用程序、设备、开发者。

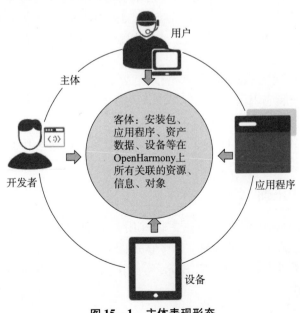

图 15 - 1　主体表现形态

用户：用户是 OpenHarmony 主体之一，对 OpenHarmony 中的应用程序（客体）进行访问操作。而应用程序是 OpenHarmony 关键资产的主要体现，关键资产包含客户隐私敏感的数据、商业机密数据等。

应用程序：应用程序作为主体，访问 OpenHarmony 关键资产，如包含客户隐私敏感的数据、商业机密数据、设备资源数据、原子化服务等。

设备：设备虽然也是作为被应用程序访问的客体，但是在 OpenHarmony 信息安全体现中也可以作为主体，在不同的设备间相互访问时，主体设备需要对客体设备进行访问。

开发者：OpenHarmony 的开发者也是主体之一，开发者包含个人开发者和企业开发者。开发者进行应用开发申请发布时，应用安装包则代表着客体。开源社区没有提供开发者，但是发行版可以完成对开发者和企业开发者的实名认证。

15.2　主体正确

在 OpenHarmony 安全模型中，主体正确是保证主体访问操作客体的过程中不存在信息安全问题的首要条件。所以，只有主体正确，OpenHarmony 中的数据、文件、设备等关键资产才能避免不必要的安全风险。

如果用户"不正确"，恶意攻击者在访问设备后，可以获得用户存储在设备上的敏感信息，包含客户隐私敏感的数据、商业机密数据等；也可以获得受害者设备（包括应用的控制权），可以进行各种恶意操作，例如转账、购物、发送垃圾邮件等；甚至会被进行敲诈勒索、网络间谍等攻击活动。

如果应用程序"不正确"，在用户被诱导安装"不正确"的应用程序后，恶意应用程序可以携带病毒、木马、蠕虫等，通过恶意的应用程序控制目标设备，窃取机密数据或者破坏系统可用性等。

如果设备"不正确"，OpenHarmony 构建的一套分布式互联的场景（分布式超级终端）将存在严重缺陷，用户可能会被使用恶意攻击者伪造的设备进行数据管理、任务调度等，这将导致攻击者可以在"不正确"的设备上进行敏感数据拦截窃取、伪造访问控制命令等操作。

如果开发者"不正确"，恶意攻击者会伪装成开发者，开发恶意程序，嵌入病毒、木马、蠕虫等，在用户安装应用程序时入侵，植入设备中进而控制目标设备，窃取数据或者破坏系统等。

为了规避上述介绍的"不正确"主体带来的安全风险，OpenHarmony 提供了多种可以识别主体"正确"的机制。

15.2.1　用户"正确"

在 OpenHarmony 的应用场景下，主要通过用户认证的方式，来确保用户"正确"。OpenHarmony 提供人脸识别、指纹识别、口令认证的适配用户认证模块，使用该模块进行用户身份认证，用于设备解锁、支付、应用登录等身份认证场景，保证设备和应用不会被攻击者在不经过认证时使用。

（一）相关概念

1. 概念理解

PIN 码认证：PIN 码认证是一种利用人类记忆来进行身份识别的一种方法，与传统密码类似，通过用户输入的 PIN 码和存储的 PIN 对比是否一致来进行确认。OpenHarmony 提供了 6 位数 PIN 码。不要以为 6 位的密码不安全，国外有很多研究证明，长密码并不能保证安全。在合理的验证机制下，6 位 PIN 码和长密码的安全等级是一样的。

人脸识别：人脸识别是一种利用人类面部特征来进行身份识别的一种方法，它是通过摄像头或者摄像机获取包含人脸的图片或者视频，然后通过对这些图片中的人脸进行识别。

指纹识别：指纹识别是利用人体手指上的皮纹来进行身份鉴别的方法，在使用者触碰到指纹拾取装置时，装置会感应和捕捉使用者的指纹影像，并将影像传送至指纹辨识模组，经过特定的处理后，再与使用者已登记的指纹资讯进行比对，进而辨识使用者的身份。

2. 运作机制

人脸或指纹识别过程中，特征采集器件和 TEE（Trusted Execution Environment）之间会建立安全通道，将采集的生物特征信息直接通过安全通道传递到 TEE 中，从而避免了恶意软件从 REE（Rich Execution Environment）侧进行攻击。传输到 TEE 中的生物特征数据从活体检测、特征提取、特征存储、特征比对到特征销毁等处理都完全在 TEE 中完成，基于 TrustZone 进行安全隔离，提供 API 的服务框架只负责管理认证请求和处理认证结果等数据，不涉及生物特征数据本身。

用户注册的生物特征数据在 TEE 的安全存储区进行存储，采用高强度的密码算法进行加密和完整性保护，外部无法获取到加密生物特征数据的密钥，保证了用户生物特征数据的安全性。本能力采集和存储的生物特征数据不会在用户未授权的情况下被传出 TEE。这意味着，用户未授权时，无论是系统应用还是第三方应用都无法获得人脸和指纹等特征数据，也无法将这些特征数据传送或备份到任何外部存储介质。

3. 可信等级

表 15 – 1 列出了用户身份认证可信等级划分原则，根据用户身份认证能力的不同，认证结果被划分为不同的可信等级，并适用于不同的典型业务场景。

表 15 – 1　用户身份认证可信等级划分

确认用户身份的认证可信等级	认证能力指标	说明和举例	可支撑的典型业务场景
ATL4	FRR = 10% 时，FAR ≤ 0.000 3%，SAR ≤ 3%	能高精度地识别用户个体，有很强的活体检测能力，如有特殊安全增强的指纹与 3D 人脸识别，以及采用安全键盘的 PIN 码认证	小额支付
ATL3	FRR = 10% 时，FAR ≤ 0.002%，SAR ≤ 7%	能精确识别用户个体，有较强的活体检测能力，如有特殊安全增强的 2D 人脸识别	设备解锁

续表

确认用户身份的认证可信等级	认证能力指标	说明和举例	可支撑的典型业务场景
ATL2	FRR = 10% 时，FAR ≤ 0.002%，7% < SAR ≤ 20%	能精确识别用户个体，有一定的活体检测能力，如基于普通测距和佩戴检测功能的手表作为可信持有物的认证	维持设备解锁状态、应用登录
ATL1	FRR = 10% 时，FAR ≤ 1%，7% < SAR ≤ 20%	能识别用户个体，有一定的活体检测能力，如声纹认证	业务风控、一般个人数据查询、精准业务推荐、个性化服务

（二）代码案例

下述代码提供了 PIN 码认证的完整流程代码，并用注释对关键环节进行了讲解。注意在进行 PIN 码认证时，需要指定认证类型和认证等级，调用 getAvailableStatus 接口查询当前的设备是否支持相应的认证能力。

```
import userIAM_userAuth from '@ ohos. userIAM. userAuth';
//指定 challenge、认证类型和认证等级,获取认证对象
const authParam:userIAM_userAuth. AuthParam = {
  challenge:new Uint8Array([49,49,49,49,49,49]),
  authType:[userIAM_userAuth. UserAuthType. PIN],
  authTrustLevel:userIAM_userAuth. AuthTrustLevel. ATL1,
};
const widgetParam:userIAM_userAuth. WidgetParam = {
  title:'请输入密码',
};
try{
  //获取认证对象
   let userAuthInstance = userIAM _ userAuth. getUserAuthInstance
(authParam,widgetParam);
  console. log('get userAuth instance success');
  //订阅认证结果
  userAuthInstance. on('result',{
    onResult(result){
        console. log ('userAuthInstance callback result = ' + JSON.
stringify(result));
    }
  });
  console. log('auth on success');
  //调用 start 接口发起认证
  userAuthInstance. start();
```

```
    console.log('auth start success');
  }catch(error){
    console.log('auth catch error:'+JSON.stringify(error));
  }
```

15.2.2　应用程序"正确"

OpenHarmony 的所有应用程序都要经过 OpenHarmony 官方提供的签名工具对 HAP 进行签名才能使用。应用程序"正确"可保证仿冒、伪造的应用无法运行,该"正确"包括原子化服务的"正确",原子化服务都有严格的身份权限定义。

OpenHarmony 使用数字签名算法用于保护应用程序安装包不被未授权用户篡改或在篡改后能够被迅速发现。数字签名技术基于非对称加密算法、散列算法,可以给数据提供完整性(可以验证数据是否被篡改)、真实性(识别签名方身份)。

在应用开发阶段,开发者完成开发并生成安装包后,需要开发者对安装包进行签名,以证明安装包发布到设备的过程中没有被篡改。OpenHarmony 的应用完整性校验模块提供了签名工具、签名证书生成规范,以及签名所需的公钥证书等完整的机制,支撑开发者对应用安装包签名。为了方便开源社区开发者,版本中预置了公钥证书和对应的私钥,为开源社区提供离线签名和校验能力。在 OpenHarmony 商用版本中应替换此公钥证书和对应的私钥。

在应用安装阶段,OpenHarmony 用户程序框架子系统负责应用的安装。在接收到应用安装包之后,应用程序框架子系统需要解析安装包的签名数据,然后使用应用完整性校验模块的 API 对签名进行验证,只有校验成功之后才允许安装此应用。应用完整性校验模块在校验安装包签名数据时,会使用系统预置的公钥证书进行验签。

图 15-2 展示了应用 HAP 包的组成,其为 Ability 类型的 Module 编译产物。其中,整包签名数据块是一个 PKCS7 格式的签名块(Signed Data),验签过程包括 PKCS7 签名验证、哈希比较、证书链验证以及证书链与设备预置根证书的匹配校验。授权文件数据块是一个 PKCS7 格式的签名块,其中 PKCS7 签名块的内容信息是授权文件的内容。验签过程包括 PKCS7 签名验证、哈希比较、证书链验证以及签发授权文件证书的合法性校验。验签模块将对授权文件内容进行合法性检查。如果授权文件是调试类型,则会比对本机 UDID 是否在授权文件授权调试的 UDID 列表中,如果本机 UDID 在授权文件授权调试的 UDID 列表中,则会进一步比较授权文件中的调试证书与整包签名使用的证书是否相同,如果相同,则验证通过。

图 15-2　应用 HAP 包的组成

15.2.3　设备"正确"

OpenHarmony 提供设备认证的能力，在进行分布式互联时提供点对点的信任关系建立和验证。具备这种信任关系的设备在通信连接时可搭建安全的连接通道，实现用户数据的端到端加密传输。

设备与设备建立点对点信任关系的过程，实际上是相互交换身份标识的过程。在信任关系建立过程中，用户在设备之间输入正确的设备识别码（PIN）以建立连接（或其他形式的共享信息，如共享密钥等）。典型的 PIN 码认证：对于有屏幕的设备，PIN 码动态生成；对于没有屏幕的设备，PIN 码由厂家预置并关联在设备上；PIN 码的内容，可以是一个 6 位数字，也可以是一个二维码。在用户完成 PIN 码输入后，设备之间将调用设备认证服务基于 PAKE 协议完成认证会话密钥协商，并基于该会话密钥，安全地交换各自身份公钥。

设备互信认证模块（security_device_auth）作为安全子系统的子模块，负责设备间安全可信关系的建立、使用、维护、撤销等全生命周期的管理，实现可信设备间的互信认证和安全会话密钥协商，是搭载 OpenHarmony 的设备进行可信互联的基础平台。

设备互信认证模块当前提供设备互信关系管理能力和功能设备互信关系认证功能。对于设备互信关系管理能力，在统一管理设备互信关系的建立、维护、撤销过程中，支持各个业务创建的设备互信关系的隔离和共享管理能力。对于设备互信关系认证功能，提供认证设备间互信关系、进行安全会话密钥协商的能力，支持分布式软总线实现互信设备间的组网。

为实现上述功能，设备互信认证模块当前包含设备群组管理、设备群组认证和账号无关点对点认证三个子模块。

15.2.4　开发者"正确"

通过 OpenHarmony 开发者网站进行实名认证，以确保开发者按照相应的法律法规，享受相应的权限和权益。当前 OpenHarmony 开源社区并未对此有要求，但是商业发行版需要引入开发者"正确"的方案。

实名认证是对用户资料的真实性进行验证的一种审核，有助于建立完善可靠的互联网信用基础。基于身份信息的认证方式，如身份证号校验、手机号校验、信用校验，可以预防一部分网络诈骗。当开发者发布不合规应用时，其责任可通过用户的实名信息追溯到用户个人。

商业发行版开发商可以构建应用市场，通过开发者在应用市场建立账号信息，并限制只有通过个人开发者认证或者企业开发者认证，才运行发布应用。个人开发者认证可以通过第三方认证和人工校验两种方式。第三方认证方式，比如信用机构认证，可以通过一些信用机构，比如芝麻信用，通过引用第三方服务的方式完成认证，从而减少自身认证校验的工作。而人工校验方式则是通过提交个人实名认证机制，经过审核人员审核通过后，可以完成实名认证，但人工审核需要额外工作量。对于企业开发者认证，可以通过对企业开发者审核企业执照、税务登记、组织机构代码、企业法人身份证的方式，审核证件的真实性来完成企业实名认证。

15.3　思考与练习

1. OpenHarmony 安全模型中，"正确的人"主要有哪些类型？

2. OpenHarmony 为了保证用户正确采取了哪些认证方案？当前是否有更为先进的认证方案？

3. 什么是数字签名？OpenHarmony 是怎么保证应用程序"正确"的？

4. 什么是点对点认证？一般有哪些实现方式？

5. 企业开发者认证需要提交哪些材料以确保安全性？

第 16 章

正确的设备

16.1 概　　述

在探讨计算机系统的设计与安全时，必须回顾其起源。计算机系统最初被设计用于军事应用，许多在物理世界中由军方实行的基于密级的信息管理理念，都被转移到了计算机系统的设计中。这种历史背景对今天理解计算机安全体系产生了深远的影响。

从 20 世纪 70 至 80 年代，计算机系统安全的理论模型开始形成。例如，基于 Bell - LaPadula（BLP）模型的访问控制规则、BiBa 模型的数据完整性理论，以及信息安全的 CIA（Confidentiality，Integrity，Availability）属性等，都提供了重要的理论框架。1985 年，美国国防部发布的"橘皮书"进一步明确了自主访问控制（DAC）、强制访问控制（MAC）和可信计算基（TCB）等核心概念，为计算机系统安全地发展定下了基调。

在这些理论模型的基础上，操作系统安全逐步演进，如进程隔离、内核与用户态隔离等。这些发展促成了权限分离、最小权限原则、开放设计等安全设计基本原则。在这些模型中，恶意用户和恶意软件被视为主要威胁，而系统漏洞则被看作是可修复的主要问题。1988 年的莫里斯蠕虫事件标志着漏洞攻击的崛起，它揭示了互联网时代蠕虫病毒和恶意软件的爆炸性增长，以及随之而来的互联网服务安全风险。

OpenHarmony 操作系统在采用上述计算机系统安全理论模型的基础上，不仅借鉴了这些典型的安全设计理念（如可信计算），还强调了基于对攻击行为学习的主动防御策略。通过这种方法，OpenHarmony 操作系统能够更有效地应对现代的网络安全挑战，实现了对设备的安全性保护防护。

本章将从 OpenHarmony 的整体安全框架、设备分级策略和设备分布式可信互联三个角度，讲解 OpenHarmony 面向"正确的设备"构建的相关安全技术。

16.2　OpenHarmony 安全框架

OpenHarmony，作为一个创新的技术体系，不仅致力于实现设备间的无缝协作，还特别重视设备的安全性。这一点体现在其所构建的全面安全工程能力上，基于启动、存储和计算这三个可信根，OpenHarmony 的安全策略旨在通过多层防护策略，显著提升设备的整体安全性能。图 16 - 1 展示了 OpenHarmony 整体的安全框架，展示了 OpenHarmony 的关键安全技术和能力，主要包括：

（1）完整性保护：是构建全系统安全能力的基础。为了确保运行的固件和软件来源合

法且未被篡改，完整性保护起到了重要作用，确保了系统的基础安全。此外，OpenHarmony
在每个启动和运行环节实施严格的安全校验，以保障设备的原始状态和安全性。

（2）权限及访问控制：涉及系统上软件访问资源的合法性管理。OpenHarmony 采用
"权限最小化"的原则配置资源访问策略，强调正确的权限管理策略，以保护设备中数据的
机密性和完整性，这也与数据机密性保护相呼应，机密性保护通过先进的加密技术和数据访
问控制策略，保障用户数据安全。

（3）漏洞利用防御：OpenHarmony 团队积极跟踪和响应系统漏洞，将漏洞利用防御策
略聚焦于运行过程中的防护和缓解。通过持续的安全测试和漏洞修复，以及与开源社区及安
全研究人员的合作，OpenHarmony 强化了其系统的抵抗能力。

（4）加密及数据保护：主要服务于系统中数据全生命周期的安全，提供密钥管理、加
解密服务和存储数据加密等能力。当常规安全机制失效时，可信执行环境提供最后一道安全
隔离防线，确保核心敏感数据的安全。

OpenHarmony 这套系统安全框架不仅是理论上的构想，而且是经过实践和验证的安全保
障体系。在设备安全等级标准的指引下，OpenHarmony 确保每款相关设备都达到预期的安全
标准，特别是在多设备环境中，它通过允许不同设备资源的融合，创造了"超级虚拟终端"
的概念，同时确保每个交互节点的安全，防止成为系统的安全短板。

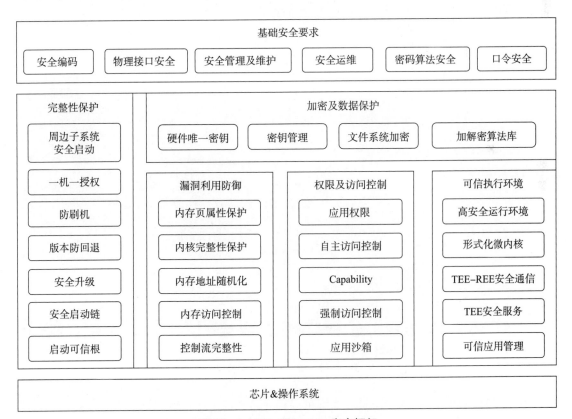

图 16 - 1　OpenHarmony 安全框架

16.3　等级模型

在"超级虚拟终端"中，各种用户数据的处理和流转涉及多个设备节点。每一个这样的节点都可能成为潜在的安全隐患。为了确保每个节点都能够满足一定的安全标准，OpenHarmony 引入了设备安全等级（DSL）模块。

DSL 模块在 OpenHarmony 中起到了"守门人"的作用，主要负责：

（1）设备安全等级的管理。它为各种不同形态和种类的 OpenHarmony 设备定义并维护了一个清晰的安全等级体系。

（2）数据流转的安全判断。当 OpenHarmony 的分布式业务需要处理或流转用户数据时，DSL 模块会被调用。通过模块提供的接口，业务能够查询到目标设备的安全等级，并据此决定如何安全、高效地进行数据处理和流转。

不同的 OpenHarmony 设备会有不同的安全策略，这些策略由设备的潜在威胁（基于风险评估）以及其具备的软硬件资源来决定。受启发于业界的权威安全等级分级模型，并结合 OpenHarmony 的实际业务场景与设备多样性，OpenHarmony 社区将设备的安全能力划分为五个安全等级，即 SL1 ~ SL5，如图 16 - 2 所示。在 OpenHarmony 的生态体系中，每个较高的安全等级都自动包含了其下一等级的安全特性。

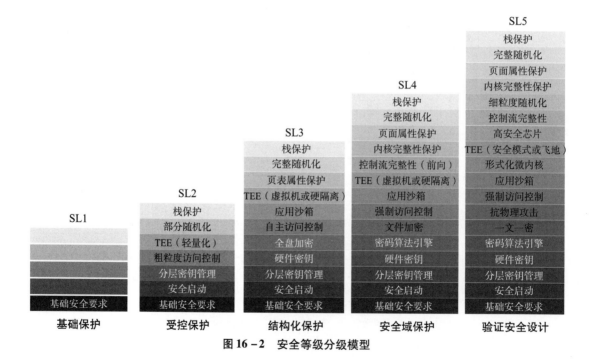

图 16 - 2　安全等级分级模型

SL1 为 OpenHarmony 设备中最低的安全等级。这类设备通常搭载轻量级系统和使用低端微处理器，业务形态较为单一，不涉及敏感数据的处理。本安全等级要求消除常见的错误，支持软件的完整性保护。若无法满足本等级的要求，则只能作为配件受 OpenHarmony 设备操控，无法反向操控 OpenHarmony 设备并进行更复杂的业务协同。

SL2 安全等级的 OpenHarmony 设备，可对自身数据进行标记并定义访问控制规则，实现自主的访问控制，需要具备基础的抗渗透能力。此级别设备可支持轻量化的可安全隔离环境，用于部署少量必需的安全业务。

SL3 安全等级的 OpenHarmony 设备，具备较为完善的安全保护能力。其操作系统具有较为完善的安全语义，可支持强制访问控制。系统可结构化为关键保护元素和非关键保护元素，其关键保护元素被明确定义的安全策略模型保护。此级别设备应具备一定的抗渗透能力，可对抗常见的漏洞利用方法。

SL4 安全等级的 OpenHarmony 设备，可信根应保持足够的精简，具备防篡改的能力。SL4 的实现应足够精简和安全，可对关键保护元素的访问控制进行充分的鉴定和仲裁。此级别设备具备相当的抗渗透能力，可抑制绝大多数软件攻击。

SL5 安全等级的 OpenHarmony 设备，为 OpenHarmony 设备中具备最高等级安全防护能力的设备。系统核心软件模块应进行形式化验证。关键硬件模块如可信根、密码计算引擎等应具备防物理攻击能力，可应对实验室级别的攻击。此级别设备应具备高安全单元，如专用的安全芯片，用于强化设备的启动可信根、存储可信根、运行可信根。

以下将分别介绍每个安全等级中典型的关键安全技术。

16.3.1　系统安全等级 SL1

（一）安全启动

在计算机系统中，可信启动和安全启动是启动阶段两种常用的软件完整性保护技术。可信启动基于度量和证明来保护系统完整性，而不在启动过程中进行实时校验。相比之下，安全启动采用逐级校验的方法，在系统镜像逐层加载过程中同步检查软件的合法性和完整性。

OpenHarmony 主要采用安全启动方式来保护设备的完整性。这个过程的关键在于，在设备启动过程中，系统仅加载和运行那些通过严格的数字签名校验，并且得到合法授权的软件。这些经验证的软件包括启动引导程序、操作系统内核、基带和短距固件等。若在启动过程中的任何阶段出现签名校验失败，整个启动流程将立即中止，从而有效防止未授权程序的加载和恶意软件的入侵。

启动流程从设备通电后立即执行的片内引导程序（BootROM）开始。这段代码已在芯片生产时固化在只读 ROM 内，无法后期更改。它作为设备启动的可信根，确保启动流程的安全性和完整性。片内引导程序首先进行基础系统初始化，随后从 Flash 存储中加载二级引导程序。在此过程中，使用芯片内部 Fuse 空间（一种不可更改的熔丝工艺）中存储的公钥哈希值对公钥进行验证。验证通过后，片内引导程序利用公钥校验二级引导程序的数字签名。

随着二级引导程序的启动，系统进入更高级别的加载阶段。二级引导程序此时负责加载、验证并执行后续的重要镜像文件，如内核、基带、短距固件等。在这一阶段，系统继续执行深入的安全校验，包括对每个镜像文件的数字签名和加密状态进行验证。

在整个启动过程中，OpenHarmony 依靠公钥基础设施（PKI）体系来进行数字签名，以确保软件的合法性和完整性。私钥通常安全存储在签名服务器或硬件安全模块（HSM）中，而公钥则嵌入设备内。为了节约存储空间并增强安全性，芯片内部的 Fuse 空间通常只保存根公钥的哈希值。

通过这些严格的安全措施，OpenHarmony 确保了从设备启动到操作系统完全加载的整个过程中，软件的安全性和完整性得到全面保护。这不仅有效防止了恶意软件的侵入，而且保障了整个系统的稳定性和可靠性，为用户提供安全可信的使用环境。

图 16-3 所示为安全启动流程图。

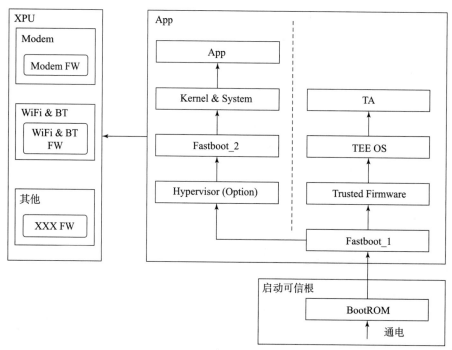

图 16-3　安全启动流程图

（二）安全升级

在 OpenHarmony 设备中，软件的完整性和合法性保护不仅限于启动阶段，而且延伸到了 OTA（Over-The-Air）升级过程中。图 16-4 所示为 OTA 升级流程。

首先是升级包的签名校验。在更新系统软件之前，设备会检查升级包的数字签名，只有验证合法的升级包才会被安装。

其次是更新过程的管理。在 OTA 升级开始之前，设备需要从 OTA 服务器获取授权。为此，设备会发送一系列摘要信息给服务器。这些摘要信息包括设备的标识、升级包的版本号、升级包哈希值以及设备升级 Token。OTA 服务器会根据这些信息进行验证。如果验证通过，服务器会对摘要信息签名并返回给设备。只有在设备鉴权通过后，升级才会继续。如果验证失败，升级过程将会停止，并提示升级失败。

这些措施共同作用，确保了 OTA 升级过程的安全性。它们防止了未授权的更新和可能引入漏洞的软件版本的安装。

16.3.2　系统安全等级 SL2

（一）设备唯一密钥

密码学在保护数据传输和存储的安全性方面发挥着重要作用。对于操作系统，它特别关键，如 OpenHarmony，其中密钥的安全管理是构建高效安全方案的基石。

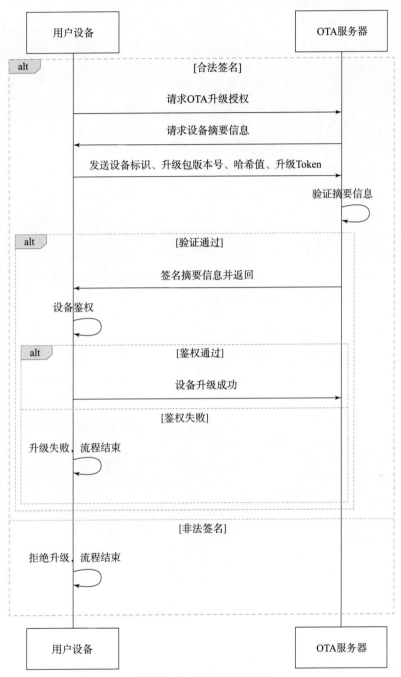

图 16 – 4　OTA 升级流程

　　在持续使用过程中，密钥的安全强度可能会逐步降低。针对这一挑战，有效的密钥管理策略通常采用多层级的密钥体系。这种设计通过降低对关键密钥的依赖频率，有助于保持密钥的安全强度。

　　此外，多层级密钥体系为灵活的访问控制提供了可能。例如，删除特定层级的密钥可以使得其加密的下级密钥变得无法使用，而不需要操作整个加密数据集。这种方法在操作系统安全设计中尤为有效，能够精确控制对敏感数据的访问。

对于这些系统中的根密钥，其保护不仅依赖于密码学措施，还需依赖非密码学的系统安全措施。在操作系统如 OpenHarmony 中，根密钥的安全性至关重要，需要结合技术手段和物理安全措施来保障。

在 OpenHarmony 中，设备唯一密钥的应用是一个关键例子。这个唯一密钥是在硬件中固化的，并在设备制造阶段写入。由于其独一无二的特性，它在 OpenHarmony 中通常用作根密钥，用于进一步的密钥派生。

在具有更高安全等级的 OpenHarmony 设备中，对设备唯一密钥的访问控制尤为严格。在这些设备中，软件无法直接访问这个密钥。它只能通过硬件密码引擎来访问并进行密钥派生。这样的措施增强了系统的安全性，确保了关键信息的保护。

（二）密钥管理

OpenHarmony 为应用提供了一个综合的密钥管理服务，称为 HUKS。HUKS 支持密钥在其全生命周期内的管理，包括创建、存储、应用和销毁。它还提供加解密计算服务和证书管理功能，使得 OpenHarmony 应用开发者能够轻松管理密钥和证书，并调用加解密算法。具体内容会在下一章节进行详细的介绍。

（三）栈保护

在操作系统的安全架构中，栈保护是预防栈溢出攻击的有效手段，如图 16 – 5 所示。栈溢出攻击常见的行为是连续性的内存覆盖，这种攻击在尝试篡改函数的返回地址之前，也会损坏栈上的其他数据。为了防御这类攻击，一种策略是在编译时，在局部变量和函数返回地址之间插入一个"Canary"值。这个值作为一种监测标记，可以在函数返回前进行检查，对比栈上的"Canary"值与它的原始副本，若有不符，便能检测到返回地址可能已被篡改。

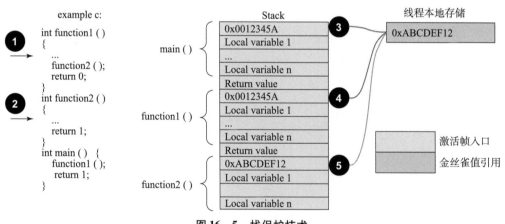

图 16 – 5　栈保护技术

栈保护技术对系统性能的影响微乎其微，同时提供了强有力的安全防护。在 OpenHarmony 中，所有 SL2 及以上等级的设备都需要实现栈保护功能。这体现了 OpenHarmony 对系统安全的重视，确保了在潜在的栈溢出攻击面前能够提供坚实的防线。栈保护技术的相关原理如下：

（1）在所有函数调用发生时，向栈帧内压入一个额外的随机 DWORD，这个随机数被称作"Canary"，用 IDA 反汇编时，又被称作"Security Cookie"。

（2）Canary 位于 EBP 之前，系统还会在 .data 的内存区域中存放一个 Canary 的副本。

（3）当栈中发生溢出时，Canary 将被首先淹没，之后才是 EBP 和返回地址。

（4）在函数返回之前，系统将执行一个额外的安全验证操作，称作 Security Check。

（5）在 Security Check 过程中，系统将比较栈帧中原先存放的 Canary 和 .data 中副本的值，若两者不同，则说明栈中发生了溢出，系统将进入异常处理流程，函数不会正常返回。

（四）自主访问控制

在操作系统的安全架构中，访问控制模型是核心组成部分，旨在限制主体（如用户或程序）对客体（如文件和资源）的操作。1985 年，TCSEC 的"橘皮书"首次提出了两种重要的访问控制模型：自主访问控制（DAC）和强制访问控制（MAC）。

在 OpenHarmony 中，自主访问控制模型从 SL2 安全等级起就成了一个基本要求。这种模型在文件系统权限设计中广泛应用。它基于经典的 UNIX 权限检查和访问控制列表（ACL）实现，依赖于用户、组和权限来管理访问。在这个模型中，文件的所有者可以自主地分配访问权限给其他用户。这种授权方式允许权限的传递，管理相对宽松，因此在安全防护上相对较低。由于这种松散的权限管理，自主访问控制不适用于对安全要求更高的 OpenHarmony 设备。图 16-6 所示为 DAC 流程图。

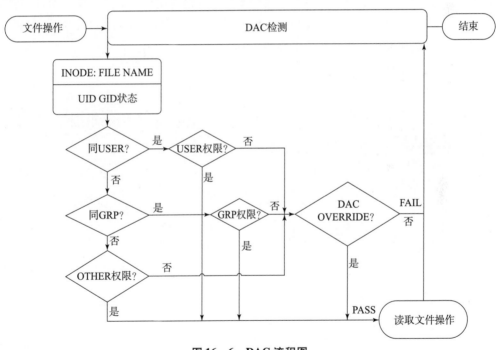

图 16-6　DAC 流程图

与之相对的是强制访问控制（MAC），它由系统实施统一的强制性控制，而不是让用户自主决定。在这种模型下，系统对所有用户创建的对象进行控制，确保访问规则符合预定的安全策略，从而提供更高级别的安全保护。OpenHarmony 在不同的资源和安全等级上实施了这两种访问控制机制，以满足不同安全需求的设备和应用。

在设计 OpenHarmony 的安全策略时，应考虑到访问控制模型的这些特点。系统在提供灵活性的同时，也应确保足够的安全措施，以保护用户数据和系统资源不受未授权访问的威胁。

16.3.3　系统安全等级 SL3

（一）地址空间随机化

在操作系统的发展史上，栈溢出漏洞一直是安全领域的重点。特别是在技术早期阶段，操作系统的栈起始位置在不同主机上的相似性为攻击者提供了可利用的漏洞。攻击者能够在自己的环境中分析栈信息，并据此推断远程系统中的栈位置。这样的漏洞允许攻击者通过触发溢出，重写返回地址，执行栈上的恶意代码，从而对系统安全构成严重威胁。

面对栈溢出漏洞，早期的防御措施侧重于随机化栈的起始地址，旨在使攻击者难以预测内存布局。然而，这种策略并未能完全杜绝复杂的攻击手段。随着攻击技术的进步，攻击者开始采用 "ret2libc" 技术。这种技术方法利用了系统中动态链接库（如 libc）中的常见函数，如 system 函数，通过将返回地址指向这些库函数，攻击者能够间接执行恶意代码，而无须直接在栈空间上执行 shellcode。

图 16 - 7 所示为 ret2libc 堆栈构造图。

为了更有效地抵御这类高级攻击手段，操作系统设计者开始采用更为全面的策略，即全地址空间随机化（ASLR）。ASLR 技术通过在每次程序执行时随机确定地址空间布局，显著提高了攻击者成功预测内存布局的难度。这种策略不仅包括栈空间的随机化，而且扩展到了堆、共享库、内存映射（mmap）、虚拟动态共享对象（VDSO）、代码等多个关键区域。

图 16 - 8 所示为运行时随机化示意图。

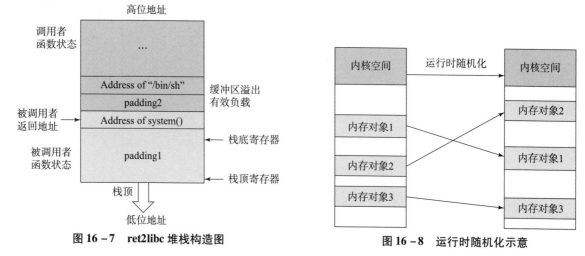

图 16 - 7　ret2libc 堆栈构造图　　　　**图 16 - 8　运行时随机化示意**

在 OpenHarmony 操作系统中，全面实施地址空间随机化成了提高系统安全性的关键策略。通过这种方法，使得系统内存布局变得难以预测，从而大幅度提高了攻击者实施栈溢出攻击的难度。这种安全机制不仅在理论上有效，而且在 OpenHarmony 的实际应用中已被证实能显著增强设备的防护能力。

随着地址空间随机化技术的普及，该技术已成为业界主流操作系统采用的基本安全防护机制。在 OpenHarmony 中，全地址空间随机化得到了全面支持，确保了只有正确的设备主体才能够执行预期的操作，从而提供了更为全面的安全保护。

然而，值得注意的是，在 32 位系统中，由于地址空间的限制，随机熵相对较低。这意味着在大量数据分配后，攻击者可能会预测和利用某些固定的地址范围，从而限制了在 32

位系统上实施 ASLR 的效能。相较之下，64 位系统提供了更广阔的地址空间，从而使得随机化能够提供更强的安全保护。因此，OpenHarmony 特别要求那些对安全性有更高要求的设备采用 64 位环境，以最大化 ASLR 的保护效果。这一策略不仅提高了系统的整体安全性，而且还成了当今操作系统安全架构中的标准配置。

在 OpenHarmony 操作系统中，确保正确的设备主体执行预期的操作至关重要。随机化栈起始位置的策略确保了系统资源仅响应合法授权的代码，它已成为当代操作系统安全策略中的一个关键部分。通过这种方式，OpenHarmony 保障了操作系统的健壮性和设备的稳定性，为用户和开发者提供了一个更安全的操作环境。

（二）数据不可执行

在操作系统安全的领域中，缓冲区溢出漏洞的防御一直是一个核心话题。这种类型的漏洞通常涉及攻击者向数据区域注入恶意代码（如 shellcode，其堆栈构造图如图 16 – 9 所示）并执行它。对抗这类攻击的关键策略之一是通过数据执行保护（DEP）来禁止处理器将数据区域的内容当作可执行代码来处理。

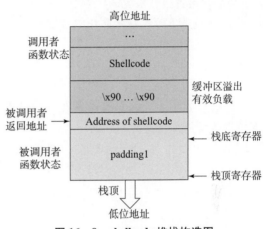

图 16 – 9　shellcode 堆栈构造图

DEP 的实现主要是基于硬件的保护形式，硬件 DEP 可以防止任何形式的代码从内存数据页执行，因此能够有效阻止将恶意代码注入内存结构的缓冲区攻击技术。硬件 DEP 工作的原理是通过标记内存页：如果页中含有数据，则将其标记为不可执行；如果含有代码，则标记为可执行。当处理器尝试从标记为不可执行的内存页执行代码时，会引发访问冲突异常，操作系统随后介入处理这一异常，通常导致应用程序的终止。除了硬件 DEP 外，软件安全检查也可作为补充，以实现更全面的异常处理。

然而，DEP 并不能防御所有类型的攻击。例如，返回至 libc（ret2libc）和返回导向编程技术（ROP）等高级技术，是专为绕过 DEP 而设计的。这些技术利用应用程序中已存在的、内存页被标记为可执行的代码。ret2libc 技术利用 glibc 系统库中的函数和代码，而 ROP 则在机器码指令中寻找可用的代码片段（gadget），并将它们链接成一个功能完整的利用技术。

PAX 项目是 2004 年基于 Linux 系统首次实现 DEP 的项目，使用了 AMD 处理器中的 NX（No Execute）位及 32/64 位架构 Intel 处理器上的 XD（Execute Disable）位。但由于 ret2libc 和 ROP 等技术的存在，DEP 的效果受到了限制。

虽然 DEP 是一种有效的安全措施，但在面对高级攻击技术时仍存在局限性。因此，为了确保操作系统的全面安全，需要结合 DEP 和 ASLR 等多种技术。OpenHarmony 通过多层次的安全策略，确保了正确的设备主体能够安全地执行预期的操作，为用户和开发者提供了一个更加安全、稳定的操作环境。

（三）特权模式访问禁止/特权模式执行禁止

在操作系统的安全防护中，保护内核免受攻击至关重要。OpenHarmony 特别采用了 PAN（Privileged Access Never）和 PXN（Privileged Execute Never）技术来强化其内核安全。这些技术的核心目标是禁止内核访问用户空间的数据和执行用户空间的代码，从而构建一个更加安全的操作环境。

在一些针对内核的攻击手段中，攻击者会尝试通过篡改内核所使用的数据结构中的数据指针，使其指向攻击者在用户空间准备好的数据结构。这种做法可能导致内核行为被恶意操控，达到攻击目的。为了阻止这类攻击，OpenHarmony 引入了 PAN 技术。PAN 技术通过禁止内核访问用户空间数据，有效地阻止了这种类型的攻击。

另一种常见的攻击方法是篡改内核使用的数据结构中的代码指针，使其指向用户空间的恶意程序。然后攻击者通过系统调用触发这个恶意程序的执行。为了防御这种攻击，OpenHarmony 采用了 PXN 技术。PXN 技术防止内核直接执行用户态的代码，从而防止了这种攻击手段。

安全操作系统的发展和设计是一个不断演进的过程，ARM 在其 v7 架构中引入了 PXN 和 PAN 机制，而 Intel 则在 2014 年的 Broadwell 微架构中引入了类似的 SMEP（Supervisor Mode Execution Prevention）和 SMAP（Supervisor Mode Access Prevention）。这些安全机制是芯片硬件的重要特性，需要操作系统进行适配和启用，比如 Windows 从 Windows 10 起就开始支持这些功能。

图 16 – 10 所示为 ARMv8 架构处理器内存页权限管理图。

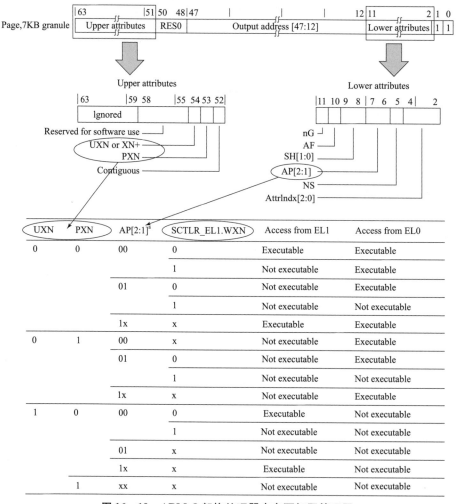

图 16 – 10　ARMv8 架构处理器内存页权限管理图

传统的操作系统设计并没有完全分离用户态和内核态，导致了 ret2usr（返回到用户模式）等安全漏洞。虽然随着 PXN 和 PAN 机制的引入以及操作系统的适应性改进，这类漏洞的影响被削弱，但用户态和内核态之间的基本隔离关系并未根本改变。此外，攻击者还发现了新的攻击手段，例如通过利用操作系统设计中的漏洞，如隐式映射的 physmap 区域发起的 ret2dir（返回到直接模式）攻击，表明为了性能优化保留的某些机制可能成为安全漏洞。

随着对旧攻击手段的缓解，新的攻击手段如利用 VDSO（Virtual Dynamic Shared Object）的攻击也出现了。这说明在追求性能提升的设计中，可能无意中为操作系统内核留下了安全漏洞。因此，操作系统的安全设计是一个持续的挑战，需要在提高性能的同时不断强化安全措施，以防止新的安全威胁的出现。

16.3.4　系统安全等级 SL4

（一）控制流完整性 CFI

在 OpenHarmony 操作系统中，安全策略表现为多层次、多维度的保护机制。全地址空间随机化（ASLR）和数据执行保护（DEP）的结合在系统安全防护中扮演着核心角色。这些技术有效地降低了传统攻击，如 ret2libc 等的成功率，显著提升了系统的整体安全性。

随着安全技术的不断进步，攻击者不得不转向更加复杂的攻击方法以绕过现有的安全措施。例如，攻击者发展出了如 ret2libc、ROP（Return Oriented Programming）和 JOP（Jump Oriented Programming）等更复杂的代码重用攻击方法。这些方法通过利用程序自身的代码片段，绕过了 NX/DEP 的限制。ASLR 技术通过随机化内存布局，使定位内存中的 "gadget" 变得更加困难。

图 16 - 11 示意了 ROP 攻击流程。

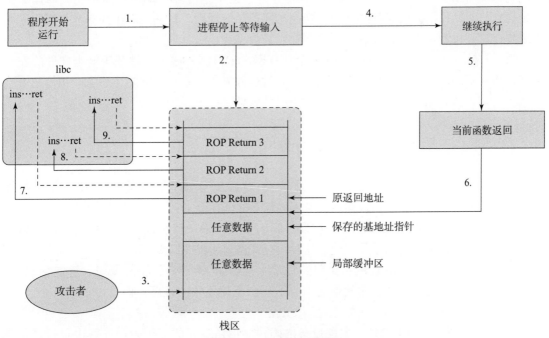

图 16 - 11　ROP 攻击流程

DOP（Data Oriented Programming）作为新兴的攻击类型，通过操纵数据流而非控制流来达成攻击目的，使得它们比 ROP 攻击更难被检测和阻止。为了有效应对这些挑战，控制流完整性（CFI）技术被引入。

CFI 的实现可采用细粒度方式，提供更严格的控制，但可能伴随较高的性能开销；也可采用粗粒度方式，减少性能损耗，但可能降低安全性。OpenHarmony 中采用了 Clang CFI 和栈保护技术以缓解 JOP 攻击的威胁，包括在每个间接分支之前添加检查以确认目标地址的合法性，利用链接时优化（LTO）技术以获得完整的程序可见性，支持运行时加载内核模块，并在函数退出时检查栈布局。

为全面解决控制流劫持问题，OpenHarmony 还需支持后向控制流完整性技术。随着 ARMv9 架构处理器的普及，基于硬件的 CFI 技术，特别是基于 PAC（Pointer Authentication Code）的 CFI，开始得到更广泛的应用。OpenHarmony 计划支持这类技术，以实现前向和后向控制流完整性的全面覆盖。

（二）强制访问控制

在 OpenHarmony 操作系统中，为了克服自主访问控制（DAC）在安全性方面的局限性，系统采用了强制访问控制（MAC）机制。与 DAC 相比，MAC 为系统中的每个对象（客体），如文件和进程，分配了固定的安全属性，这些属性由系统根据预设的安全策略设定，不可被用户或进程随意更改。这一策略有效地提升了系统的整体安全性，尤其在处理高安全级别任务时显示出其可靠性和稳定性。

MAC 机制通过在文件系统对象上增加额外的安全标签来实现，这些标签定义了访问这些对象的权限要求。这意味着，即使是具有最高权限的 root 用户，也必须遵循 MAC 策略的规定才能访问特定的系统资源，有效地限制单一用户或进程对整个系统造成损害。

MAC 策略在设备启动时被加载到内核中，并在整个系统运行期间保持不变。确保了所有进程在访问操作资源时，都必须遵循强制访问控制的规则。特别是对于拥有 root 权限的本地进程，这种机制可以阻止恶意进程读写受保护数据或攻击其他进程。

OpenHarmony 还集成了 seccomp（安全计算模式）机制，这是一种基于规则文件的安全策略，用于限制进程可以调用的系统调用。通过这种方式，系统能够防止恶意应用使用敏感的系统调用来威胁系统的安全。这对于防止恶意软件，如木马等攻击，尤为有效。

16.4 设备分布式可信互联

为了实现用户数据在设备互联场景下的安全流转，一个核心的原则是确保设备之间能够建立并维持一个可信的关系。换句话说，不同设备之间需要通过一种可靠的方式来建立和验证这种信任关系，进而确保用户数据在设备间的安全传输。特别是在当今的物联网（IoT）时代，设备的多样性和复杂性使得建立这种信任关系显得尤为重要。

随着 IoT 设备越来越多地融入我们的日常生活，如 AI 音箱、智能家居、智能穿戴等，确保这些设备之间能够安全、高效地通信成了一个至关重要的议题。但为了理解这个过程，首先需要深入了解设备之间是如何建立信任的。

图 16 - 12 展示了 IoT 设备与主控设备之间建立信任流程的多个阶段，其中包括设备身份的标识生成、信任绑定以及通信安全。

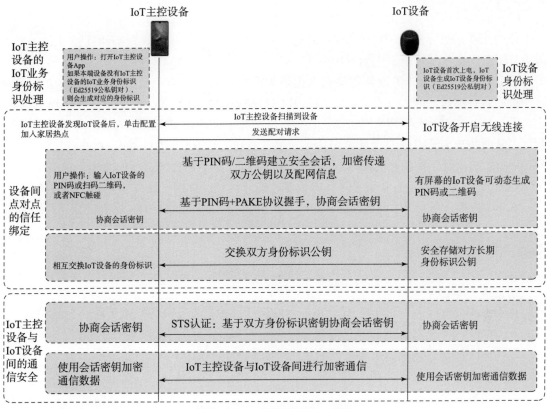

图 16 - 12　设备信任建立流程

OpenHarmony 为 IoT 提供了一个信任框架，使得设备如 AI 音箱、智能家居、智能穿戴等可以与 IoT 主控设备建立点对点的信任关系。这种信任关系的基石在于设备的身份标识。身份标识在此处的作用类似于人的身份证。正如我们需要身份证来证明自己的身份一样，IoT 设备也需要身份标识来证明其身份，确保与其他设备的安全通信。

IoT 主控设备与 IoT 设备都需要有一个唯一的身份标识来识别和验证它们。这种身份标识采用椭圆曲线公私钥对的方式来生成，特定的是 Ed25519 公私钥对。

（1）IoT 主控设备的 IoT 业务身份标识：IoT 主控设备为不同的 IoT 设备管理业务生成不同的身份标识。这种标识不仅用于设备间的认证，还用于它们之间的通信。这意味着，当一个 IoT 设备试图与 IoT 主控设备建立连接时，IoT 主控设备可以使用这个标识来验证 IoT 设备的身份。

（2）IoT 设备身份标识：同样，IoT 设备也会生成一个独特的身份标识，用于与 IoT 主控设备通信。更重要的是，为了确保安全，IoT 设备的私钥永远不会离开设备。如果设备恢复出厂设置，这个公私钥对会被重置。

IoT 主控设备和 IoT 设备都使用椭圆曲线公私钥对（特定的是 Ed25519 公私钥对）作为其身份标识。但是，为什么选择椭圆曲线加密，而不是其他类型的加密算法呢？因为椭圆曲线密码学（ECC）具有众多的优点，包括：

（1）更高的安全性：与其他传统的算法相比，ECC 提供了相同级别的加密强度，但需要更短的密钥。这意味着，在使用较短的密钥时，ECC 可以提供相同或更高的安全性。

（2）速度与效率：ECC 通常比其他算法更快，更为高效。

（3）可扩展性：随着量子计算的发展，ECC 提供了一种有效的抵御潜在威胁的方法，因为其短密钥在量子攻击下更为耐用。

当 IoT 主控设备和 IoT 设备需要建立信任关系时，实质上是一个交换身份标识的过程。这一过程有些类似于两人交换名片，但涉及的是设备的公钥信息。为了使这一过程更为安全，OpenHarmony 引入了 PIN 码机制。这种机制确保了设备在交换公钥之前，必须进行身份验证，从而防止未经授权的设备试图伪装或篡改身份。PAKE（Password – Authenticated Key Exchange）协议是一种能够确保两个或多个参与者基于共享的密码进行安全通信的方法。在 IoT 设备中，这意味着只有知道 PIN 码的设备才能成功完成身份验证并建立信任关系。

在 IoT 主控设备与 IoT 设备间通信时，需要确保双方都是真实、可信的。STS（Station – To – Station）协议提供了这种双向身份认证机制，确保双方都可以验证对方的身份。

16.5　思考与练习

1. OpenHarmony 引入的 DSL 模块是如何确保"正确设备"间的数据传输安全的？

2. OpenHarmony 将设备的安全性划分为 5 个等级，这 5 个等级的差异是什么？

3. OpenHarmony 中引入了哪些安全技术来防御 ret2libc、ROP、JOP 攻击？

4. OpenHarmony 通过哪些关键步骤建立设备信任？请描述这些步骤如何保障从身份验证到数据传输的整个过程。

第 17 章

正确地访问数据

17.1 概 述

操作系统需要正确地访问数据，以保护系统和数据免受恶意攻击，防止病毒、恶意软件和其他恶意攻击对系统和数据造成破坏。首先，正确地访问数据可以确保敏感数据不被泄露，防止数据在传输和存储过程中被窃取。通过对数据进行加密和访问控制，可以确保只有授权用户才能访问特定数据，从而降低数据泄露的风险。其次，正确地访问数据可以确保数据在存储和处理过程中不被篡改。通过实施数据校验，可以及时发现数据错误，确保数据的完整性。最后，正确地访问数据可以确保系统在面对硬件故障、软件错误和人为操作失误时能够迅速恢复正常运行。总之，正确地访问数据对于保护系统和数据、防止数据泄露、维护数据完整性、提高系统可用性和可靠性具有重要意义。

不同于传统单设备操作系统上的数据安全防护机制，OpenHarmony 作为面向 IoT 设备的分布式操作系统，其核心安全理论模型是分级安全理论，需要充分考虑不同权限等级的应用程序如何在不同安全等级的设备上访问和传输数据，提供严格的用户分级数据和隐私保护能力。

本章将分四个小节介绍 OpenHarmony 用于确保访问数据正确性的相关机制，包括权限管理与访问控制、分布式数据传输管控、HUKS 密钥管理以及应用完整性与来源校验。其中权限管理与访问控制提供了基于 access token 的系统 API 权限管理和程序分级访问控制模型；分布式数据传输管控为分布式服务提供了跨设备传输时的管控策略；HUKS 密钥管理提供了包括密钥生命周期安全保护、对称/非对称加密解密、证书管理等功能；应用完整性与来源校验提供了应用安装时的签名校验，确保应用程序的完整性和来源合法性。

17.2 权限管理与访问控制

17.2.1 概述

通常情况下，应用只能访问有限的系统资源和数据。如果应用想要提供更加丰富的功能，不可避免地需要访问额外的系统功能或其他应用的数据。在 OpenHarmony 上，系统和应用以明确的方式对外提供接口来共享数据和功能。权限管理与访问控制机制保证了在这一环节中应用能够以正确、合理的方式来访问和使用这些数据，即正确地数据访问。

数据包含个人数据（如照片、通信录、短信、日历、位置）、设备数据（如设备标识、相机、麦克风等）、应用数据（应用在使用过程中产生的数据）。当应用访问这些数据的时候，需要持有对应的访问权限，由目标对象进行权限检查，如果没有对应权限，则访问操作将被拒绝。当前，由 ATM（Access Token Manager）基于统一管理的 TokenID 提供权限管理与访问控制能力。TokenID 是每个应用的身份标识，通过应用的 TokenID 来管理应用的权限。

前面提到 OpenHarmony 核心安全理论模型是分级安全理论。因此需要对应用和权限进行分级，严格定义应用的等级（APL 等级）和权限等级，遵循主体访问客体的两个安全模型（机密性模型 Bell-Lapadula 和完整性模型 BiBa 模型），保证应用不滥用权限。

在进行权限的申请和使用时，需要满足以下基本原则：

（1）应用申请的权限，都必须有明确、合理的使用场景和功能说明，确保用户能够清晰明了地知道申请权限的目的、场景、用途；禁止诱导、误导用户授权。

（2）应用使用权限必须与申请所述一致。

（3）应用权限申请遵循最小化原则，只申请业务功能所必要的权限，禁止申请不必要的权限。

（4）应用在首次启动时，避免频繁弹窗申请多个权限；权限须在用户使用对应业务功能时动态申请。

（5）用户拒绝授予某个权限时，与此权限无关的其他业务功能应能正常使用，不能影响应用的正常注册或登录。

（6）业务功能所需要的权限被用户拒绝且禁止后不再提示，当用户主动触发使用此业务功能或为实现业务功能所必须时，应用程序可通过界面内文字引导，让用户主动到"系统设置"中授权。

（7）当前不允许应用自行定义权限，应用申请的权限应该从已有的权限列表中选择。

17.2.2 基本原理与实现

在 OpenHarmony 上，由 ATM 模块提供基于 AccessToken 构建的统一应用权限管理与访问控制能力。应用的 AccessToken 信息主要包括应用身份标识 AppID、用户 ID、应用分身索引、应用 APL（Ability Privilege Level）等级、应用权限信息等。每个应用的 AccessToken 信息由一个 32 bit 的设备内唯一标识符 TokenID 来标识。ATM 模块通过应用的 TokenID 来管理应用的权限，其主要提供以下功能：

（1）提供基于 TokenID 的应用权限校验机制，应用访问敏感数据或者 API 时可以检查是否有对应的权限。

（2）提供基于 TokenID 的 AccessToken 信息查询，应用可以根据 TokenID 查询自身的 APL 等级等信息。

ATM 提供了统一的应用权限访问控制功能，支持应用程序或者 SA 查询校验应用权限、应用 APL 等级等信息。从使用者角度，可以分为基于 native 进程启动的 SA 和应用 Hap 两类使用者。

对于 native 进程，在 native 进程拉起前，会调用 GetAccessTokenId 函数，获取该 native 进程的 TokenID；再调用 SetSelfTokenID 将进程 TokenID 设置到内核中。在 native 进程运行过程中，可以通过调用 GetNativeTokenInfo、CheckNativeDCap 来查验对应进程所具备的 Token 信息，包括分布式能力、APL 等级等信息。

对于应用 Hap，在应用安装时，需要调用 AllocHapToken 创建获取该应用的 TokenID。在应用运行过程中，需要进行鉴权等操作时，可调用 VerifyAccessToken、GetReqPermissions 等函数查询校验应用权限、应用 APL 等级等信息。在应用卸载时，需要调用 DeleteToken 函数删除系统管理中对应的 AccessToken 信息。

1. 应用 APL 等级

元能力权限等级 APL（Ability Privilege Level）指的是应用的权限申请优先级的定义，不同 APL 等级的应用能够申请的权限等级不同。

应用的 APL 等级可以分为三个等级，见表 17 - 1。

表 17 - 1　应用的等级划分

APL 级别	说明
system_core 等级	提供操作系统核心能力，若无此能力，系统无法正常运转，如 AMS、BMS、DMS、软总线
system_basic 等级	提供系统基础服务
normal 等级	普通应用程序

在开发应用安装包时，应用自身的 APL 等级声明在应用的 Profile 文件中。默认情况下，应用的 APL 等级都为 normal 等级。在文件 "bundle - info" 的 "apl" 字段声明应用的 APL 等级后，使用 hap 包签名工具生成证书；也可以使用 DevEco Studio 自动签名。

```
{
    "bundle - info":{
      "developer - id":"OpenHarmony",
      "development - certificate":"Base64 string",
      "distribution - certificate":"Base64 string",
      "bundle - name":"com. OpenHarmony. app. test",
      "apl":"system_basic",
    "app - feature":"hos_normal_app"
    },
}
```

应用 APL 等级在 Profile 文件中的声明示例如上，表明该应用的 APL 等级为 system_basic。

2. 权限等级

根据权限对于不同等级的应用有不同的开放范围，权限类型对应分为以下三种，等级依次提高。

（1）normal 权限：允许应用访问超出默认规则外的普通系统资源。这些系统资源的开放（包括数据和功能）对用户隐私以及其他应用带来的风险很小。该类型的权限仅向 APL 等级为 normal 及以上的应用开放。

（2）system_basic 权限：允许应用访问与操作系统基础服务相关的资源。这部分系统基础服务属于系统提供或者预置的基础功能，比如系统设置、身份认证等。这些系统资源的开放对用户隐私以及其他应用带来的风险较大。该类型的权限仅向 APL 等级为 system_basic 及以上的应用开放。

（3）system_core 权限：涉及操作系统核心资源的访问操作权限。这部分系统资源是系统最核心的底层服务，如果遭受破坏，操作系统将无法正常运行。鉴于该类型权限对系统的影响程度非常大，目前暂不向任何第三方应用开放。

3. 权限类型

根据授权方式的不同，权限类型可分为 system_grant（系统授权）和 user_grant（用户授权）。

（1）system_grant。system_grant 指的是系统授权类型，在该类型的权限许可下，应用被允许访问的数据不会涉及用户或设备的敏感信息，应用被允许执行的操作不会对系统或者其他应用产生大的不利影响。

如果在应用中申请了 system_grant 权限，那么系统会在用户安装应用时，自动把相应权限授予给应用。应用需要在应用商店的详情页面，向用户展示所申请的 system_grant 权限列表。

（2）user_grant。user_grant 指的是用户授权类型，在该类型的权限许可下，应用被允许访问的数据将会涉及用户或设备的敏感信息，应用被允许执行的操作可能对系统或者其他应用产生严重的影响。

该类型权限不仅需要在安装包中申请权限，还需要在应用动态运行时，通过发送弹窗的方式请求用户授权。在用户手动允许授权后，应用才会真正获取相应权限，从而成功访问操作目标对象。比如说，在权限定义列表中，麦克风和摄像头对应的权限都是属于用户授权权限，列表中会给出详细的权限使用理由。应用需要在应用商店的详情页面，向用户展示所申请的 user_grant 权限列表。

4. 访问控制列表

权限等级与应用的 APL 等级是一一对应的。原则上，拥有低 APL 等级的应用默认无法申请更高等级的权限。访问控制列表 ACL（Access Control List）提供了解决低等级应用访问高等级权限问题的特殊渠道。

例如，开发者正在开发应用 A，该应用的 APL 等级为 normal 级别。由于功能场景需要，应用 A 必须要申请到权限 B 和权限 C，其中，权限 B 的权限等级为 system_basic，权限 C 的权限等级为 normal。在权限 B 的 ACL 使能为 true 的情况下，此时，开发者可以使用 ACL 方式来申请权限 B。具体某个权限能否通过 ACL 使能情况可查阅权限定义列表。如果应用申请的权限中，存在部分权限的权限等级比应用 APL 等级高，开发者可以选择通过 ACL 方式来解决这个等级不匹配的问题。

在上述授权流程的基础上，应用需要进行额外的 ACL 声明步骤。应用除了需要在应用配置文件声明所需申请的权限外，还需要在应用的 Profile 文件中声明不满足申请条件的高等级权限，接下来的授权流程不变。

5. 权限申请

应用在访问数据或者执行操作时，需要评估该行为是否需要应用具备相关的权限。如果确认需要目标权限，则需要在应用安装包中申请目标权限。然后，需要判断目标权限是否属于用户授权类。如果是，应用需要使用动态授权弹框来提供用户授权界面，请求用户授权目标权限。当用户授予应用所需权限后，应用可成功访问目标数据或执行目标操作。应用使用权限的申请流程如图 17-1 和图 17-2 所示。

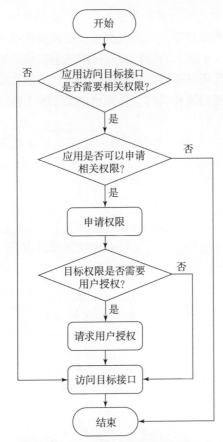

图 17 - 1　应用使用权限申请流程（1）

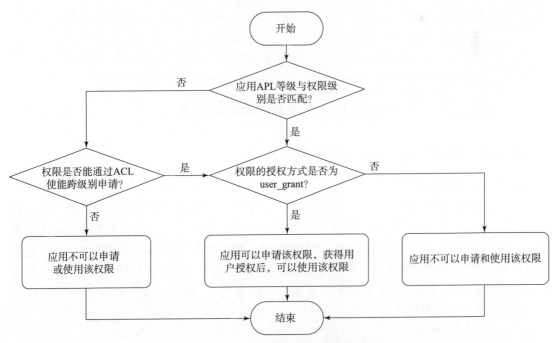

图 17 - 2　应用使用权限申请流程（2）

6. 权限校验

应用在提供对外功能服务接口时，可以根据接口所涉及数据的敏感程度或所涉能力的安全威胁影响，在权限定义列表中选择合适的权限保护当前接口，对访问者进行权限校验。当且仅当访问者获取当前接口所需权限后，才能通过当前接口的权限校验，并正常使用当前应用提供的目标功能。应用使用权限校验的工作流程如图 17 – 3 所示。

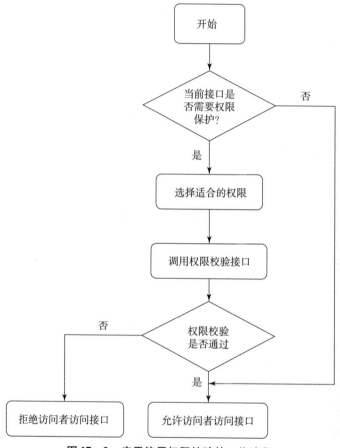

图 17 – 3　应用使用权限校验的工作流程

17.2.3　开发案例——访问控制授权申请

1. 配置文件权限声明

应用需要在项目的配置文件中逐个声明所需的权限，否则应用将无法获取授权。应用在申请 system_basic 和 system_core 等级权限时，需要提升权限等级，因为应用默认的权限等级为 normal。如果应用需要申请高于默认等级的权限，除了在配置文件中进行声明之外，还需要通过 ACL 方式进行声明使用。配置文件标签说明如表 17 – 2 所示。使用 Stage 模型的应用，需要在 module. json5 配置文件中声明权限。在使用 FA 模型的应用中，需要在 config. json 配置文件中进行同样的权限声明。

表 17 - 2　配置文件标签说明

标签	是否必填	说明
name	是	权限名称
reason	否	描述申请权限的原因。说明：当申请的权限为 user_grant 时，此字段必填
usedScene	否	描述权限使用的场景和时机。说明：当申请的权限为 user_grant 时，此字段必填
abilities	否	标识需要使用到该权限的 Ability，标签为数组形式。 适用模型：Stage 模型
ability	否	标识需要使用到该权限的 Ability，标签为数组形式。 适用模型：FA 模型
when	否	标识权限使用的时机，值为 inuse/always。 inuse：表示仅允许前台使用。 always：表示前后台都可使用

2. ACL 方式声明

有时应用需要申请 system_basic 或 system_core 等级的权限，该权限比应用默认权限等级 normal 更高。如果需要申请的权限等级高于应用默认的等级，需要使用 ACL 方式声明使用。例如，需要申请 ohos. permission. WRITE_AUDIO 权限，该权限属于 system_basic 等级。如果应用需要截取屏幕图像，则需要申请 ohos. permission. CAPTURE_SCREEN 权限，该权限属于 system_core 等级。此时，需要将相关权限项配置到 Provision 配置文件的 acl 字段中。

```
{
    //...
    "acls":{
        "allowed-acls":[
            "ohos.permission.WRITE_AUDIO",
            "ohos.permission.CAPTURE_SCREEN"
        ]
    }
}
```

3. 向用户申请授权

当应用需要访问用户的隐私信息或使用系统能力时，例如获取位置信息、访问日历、使用相机拍摄照片或录制视频等，应该向用户请求授权。这需要使用 user_grant 类型权限。在此之前，应用需要进行权限校验，以判断当前调用者是否具备所需的权限。如果权限校验结果表明当前应用尚未被授权该权限，则应使用动态弹框授权方式，为用户提供手动授权的入口。

以 Stage 模型中允许应用读取日历信息为例进行说明。申请 ohos. permission. READ_CALENDAR 权限，具体配置方式请参见配置文件权限声明。在进行权限申请之前，需要先检查当前应用程序是否已经被授予了权限。可以通过调用 checkAccessToken( ) 方法来校验当前是否已经授权。如果已经授权，则可以直接访问目标操作，否则需要进行下一步操作，即向用户申请授权。

```
import bundleManager from '@ ohos. bundle. bundleManager';
import abilityAccessCtrl,{Permissions}from '@ ohos. abilityAccessCtrl';
import{BusinessError}from '@ ohos. base';

async function checkAccessToken(permission:Permissions):Promise <
abilityAccessCtrl. GrantStatus > {
    let atManager: abilityAccessCtrl. AtManager = abilityAccessCtrl.
createAtManager();
    let grantStatus:abilityAccessCtrl. GrantStatus = abilityAccess Ctrl.
GrantStatus. PERMISSION_DENIED;

    //获取应用程序的 accessTokenID
    let tokenId:number = 0;
    try{
        let bundleInfo: bundleManager. BundleInfo = await bundleManager.
getBundleInfoForSelf(bundleManager. BundleFlag. GET_BUNDLE_INFO_WITH_
APPLICATION);
        let appInfo:bundleManager. ApplicationInfo = bundleInfo. appInfo;
        tokenId = appInfo. accessTokenId;
    }catch(error){
        let err:BusinessError = error as BusinessError;
        console. error('Failed to get bundle info for self. Code is ${err.
code},message is ${err. message}');
    }

    //校验应用是否被授予权限
    try{
        grantStatus = await atManager. checkAccessToken(tokenId,permission);
    }catch(error){
        let err:BusinessError = error as BusinessError;
        console. error('Failed to check access token. Code is ${err. code},
message is ${err. message}');
    }

    return grantStatus;
}
```

```
async function checkPermissions():Promise<void>{
    const permissions:Array<Permissions>=['ohos.permission.READ_
CALENDAR'];
    let grantStatus:abilityAccessCtrl.GrantStatus=await checkAccess
Token(permissions[0]);

    if(grantStatus===abilityAccessCtrl.GrantStatus.PERMISSION_
GRANTED){
        //已经授权,可以继续访问目标操作
    }else{
        //申请日历权限
    }
}
```

4. 动态向用户申请授权

动态向用户申请授权是指在应用程序运行时向用户请求授权的过程。可以通过调用 requestPermissionsFromUser() 方法来实现。该方法接收一个权限列表参数，例如位置、日历、相机、麦克风等，用户可以选择授予权限或者拒绝授权。

动态申请权限有两种方法，可以在 UIAbility 的 onWindowStageCreate() 回调中调用 requestPermissionsFromUser() 方法来动态申请权限，也可以根据业务需要在 UI 中向用户申请授权。

以在 UIAbility 中向用户申请授权为例，示例代码如下：

```
import UIAbility from '@ohos.app.ability.UIAbility';
import window from '@ohos.window';
import abilityAccessCtrl,{Context,PermissionRequestResult,Permissions}
from '@ohos.abilityAccessCtrl';
import{BusinessError}from '@ohos.base';

const permissions:Array<Permissions>=['ohos.permission.READ_
CALENDAR'];
export default class EntryAbility extends UIAbility{
//...
onWindowStageCreate(windowStage:window.WindowStage){
    //Main window is created,set main page for this ability
    let context:Context=this.context;
    let atManager:abilityAccessCtrl.AtManager=abilityAccessCtrl.
createAtManager();
    //requestPermissionsFromUser 会判断权限的授权状态来决定是否唤起弹窗
```

```
    atManager. requestPermissionsFromUser(context,permissions).then
((data:PermissionRequestResult) => {
        let grantStatus:Array < number >= data. authResults;
        let length:number = grantStatus. length;
        for( let i = 0;i < length;i ++ ){
            if(grantStatus[i] === 0){
                //用户授权,可以继续访问目标操作
            }else{
                //用户拒绝授权,提示用户必须授权才能访问当前页面的功能,并引导用户
到系统设置中打开相应的权限
                return;
            }
        }
        //授权成功
    }). catch((err:BusinessError) => {
        console. error('Failed to request permissions from user. Code is
${err. code},message is ${err. message}');
    })
    //...
    }
}
```

5. user_grant 权限预授权

user_grant 权限可以通过预授权方式请求权限。预授权方式需要预置配置文件，预置配置文件在设备上的路径为/system/etc/app/install_list_permission. json，设备开机启动时会读取该配置文件，在应用安装时会对在文件中配置的 user_grant 类型权限授权。预授权配置文件字段内容包括 bundleName、app_signature 和 permissions。bundleName 字段配置为应用的 Bundle 名称；app_signature 字段配置为应用的指纹信息；permissions 字段中 name 配置为需要预授权的 user_grant 类型的权限名，userCancellable 表示用户是否能够取消该预授权，配置为 true 时，表示支持用户取消授权，为 false 时则表示不支持用户取消授权。

```
[
    //...
    {
    "bundleName":"com. example. myapplication",//Bundle 名称
    "app_signature":["**** "],//指纹信息
    "permissions":[
        {
```

```
        "name":"ohos.permission.PERMISSION_X",//user_grant 类型预授权
的权限名

        "userCancellable":false//用户不可取消授权
      },
      {
        "name":"ohos.permission.PERMISSION_Y",//user_grant 类型预授权
的权限名

        "userCancellable":true//用户可取消授权
      }
    ]
  }
]
```

17.3　分布式数据传输管控

17.3.1　数据分级

涉及具体的数据时，OpenHarmony 会在数据的生成阶段，打上严格的分级标签，并且基于标签关联上数据全生命周期的访问控制权限和策略。在业务进行数据处理的时候，严格遵从 BLP 与 BiBa 模型的机密性完整性保护，在涉及分布式数据跨设备传输的时候，保证不同等级的设备对数据提供对应安全强度的防护，高敏感等级的数据，禁止向低安全能力的设备上传递；高敏感等级的资源和外设，禁止低安全能力的设备发出控制指令。以确保只有正确的设备可以接收正确的数据。

OpenHarmony 的数据分级标准如下，表 17-3 给出了各数据分级的数据类型。

表 17-3　各数据分级的数据类型

数据隐私分类	数据类型	数据分级	举例
敏感个人数据	身份认证凭据	严重（S4）	用于身份认证的口令、密码
	个人种族信息		种族血统
	负向名誉数据		犯罪记录、纪律处分等负向记录
	健康信息		体脂数据、血压数据、血糖数据、心率数据、血氧数据、ECG、医疗记录、睡眠数据等
	生物特征		DNA、指纹、面部特征、虹膜、声纹、掌纹、耳廓、行为特征

续表

数据隐私分类	数据类型	数据分级	举例
一般个人数据	运动数据	高 （S3）	步数、运动距离、运动时长、消耗热量、爬高、摄氧量、跑步姿态、运动心率
	个人多媒体数据		用户设备中的图片、文字、音频、视频等信息
	年龄生辰数据	中 （S2）	年龄、出生日期
	社会用户标识		具有社会识别性的用户标识符，可以丢弃、置换、重新注册，如华为账号、社交账号等
	姓名昵称		姓名、昵称
	地址信息		邮政编码、工作地址、家庭地址
	一般个人信息	低（S1）	性别、国籍、出生地、教育程度、专业背景等
	正向名誉数据		专业成就
非个人数据	系统密钥	高（S3）	系统的根密钥、根密钥派生用于加密系统服务和应用的各层工作密钥、应用自身产生的用于加密系统服务和应用的各层工作密钥
	其他非个人数据	低/公开（S0）	系统、设备信息中公开发布的数据，如软件版本号、引擎版本号、客户端版本号、驱动程序版本号、SDK 版本号、应用分类信息

- 严重：业界法律法规中定义的特殊数据类型，涉及个人最私密领域的信息，或者一旦泄露可能会给个人或组织造成重大的不利影响的数据。
- 高：数据的泄露可能会给个人或组织造成严峻的不利影响。
- 中：数据的泄露可能会给个人或组织造成严重的不利影响。
- 低：数据的泄露可能会给个人或组织造成有限的不利影响。
- 低/公开（无风险）：对个人或组织无不利影响的可公开数据。

17.3.2 基本原理与实现

数据跨设备传输场景下，为了确保用户数据和隐私不泄露，高风险等级数据要求不能在用户无感的场景下从高安全等级设备泄露到低安全等级的设备，同时低安全等级的设备也不能获取高安全等级设备的高风险等级数据。基于此原则，OpenHarmony 提供了与数据风险等级相应的跨设备访问控制机制，保证跨设备数据传输的目的设备应具备与数据风险等级相匹配的设备安全等级，其对应关系如表 17-4 所示。

表 17-4　设备安全等级和数据风险等级的对应关系

数据接收方的设备安全等级	SL5	SL4	SL3	SL2	SL1
允许传递的数据风险等级	S0 ~ S4	S0 ~ S4	S0 ~ S3	S0 ~ S2	S0 ~ S1

如果数据接收方设备不具备与数据风险等级相匹配的设备安全等级，那么必须在数据发送端设备上经过用户明确的授权允许之后，对应的数据才能够传输。

上述访问控制机制在分布式数据库、分布式文件系统中实施，业务可以通过使用此分布式能力在分布式系统建立了信任关系的设备之间安全地传输数据。

在 OpenHarmony 中，数据传输管控模块负责为分布式服务提供跨设备传输时的管控策略。数据传输管控模块提供了数据传输管控相关的接口定义。数据传输管控接口：为分布式服务提供数据跨设备传输时的管控策略，获取允许发送到对端设备的数据的最高风险等级。为实现上述接口定义，数据传输管控模块当前包含数据传输管控接口，其部署逻辑如图 17 - 4 所示，主要包括以下模块：

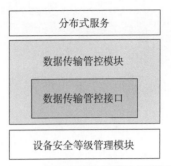

图 17 - 4　数据传输管控模块部署逻辑

（1）分布式服务：提供分布式数据管理能力的服务，包含分布式文件系统、分布式数据管理等。

（2）数据传输管控模块：为分布式服务提供数据跨设备传输时的管控策略，获取允许发送到对端设备的数据的最高风险等级。

（3）设备安全等级管理模块：为数据传输管控模块提供设备安全等级信息。系统中涉及提供数据访问能力的分布式服务，在发起数据传输前，需要确认对端设备的安全等级是否能满足当前数据风险等级的要求。

17.3.3　代码与开发案例

下面的代码片段给出了如何获取对应设备可支持的数据风险等级的实例：

```
uint32_t GetLevelInfoByDevice()
{
    int32_t ret;
    uint32_t levelInfo = 0;
    DEVSLQueryParams queryParams;
    (void)memset_s(&queryParams, sizeof(queryParams), 0, sizeof
(queryParams));
    ret = GetLocalUdid(&queryParams);
    if(ret! = DEVSL_SUCCESS){
        printf("GetLocalUdid fail!");
        return DEVSL_ERROR;
    }
    ret = DATASL_OnStart();
    if(ret! = DEVSL_SUCCESS){
        printf("DATASL_OnStart fail!");
        return DEVSL_ERROR;
    }
    ret = DATASL_GetHighestSecLevel(&queryParams,&levelInfo);
```

```
if(ret!=DEVSL_SUCCESS){
    printf(DATASL_GetHighestSecLevel fail!);
    return DEVSL_ERROR;
}
DATASL_OnStop();
return levelInfo;
}
```

17.4 HUKS 密钥管理

17.4.1 概述

密钥是一种用于加密和解密数据的关键信息，在加密和解密过程中，密钥起到了保护数据安全的作用。密钥可以是数字、字符或符号，通常用于对称加密和非对称加密算法中。密钥泄露将对数据安全造成严重影响，因此密钥的管理尤为重要。如果不管理密钥，可能会导致数据泄露、未经授权的访问，并且无法审计和追溯相关操作。在 OpenHarmony 中，使用 HUKS 进行密钥的管理。

OpenHarmony 通用密钥库系统（OpenHarmony Universal KeyStore，HUKS）是 OpenHarmony 提供的系统级的密钥管理服务系统，提供密钥的全生命周期管理能力，包括密钥生成、密钥存储、密钥使用、密钥销毁等功能，以及对存储在 HUKS 中的密钥提供合法性证明。HUKS 基于系统安全能力，为业务提供密钥全生命周期的安全管理，业务无须自己实现，利用 HUKS 的系统能力，就能确保业务密钥的安全。图 17-5 给出了 HUKS 的功能结构。

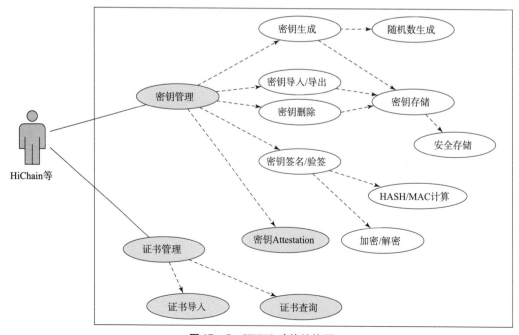

图 17-5 HUKS 功能结构图

第 17 章　正确地访问数据

HUKS 在使用中有以下约束：

（1）密钥安全存储：密钥要求存储于安全存储区域，其数据不可以修改，恢复出厂设置时出厂预置的密钥不能被删除。

（2）密钥访问安全：OpenHarmony 通过将不同应用数据保存在不同的位置，来实现应用间数据的隔离。通过参数结构体中包含 UID 和进程 ID，来实现不同应用间的数据隔离。

（3）不支持并发访问：HUKS 本身不考虑多个应用同时调用的情况，因为 HUKS 只是一个 lib 库，也不考虑资源的互斥。如果有多个应用都会用到 HUKS 服务，那么应该由每个应用各自链接一份 HUKS 库，并由业务传入持久化数据存储的路径，以实现应用间的数据存储分开。数据存储在各应用的各自存储目录下。

17.4.2　基本原理与实现

HUKS 向应用提供密钥库能力，包括密钥管理及密钥的密码学操作等功能。HUKS 所管理的密钥可以由应用导入或者由应用调用 HUKS 接口生成。

HUKS 模块的部件架构如图 17-6 所示，可以分为以下三大部分。

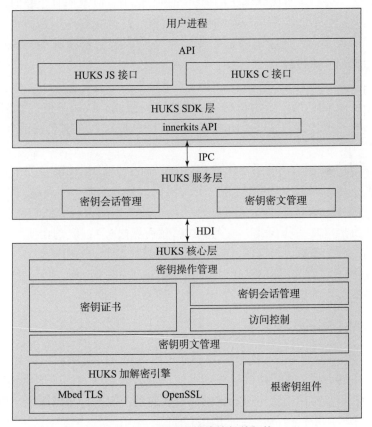

图 17-6　HUKS 模块的部件架构

（1）HUKS SDK 层：提供 HUKS API 供应用调用。

（2）HUKS 服务层：实现 HUKS 密钥管理、存储等功能。

（3）HUKS 核心层：HUKS 核心模块，负责密钥生成以及加解密等工作。对于标准系统设备，该部分模块在商用场景下必须在安全环境下运行，包括 TEE 或者具备安全能力的芯片等。由于安全环境需要特定硬件支持，因此在开源代码中为模拟实现。对于小型和轻量系统，HUKS 模块仅提供根密钥保护方案的模拟实现，商用场景下必须根据产品能力适配硬件根密钥或者使用其他根密钥保护方案。

HUKS 的核心安全设计包括以下几点：

（1）密钥不出安全环境。HUKS 的核心特点是密钥全生命周期明文不出 HUKS 核心层，在有硬件条件的设备上，如有 TEE（Trusted Execution Environment）或安全芯片的设备，HUKS 核心层运行在硬件安全环境中，以确保即使 REE（Rich Execution Environment）环境被攻破，密钥明文也不会泄露。

（2）系统级安全加密存储。即基于设备根密钥加密业务密钥，在有条件的设备上，叠加用户口令加密保护密钥。

（3）严格的访问控制。只有合法的业务才有权访问密钥，同时支持用户身份认证访问控制，以支持业务的高安全敏感场景下安全访问密钥的诉求。

（4）密钥的合法性证明。可为业务提供硬件厂商级别的密钥的合法性证明，证明密钥没有被篡改，并确实存在于有硬件保护的 HUKS 核心层中，以及拥有正确的密钥属性。

此外，密钥会话是 HUKS 中承载密钥使用的基础，它的主要作用是初始化密钥信息、缓存业务数据等。对数据的密码学运算和对密钥密文的加解密都是在 HUKS Core 中进行的，以此保证密钥明文和运算过程的安全。

（5）约束与限制。在约束与限制上，HUKS 主要有以下设计：

• 基于别名的访问：由于密钥材料不出 HUKS 的限制，应用只能以别名的方式访问密钥材料，而且密钥的别名必须保证应用内唯一（否则已存在的同别名密钥会被覆盖），长度不能超过 64 个字节。

• 数据分片大小限制：所有数据需要经过 IPC 通道传输到 HUKS，受 IPC 缓冲区大小限制，建议对总大小超过 100 KB 的数据进行分片传输，且分片大小不超过 100 KB。

• 指定必选参数：在生成密钥或导入密钥时，必须指定密码算法、密钥大小和使用的参数，其他参数可选（如工作模式、填充模式、散列算法等），但是在使用密钥时必须传入密码算法相关的完整的参数。

• 密钥材料格式：导入/导出密钥时（包括密钥对、公钥、私钥），密钥材料的数据格式必须满足 HUKS 要求的格式。

17.4.3 代码与开发案例

HUKS 提供 Native 接口和 ArkTS 接口供框架层服务和上层应用调用，常见的开发场景包括通过 HUKS 提供的 Native API 接口生成新密钥、导入外部密钥、使用密钥进行加密解密、使用密钥进行签名验签、使用密钥进行密钥协商、使用密钥进行密钥派生、进行密钥证明。

这里以如何生成新密钥为例，讲解 HUKS 的具体使用。

HUKS 提供为业务安全随机生成密钥的能力。通过 HUKS 生成的密钥，密钥的全生命周期明文不会出安全环境，能保证任何人都无法获取到密钥的明文。即使生成密钥的业务自身，后续也只能通过 HUKS 提供的接口请求执行密钥操作，获取操作结果，但无法直接接触到密钥。

生成密钥时使用 OH_Huks_GenerateKeyItem() 方法，传入 keyAlias 作为密钥别名，传入

paramSetIn 包含该待生成密钥的属性信息，然后确定密钥别名。接着初始化密钥属性集，再将密钥别名与密钥属性集作为参数传入，生成密钥。代码核心部分示例如下：

```
//生成密钥函数
static napi_value GenerateKey(napi_env env,napi_callback_info info)
{
    const char* alias = "test_generate";
    struct OH_Huks_Blob aliasBlob = {.size = (uint32_t)strlen(alias),
.data = (uint8_t* )alias};
    struct OH_Huks_ParamSet* testGenerateKeyParamSet = nullptr;
    struct OH_Huks_Result ohResult;
    do{
        ohResult = InitParamSet (&testGenerateKeyParamSet,g_test
GenerateKeyParam,
        sizeof(g_testGenerateKeyParam)/sizeof(OH_Huks_Param));
        if(ohResult.errorCode!=OH_HUKS_SUCCESS){
            break;
        }
        ohResult = OH_Huks_GenerateKeyItem(&aliasBlob,testGenerate
KeyParamSet,nullptr);
    }while(0);
    OH_Huks_FreeParamSet(&testGenerateKeyParamSet);
    napi_value ret;
    napi_create_int32(env,ohResult.errorCode,&ret);
    return ret;
}
```

17.5　应用完整性与来源校验

17.5.1　概述

在操作系统的运行期间，真正处理数据和资源的主体不是人，而是程序。所以在应用程序源头保证数据的安全是正确地访问数据的关键一环。为了防止被篡改过的应用或非法来源的应用安装到系统中破坏系统安全，OpenHarmony 对应用进行签名校验，保证应用的完整性和来源可靠。

在应用开发阶段，开发者完成开发并生成安装包后，需要开发者对安装包进行签名，以证明安装包发布到设备的过程中没有被篡改。OpenHarmony 的应用完整性校验模块提供了签名工具、签名证书生成规范，以及签名所需的公钥证书等完整的机制，支撑开发者对应用安装包签名。版本中预置了公钥证书和对应的私钥，提供离线签名和校验能力。

在应用安装阶段，OpenHarmony 用户程序框架子系统负责应用的安装。在接收到应用安装包之后，应用程序框架子系统需要解析安装包的签名数据，然后使用应用完整性校验模块的 API 对签名进行验证，只有校验成功之后才允许安装此应用。应用完整性校验模块在校验安装包签名数据时，会使用系统预置的公钥证书进行验签。

为了了解签名工具相关的理论原理，首先简要介绍签名工具的主要功能和涉及的一些重要概念。

- 非对称密钥对：非对称密钥算法是数据签名/验签的基础，应用签名工具实现了标准的非对称密钥对生成功能（支持的密钥对类型包括 ECC P384/256、RSA2048/3072/4096）。
- CSR：CSR（Certificate Signing Request）证书签发请求是生成证书的前提，它包括证书的公钥、证书主题和私钥签名，在申请证书之前，需要先基于密钥对生成 CSR，然后提交给 CA 签发证书。
- 证书：OpenHarmony 采用 RFC5280 标准构建 X509 证书信任体系。用于应用签名的证书共有三级，即根 CA 证书、中间 CA 证书、最终实体证书。其中最终实体证书分为应用签名证书和 Profile 签名证书。应用签名证书表示应用开发者的身份，可保证系统上安装的应用来源可追溯，Profile 签名证书实现对 Profile 文件的签名进行验签，保证 Profile 文件的完整性。
- HAP：HAP 是 Ability 的部署包，OpenHarmony 应用代码围绕 Ability 组件展开，它是由一个或者多个 Ability 组成的。
- Profile 文件：HarmonyAppProvision 配置文件，HAP 包中的描述文件，该描述文件描述了已授权的证书权限和设备 ID 信息等信息。

17.5.2　基本原理与实现

OpenHarmony 提供了一套完整的应用开发、签名、调试、上架、发布的流程。为了方便开源社区开发者，版本中预置了公钥证书和对应的私钥，为开源社区提供离线签名和校验能力；在 OpenHarmony 商用版本中应替换此公钥证书和对应的私钥。下面我们按照完整的流程介绍其原理和实现。

1. 应用调试场景

开发者在 OpenHarmony 设备上开发、调试应用，需要向华为应用市场申请成为授权开发者。开发者需要本地生成公私钥对，并将公钥上传到华为应用市场。华为应用市场根据开发者身份信息和上传的公钥制作开发者证书，并由华为开发者证书 CA 签发。同时，开发者需要向华为应用市场提供调试应用相关信息和调试设备 ID，用于制作应用软件调试 Profile。应用软件调试 Profile 包含华为应用市场签名，不可篡改。拥有开发者证书和应用软件开发证书的开发者即拥有了 OpenHarmony 的调试授权，使用私钥对应用签名后即可在指定的设备安装调试。

OpenHarmony 应用安装服务通过校验应用签名验证应用完整性，通过校验开发者证书、应用软件调试 Profile 及两者之间的匹配关系，验证开发者身份和应用的合法性，管控应用来源。图 17-7 描述了应用调试场景的流程。

2. 应用发布场景

开发者向华为应用市场发布应用，需要用应用市场签发的应用软件发布证书和应用软件发布 Profile 对应用进行签名。如图 17-8 所示，应用软件发布证书和应用软件发布 Profile 的申请方式类似于开发者证书和调试 Profile 申请（支持使用调试场景同一对公私钥对）。使用

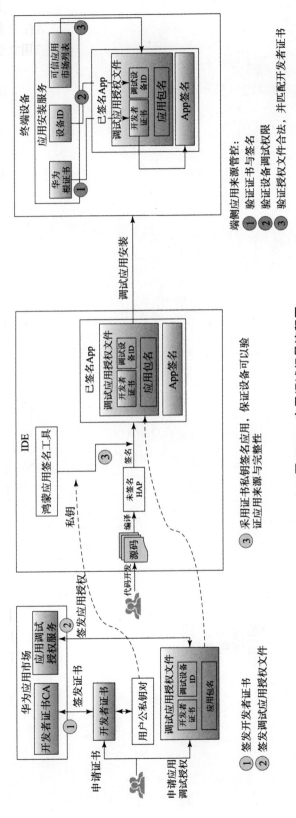

图 17-7　应用调试场景流程图

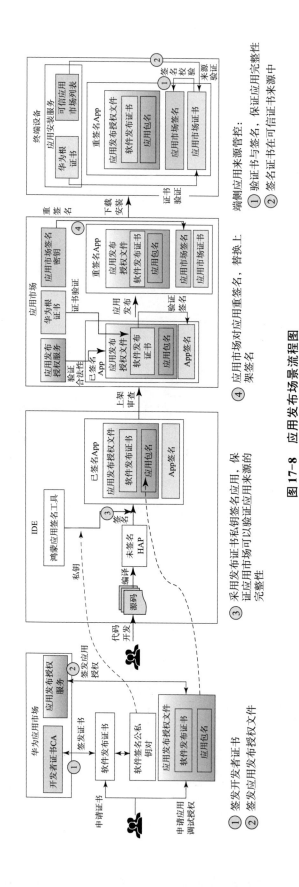

图 17-8　应用发布场景流程图

① 鉴发开发者证书
② 鉴发应用发布授权文件

③ 采用发布证书私钥签名应用，保证应用市场可以验证应用来源的完整性

④ 应用市场对应用重签名，替换上架签名

端侧应用来源管控：
① 验证证书与签名，保证应用完整性
② 鉴名证书在可信证书来源中

应用发布证书签名的应用不允许直接在设备中安装，需要上架应用市场审核。审核通过的应用，应用市场将使用应用市场发布证书对应用进行重签名，重签名后的应用才可以被用户下载、安装。OpenHarmony 应用安装服务通过验证应用签名，保证应用软件完整性，通过校验签名证书是否为华为应用市场应用签名证书，保证应用来源可信。图 17-8 描绘了应用发布场景的流程。

17.5.3　代码与开发案例

本小节以 Window 环境为例，介绍如何使用签名工具对未签名的 hap 应用程序签名。

首先进行环节配置。本地安装配置 Java 环境，jdk 版本为 1.8。该工具基于 Gradle 7.1 编译构建，请确认环境已安装配置 Gradle 环境，并且版本正确。下载应用签名工具的源代码后，命令行打开文件目录至 developtools_hapsigner/hapsigntool，执行命令进行编译打包 gradle build 或者 gradle jar。

工具的最外层目录为 hapsigner，编译打包后工具 jar 包所在目录为 hapsigner\hapsigntool\hap_sign_tool\build\libs\hap-sign-tool.jar。首先进入 hapsigner\autosign 目录，该目录下存放待签名的应用 hap 包，所有的命令行操作将在本目录下执行。执行命令行生成的各项输出文件，将其保存在 hapsigner\autosign\result 目录下。下文展示了利用签名工具从创建根证书开始到完成签名的完整执行过程。每个命令中的参数字段含义可以在源码的 help 文件中查看。

（1）生成根证书。

以下命令会根据参数提供的密钥信息生成密钥对存储在 CA.p12 文件中，并生成对应的公钥证书，输出在 result 文件夹下，文件名为 root-ca.cer。命令示例如下：

```
java -jar ../hapsigntool/hap_sign_tool/build/libs/hap-sign-tool.
jar generate-ca -keyAlias "xxx application root ca" -signAlg "SHA256withECDSA" -
keyAlg "ECC" -keySize "NIST-P-256" -subject "C=CN,O=xxx,OU=xxx,CN
=xxx Application Root CA" -keystoreFile "result\CA.p12" -outFile "result\
root-ca.cer" -keyPwd "123456" -keystorePwd "123456" -issuerKeyPwd "
123456" -validity "365"
```

（2）生成中间证书。

这里生成的中间证书由（1）中生成的根证书签发。

```
java -jar ../hapsigntool/hap_sign_tool/build/libs/hap-sign-tool.
jar generate-ca -keyAlias "xxx application sub ca" -signAlg "SHA256withECDSA" -
keyAlg "ECC" -keySize "NIST-P-256" -subject "C=CN,O=xxx,OU=xxx,CN=xxx
Application Sub CA" -keystoreFile "result\CA.p12" -outFile "result\sub-
sign-srv-ca.cer" -keyPwd "123456" -keystorePwd "123456" -issuer "C=
CN,O=xxx,OU=xxx,CN=xxx Application Root CA" -issuerKeyAlias "xxx
application root ca" -issuerKeyPwd "123456" -validity "365"
```

（3）生成 profile 密钥对。

执行以下命令将会生成密钥别名为 profile-release-key-v1 的密钥对，存储在文件 profile.p12 中。

```
java -jar../hapsigntool/hap_sign_tool/build/libs/hap-sign-tool.
jar generate-keypair -keyAlias "profile-release-key-v1" -keyAlg "
ECC" -keySize "NIST-P-256" -keystoreFile "result \profile.p12" -
keyPwd "123456" -keystorePwd "123456"
```

（4）生成 profile 签名证书。

执行以下命令为对应的 profile 公钥生成证书 profile.pem。这里的 pem 后缀表示生成的是一个证书链，可以用文本编辑器打开，里面包含了从根证书到中间证书、再到 profile 签名证书三部分，在后续的 profile 文件的签名环节会用到。

```
java -jar../hapsigntool/hap_sign_tool/build/libs/hap-sign-tool.
jar generate-profile-cert -keyAlias "profile-release-key-v1" -
signAlg "SHA256withECDSA" -issuer "C=CN,O=xxx,OU=xxx,CN=xxx Application
Sub CA" -subject "C=CN,O=xxx,OU=xxx,CN=Profile Release" -keystoreFile
"result \profile.p12" -subCaCertFile "result \sub-sign-srv-ca.cer" -
rootCaCertFile "result \root-ca.cer" -outForm "certChain" -outFile
"result \profile.pem" -keyPwd "123456" -keystorePwd "123456" -issuerKeyAlias
"xxx application sub ca" -issuerKeystoreFile "result \CA.p12" -
issuerKeystorePwd "123456" -issuerKeyPwd "123456" -validity "365"
```

（5）生成开发者密钥对。

执行以下命令将会生成密钥别名为 app-key-v1 的密钥对，存储在文件 developer.p12 中。

```
java -jar../hapsigntool/hap_sign_tool/build/libs/hap-sign-
tool.jar generate-keypair -keyAlias "app-key-v1" -keyAlg "ECC" -
keySize "NIST-P-256" -keystoreFile "result \developer.p12" -keyPwd
"123456" -keystorePwd "123456"
```

（6）生成应用证书。

执行以下命令为对应的开发者公钥生成证书 app.pem。这里的 pem 后缀表示生成的是一个证书链，可以用文本编辑器打开，里面包含了从根证书到中间证书、再到应用证书三部分，在后续 hap 应用的签名环节会用到。

```
java -jar../hapsigntool/hap_sign_tool/build/libs/hap-sign-tool.
jar generate-app-cert -keyAlias "app-key-v1" -signAlg "SHA256withECDSA" -
issuer "C=CN,O=xxx,OU=xxx,CN=xxx Application Sub CA" -subject "C=
CN,O=xxx,OU=xxx,CN=Application Release" -keystoreFile "result \developer.
p12" -subCaCertFile "result \sub-sign-srv-ca.cer" -rootCaCertFile
"result \root-ca.cer" -outForm "certChain" -outFile "result \app.pem" -
keyPwd "123456" -keystorePwd "123456" -issuerKeyAlias "xxx application
sub ca" -issuerKeystoreFile "result \CA.p12" -issuerKeystorePwd "123456" -
issuerKeyPwd "123456" -validity "365"
```

（7）对 profile 文件签名。

在执行对 profile 文件的签名之前，我们需要先编辑 profile 的源文件（源码中有这个源文件），填入待授权信息，release 版本需要包含的待授权信息为应用包名，debug 版本需要包含的待授权信息为应用包名和允许调试的设备 ID。同时 debug 版本还要在 development – certificate 字段填入开发者的应用证书信息，而 release 版本则填入应用市场证书信息。这里的示例为 release 版本，这里使用的 profile 源文件为 UnsgnedReleasedProfileTemplate. json，其中不包含 debug – info 信息（设备 udid）。

```
java -jar.. /hapsigntool/hap_sign_tool/build/libs/hap-sign-tool.
jar sign-profile -keyAlias "profile-release-key-v1" -signAlg
"SHA256withECDSA" -mode "localSign" -profileCertFile "result\profile.
pem" -inFile "UnsgnedReleasedProfileTemplate. json" -keystoreFile "result\
profile. p12" -outFile "result \app-profile. p7b" -keyPwd "123456" -
keystorePwd "123456"
```

（8）对 hap 应用签名。

执行完以下命令后在 hapsigner\autosign\result 目录下得到 app1–signed. hap 文件，为签名后的文件。

```
java -jar.. /hapsigntool/hap_sign_tool/build/libs/hap-sign-tool.
jar sign-app -keyAlias "app-key-v1" -signAlg "SHA256withECDSA" -
mode "localSign" -appCertFile "result \app. pem" -profileFile "result \
app-profile. p7b" -inFile "app1-unsigned. hap" -keystoreFile "result \
developer. p12" -outFile "result \app1-signed. hap" -keyPwd "123456" -
keystorePwd "123456"
```

17.6　思考与练习

1. 在 OpenHarmony 中通过哪些访问控制机制来达到正确地访问数据的目的？
2. 分级安全理论解决的两个核心问题是什么？
3. 为什么需要管理密钥？不进行密钥管理会有哪些后果？
4. 应用签名是如何保证应用的完整性的？

参 考 文 献

［1］梅宏.操作系统变迁的 20 年周期律与泛在计算 ［J］.中国工业和信息化，2021（1）：
54 – 57.

［2］LIUZ M，WANG J. Human – cyber – physical systems：Concepts，challenges，and research
opportunities ［J］. Frontiers of Information Technology & Electronic Engineering，2020，
21（11）：1535 – 1553.

［3］梅宏，曹东刚，谢涛.泛在操作系统：面向人机物融合泛在计算的新蓝海 ［J］.中国科
学院院刊，2022，37（1）：30 – 37.

［4］［美］西尔伯查茨，郑扣根.操作系统概念 ［M］.北京：高等教育出版社，2007.

［5］［美］布赖恩特.深入理解计算机系统 ［M］.龚奕利，贺莲，译.北京：机械工业出版
社，2016.

［6］倪光南.开源软件在中国的发展 ［J］.程序员，2007（1）：35.

［7］倪光南.Linux 与发展我国自主的操作系统 ［J］.中国信息导报，1999（7）：4.

［8］李毅，任革林.鸿蒙操作系统设计原理与架构 ［M］.北京：人民邮电出版社，2023.

视频资源列表

序号	视频资源列表	视频案例二维码
1	第 2 章　视频深开鸿宣传片	
2	第 6 章　视频多径传输	
3	第 7 章　视频无人机协同屏幕录制终版	
4	第 7 章　视频智慧灯杆	
5	第 8 章　视频极简交互	
6	第 9 章　视频康养视频	
7	第 9 章　视频灵动白板	
8	第 9 章　视频隧道	

彩　　插

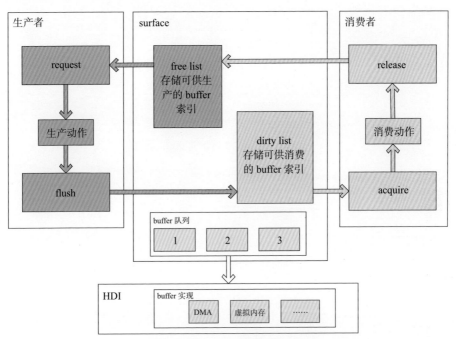

图 12 – 4　surface 模块索引队列